重金属污染及控制

臧文超 叶旌 田祎 等编著

U0231362

化学工业出版社
·北京·

本书针对重金属的污染问题，详细阐述了重金属的特性及其危害、重金属在环境中的迁移转化、重金属对人体健康及对生态系统的风险等；分析了我国铅、镉、汞的生产、使用和排放现状，提出了相应的污染防治和废物管理措施；针对含重金属的产品提出了替代产品生产和替代技术等。

本书具有较强的技术性和应用性，可供从事重金属污染控制的科研人员、工程技术人员和管理人员参考，也供高等学校环境科学与工程及相关专业的教师参阅。

图书在版编目（CIP）数据

重金属污染及控制/臧文超等编著. —北京：化学工业出版社，2018.10

ISBN 978-7-122-32836-6

Ⅰ. ①重… Ⅱ. ①臧… Ⅲ. ①重金属污染-研究 Ⅳ. ①X5

中国版本图书馆 CIP 数据核字（2018）第 187367 号

责任编辑：刘兴春　卢萌萌　　　　　　　文字编辑：汲永臻
责任校对：宋　夏　　　　　　　　　　　装帧设计：王晓宇

出版发行：化学工业出版社（北京市东城区青年湖南街 13 号　邮政编码 100011）
印　　刷：大厂聚鑫印刷有限责任公司
装　　订：三河市宇新装订厂
787mm×1092mm　1/16　印张 19½　字数 468 千字　　2018 年 12 月北京第 1 版第 1 次印刷

购书咨询：010-64518888　　　　　　　　售后服务：010-64518899
网　　址：http://www.cip.com.cn
凡购买本书，如有缺损质量问题，本社销售中心负责调换。

定　　价：98.00 元

《重金属污染及控制》

编著人员名单

编著者：臧文超　叶　旌　田　祎　王玉晶　赵　静

　　　　菅小东　田　宇　于丽娜　滕婧杰　王　玉

　　　　许　涓　李玲玲　罗庆明　侯　琼　徐淑民

前言

近年来，国际社会对重金属铅、镉、汞的关注度越来越高，联合国环境规划署（UN Environment）理事会早在 2001 年就设定了针对汞和其他重金属及其化合物的行动的决议，以推动人们关注由于接触某些重金属，特别是汞、铅和镉及其化合物而造成的人类健康危险和对环境的严重影响。

2002 年 UN Environment 组织开展全球汞评估，在全球范围内收集数据信息，分析和识别汞排放源，评估汞在环境中的迁移转化及产生的环境风险和危害，呼吁全球共同应对和解决汞污染问题；2009 年启动国际汞公约谈判，并最终于 2013 年通过了 21 世纪首份全球环境协定——《关于汞的水俣公约》的案文，且公约已于 2017 年 8 月 16 日正式生效。此外，2005 年 UN Environment 启动编著铅和镉的科学研究报告，特别关注铅和镉的长距离传输问题，并编制现有风险管理措施的清单，以便于 UN Environment 对铅和镉的全球行动计划需求进行深入讨论；2009 年《铅科学报告》和《镉科学报告》正式完成；同时，UN Environment 鼓励各国政府和其他各方在铅和镉整个生命周期内降低其对人体健康和环境的风险，并酌情采取行动促进无铅和无镉替代品的使用，例如在玩具和涂料中使用替代品；其后，分别成立了清洁燃料和车辆伙伴关系以及消除含铅涂料全球联盟，逐步开展淘汰含铅汽油和含铅涂料的一系列具体行动和工作；还先后开展了包括针对铅镉问题的能力建设和意识提高活动、含铅和镉电池全生命周期环境无害管理全球倡议、推广无铅和无镉替代品的使用、推动对含铅和含镉产品、废物及污染场所的环境无害管理以及加强科学研究基础、继续降低铅和镉全生命周期的健康及环境风险等行动和措施，推动铅和镉的管控进程。

在国际社会不断关注重金属问题的同时，我国也面临着越来越多的由铅、镉、汞等重金属带来的环境和人体健康问题的挑战。有色金属采选/冶炼、铅蓄电池制造、化工、电镀、皮革加工等涉重金属行业分布广泛，生产管理水平参差不齐，历史遗留问题比较突出，重金属污染防治形势严峻，部分地区铅、镉等重金属污染较为严重，威胁群众健康和农产品质量安全，社会反映强烈。铅、镉、汞等重金属的排放贯穿生产、使用、废弃及废弃产品回收处置等全过程，末端减排和污染治理很难彻底解决由重金属引起的人体健康和环境风险问题，而基于全生命周期的重金属污染及综合防控研究，不仅是履行国际公约和应对国际谈判的需要，也是遏制和防范重金属污染不断发展问题的必然需要。

本书针对重金属铅、镉、汞问题，既汇编了全球铅和镉科学报告以及全球汞评估中大量翔实的数据和信息，涵盖了三类重金属特性及其危害、在环境中的迁移转化、暴露及人体健康影响、对生态系统风险，以及重金属问题的国际管理进程等内容，也系统地梳理了近年来我国铅镉汞生产、使用、排放以及污染控制和管理现状。书中汇编的背景数据和研究成果尽可能全面、翔实，为国内铅、镉、汞的污染防治科研和管理工作提供参考。

本书共 16 章，由生态环境部固体废物与化学品管理技术中心组织并完成编著工作，具体分工如下：第 1 章 重金属特性及其危害，由于丽娜、田祎编著；第 2 章 重金属在环境中的迁移转化，由李玲玲、菅小东编著；第 3 章 重金属暴露及其对人体健康的影响，由臧文超、叶旌编著；第 4 章 重金属对生态系统的风险，由滕婧杰、王玉晶编著；第 5 章 重金属问题的国际管理进程，由叶旌、侯琼编著；第 6 章 铅的使用和释放，由王玉晶、田祎编著；第 7 章 我国铅的供需与排放，由王玉晶、叶旌编著；第 8 章 我国铅污染控制及管控措施，由田祎、臧文超编著；第 9 章 镉的使用和释放，由田宇、叶旌编著；第 10 章 我国镉的供需与排放，由田祎、徐淑民编著；第 11 章 镉污染防控措施，由赵静、田祎编著；第 12 章 原生汞生产及污染控制，由赵静、臧文超编著；第 13 章 添汞产品生产及替代技术，由臧文超、田祎编著；第 14 章 用汞工艺及污染控制，由罗庆明、王玉晶编著；第 15 章 大气汞排放控制，由王玉、王玉晶编著；第 16 章 含汞废物处理处置由叶旌、许涓编著。另外，附录由田祎、王玉晶、叶旌整理。全书最后由臧文超、叶旌、田祎统稿、定稿。

限于编著者水平和编著时间，书中难免存在疏漏与不足之处，恳请读者批评指正。

编著者

2018 年 5 月

目录

第三篇 镉污染及控制

第四篇　汞污染及控制

第 12 章　原生汞生产及污染控制　/230

第 13 章　添汞产品生产及替代技术　/232

第 14 章　用汞工艺及污染控制　/238

第 15 章　大气汞排放控制　/243

第一篇

重金属危害及国际管控

第1章

重金属特性及其危害

1.1 存在形式及其化合物

1.1.1 铅的存在形式及其化合物

铅（Pb）是化学元素周期表第ⅣA族中的一种金属元素。铅并不是地球上含量特别丰富的元素，大约占地壳的 0.0013%。自然铅是 ^{208}Pb（51%～53%）、^{206}Pb（23.5%～27%）、^{207}Pb（20.5%～23%）和 ^{204}Pb（1.35%～1.5%）四种稳定同位素的混合物。铅同位素的比例取决于具体的地理沉积结果，可利用这个线索追踪环境中的铅沉积情况。

铅在地壳中多以硫化物和碳酸盐的形式存在于含铅矿石中，如方铅矿（PbS）、白铅矿（$PbCO_3$），如图 1-1 所示。

(a) 方铅矿　　　　　　　　　　　　　　(b) 白铅矿

图 1-1　主要铅矿

1.1.2　镉的存在形式及其化合物

镉（Cd）是金属元素，属于元素周期表中的第ⅡB族。镉广泛分布于地壳中，其平均含量为 0.1～0.2mg/kg，属于相对稀有元素。镉在自然界中为分散元素，而非成矿元素，通常不以纯金属的形式存在于环境中，自然界中镉主要与其他硫化矿伴生（约占 95% 以上），多以复合氧化物、硫化物和碳酸盐的形式存在于锌矿、铅矿和铜矿中，极少以氯化物和磷酸盐的形式大量存在。

镉的独立矿物极为少见，但还是有一些已知的稀有镉矿，如硫镉矿和方硫镉矿（CdS）、硒镉矿（CdSe）、方镉石（CdO）和菱镉矿（$CdCO_3$）。世界上基本没有以镉为主要产品的矿山，镉仅以其他有色金属（尤其是锌）提取的副产品形式进行生产。

自然界中的镉进入环境后经历了复杂的形态转化过程，风化作用是含镉矿物中的镉进入环境的重要环节。在岩石风化成土的过程中，镉易以硫酸盐和氯化物形式存在于土壤溶液中。在弱氧化环境下，主要的含镉矿物（闪锌矿）被迅速氧化溶解，而镉可以以硫化物（CdS）的形式残留下来，或形成次生 CdS 附着在闪锌矿或其他硫化矿物的表面，但在强氧化条件下，镉可形成 CdO、$CdCO_3$ 和 $CdSO_4$。

镉在环境中存在的形态很多，大致可分为水溶性镉、吸附性镉和难溶性镉。镉能和氨、氰化物、氯化物、硫酸根离子形成多种络离子而溶于水。在岩石风化成土的过程中，镉易以硫酸盐和氯化物的形式存在于土壤溶液中。镉离子在天然水的 pH 值范围内即可发生逐级水解而生成羟基络合物与氢氧化物沉淀，同时在水淹条件下土壤中的硫酸根可被还原成负二价硫离子，镉易以硫化镉的形式存在，经过上述过程，镉由可溶态转化为难溶态。

土壤对镉的吸附能力很强，其吸附率取决于土壤的类型和特性。在 pH 值为 6 时，大多数土壤对镉的吸附率在 80%～95% 之间，并依腐殖质土壤、重壤质冲积土、壤质土、砂质冲积土的顺序递降。镉的吸附率与土壤中胶体的含量，特别是有机胶体的含量有密切关系。此外，碳酸钙对镉的吸附能力非常强。难溶性镉化合物在旱地土壤中以 $CdCO_3$、$Cd_3(PO_4)_2$ 和 $Cd(OH)_2$ 的形态存在，在水田中多以 CdS 的形式存在。土壤中呈铁锰结合态、有机结合态的镉在总量中所占比例甚小。

1.1.3　汞的存在形式及其化合物

汞（Hg）能以多种形态存在于自然环境中。一般而言，汞存在的形态可分为金属汞、无机汞和有机汞三大类，如图 1-2 所示。

金属汞，也称元素汞，用 Hg(0) 或 Hg^0 表示。金属汞在常温下是有光泽的银白色液态金属，常用作温度计指示液，也可与金、银、锌、锡、铬、铅等金属形成汞齐（也称汞剂）。金属汞沸点低，在常温下会蒸发，产生汞蒸气，且温度越高，蒸发量越大。

由于汞的特殊理化性质，自然界中几乎不存在纯净的液态金属汞，大多数情况下以汞化合物（也称汞盐）的形式存在。根据汞结合元素的不同，汞化合物又可分为无机汞化合物和有机汞化合物。在无机汞化合物中，汞可以以一价或二价形态与其他元素结合，分别用 Hg（Ⅰ）和 Hg（Ⅱ）或 Hg^+ 和 Hg^{2+} 表示。常见的无机汞化合物有硫化汞（HgS）、氯化亚汞（HgCl）、氯化汞（$HgCl_2$）及氧化汞（HgO）等。这些无机汞化合物除硫化汞是红色，

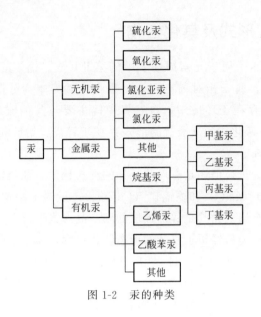

图 1-2 汞的种类

遇光会变黑外，其余大多数无机汞化合物是白色粉末或晶体。天然硫化汞主要以矿石形态存在，是制造金属汞的主要原料，也用作生漆、印泥、印油、绘画、医药及防腐剂等方面。氯化亚汞，又被称为甘汞，曾用于制作泻剂及利尿剂等药物。氯化汞，俗称升汞，可用于木材和解剖标本的保存、皮革鞣制和钢铁镂蚀，是分析化学的重要试剂，还可作消毒剂和防腐剂。氧化汞，亮红色或橙红色鳞片状结晶或结晶性粉末，当粉末极细时为黄色，质重，无气味，露置光线下分解成汞和氧，主要用于电池制造。

有机汞化合物是指汞与烷基、炔基、芳香基、一些有机酸根等结合形成的化合物，多半是由汞取代有机物中的氢、氮、卤素或其他金属原子反应而成。在自然环境中存在着许多有机汞化合物，如二甲基汞、苯基汞、二乙基汞、甲基汞等，目前最常见的是甲基汞。动物、植物、微生物体内常见的有机汞有烷基汞，如甲基汞、乙基汞。此外，还有部分芳香族烃基汞等。与无机汞化合物一样，有机汞通常也是以汞盐形式存在，如氯化甲基汞。

不同形态的汞在自然环境中可相互转化。通过生物或非生物的甲基化过程，有机汞和无机汞之间可以相互转化。自然界中的甲基汞也可通过生物和化学途径降解为甲烷和金属汞。

1.2 物理和化学特性

1.2.1 铅的物理和化学特性

铅（Pb），原子序数为 82，是所有稳定的化学元素中原子序数最高的。铅是一种软的重金属，具有毒性，是一种有延伸性的弱金属。纯铅是银白色金属，当暴露于空气中会氧化变成蓝灰色。铅密度高（11.3g/cm^3）、延展性好、易熔化、易铸造、强度低，抗酸、能与硫酸发生电化学反应，在空气、水和土壤中的化学稳定性好，并且能减缓声波、电离辐射和机械振动。铅常用于建筑材料、铅酸蓄电池、枪弹和炮弹，焊锡、奖杯和一些合金中也含铅。

铅中掺入少量砷、铜、锑或其他金属可增加铅的硬度，这些合金经常用于制造各种含铅产品。

铅存在的形态分为金属铅、无机铅化合物和有机铅化合物（含碳）三大类。有机铅化合物的鲜明特点是至少有一个铅碳化合键。

金属铅对环境中的酸非常敏感，但在暴露于硫酸（H_2SO_4）后，经过风化和浸入水中，金属铅不再受腐蚀影响。这是因为铅与硫酸发生化学反应后生成相对不溶于水的沉积物，在铅金属表面生成硫酸铅（$PbSO_4$），形成一个保护层，阻止铅发生进一步的化学反应。铅的这个化学性质使其特别适合用于屋顶材料、盛装腐蚀性液体的容器。在潮湿空气中，铅会很快失去光泽，在表面形成一层薄氧化层。它可同空气中的二氧化碳进一步发生反应形成碳酸铅。在通常大气条件下，这个氧化层提供了高度保护，防止铅进一步发生化学反应。像大多数金属一样，在较低 pH 值情况下，铅的溶解度增加，这表明生态系统在酸性压力下可能会加强铅的流动。

铅的化合价以+2价最为稳定，无机铅化合物中的铅多以+2价形态存在，主要包括硫化铅、氧化铅（又称黄丹、密陀僧）、硫酸铅、氯化铅，其性质如下。

（1）硫化铅

硫化铅（PbS）在自然界呈方铅矿存在，色黑（结晶状态呈灰色），具有金属光泽。PbS 含铅的质量分数为 86.6%，密度 7.4~7.6g/cm³，熔点 1135℃，熔化后流动性很大，可透过黏土质材料而不起侵蚀作用，易渗入砖缝。PbS 可与 FeS、Cu_2S 等金属硫化物形成锍，CaO、BaO 对 PbS 可起分解作用。当炉料中存在大量 CaS 时，会降低铅的回收率，因为 CaS 将与 PbS 形成稳定的 PbS·CaS。在铅的熔点附近，PbS 不溶于铅中，随着温度的升高，PbS 在铅中的溶解度增加，PbS 溶解于 HNO_3 和 $FeCl_3$ 的水溶液中，所以 HNO_3 和 $FeCl_3$ 均可用作方铅矿的浸出剂。PbS 几乎不与 C 和 CO 发生作用。PbS 在空气中加热时生成 PbO 和 $PbSO_4$，其开始氧化的温度为 360~380℃。

（2）氧化铅

氧化铅（PbO），熔点 886℃，沸点 1472℃，有两种同素异形体，分别为正方晶系的红氧化铅和斜方晶系的黄氧化铅。熔化的氧化铅急冷时呈黄色，冷却时呈红色，前者在高温下稳定，两者的相变点为 450~500℃。PbO 是强氧化剂，能氧化 Te、S、As、Sb、Bi 和 Zn 等。PbO 是两性氧化物，既可与 SiO_2、Fe_2O_3 结合成硅酸盐或铁酸盐，也可与 CaO、MgO 等形成铅酸盐，还可与 Al_2O_3 结合成铝酸盐。PbO 对硅砖和黏土砖的侵蚀作用很强。所有的铅酸盐都不稳定，在高温下会离解并放出氧气。PbO 是良好的助熔剂，它可与许多金属氧化物形成易熔的共晶体或化合物。在 PbO 过剩情况下，难熔的金属氧化物即使不形成化合物也会变成易熔物，此种作用在炼铅过程中具有重要意义。PbO 属于难离解的稳定化合物，但容易被 C 和 CO 所还原。

（3）硫酸铅

硫酸铅（$PbSO_4$）的密度为 6.34g/cm³，熔点为 1170℃。$PbSO_4$ 是比较稳定的化合物，开始分解的温度为 850℃，而激烈分解的温度为 905℃。PbS、ZnS 和 Cu_2S 等的存在可促使 $PbSO_4$ 的分解，促使其开始分解温度降低。例如 $PbSO_4$+PbS 体系中，反应开始温度为 630℃。

（4）氯化铅

氯化铅（$PbCl_2$）为白色，其熔点为 498℃，沸点为 954℃，密度为 5.91g/cm³。$PbCl_2$ 在水溶液中的溶解度甚小，25℃时为 1.07%，100℃时才为 3.2%。$PbCl_2$ 溶解于碱金属和碱土金属的氯化物（如 NaCl 等）水溶液中。$PbCl_2$ 在 NaCl 水溶液中的溶解度随温度和 NaCl 浓度的提高而增大，当有 $CaCl_2$ 存在时，其溶解度更大。例如，在 50℃ NaCl 饱和溶液中，氯化铅的最大溶解度为 42g/L；当有 $CaCl_2$ 存在下，NaCl 饱和溶液加热至 100℃时，则氯化铅的溶解度可达 100～110g/L。

与元素周期表第ⅣA 族其他金属相比，铅的有机金属化合物最不稳定、最容易发生化学反应。有机铅化学反应主要是四价铅氧化，在少数例外情况下，也有二价铅的有机金属化合物。一切简单的烷基铅化合物都由四价铅组成。现在已知有 200 多种有机铅化合物，其中仅有两种类型的有机铅化合物具有广泛的商业用途，即四甲基铅和四乙基铅，这两种化合物都用于汽油的添加剂。

1.2.2 镉的物理和化学特性

镉（Cd）是一种银白色而有光泽的金属，原子量为 112.41，密度为 8.642g/cm³，有延展性，可弯曲。镉的熔点为 321.03℃，沸点为 765℃。镉不溶于水，能溶于硝酸、醋酸，在稀盐酸和稀硫酸中缓慢溶解，同时放出氢气。常温下镉在空气中会迅速失去光泽，表面生成棕色氧化镉，会防止镉进一步氧化。在高温下，镉能与卤素直接反应生成卤化物，但不能直接与氢、氮、碳反应。镉易与多数重金属形成合金。金属镉本身无毒，但其蒸气有毒，化合物中以镉的氧化物毒性最大，而且属于累积性。

镉的化合价有时为+1，主要以+2 价形式存在。常见的镉的化合物多达 30 余种，最常见的有氧化镉、硫化镉、卤化镉、氢氧化镉、硝酸镉、硫酸镉、碳酸镉、硒化镉，其中除硫化镉、氧化镉、硒化镉微溶于水外，其他均溶于水。在土壤中，镉及其部分常见化合物的基本物理化学特性见表 1-1。

表 1-1 镉及其部分常见化合物的基本物理化学性质

项目\性质	Cd	$CdCO_3$	$CdCl_2$	CdO	$CdSO_4$	CdS
分子量	112.41	172.42	183.32	128.41	208.47	144.47
颜色	银白色	白色	无色	褐色	无色	橘黄色
物理状态	有金属光泽的固体	粉状六方薄面体	斜六方晶体	粉状立体晶体	单斜晶体	立方或六边形晶体
熔点/℃	320.9	<500	568	—	1000	1750
沸点/℃	765		960	1559	—	980
密度/(g/cm³)	8.65	4.26	3.33	8.15	4.69	4.82
溶解度	难溶	难溶	易溶	难溶	易溶	1.3mg/L

镉在生物体内的两大形态分别是无机离子态和有机结合态，称无机镉和有机镉（生物镉）。镉在环境中一般以无机离子态存在，但其进入生物体中会诱导体细胞使之产生富含半胱氨酸基团热稳定性的金属硫蛋白（MT），绝大部分镉与 MT 中巯基络合形成更加稳定的

镉，即镉的有机态，此形态为有机镉最主要的形式。由于巯基与镉离子较强的络合能力，致使有机镉的化学和生物稳定性较高，镉离子不易离解出来。此外，镉离子也可与生物体中存在的氨基酸、卟啉、核苷等物质络合，多余的镉离子在体内以无机离子态存在。

1.2.3　汞的物理和化学特性

汞（Hg），原子序数 80，俗称水银，银白色液态金属，易流动，密度为 13.5939g/cm^3。化学性质较稳定，在常温干燥空气中不易被氧化，在潮湿的空气中长期放置，汞表面会生成一层氧化亚汞薄膜。高温时汞会与氧气发生反应，该反应也可由紫外线照射和电子轰击来激发。在加热到 300℃ 以上时形成氧化汞（HgO），若再加热到 400℃ 以上时，HgO 会分解，汞再度游离出来。汞在室温下可被臭氧氧化，生成 HgO。汞与氧气的反应方程式如下：

$$2Hg + O_2 \Longrightarrow 2HgO \qquad (>300℃) \tag{1-1}$$
$$2HgO \Longrightarrow 2Hg + O_2 \qquad (>400℃) \tag{1-2}$$

金属汞在常温干燥气体中表现为稳定元素，与氢气和惰性气体不起反应，但会在室温下与所有的卤素反应生成卤化汞。汞易与硫发生反应生成硫化物，因此在实验室通常用硫单质去处理洒漏的汞。除硫之外，元素硒和碲也可直接与汞起反应。氮、磷、砷、碳、硅、锗等元素不直接与汞发生反应。室温下汞对氧化物如 SO_2、SO_3、N_2O、NO、CO、CO_2 呈惰性，但与 NO_2 强烈反应生成亚硝酸汞，最终产生硝酸汞。

汞与稀盐酸和稀硫酸均不发生反应，但中等浓度的盐酸（6mol/L）和硫酸（3mol/L）会与汞起轻微反应，并生成少量汞盐。热的浓硫酸会溶解汞生成 Hg_2SO_4、$HgSO_4$ 和 SO_2。汞除与热的浓硫酸发生反应外，还能与硝酸发生反应，依据反应条件的不同，可生成一系列产物，如 $Hg_2(NO_2)_2$、$Hg(NO_2)_2$、$Hg(NO_3)_2$、NO 和 NO_2 等。汞与磷酸不发生反应，但与王水反应，生成氯化汞。汞通常不与碱起反应。

汞可以同某些化合物的水溶液反应，如与 KI 溶液反应生成 K_2HgI_4；与 ZnI_2 溶液反应生成 HgI_2；也可被某些氧化剂［如过硫酸盐酸、碱性 Mn(Ⅶ)、酸性 Cr(Ⅵ) 和 Fe(Ⅲ) 等］氧化为 Hg^+ 或 Hg^{2+}，但由于 Hg^+ 化学性质不稳定，所以常以中间产物的形态存在。此外，汞还可以溶解多种金属，如金、银、钾、钠、锌等，溶解后形成汞与这些金属的合金，俗称汞齐，又称汞合金。天然汞齐有银汞齐和金汞齐。人工制备的汞齐种类较多，如钠汞齐、锌汞齐、锡汞齐、钛汞齐等，当汞含量少时汞齐一般为固态；当汞含量多时汞齐一般为液态。

1.3　毒性

1.3.1　铅的毒性

1.3.1.1　毒性及其效应

铅的半数致死量（LD_{50}）为 70mg/kg（大鼠静脉），亚急性毒性，在铅剂量 $10\mu g/m^3$ 下大鼠接触 30～40d，红细胞胆色素原合酶（ALAD）活性减少 80%～90%，血铅浓度高达

$150\sim200\mu g/100mL$，出现明显中毒症状，大鼠吸入 $3\sim12$ 个月后，从肺部洗脱下来的巨噬细胞减少了 60%，并出现多种中毒症状；当铅浓度为 $0.01mg/m^3$ 时，人类职业接触会出现泌尿系统炎症、血压变化、甚至死亡等现象。

长期接触铅及其化合物会导致心悸、易激动、血项红细胞增多等症状。铅侵犯神经系统后，出现失眠、多梦、记忆减退、疲乏，进而发展为狂躁、失明、神志模糊、昏迷，最后因脑血管缺氧而死亡。血铅水平往往要高于 $2.16\mu mol/L$ 时才会出现临床症状，因此许多儿童体内血铅水平虽然偏高，但却没有特别的不适，轻度智力或行为上的改变也难以被家长或医生发现。

铅的毒性效应包括神经毒性、心血管毒性、肾脏毒性、生殖毒性、免疫毒性、致癌性。

铅是神经细胞分化的抑制剂，经受毒性的明显特征是神经生理损伤和认知缺陷。儿童由于中枢神经系统没有发育成熟，所以对毒物敏感性更高。血铅水平与认知能力下降存在剂量-效应关系，血铅水平越低，认知能力与血铅浓度负相关性越强。铅暴露不仅对儿童产生神经损伤，而且还可能影响其社会行为，骨铅水平高的孩子的行为更具有攻击性、更易犯罪。铅对儿童的神经毒害作用会持续到青春期甚至成年，影响其智力发育。血铅浓度 $<40\mu g/dL$ 时成人即有明显地神经行为损伤。骨铅浓度更能反映铅对成人认知能力的损害作用，特别是对高浓度职业暴露人群。

铅暴露与血压增高和高血压有直接关系，血铅浓度每增加 1 倍，收缩压上升 $0.08\sim0.167kPa$。累积铅暴露（骨铅）或许更能反映铅对心血管功能的影响。铅对心血管系统的影响不仅会引起血压增高和高血压，还能引起心血管系统机能不良，甚至心血管系统疾病。随着血铅和骨铅水平的增高，将来患缺血性心脏病的风险亦相应增加。

肾脏是铅毒作用的主要靶器官之一，多年的临床、实验室及流行性病学研究都已证明铅中毒可引起肾脏损害。急性铅中毒可造成可逆性的肾脏近曲小管重吸收障碍，长期铅暴露（$10\sim20a$）会造成近曲小管损伤或坏死，发展成慢性铅性肾病。糖尿病、高血压患者对铅的肾脏毒性更加敏感，铅暴露还可能引起铅中毒性痛风。

生殖系统极易受到环境污染物的影响，铅可影响下丘脑-垂体-性腺轴，对生殖功能产生暂时或永久性的损伤。铅引起小鼠生精细胞核肿胀、破碎，并导致精子生成障碍。铅含量与精子活力和精子浓度之间呈显著负相关。孕期女性铅暴露会增加早产、死胎、低出生体重、先天畸形等风险，并影响子代的正常发育。研究发现，临产孕妇胫骨铅浓度每升高 $10\mu g/g$，新生儿体重即下降73g。

铅对免疫系统的损伤，早在 20 世纪 60 年代就已经开展相关研究，铅暴露能增加血液循环中 B 淋巴细胞浓度，降低 T 淋巴细胞浓度。铅作为半抗原，在生物体内能形成抗原-抗体复合物，沉积于血管壁引起免疫损伤。血铅浓度与血清 lgE 浓度呈正相关。动物试验也显示了这种相关性，并提示在铅暴露结束后，这种影响还将持续很长时间。毒理学研究显示，铅在低浓度（血铅 $<10\mu g/dL$）下就能产生细胞毒性及对淋巴细胞的损伤，尤其是对巨噬细胞和 T 淋巴细胞有抑制迟发型超敏反应，影响细胞因子和抗原呈递细胞的代谢，这些改变会增加哮喘等一些自身免疫性疾病的发病危险，降低人体对某些传染性疾病的抵抗力。

铅的无机化合物会引发癌症风险，它是一种慢性和积累性毒物，不同的个体敏感性很不相同，经口或胃肠外染毒，乙酸铅、碱式乙酸铅、磷酸铅能引起大鼠肾脏肿瘤。亚乙酸铅能致小鼠肾脏肿瘤。经口给服乙酸铅和碱式乙酸铅能导致大鼠发生神经脑质瘤。2004 年国际癌症研究署将无机铅定为 2A 类化学物。在动物模型中，铅具有明确的致癌性，能引起大鼠和小鼠的肾脏肿瘤，尤其是肾皮质小管上皮细胞癌，与脑部肿瘤的病发也密切相关。

环境中的无机铅及其化合物十分稳定，不易代谢和降解。铅对人体的毒害作用是积累性的，人体吸入的铅有 25% 沉积在肺里，部分通过水的溶解作用进入血液。从食物和饮料中摄入的铅大约有 10% 被吸收。这些铅的化合物小部分可以通过消化系统排出，其中主要通过尿（约 76%）和肠道（约 16%）排出，其余通过出汗、脱皮和脱毛发等以代谢的最终产物排出体外。

1.3.1.2　毒害作用机制

铅具有广泛的毒性效应，其作用机制备受关注，研究发现主要存在以下几种机制。

（1）毒理动力学

根据含铅化学物质的形成情况、粒子直径和液体溶解度的不同，吸入人体的铅含量也不同，最高达 50% 的铅可能被身体吸收。对于成年人，通过饮食摄入的铅有 10% 被人体吸收，在禁食条件下这个比例还要高。然而，对于婴儿和儿童，饮食中高达 50% 的铅被人体吸收。根据铅的生物可获得性，对于粉尘、泥土和涂料碎片，人体的铅吸收率可能会低一些。铅吸收路径和速率高度依赖于粒径大小。人体呼吸吸入的含无机铅的亚微米颗粒物大约 95% 都被人体吸收。成年人骨骼含有人体 90% 的铅，儿童骨骼含有体内 70% 的铅。铅与骨骼中的几种金属性质非常相似，比如钙、钠、锶和氟化物，这些物质在骨骼里具有不同的周转率，进而影响了铅的吸收和排出。血液和骨骼中的铅处于平衡状态，新陈代谢的变化会改变这一平衡。

（2）行动机制

铅与蛋白质中的氢硫基结合，改变了蛋白质的结构和功能。铅替代钙和锌，会影响各种生物过程，比如金属输送、能源新陈代谢、细胞凋亡、离子传导、细胞黏合和信号发布、酶催化过程、蛋白质成熟和遗传调节。铅容易被细胞膜吸引，干扰线粒体氧化磷酸化作用，并且破坏依靠钙的分子间信使和蛋白质激酶 C 的活性。铅可抑制脱氧核糖核酸修复，具有基因毒性并且影响腺苷三磷酸酶、钠、钾和钙。因此，铅的毒性可能影响人体多个器官系统和功能。

（3）基因多态性

环境健康对基因多态性非常重要，因为可用基因多态性探测特定人群暴露于有毒物质环境中所带来的不同风险及其反应。最新研究表明，是否容易受到铅的毒性影响可能取决于遗传因素。例如，δ-氨基乙酰丙酸脱水酶的多态变种可能会影响血液和骨骼中的铅含量。在儿童和成年人身体中的累积和毒理动力学研究中，已经确认三种基因可能会受影响，即氨基乙酰丙酸脱水酶、维生素 D 受体基因和血色病基因。

（4）与 Ca^{2+} 等的竞争作用

铅的转运机制与 Ca^{2+} 相似，但铅与氧原子和硫原子相互作用的配位数比较灵活，可以与 Ca^{2+} 竞争受体，进而影响细胞内第二信使的活性。铅比钙更能有效激活钙调蛋白，而环腺苷酸、NO 等信号分子的磷酸化和去磷酸化、生成和降解都依赖于 CaM 的激活；CaM 还参与许多离子通道的调节，包括影响钙激活的钾通道、N-甲基-D-天冬氨酸受体等。所以铅对 CaM 的激活作用可能会影响正常的细胞生理过程，导致细胞损伤。

（5）氧化损伤

正常情况下，机体自由基的产生和清除处于动态平衡。铅能促进活性氧自由基（ROS）的产生，使机体处于氧化应激状态。醋酸铅［40mg/（kg·d）］灌胃 Wistar 大鼠 4 周，其血清、肝脏及肾脏的丙二醛（脂质过氧化产物）含量较空白对照组均明显升高，差异显著。此外，铅还通过降低质膜对 ROS 的防御能力和削弱细胞的抗氧化防御能力来间接导致氧化损伤，如小鼠经醋酸铅染毒后，谷胱甘肽过氧化物酶和超氧化物歧化酶的活性明显受到抑制。

（6）基因损伤

近年来，铅所致即早期基因（immediate early gene，IEG）表达异常的现象引起了人们的关注，被认为是造成胎儿、幼儿神经发育中毒的机制之一。正常情况下，IEG（主要包括 c-fos，c-jun）参与神经细胞的生长、分化、信息传递、学习和记忆等生理过程。当有外界伤害性刺激时，可作为"第三信使"再刺激激活神经元的第二信使与目的基因表达传递信息。

（7）细胞凋亡

细胞凋亡是指为维持内环境稳定，由基因控制的细胞自主程序化的死亡，它涉及一系列基因的激活、表达及调控等作用。目前已发现视杆细胞、神经细胞、肝细胞和巨噬细胞等暴露于铅时有凋亡发生。在大脑皮质层、海马体和小脑以及肝脏中，铅可以引起机体内一些凋亡、相关蛋白如 P53、Bcl-2 和 Bax 表达量的改变。

（8）其他机制

生物膜损伤也是铅毒作用机制的重要体现，细胞膜的稳定性对机体生物转运、信息传递、内环境稳定都非常重要。铅可与膜蛋白的巯基作用，改变其结构和稳定性，使膜的流动性降低、通透性增强。铅还可以通过抑制线粒体的呼吸和磷酸化而影响能量的产生，并通过抑制 ATP 酶而影响细胞膜的运输功能。

1.3.2　镉的毒性

镉是一种有毒重金属元素，它具有毒性高、难降解、易残留等特点，会影响水生生物胚胎的发育、幼体的存活以及成体的繁殖。根据世界卫生组织（WHO）（1992 年）和美国毒理委员会（1999 年）公布的资料显示，镉的大、小鼠经口半数致死剂量（LD_{50}）为 100～300mg/kg 体质量。镉化合物的溶解度对其急性毒性影响较大，其中溶解度较高的氯化镉的急性毒性比难溶解的硫化镉高了近千倍，见表 1-2。

表 1-2　镉和某些镉化合物的 LD_{50}

名称	分子量	LD_{50}95％置信区间[①]（95％Cl）/（mg/kg）		LD_{50}（镉离子）/（mg/kg）	
镉	112.4	890[640,1200]	—	890	—
辛酸镉	394.8	300[200,460]	950[610,500]	85	270
碳酸镉	183.3	310[220,400]	—	200	—
氯化镉	183.3	94[76,110]	110	57	60
碘化镉	366.2	170[140,190]	—	51	—
硝酸镉	236.4	100[79,120]	—	48	—

续表

名称	分子量	LD$_{50}$ 95%置信区间[1] (95%Cl)/(mg/kg)		LD$_{50}$(镉离子) /(mg/kg)	
氧化镉	128.4	72[41,110]	—	63	—
硬质酸镉	679.4	590[560,620]	1200[880,1600]	98	200
硫酸镉	208.5	88[70,100]	—	47	—
硫化镉	144.5	1200[1100,1200]		910	

①置信区间外的数值为峰值。
注:"—"表示资料或缺。

镉不是植物生长的必需元素且具有很大的毒性。镉的离子态(Cd^{2+})和络合态［如Cd(OH)$_2$］等形式易于迁移,可被植物吸收,而难溶性镉的化合物如镉沉淀物、胶体吸附态镉等不易迁移和被植物吸收。土壤中镉对植物产生的毒害作用主要表现为抑制根的伸长,使根数减少,且抑制作用随 Cd^{2+} 浓度的增加而增强,导致植物吸收元素减少,阻碍叶绿素形成,最终严重影响植物的光合作用,植物细胞结构遭到破坏。另外,低浓度镉有利于提高植物叶片的歧化酶活性,但高浓度镉则抑制植物叶片的歧化酶活性。

重金属浓度低时能刺激微生物生长,而土壤中的镉对土壤微生物仍然会产生一定的毒害效应。镉对土壤微生物的毒害作用主要表现在影响微生物群落结构,减少生物量,降低微生物的生物活性及抑制微生物的代谢作用等方面。

镉不是人体的必需元素,人体内的镉是从外界环境中吸取的。镉及其化合物主要通过消化道(食物、饮用水)、呼吸道(空气、吸烟)和皮肤等途径进入人体并蓄积下来。对一般人群来说,镉接触主要来源于食物和吸烟,职业人群镉接触主要是经呼吸道吸入。进入人体的镉排出速度缓慢,其在体内的生物半衰期为 10~30a。肾脏是镉主要的蓄积部位和靶器官之一,慢性接触镉所致的肾损伤对人体的危害极大。慢性镉中毒使镉在肾脏中不断蓄积,使肾小球、近曲小管和远曲小管的正常结构受到破坏,出现蛋白尿、氨基酸尿和糖尿等肾功能异常症状,并使尿钙和尿酸的排出量增多,肾功能不全又会影响维生素 D$_3$ 的活性,使骨骼的生长代谢受阻。镉最严重的毒害作用是对骨的影响。镉对骨的毒害作用一方面体现在增加钙的排泄,另一方面影响了维生素 D$_3$ 的活性,使骨骼的生长代谢受阻,从而造成骨骼疏松、萎缩、变形、断裂等。镉对免疫系统的影响大多表现为免疫抑制,而且与染毒途径、剂量、时间等因素有一定的关联。镉有雌激素作用,可引发乳腺癌。镉会损害呼吸系统,急性或长期吸入氯化镉可引起肺部炎症、支气管炎、肺气肿、肺纤维化乃至肺癌。

1.3.3　汞的毒性

汞是一种分布广泛的重金属,其毒性效应已经过充分的科学证实。汞具有高度扩散性和脂溶性,因此其一旦进入血液里很容易蓄积在脑组织中,易造成脑部的严重损害。金属汞暴露的主要途径是蒸气吸入,吸入的蒸气有 80%左右被肺部组织吸收。汞蒸气也很容易穿过血脑屏障,造成人类的中枢神经系统损伤及行为紊乱,高浓度的汞蒸气还会造成呼吸衰竭,最终导致死亡。有关研究表明,皮肤接触液态汞后,人体的各项生物学指标水平显著提高。对于普通大众来说,金属汞蒸气的来源主要是口腔用的汞齐。而对于医疗工作者来说,其接触的主要是金属汞,包括仪器事故泄漏的汞,主要的暴露方式是皮肤接触。对于涉汞职业工作人员，其暴露频次和暴露程度可能在某些情况下会超出普通大众许多倍。

　　大部分的无机汞化合物都具有皮肤刺激性，唇、舌等部位一旦接触会出现水泡或溃疡，高浓度暴露的会引起皮疹、多汗、过敏、肌肉抽搐、体虚及高血压等症状，严重的将导致肾衰竭和胃肠损伤。无机汞化合物不能穿越血脑屏障，但可到达肾脏，使其严重受损。对于多数人来说，饮食是无机汞化合物最重要的来源。但是，对于部分人群，使用含汞的美白面霜和香皂、在植物栽培或传统药物中使用汞也能造成无机汞的暴露。

第2章

重金属在环境中的迁移转化

2.1 大气中的迁移转化

2.1.1 铅在大气中的迁移转化

2.1.1.1 环境水平和传输规律

人类活动（例如采矿、金属生产和化石燃料燃烧）可导致环境铅含量升高。冰芯、淡水沉积物和泥炭沼泽样品测量结果证明，与工业革命时期以前比较，大气铅沉降量明显增加。由于人类活动向大气排放了铅污染物，世界不同地点测量出的大气气溶胶铅浓度远远高于（最高 1000 倍）自然土壤以及源自自然土壤气溶胶的铅浓度。即使在遥远的格陵兰、玻利维亚安第斯山区、新西兰和南极洲都观测到了这一水平的富集现象。表 2-1 列出了世界不同地区监测的环境大气中的铅浓度。由于不同的监测时期，采样和分析方法、仪器不同的探测限制等，表内的数据不能直接进行比较，但通过这些数据可大致了解监测区域环境空气中的铅浓度。还应该注意的是，表中南半球的数据代表性不够，因为大多数数据来自北半球。目前普遍认为，城市环境大气中的铅浓度要高于农村环境大气中的铅浓度（最大高出一个数量级）。20 世纪 70 年代出现的最大浓度反映了加铅汽油的使用情况。表 2-1 中美国圣路易斯市的铅浓度收集的是 1975～1977 年的数据。边远地区（例如北极、南极、大西洋中部和太平洋中部）监测到了最低的铅浓度。

表 2-1　北半球和南极不同地点监测到的环境大气铅浓度

	地点	浓度/(ng/m³)	参考文献
城市	美国波士顿	326±15.6(精细模式)	Thurston and Spengler,1985

地点		浓度/(ng/m³)	参考文献
城市	美国波士顿	75.6±5.95（粗算模式）	Thurston and Spengler,1985
	美国克莱姆森	330	Del Delumyea and Kalivretenos,1987
	美国阿克伦	52	Del Delumyea and Kalivretenos,1987
	美国诺福克	31	Del Delumyea and Kalivretenos,1987
	美国芝加哥	64	Del Delumyea and Kalivretenos,1987
	西班牙加的斯	12±6	Torfs and Van Grieken,1997
	意大利巴里	10±8	Torfs and Van Grieken,1997
	马耳他马耳他	64±47	Torfs and Van Grieken,1997
	希腊埃卢西斯	110±65	Torfs and Van Grieken,1997
	以色列凯撒里亚	4～444	Erel 等,1997
	瑞士日内瓦	45±16	Chiaradia and Cupelin,2000
	加拿大温哥华	49±43	Brewer and Belzer,2001
	美国里弗赛德	13.1	Hui,2002
	美国洛杉矶	15.4～18.9	Hui,2002
	美国旧金山	6.9	Hui,2002
	以色列耶路撒冷	22±17	Erel 等,2002
	亚美尼亚埃里温	<40	Kurkjian 等,2002
	美国圣路易斯	230～650	Kim 等,2005
农村	美国帕克伍德	16	Davidson 等,1985
	美国怀特费斯山	9	Miler and Friedland,1994
	IMPROVE	2.5	Eldred and Cahill,1994
	IMPROVE	0.54～6.34	Malm and Sisler,2000
	匈牙利巴拉顿湖	28.6	Hlavay 等,2001
	奥地利农村	4.6～14.8	Aas and Breivik,2005
	捷克农村	9.6～10.6	Aas and Breivik,2005
	德国农村	2.84～9.6	Aas and Breivik,2005
	西班牙农村	4～8.9	Aas and Breivik,2005
	英国农村	4～10.3	Aas and Breivik,2005
	斯洛伐克农村	3.2～17.6	Aas and Breivik,2005
偏远地区	美国奥林匹克国家公园	2.2	Davidson 等,1985
	美国冰川国家公园	4.6	Davidson 等,1985
	美国大斯莫基山国家公园	15	Davidson 等,1985
	加拿大北极地区阿勒特	1.8～1.9	Gong and Barrie,2005
	冰岛斯托霍夫迪	0.5	Aas and Breivik,2005
	北极斯匹次卑尔根岛泽佩林	0.7	Aas and Breivik,2005
	百慕大	0.04～3.2	Huang 等,1996
	南极	<0.032	Arimoto 等,2004

欧洲大气污染远距离传输监测和评估合作项目对监测网络的站点进行欧洲大气铅背景浓度和沉降的长期观测。1990 年，欧洲 9 个国家的 30 个监测站获得了大气铅背景浓度的监测数据。2003 年，欧洲 20 个国家的 63 个监测站进行了大气铅背景浓度的监测。北极北部和冰岛的监测站监测到了最低的大气铅浓度（＜1ng/m³）。在斯洛伐克和澳大利亚监测到了最高的大气铅浓度（＞13ng/m³）。另外，斯堪的纳维亚、冰岛和爱尔兰监测到了降水中最低的铅浓度（＜1μg/L），而斯洛伐克监测到了降水中最高的铅浓度，斯堪的纳维亚北部、立陶宛、德国、法国、荷兰、比利时和卢森堡的一些监测站也监测到了较高浓度。

美国 1990 年有 454 个监测站监测铅浓度，2003 年有 196 个铅浓度监测站。美国环境保护局每年都评价大气铅浓度，1995～1998 年美国东北部的大气平均铅浓度为 5～10ng/m³，东部地区的大气平均铅浓度为 3～5ng/m³，中部地区的大气平均铅浓度为 2～3ng/m³。

日本西部 1995～1997 年对雨雪中的铅浓度进行了 3 年监测，监测的浓度范围为 0.02～25.15μg/L，平均值为 1.24μg/L，与欧洲监测的铅浓度平均值类似。这与西北强劲季风把亚洲大陆富含污染物的大气气溶胶传输到日本密切相关。日本海岸地区也监测到了较高的湿沉降浓度，这表明了亚洲大陆远距离传输铅的较大贡献。

中国 2001～2002 年夏冬两季监测了南部珠江三角洲城市、郊区和农村的大气铅沉降总量。监测的铅沉降量 [12.7mg/(m²·a) ±6.72mg/(m²·a)] 明显高于北美和欧洲的大气铅沉降量，反映了这个地区快速工业化和城市发展导致的较高人为输入铅。

新西兰 1993～1995 年在菲奥德兰帕拉代斯偏远地区监测了雨水和湿沉降的铅浓度。监测的降水铅浓度范围为 2～69ng/L，平均值为 20ng/L。这是全世界偏远地区降水中最低的铅浓度，与南极融化冰中的铅浓度类似。空气质量轨迹表明，澳大利亚和南大洋等地区铅污染的主要影响因素。

（1）空间规律

铅的大气传输计算模型结果可表明大气铅浓度和沉降铅浓度的总体规律。通常使用地方计算模型来评估大气污染源附近或城市环境的污染水平，区域或洲计算模型则考虑本洲或某些区域（例如波罗的海、北极）内的大气扩散和越境传输，半球或全球计算模型则模拟计算大洲间的铅传输。

利用 MSC-E-HM-Hem 模型模拟计算出 1990 年北半球的环境大气铅浓度和大气铅沉降量。大气铅浓度和大气铅沉降量的空间规律反映了主要人为排放源地区的大气传输。欧洲、东南亚、北美东部和南部工业化区域的特点是地表空气（＞30ng/m³）和大气沉降 [最高10kgPb/(km²·a)] 含最高的铅浓度。可以在大西洋和太平洋北部追踪到来自这些区域的人类活动排放的铅污染物 [最高 0.8kgPb/(km²·a)]。

（2）时间趋势

现有铅背景浓度和铅沉降量的长期监测结果表明，许多国家在淘汰加铅汽油后，环境大气中的铅污染水平出现明显下降。欧洲各地区的大气铅浓度和沉降量长期变化，中欧和西北欧的大气铅浓度在 1990～2003 年期间下降至原来的 1/2～1/3，这个时期降水中的铅浓度也明显大幅度下降。芬兰的铅浓度下降至原来的 2/3，英国和挪威的下降至原来的 1/3。官方报告的铅排放量与监测到的大气铅浓度和沉降量之间存在不一致性，主要是低估了人为铅排放量、没有计算自然排放量的较大影响和/或缺乏考虑历史沉降铅的再次排放。

（3）区域越境污染

欧洲空气污染远距离传输监测和评估合作项目东部气象合成中心进行了欧洲大气铅污染物的越境污染计算，每年都对《远距离越境空气污染公约（LRTAP）》中的每个成员国的大气铅浓度和沉降量以及跨国传输量进行评估。德国基于模型计算评价铅跨境污染，发现大约30%的铅沉降量来自附近国家（例如比利时）人为铅污染物排放的大气传输，大约60%来自本国污染源，剩下的10%来自自然排放源和二次排放。外部污染源对沉降量的贡献从边界的角度看是不均匀的，靠近德国边界的地区，外部铅污染源的贡献超过50%；外部污染源对德国中部的贡献不足15%。欧洲各国通过跨境大气传输给本国的铅沉降贡献比例明显不同（10%～90%）。铅跨境大气传输贡献比例较大的国家有摩尔多瓦、卢森堡、摩纳哥和俄罗斯（超过80%），铅跨境大气传输贡献比例较低的国家是意大利、英国和葡萄牙（低于20%）。在欧洲1/3的国家中，外部人为排放源的大气跨境传输沉降量超过60%，在2/3的国家中，外部人为排放源的大气跨境传输沉降量超过40%。

（4）跨洲传输

铅的跨洲大气传输的证据十分有限。铅在大气中的停留时间相对较短（数天或数周），且空气中铅污染物的扩散具有本地或区域特性。然而，格林兰和南极冰芯样品测量结果表明，大气铅污染物可以最远传输到数千公里。一些区域气溶胶的铅污染物分析进一步证明了大气铅的远距离传输。研究发现，俄罗斯北极地区气溶胶中一小部分铅来自北美的人为排放源。加拿大阿勒特监测站的监测数据表明，加拿大北极地区一部分大气铅污染物来自欧洲的工业污染排放源。美国夏威夷考爱岛（Kauai）土壤中的铅来自亚洲和北美的人类活动排放源。与具有更长全球大气停留时间的汞和一些持久性有机污染物比较，因为铅在大气中的停留时间较短，所以铅的跨洲大气传输呈现出单个事件的特性。然而，在短时期污染事件时，跨洲大气传输量对区域铅污染的贡献可能会明显较高。另一方面，与单个污染事件峰值比较，长期暴露于铅污染环境会给人体健康带来更大不利影响，这意味着跨洲大气铅污染暴露量很低。

（5）北极铅污染

欧洲和俄罗斯亚洲部分几乎是北极地区大气铅污染物的全部来源，北极主要的大气传输路径是大西洋北部、欧洲和西伯利亚。铅污染物的大气传输呈现出季节规律。早秋季节空气颗粒物的铅含量最低，此时到达北极地区的铅主要来自加拿大北极群岛（Arctic Archipelago）和格林兰西部的自然排放源。在晚秋和冬季，大气铅污染物主要来自欧洲的工业污染源；到晚春和夏季，可探测到来自亚洲工业污染源的铅。

2.1.1.2 影响大气铅远距离传输的因素

影响大气铅远距离传输、转运和沉降的因素包括污染物排放源特性；大气中铅，特别是大气颗粒物中铅的物理化学形式；影响大气垂直分布和扩散的大气稳定性和风速；降水清洗铅（湿沉降）和地球表面吸收铅（干沉降）的清除性质。除了这些因素，根据库雷士等的研究成果，土壤和海洋气溶胶的物理再次悬浮造成了像铅这样的非挥发性污染物从地表自然排放源或人类活动排放源（例如采矿）的流动。

铅从不同的移动污染源和固定污染源排放到大气中，污染物排放源的高度可明显地影响污染物的大气扩散和传输范围。较高的排放高度一般可加强排放烟团的稀释程度、导致更广的扩散范围和更远的传输距离。较高的污染物排放温度也能提高污染烟团的高度，并导致更远的传输距离。除了污染排放源的高度，大气边界层的稳定性也显著地影响着污染烟团的抬升和其随后在大气中的扩散。例如，通常夜晚大气边界层条件稳定，大气垂直混合较弱，导致近地层空气的停滞和污染物浓度升高。另外，不稳定的大气条件通常发生在晴朗的白天，导致污染烟团进入较高的空气高度，风力一般较强，可把污染物传输到更远的距离。铅的挥发性很低，可作为广泛粒径范围的气溶胶粒子的组成部分排入大气。较大颗粒物（几到数十微米）中的铅随颗粒物沉降在排放源附近，更多地影响当地。与此相反，细颗粒物（小于几微米）可传输到更远的距离，最远可达 1000km。因此，排放的含铅污染物的粒径可显著地影响其远距离大气传输的范围和性质。

在大气传输过程中，一方面，含铅颗粒物的粒径会由于不同大小粒子间的相互作用、水蒸气和其他气体的凝结而发生改变（这些过程导致颗粒物大小增加和较大颗粒物数量的增加）；另一方面，重力沉降和降水冲洗可更加有效地清除较大的空气颗粒物。

2.1.2　镉在大气中的迁移转化

2.1.2.1　环境水平和传输规律

与汞和一些持久性有机污染物等物质相比，镉在大气中的寿命相对较短。大多数空气中的镉污染物吸附于细颗粒物上（小于 $1\mu m$）。镉从人为源以元素镉或氧化镉的形式排放到大气环境中，某些污染源以硫化物或氯化物的形式把镉排放到大气中。镉的大气污染源排放部分是气态镉，但当它冷却时就会迅速黏结在颗粒物上。

镉和许多镉化合物的蒸气压相对较低，不易挥发。大气中多数镉污染物以颗粒物的形式存在。环境空气中的镉化合物的主要种类有氯化镉、硫酸镉和氧化镉等。大气降尘中各形态镉在总镉中所占百分比含量由大到小的排列顺序依次是残留态镉、碳酸盐结合态镉、交换态镉、铁锰氧化物结合态镉、有机结合态镉。交换态镉、碳酸盐结合态镉均具有较高生物有效性，在总镉中所占的平均百分比含量分别是 6.420% 和 8.917%；铁锰氧化物结合态镉、有机结合态镉、残留态镉这三种形态的镉生物有效性很低，分别在总镉中所占的平均百分比含量分别是 3.419%、2.365% 和 78.907%。汽油和煤的燃烧以及工厂排放镉能加大城市大气降尘的镉污染。

大气传输有助于镉在环境中的扩散。一旦镉排放到大气中，即通过大气扩散最终沉降到陆地或水体中。沉降地点可以是在本地（接近排放源）、本区域或远离排放源。部分镉排放物可通过空气流传输数百甚至数千公里，可能影响远离排放源的人体健康和生态系统。大气扩散范围（沉降距离）取决于各种因素，其中包括粒径、烟囱高度和气象条件。

采矿、金属制造、化石燃料燃烧等人类活动可导致环境中镉浓度升高。冰芯、淡水沉淀物和泥炭沼泽中的镉浓度数据表明，与前工业时代相比，大气镉沉降浓度显著上升（Candelone 和 Hong，1995；Coggins 等，2006）。由于人类排放源向大气中排放镉，所以在各个地点测量的大气气溶胶中的镉质量浓度都比土壤和土壤衍生气溶胶的天然镉浓度高得多（高达 1000 倍）。表 2-2 显示了在北半球各地监测到的环境大气中的镉浓度。鉴于监测时间、采样和分析程序、监测极限等的差异，表中的浓度数据不可直接进行比较，仅给出了空气中镉浓度的大体概念。全球镉浓度最低的地区是北极洲、南极洲、大西洋和太平洋中部等偏远地区。

表 2-2　北半球各监测点监测到的环境空气中的镉浓度

地点		时间	浓度/(ng/m³)	参考资料
城市	英国	1998	0.84~1.05	欧盟立场文件,2000
	芬兰赫尔辛基	1996/7	0.11~0.13	欧盟立场文件,2000
	瑞士苏黎世	1998	0.29	欧盟立场文件,2000
	瑞士卢加诺	1998	0.45	欧盟立场文件,2000
	德国汉堡	1993	1.2	欧盟立场文件,2000
	德国下萨克森州	1997	0.2~0.5	欧盟立场文件,2000
	德国莱茵-鲁尔地区	1998	0.5~2.9	欧盟立场文件,2000
	德国黑森州	1998	0.3~0.5	欧盟立场文件,2000
	德国斯图加特	1996	0.9	欧盟立场文件,2000
	丹麦克厄		<1.5	欧盟立场文件,2000
	荷兰比尔托芬	1998	0.3	欧盟立场文件,2000
	意大利蒙塔尔托迪卡斯托	1996	0.42	欧盟立场文件,2000
	西班牙卡塔赫纳	1998	2.93~8.98	Moreno-Grau 等,2000
	中国中山	2002	4.6	Lee 等,2005
	中国广州	2002	21.6	Lee 等,2005
农村	荷兰 Kollumerwaard	1998	0.21	欧盟立场文件,2000
	荷兰 Biest	1998	0.39	欧盟立场文件,2000
	芬兰 Sevettijarvi	1992~1994	0.4±0.19	Virkkula 等,1999
	荷兰 Delft	1997	0.5	Wang 等,2000
	加拿大本拿比湖	1995	0.39	Brewer 和 Belzer,2001
	中国南岭	2003	16	Lee 等,2005
	美国哈特维尔湖	2003	0.77	Goforth 和 Christoforou,2006
	奥地利农村	2003	0.16~0.56	Aas 和 Breivik,2005
	捷克农村	2003	0.27~0.32	Aas 和 Breivik,2005
	德国农村	2003	0.15~0.26	Aas 和 Breivik,2005
	丹麦农村	2003	0.07~0.18	Aas 和 Breivik,2005
	西班牙农村	2003	0.06~0.12	Aas 和 Breivik,2005
	英国农村	2003	0.05~0.18	Aas 和 Breivik,2005
	斯洛伐克农村	2003	0.13~0.55	Aas 和 Breivik,2005
偏远地区	北大西洋	1992	0.01~0.08	Véron 和 Church,1997
	北太平洋	1995~1996	0.3~0.6	Narita 等,1999
	冰岛斯托尔角	2003	0.02	Aas 和 Breivik,2005
	斯匹次卑尔根岛泽普林	2003	0.02	Aas 和 Breivik,2005

　　资料数据表明,大气镉的典型浓度范围为 0.05~0.2ng/m³（北欧）、0.2~0.5ng/m³（中欧）和 0.06~0.12ng/m³（南欧）。镉的最低浓度出现在斯堪的纳维亚半岛、冰岛、英国北部、西班牙的一个监测站以及高纬度北极地区。降水镉浓度范围一般为 0.02~0.07μg/L（北欧），0.04~0.2μg/L（中欧）。空气镉和降水镉浓度的最高值出现在斯洛伐克、捷克共和国,还有波

罗的海部分监测站。

镉在大气中的存留时间相对短暂，镉污染物在大气中的扩散呈现显著的地方性或区域性特征，但数据表中镉污染物也可能会远距离传输。镉在大气中的传输遵守与其他颗粒态重金属（如铅）相同的传输原则。镉与铅的大气传输特征完全取决于载体粒子的特性。根据现有的测量数据，含镉与含铅气溶胶粒子在环境大气中呈现相似的粒径分布特征，由此决定了两者在大气中的存留时间和扩散距离。因此，铅远距离传输的部分特征可用于定性说明镉污染物远距离大气传输的可能性。此外，格陵兰岛的冰芯测量数据和少数地区气溶胶镉含量的数据表明镉可远距离传输。

北极属于重要生态系统的偏远地区，基本没有明显的镉排放源。因此，镉污染物从附近工业地区（如科拉半岛、诺里尔斯克地区等）或北半球其他大陆向北极的传输可能对北极地区的污染起着重要作用。北极地区空气中的镉浓度也呈现显著的季节性变化，最高浓度出现在冬季，最低浓度出现在夏季，表明其与北极霾有关。受人为排放以及气团向北极移动的影响，北极镉污染物传输呈现独有的特征，与其他颗粒物元素相比，镉更容易在北极沉降。据报道，在北极霾空气颗粒物的 15 种主要元素中镉是唯一在海拔 2000m 以下发现的元素。

2.1.2.2 影响大气镉远距离传输的因素

影响大气镉远距离传输的行为、结果和沉降的因素包括污染物排放源的特征、镉在大气中的物理和化学形态、影响大气垂直混合与扩散的大气稳定性与风速、降水冲刷镉（湿沉降）和地表吸收镉（干沉降）的清除特性。

镉从各类移动排放源和固定排放源排放到大气中。排放源高度对污染物的扩散和传输距离影响较大。污染物排放高度越高，污染物气团就得到进一步稀释，扩散面积就越大，传输距离就越长。排放物温度越高，污染物气团在大气中就上升得越高，传输距离也就越远。除了排放气团的高度，大气边界层的稳定性也极大地影响着污染气团的上升及其在大气中的后续扩散。如晴天不稳定的天气条件会使大气中的污染气流升高，高处的风力普遍更强，污染物可传输到更远的距离。

由于镉的挥发性低，所以镉主要是作为气溶胶粒子的组成部分排放到大气中。然而，部分镉可作为气态元素从大气燃烧源排放，但随着排放气流的冷却，镉会迅速黏附到烟气颗粒上。附着在较大颗粒物（粒径从数微米到数十微米不等）上的镉污染物在排放源附近的地方沉降，对当地的环境影响较大。与此相反，附着在较细空气颗粒物（小于数微米）上的镉污染物可被传输到遥远的距离，最远达上千公里。因此，所排放的含镉空气颗粒物的粒径分布对远距离传输的距离和特征影响较大。

2.1.3 汞在大气中的迁移转化

元素汞及其多种化合物均具有较高的挥发性，在环境中易于迁移转化，特别是通过大气环流向全球各个地区扩散，并通过干、湿沉降向生态系统的各个环节渗透，进而通过食物链进入动物和人体体内，从而造成不可逆转的危害。因此，汞在大气环境中的行为对全球汞循环具有重大的影响。

大气中的汞主要来源于地表的自然源释放和人为源排放。自然源释放是指一系列涉及汞排放和再排放的自然过程，包括火山喷发、森林火灾、湖泊和海洋的去气作用、地热活动以及汞矿化带的释放等地幔和地壳物质的脱气作用，以及表层土壤、植物表面的挥发过程。再排放是指经过沉降后的汞的再次挥发或释放。一般认为，汞自然排放的主要形态是 HgO，但是也有其他形态汞的排放，某些自然过程（如火山活动或者土壤侵蚀）可产生与颗粒物相联系的汞。人为源主要指化石燃料的燃烧、垃圾焚烧（包括市政及医疗废物焚烧）、排污、金属冶炼、制造和精炼、化工和其他用汞工业等，这些也是目前发达国家主要的汞污染排放源。自工业化开始以来，人为源排汞量与自然源释汞量相比已大大增加。各种人为活动不仅增加了汞在大气中的循环通量，同时也增加了水圈、土壤圈、生物圈的汞负荷，改变了汞固有的生物-地球化学循环特征。

大气环境中汞的存在形式有元素（Hg^0）、水溶性无机汞化合物（Hg^{2+}）、有机汞化合物和颗粒态汞。其中，95%以上的是以元素（Hg^0）形式存在，颗粒态汞只占总气态汞的 0.3%～0.9%。大气中重要的有机汞化合物主要是甲基汞和二甲基汞，它们在空气中会发生光化学分解，并可随雨水进入陆地生态系统。颗粒态汞主要是以 HgO 为代表的二价无机汞化合物，通过沉降进入各圈层，参与各圈层的循环。

元素 Hg^0 在大气中停留时间较长，并能够参与长距离的传输，这也是造成全球汞污染的一个重要因素。大气中的 Hg^0 能与 O_3、O_2、NO_2、H_2O_2 等氧化剂和卤族元素等发生氧化反应，转化为 Hg^{2+}。与 Hg^0 相比，Hg^{2+} 在大气中的停留时间较短，几天到几个星期不等，并趋于溶解在大气水蒸气中或吸附在雨滴、颗粒的表面，沉降速度比 Hg^0 快。这是大气汞（主要指 Hg^{2+}）通过湿沉降进入陆地生态系统的主要形式。

大气中的颗粒态汞主要通过降水湿沉降的方式进入陆地与水生生态系统，除此之外，还可以经重力沉降、湍流扩散等干沉降过程沉降于陆地与水生生态系统中。颗粒物的粒径对颗粒态汞的干沉降速率有一定的影响，一般大粒径颗粒态汞的干沉降速率大于细粒径颗粒态汞的干沉降速率。

酸沉降与大气汞沉降之间也有着某种程度的同源性和协同性。酸沉降可以增加湖泊系统中总汞的输入量，即使大气中汞的浓度维持不变，酸沉降也会造成大气汞干湿沉降量的增加。

2.2　水体中的迁移转化

2.2.1　铅在水体中的迁移转化

地表水中的铅来自于生物材料、风成颗粒物、冲积颗粒物和侵蚀。公海中大约90%的铅都处于溶解状态。其中，50%～70%的铅与有机配合基反应形成配合物，而无机铅化合物则处于平衡状态。

在水环境中，铅可以以离子（具有高流动性和生物可获得性）、溶解在腐殖质材料中的有机复合物（结合的相当紧密，生物可获得性有限）、附着在像铁氧化物这样的胶体颗粒上（化学结合力很强，与自由离子比较，其流动性低）或附着在黏土固体颗粒或微生物尸体上（流动性和生物可获得性都十分有限）的形式存在。

铅在水环境中的化学形成过程受到很多因素的影响，比如 pH 值、盐度、吸附作用和生物转化过程。在碱性环境中，铅的常见化学物质包括碳酸铅和氢氧化铅的阳离子。在淡水环境中，最常见的是铅与氢氧根离子和碳酸根离子发生反应，生成强键复合物，与氯离子发生反应，生成较弱化学键的复合物。在低 pH 值淡水环境中，铅最重要的形式是 Pb^{2+}，随后是铅的无机化合物，包括碳酸氢铅、硫酸铅、氯化铅、碳酸铅和羟基碳酸铅。在较高 pH 值（≥7.5）淡水环境中，会形成铅的氢氧化合物 $[Pb(OH)^+$、$Pb(OH)_2$、$Pb(OH)_3^-$ 和 $Pb(OH)_4^{2-}]$。在海水中，铅化学物质的形成取决于氯化物浓度的参数，主要化学物质为 $PbCl_3^-$、$PbCO_3$、$PbCl_2$、$PbCl^+$、$Pb(OH)^+$。像其他金属一样，铅在水中的腐蚀是电化学反应，铅在水中的溶解量叫作铅在液体中的溶解度。铅化合物在水中有不同的溶解度；硫化铅和氧化铅难溶于水，而硝酸铅和铅的氯化物可在冷水中溶解。铅还能同乳酸和醋酸等有机酸反应，形成盐。在溶液中，有机铅化合物在紫外线（1h/254nm）和阳光的照射下会分解。

2.2.1.1　海洋传输

铅等重金属进入海洋环境后，主要发生生物迁移转化、化学转化、沉积物吸附解吸、悬浮颗粒物吸附解吸及沉降等过程，并由此使海水得到净化。重金属的毒性很大程度上取决于其形态（如游离态、有机结合态、颗粒物的结合态等）分布。

（1）北极铅海洋传输案例

人们在过去的几十年详细研究了北冰洋地区，北极监测和评估项目（AMAP）已经说明了重金属海洋传输的重要性。最近关于铅的研究说明，海洋可能对北冰洋的欧亚盆地边界地区的铅传输和分布发挥了重要作用。麦克唐纳等指出，对大气作为北极金属污染物传输路径的重视在一定程度上减少了人们对于海洋的关注。从欧亚盆地和加拿大盆地边缘采取的沉积物样品表明，铅污染物到达北冰洋的主要路线一直是同一洋流，它把欧洲工厂的放射性核向北传输。铅在表层水的停留时间相对较短（少于五年），但对于铅污染物从大西洋北部和北欧海域传输到北极停留时间还是绰绰有余的。

铅有四种稳定同位素，分别为 $^{204}Pb(1.48\%)$、$^{206}Pb(23.6\%)$、$^{207}Pb(22.6\%)$ 和 $^{208}Pb(52.3\%)$，世界各地的含量各不相同。这一含量变化为确定全球环境媒介（包括北极气溶胶和冰）的铅污染源提供了直接方法。根据北极沉积物中铅污染物的组成，提出了第二条传输路径。铅污染物以冰或更加可能以 TPD 水的形式从西伯利亚海进入北冰洋。气候变化可能改变洋流，因此会改变人们观察到的海洋传输路径。

（2）海洋远距离环境传输

1）在溶液和悬浮物中传输　在法国南部土伦湾进行的一项研究突出显示了镉和铅以悬浮颗粒物形式传输重要性的差别。2006 年 3 月～2007 年 3 月每月采集两次悬浮颗粒物的铅浓度显示了明显地时间变化（一个采样点浓度变化范围为 0.02～0.29μg/L），而悬浮颗粒物镉的浓度刚刚高于探测限，为 $3.92×10^{-3}μg/L$。这项研究发现，细菌和浮游植物具有很大的生物蓄积金属的能力，但重要的是浮游动物减少了浮游植物蓄积金属的含量，因此构成了水生食物链中镉和铅蓄积的重要停顿。

2）生物体的生物蓄积和传输　人们公布了各种鱼内镉和铅的浓度（表 2-3），虽然它们的目的是评估食物的潜在污染，而不是生物蓄积和对潜在有毒元素远距离传输的贡献。很明显，像剑鱼和蓝鳍金枪鱼这样处于食物链顶端的大型捕食者可蓄积大量金属。铅镉浓度随不同种类的鱼、地理位置和组织类型而不同（一般铅、特别是镉在肝中的浓度高于在肌肉中的浓度）；肝中重金属浓度随着样品年龄增长而增加，并且可能呈现季节性变化。挪威进行的一项研究比较了在挪威北峡湾捕到的鱼和远海捕到的鱼，分析结果表明，北峡湾鱼鱼肝很高的重金属浓度（镉浓度是远海鱼的 8.5 倍，铅浓度是远海鱼的 4.4 倍）是由于大气传输和北峡湾生态系统的大气污染物蓄积造成的，因为当地没有潜在有毒元素污染源。

表 2-3　鱼体铅镉浓度

鱼种	地点	组织	镉/(mg/kg)	铅/(mg/kg)	参考文献
虹鳟鱼	地中海	鱼鳞 肾 肝 肌肉 皮肤	$0.005\pm0.001w$ $0.114\pm0.024w$ $0.023\pm0.006w$ $0.004\pm0.001w$ $0.003\pm0.001w$	$0.021\pm0.004w$ $0.018\pm0.001w$ $0.012\pm0.004w$ $0.005\pm0.001w$ $0.022\pm0.006w$	(Ciardullo 等,2008)
平头鲽鱼	阿拉斯加	鱼鳞 肝 肌肉 胃中食物	na $1.9\sim3.9d$ $0.02\sim0.3d$ $0.5\sim1.3d$	na $<0.25d$ 未检测出 $0.9\sim11.2d$	(Meador 等,2005)
白姑鱼	加利福尼亚	鱼鳞 肝 肌肉 胃中食物	$0.02\sim0.18d$ $1.5\sim9.8d$ $<0.01d$ $0.3\sim4.1d$	$0.6\sim1.9d$ $0.23\sim5.2d$ $<0.15d$ $1.5\sim37d$	
剑鱼	地中海	肝 肌肉	$0.10\sim0.29w$ $0.002\sim0.01w$	$0.06\sim0.11w$ $0.04\sim0.08w$	(Storelli 等,2005)
蓝鳍金枪鱼		肝 肌肉	$0.06\sim2.72w$ $0.01\sim0.04w$	$0.11\sim0.39w$ $0.07\sim0.18w$	
金鲈	波罗的海	肝 肌肉	$0.021\sim0.057w$ $0.003\sim0.043w$	$0.013\sim0.069w$ $0.009\sim0.033w$	(Szefer 等,2003)
镶边绯鳅	亚得里亚海	肝 肌肉	$0.011\sim0.18w$ $0.008\sim0.029w$	$0.099\sim0.97w$ $0.057\sim0.16w$	(Gaspic 等,2002)
欧洲岬无须鳕		肝 肌肉	$0.007\sim0.15w$ $0.004\sim0.14w$	$0.039\sim0.30w$ $0.049\sim0.14w$	

注：表中数值或者是一个范围，或者是平均值±标准偏差；w 为湿重；d 为干重；na 为没有分析。

（3）洋流传输重金属的可能性

1）全球输送带　洋流的性质表明了其全球范围传输污染物的可能性。全球（不同深度的）深海洋流与一个被称为温盐循环或"全球输送带"的巨大动力系统密切相关，"全球输送带"通过大西洋、南极周围的南冰洋和太平洋输送了大量海水。这个温盐循环的主要动力是由北极和南极的冷海水下沉，大西洋东部和太平洋深海海水上升造成的。巨量海水从有明显人类排放源的海洋（例如北美和欧洲）传输到极地海域。温盐循环的循环时间，即一个水分子离开深海某具体地点到它通过温盐循环回到该地点的时间（估计为 600 年）。这说明海洋传输时间和海洋对人类污染的反应时间要比污染物的大气传输时间（在半球尺度为数天到数个星期）长久得多。这意味着人类活动排放的污染物从一个大洲传输到另外一个大洲可能需要更长时间。

2）铅在水柱内停留时间　过去几十年进行的研究表明，根据金属元素内在性质和上层水的生物机制作用的不同，铅和镉这样的微量金属在水柱中的行为也十分不同。研究人员根据微量金属在水柱中的垂直分布确定这些微量金属的特性。一组元素随着颗粒物快速沉积到海底。这一沉积被称为"清除"，而这些被"清除"的元素则被称为"清除型"元素。另外一组元素被靠近水面的浮游植物吸收，并在上层水循环多次才最终会沉降到海底。通过大气传输、直接排放或河流输送而进入海洋的铅一般都处于颗粒状态，并将快速附着在海洋中其他颗粒材料上，这些颗粒材料将较快地沉降到海底沉积物中。像铅这样的"清除型"元素的海洋停留时间较短，100～1000 年，小于或等于深海海水的总体混合时间（大约 600 年）。相应的，海水柱内溶解铅的浓度分布称为"清除型分布"。清除型微量金属的浓度一般随着排放源距离的增加而降低，一般而言，由于持续不断的颗粒清除，清除型微量金属的浓度将随着深海水流的路径而降低。根据戈贝尔等的研究成果，海洋表面铅的停留时间相对很短（少于 5 年），但对于铅污染物的传输，例如从大西洋北部和北海传输到北极，这个时间已经足够了。作为比较，人们通过案例发现，镉的行为遵从非常不同的规律，称为"营养型分布"。这是因为镉在缺乏营养和重要元素的远海水域发挥生物作用，因此，它比像铅这样的清除型金属在水柱中的停留时间更长。因此，与铅相比镉的海洋传输更为重要。

3）污染物海洋传输的模型　一些其他重点污染物（例如持久性有机污染物）现在已经纳入传输模型，说明了像铅、镉这样的重金属海洋传输模型计算的相关性。相关因子可能包括：洋面和大气之间的交流；海洋流的水平输送和湍流扩散（包括上部混合层的垂直混合）；溶解和颗粒相的分离；沉积；降解。

（4）海洋微量金属输入

海洋重金属的新输入是通过大气沉降、河流输入、海底热液喷口和人类活动的直接排放。除了这些新的输入，沉积物中重金属的再悬浮和上升可能也发挥一定作用。对于铅，一些研究人员已经能在美国和欧洲从 20 世纪 50 年代开始使用，到在 20 世纪 70～80 年代进行管制这段加铅汽油消费高峰期，观察到海洋水柱铅含量的升高。从 20 世纪 70～80 年代以后，人们证实了海水和珊瑚铅含量的降低。

2.2.1.2　淡水传输

河流是在国家和区域层面上的重金属的重要传输途径。河流的重金属输入方式包括工厂和城市污水系统（人为排放源）、大气沉降径流（自然排放源和人为排放源）以及流域内地壳的风化（自然排放源）。研究人员发现，在输送给北冰洋的 500t 镉总量中大约 23t 来自河流输送，大多数则来自洋流输送。大型湖泊是国家层面、有时是区域层面重金属的传输途径。最近，《东北大西洋海洋环境保护公约》得出这样的结论："对于北海主要水体，估计铅镉大气沉降量与河流输入和直接排放量处于同一量级。"

印度工业毒理学研究中心（Industrial Toxicological Research Center）针对印度包括 7 条支流在内的恒河水系进行了研究，评估六年内包括铅、镉在内的 10 种金属污染物浓度。在恒河 800km 的不同地段设立了 20 个监测点。研究结果表明，河流的铅浓度从未检测到 1.28mg/L 不等。恒河年均流量为 $1.5 \times 10^{11} \text{m}^3$。特立尼达河流铅浓度的测量结果为 1.0～300μg/L。人们不认为地下水是铅远距离传输的重要路径。雨水渗入地下并进入蓄水层一般要通过土壤。因为铅会被土壤矿物质和腐殖质吸附，因此地下水含铅量一般很低，通常低于 10μg/L。

2.2.1.3　世界河流传输到海洋的铅

过去几十年进行的研究表明主要河流系统作为潜在有毒元素（PTE）等材料源对于海岸环境的重要性。然而，这个领域的大多数综合工作（经常引用的）距现在已经有 30 多年了。现在我们有了更新的每日悬浮颗粒物全球变化及其流量方面的数据资料，针对具体河流和入海口系统的研究也不断涌现。例如，希腊针对一个小型海岸咸水湖的研究表明，湖水的 pH 值和盐度对铅、镉的不稳定性有强烈影响，而生物过程可能发挥次要作用。墨西哥马拉巴斯科河的研究确认了悬浮颗粒物向海岸系统和海洋传输潜在有毒元素的传输机制。河流内悬浮颗粒物的镉浓度为 0.4～5.8mg/kg，但在接收水体巴拉德纳维达泻湖，水中镉浓度得到了一定富集（1.0～59mg/kg）。

《保护波罗的海海洋环境的赫尔辛基公约（HELCOM）》报告称，波罗的海的重金属（来源于河流部分）总量只来自于几条重点河流。2003 年公布的数据为河流（包括海岸地区）排入波罗的海的总铅量为 285.8t，总镉量为 8.1t。研究人员强调，很多的不确定性与人们建立模型时使用的一些金属流量值（例如工业金属需求）有关。

2.2.2　镉在水中的迁移转化

工业含镉废水的排放、大气镉尘的沉降和雨水对地面的冲刷，都可以使镉进入江河湖泊等水体中。水体中有机和无机化合物、络合物、悬浮物、水生动植物等物质都有与镉结合的趋势，因而造成镉在水体各相分布的不平衡。镉在水体中的迁移能力取决于镉的存在形态和所处的环境化学条件。就其形态而言，迁移能力离子态＞络合态＞难溶悬浮态。就环境化学条件而论，酸性环境能使镉的难溶态溶解，络合态离解，因而离子态的镉增多利于迁移，相反碱性条件下镉容易生成多种沉淀，影响其在水中的迁移。硫酸镉和氯化镉易溶于水，而金属镉、氧化镉和硫化镉几乎不溶于水。可见，水体对镉的净化作用是水体、底泥及生物群等多因子的物理、化学和生物过程共同作用的结果。

水体悬浮物、底泥对镉有很强的吸附能力。有机胶体对镉的吸附能力远大于矿物微粒。就矿物颗粒而言，一般粒径越小，其吸附量越大，pH＞7 时镉被吸附的量随 pH 值增大而增加。

天然水体中 Cl^-、OH^- 和 SO_4^{2-} 等无机配位体，可与镉离子配合形成 $CdCl^+$、$Cd(OH)^+$、$Cd(OH)_2$、$Cd(OH)_3^-$、$Cd(OH)$ C^-、$CdSO_4$ 等配合物。镉能被水生植物、水生动物、藻类和其他微生物摄取，并能富集到很高的浓度。水生生物吸附富集是水体中重金属迁移转化的一种形式，通过食物链的作用，能造成对人类的威胁。

在正常海水中，镉和氯离子的络合作用随着盐度的升高而增加，直到镉几乎完全以氯化物（$CdCl^+$、$CdCl_2$、$CdCl_3^-$）形式存在，只有很少部分是二价镉形式存在。海水中镉和氯化物的络合作用会极大地影响镉的生物利用度和对海洋生物的毒性。随着盐度增加，氯化物的络合作用减少了许多微生物中的镉积累量和毒性。国际化学品安全方案及欧洲共同体报告（2001 年）显示，海水中的平均镉含量约为 0.1μg/L，公海地表水中溶解镉的浓度低于 5ng/L。

研究表明，通过大气和地表径流（河流等）向北冰洋输入的镉污染物量小于通过洋流输入的镉。镉的自然海洋地球化学性质导致北太平洋的镉浓度比北大西洋的约高 5 倍。因此，北冰洋生物群落的镉可能大多来自太平洋的自然海洋地球化学过程，其余镉来自北大西洋

（Macdonald 等，2000），可能是北美和欧洲人为排放源排放的镉污染物通过湾流传输到北大西洋后富集而成的。

2.2.3　汞在水中的迁移转化

自然水体面积约占全球总面积的 70%，其作为大气汞重要的"汇"，同时也是大气汞重要的"源"，因此汞在水生生态系统中的行为在其生物地球化学循环演化中占有重要地位。

天然水体是由水相、固相、生物相组成的复杂体系。在这些相中，汞具有多种存在状态。在水相中，汞主要以 Hg^{2+}、$Hg(OH)_n^{2-n}$、CH_3Hg^+、$CH_3Hg(OH)$、CH_3HgCl、$C_6H_5Hg^+$ 等形态存在；在固相中，主要以 Hg^{2+}、Hg^0、HgO、HgS、$CH_3Hg(SR)$、$(CH_3Hg)_2S$ 等形态存在；在生物相中，主要以 Hg^{2+}、CH_3Hg^+、CH_3HgCH_3 等形态存在。它们之间会随着环境条件的变化而发生改变。研究证明，水体中汞的存在形态会受氧化还原条件和 pH 的影响，同时也受 Fe^{2+}、Mn^{2+}、DOC 等有机和无机配体的影响。也有研究报道，水体中汞的存在形态还和水体温度、盐度、浊度、含氧量、总悬浮物（total suspended particulate，TSP）、沉积物以及颗粒态有机碳（particulate organic carbon，POC）含量相关。

水体中的 Hg^0 有不同的来源，最重要的来源是 Hg^{2+} 被水中的微生物还原，此外还来自于非生物机制主要是腐殖酸和有机汞的分解。近来研究表明，水体中 Hg^{2+} 的光还原是形成 Hg^0 的另一个重要机制。Hg^0 虽稳定，但在氯离子存在的条件下能被氧化成 Hg^{2+}。相对于大气来说，大部分水体具有超饱和的 Hg^0。因此，汞很容易从水体挥发，这说明汞从海洋表面的挥发在全球汞循环中扮演很重要的角色，同时也说明 Hg^0 的产生是减少下层 Hg^{2+} 甲基化的一个重要机制。

水体底部的沉积物是重要的汞储存库，以沉积物结合态存在的汞在一定的环境条件下，会重新释放进入水生生态系统造成二次污染，这一过程往往历时数十年甚至更长的时间。在水体中，无机汞通过微生物的作用会转变成毒性更大的烷基汞。甲基汞有很强的亲脂能力，化学性质稳定，容易被水生生物吸收，进而通过食物链逐级富集与转移，威胁人类健康与安全。研究证实，浮游动物如水蚤，在水生食物链中对甲基汞的高度富集和传递起到重要的作用。藻类等浮游植物和水生植物可将水中的汞浓缩 2000～17000 倍；鱼类可蓄积比周围水体环境高 1000 倍的汞，而贝壳类从水生动植物中吸收的汞约为水中的 1000～3000 倍。汞的生物迁移过程，实际上主要是甲基汞的迁移与累积过程。

在水环境中甲基汞的形成受到多种因素的影响。汞的生物甲基化效率取决于微生物的活性和汞的生物可利用浓度（而不是总汞的数量），而这些又受到温度、pH 值、氧化还原电位、无机和有机复合物等参数的制约。当 pH 值小于 5.67 时，最佳 pH 值为 4.5，有利于甲基汞的生成；在 pH 值大于 5.67 时则有利于二甲基汞的生成。甲基汞和二甲基汞之间可以相互转化，二甲基汞在微酸性条件下可以转化为甲基汞。研究表明，汞在海水中的甲基化速率通常比在淡水中低，这主要是受盐以及带电荷的氯络合物和硫络合物的影响。此外，对淡水和河口环境的研究表明，汞的甲基化主要发生在低氧条件下由硫酸盐还原菌完成。如果有合适的甲基供体存在，那么汞的纯化学甲基化也是可能的。Hg^{2+} 在乙醛、乙醇、甲醇作用下经紫外线照射作用可甲基化。

自然环境中的甲基汞也可通过微生物和化学作用两种途径发生降解,即脱甲基作用,这是自然环境向大气散发汞的重要途径。甲基汞的微生物降解是一种生物酶催化分解过程,其最终产物为 Hg^0 和甲烷,这种反应无论是好氧或厌氧条件均可发生。已知多种细菌具有脱甲基的能力,包括好氧菌和厌氧菌,但脱甲基作用主要还是由好氧菌完成。甲基汞的化学降解主要是通过光化学反应发生,经紫外线照射可分解为 $·CH_3$ 与 Hg^0。

2.3　土壤中的迁移转化

2.3.1　铅在土壤中的迁移转化

铅在土壤中的流动性很低。在大多数自然条件下,元素铅和无机铅化合物从土壤往地下水的渗滤量非常小。土壤中有机物可强力吸附土壤里的铅。黏土、淤泥、铁锰氧化物和土壤有机物可通过静电形式(离子交换)和化学形式(具体吸附)结合铅和其他金属。土壤中的铅大部分以硫化物形式存在,少部分形成 $PbCO_3$、$PbSO_4$ 和 $PbCrO_4$ 等无机化合物,或与有机物络合。土壤中吸附的铅可能由于含铅土壤颗粒侵蚀而进入地表水系。

土壤 pH 值、腐殖酸含量以及有机物含量都影响着土壤中铅的含量和流动性。此外,汉森等研究人员指出,土壤中仅很小一部分铅存在于溶液中,它们为植物根系提供了可吸收的铅源。土壤酸化与铅的流动性和生物可获得性增加密切相关。更酸的条件(更低的 pH 值)不仅增加了铅的溶解度,而且也增加了其他重金属的溶解度。相比于高 pH 值而言,当土壤 pH 值为 4～6 时,土壤中有机质结合态铅的溶解性增加,容易被植物吸收,而工业污染区的陆地植物往往对土壤中铅有很强的生物富集作用。

土壤中铅有自然来源和人为来源。自然来源主要包括矿物和岩石中的本底值。土壤中原有存在的铅来自于风化岩中的矿物,例如方铅矿(PbS)、闪锌矿(ZnS)等。世界范围内土壤铅含量为 3～200mg/kg,中值为 35mg/kg。不同地区土壤铅含量有所不同,这主要是由于土壤类型、母岩、母质的差异造成的。正常土壤铅含量通常略高于母岩中铅的含量。人为来源主要是大气降尘、污泥和城市垃圾的土地利用以及采矿和金属加工业。中国土壤背景值比世界土壤铅平均含量略低。冶炼厂和电池厂附近土壤中的铅含量最高达 60000mg/kg。一辆汽车平均每年排出约 2.5kg 铅,进入大气中的铅最后归宿是海洋和土壤。在城市固体垃圾中,铅含量在 1000～50000mg/kg 之间。直接用城市工业废水进行农田灌溉也能将大量的铅带入土壤中。铅矿开采、冶炼以及一些杀虫剂的使用都会导致铅在土壤中的积累。

土壤中铅的化合物溶解度均较低,且在迁移过程中,因土壤阴离子对铅的固定作用、土壤有机质对铅的络合作用、土壤黏粒矿物对铅的吸附作用等多种因素影响,使铅在土壤中的迁移能力很弱,半衰期一般为数百年。土壤是植物吸收铅的主要来源,一旦土壤遭受铅的污染,植物就有可能吸收更多的铅。

在土壤中的迁移、通过尘埃的自然沉降和水的渗透而进入土壤中的铅主要以螯合物存在。通过雨水的冲刷,又可回到水体中。土壤中的 Pb^{2+} 容易被有机质和黏土矿物所吸附。黑土及褐土的黏土矿物组成以蒙脱石、伊利石为主,红壤以高岭土及铁铝氧化物为主,而蒙脱石、伊利石对铅的吸附强度高于高岭土。土壤中的铅主要是以 Pb（OH）$_2$、PbCO$_3$ 和 PbSO$_4$ 的固体形式存在，在土壤溶液中的可溶性铅含量很低，土壤中的铅迁移性弱。植物生长时，根从土壤溶液中吸收 Pb^{2+} 而迁移到植物体内，然后铅从固体化合物中补充到土壤溶液，补充的速度决定着对植物的供给量。氧化还原电位对土壤中可供给态铅量会产生影响，随着土壤氧化还原电位的升高，土壤中可溶性铅与高价铁、锰氧化物结合在一起，降低了铅的可溶性迁移。当土壤呈酸性时，土壤中固定的铅，尤其是 PbCO$_3$ 容易释放出来。土壤中水溶性铅含量的增加，可促进土壤中铅的移动。

2.3.2　镉在土壤中的迁移转化

与所有金属一样，镉在土壤环境中的化学性很大程度上受酸碱度控制。美国环境保护局报告（1999 年）称，在酸性条件下镉的溶解度增加，土壤胶体、水合氧化物和有机物吸附镉的情况很少发生。当 pH 值大于 6 时，镉被土壤固相吸附或沉淀下来，并且溶解镉的浓度大大降低。镉易与氯离子等无机配体和有机配体形成可溶复合物，从而提高了镉在土壤中的移动性。

土壤特性影响镉的吸附作用，从而影响它的毒性和生物利用度。因土壤中的石灰提高了土壤的 pH 值，增加了土壤对镉的吸附性，故镉在非石灰质土壤中的移动性和生物利用度高于在石灰土中。镉的移动性越高，土壤中的毒性越大，即土壤的毒性随着土壤 pH 值的增加或土壤有机质含量的降低而升高。

镉在农田生态系统中主要通过水和土壤、农作物产生生物富集作用，最终进入粮食作物中。世界上多数土壤中镉的含量为 0.01～2mg/kg，平均值为 0.35mg/kg。研究表明，90% 的镉都赋存于表层土壤（15cm 深度以内）。我国天然土壤的含镉量在 0.01～1.80mg/kg，平均为 0.163mg/kg，低于世界正常土壤中镉的平均含量。

温室或容器里种植的植物比在有相同镉浓度的田野里种植的植物吸收的镉更多，这是因为在密闭容器中，植物的所有根都会接触到被镉污染的土壤，而在田野里，根可能会生长到被镉污染土壤以下的地方。吸附是除去土壤镉的主要途径，镉会被黏土矿物、铁和锰的碳酸盐或含水氧化物吸附，或作为碳酸镉、氢氧化镉和磷酸镉沉降。因为锌能抑制植物对镉的吸收和镉从植物根部转运到芽，所以增加土壤锌可以减少镉对于植物的可用性。

镉具有极强的主极化能力，进入土壤后较少发生向下的再迁移，因而主要累积于土壤表层。不同来源的镉进入土壤后都经过一系列物理化学过程，其形态与行为也将发生复杂的变化，进而影响其生物有效性。土壤是人类食品的主要来源地，镉在土壤中的形态和迁移特性直接关系到人类的食品安全。水溶态镉是植物吸收的直接来源，有效性最高；交换态镉所占比例大，活性也较高，对植物镉吸收起决定作用。松结合有机态、碳酸盐结合态、锰氧化物结合态的镉活性比交换态低，但它们处于与交换态和水溶态的转化平衡中，能持续提供镉源，因而对植物吸收镉也有一定的作用。紧结合有机态镉和残留态镉属强结合形态，活性最低，不易被植物吸收，其含量越高，土壤活性镉所占比例越小。

镉在农田生态系统中的迁移转化过程主要有水-植物生态系统、水-土壤生态系统、土壤-植物生态系统迁移转化等。其中，以土壤-植物生态系统中的迁移最为明显。外源镉进入土壤后首先被土壤所吸附，进而可转变为其他形态。镉易被土壤吸附，一般吸附率在 80%～

95％。土壤类型和特性不同，其吸附率也不同。腐殖质土壤、混有火山灰的冲积土、重壤质砂质土、壤质土、砂质冲积土对镉的吸附率依次降低。黏土、有机质、底泥和悬浮物对水体中的镉离子有强烈的吸附作用。镉的沉淀主要通过碳酸盐的形式。水溶解出土壤中的镉随酸碱度（pH）、氧化还原电位（E_h）而发生变化：pH 值降低，E_h 值升高，镉的溶出率增大；当 pH 值为 4 时，镉的溶出率超过 50％，pH 值为 7.5 时，镉几乎不溶出或很难溶出。土壤对镉的吸附能力越强，镉的迁移活性就越弱。一部分被吸附的镉也可以从土壤表面解吸下来，溶解到土壤溶液中。土壤溶液中的镉含量升高将增加镉迁移进入食物链的风险，同时还可通过地表径流或沿土壤剖面向下迁移而污染水体。土壤中的黏土矿物、有机质、铁、锰、铝等的水合氧化物、碳酸盐、磷酸盐等对外源镉的吸附固定起着主要作用，而且各组分之间存在复杂的相互影响，使不同类型的土壤表现出不同的吸附能力。邵孝侯等采用酸性、中性和石灰性 3 大类型土壤对镉进行吸附-解吸研究时发现，镉进入土壤后，高达 96.4％～99.9％的镉可被土壤吸附，但红壤吸附率较低，只有 58.2％～60.3％。不同的土壤对镉的吸附速率不同，其中石灰性土壤最快，其次是砂土，再次是酸性土。

2.3.3 汞在土壤中的迁移转化

土壤作为陆生生态系统赖以生存和发展的物质基础之一，也是汞在全球汞循环中重要的"汇"和"源"。土壤中的汞按化学形态可分为金属汞、无机结合态汞和有机结合态汞。在正常的土壤氧化还原电位（E_h）和 pH 值条件下，土壤中可能存在的无机结合态汞有 HgS、HgO、$HgCO_3$、$HgHPO_4$、$HgSO_4$、$HgCl_2$、$Hg(NO_3)_2$ 等，其中大部分化合物溶解度相对较低，在土壤中的迁移能力很弱，但在土壤微生物的作用下，可向甲基汞方向转化。有机结合态汞包括烷基汞、土壤腐殖质与汞形成的络合物和有机汞农药（如醋酸苯汞）等。

在一定条件下，土壤中各种形态的汞之间可以相互转化。大量研究表明，这种转化特征是与土壤质地和土壤环境紧密相关的，其中包括土壤 pH 值、E_h 值、有机质含量、微生物等因素。汞在土壤中的转化模式如图 2-1 所示。

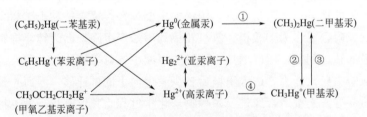

图 2-1 汞在土壤中的转化模式

①—酶的转化（厌氧）；②—酸性环境；③—碱性环境；④—化学转化（需氧）

土壤及其组分对汞有强烈的表面吸附和离子交换吸附作用，土壤中的汞主要为固定态。汞进入土壤后，95％以上能迅速被土壤吸附或固定。Hg^{2+}/Hg_2^{2+} 可被带负电的土壤胶体吸附；$HgCl_3^-$ 可被带正电荷的土壤胶体吸附；土壤胶体、腐殖酸对汞的吸附能力比黏土矿物高很多，原因是离子汞对含硫基团有很高的亲和力。被固定的汞会受土壤种类、汞浓度、土壤性质和土壤微生物的影响，再度释放出来，有的呈溶解态，有的呈挥发态。受上述原因的影响，土壤中蓄积的汞会长时间持续地释放到地表水和其他介质中。土壤中汞的释放主要是由于土壤中微生物的还原作用、化学还原作用及甲基汞的光致还原作用，使无机汞转化为易挥发的有机汞（如二甲基汞）及金属汞。Hg^0 很容易从土壤中释放出来，是土壤向大气释放汞的主要形态。

汞在土壤中也能通过食物链进行迁移和富集，使食物链各位点上的微生物、植物等受到危害。一般情况下，植物主要是通过根系从土壤中吸收汞，根系吸收汞后可将其运输至体内各组织。此外，植物还可通过叶、茎的表面直接吸收大气中的汞，植物吸收的汞也能重新释放到大气中。

第3章

重金属暴露及其对人体健康的影响

3.1 暴露途径

3.1.1 铅的暴露途径

人群铅暴露的途径主要有两条，即呼吸道暴露和消化道暴露。此外，皮肤也能吸收少量的有机铅。沉积在肺部的铅大约有 50％ 被吸收，而通常所吸收的铅中，不到 10％ 的铅会进入全身循环中。许多环境因子（浓度、颗粒大小、溶解度等）和生物因子（年龄、性别、钙、铁的储存等）皆会影响铅的吸收。

3.1.1.1 食物摄入

肠胃是非职业性铅暴露人群摄入铅的最主要途径。成人肠胃在充实状态下对铅的吸收率为 5％～15％，滞留率小于 5％，儿童吸收率约为 42％，滞留率约为 32％。铅被肠道吸收的先决条件是其先在肠腔内分解成游离铅离子，再通过主动运输和被动扩散两种方式由小肠吸收进入血液系统。此外，铅在肠道的吸收还与饮食习惯、膳食营养等因素有关。研究表明，饮酒和吸烟能引起人体铅暴露；提高膳食中 Fe、Ca、Zn 等微量元素的含量可有效降低铅在肠道的吸收率，而营养不良或饥饿状态均会导致人体对铅的吸收增加，如成人胃排空时铅的吸收率较胃充实时增加约 45％，吸收率可高达 63％。6 岁左右的儿童是消化道暴露的高危人群，儿童铅消化道暴露的主要来源为灰尘和污垢、含铅颜料以及供水系统中的溶解铅等，其中饮水对 5 岁以下的儿童的风险最大。

各国饮食中的铅摄入量是不同的，各种饮食的铅污染源也不一样。澳大利亚和美国的儿童每千克体重的每日铅摄入量明显地高于成年人。欧盟大多数饮食中的铅摄入来源包括水

果、蔬菜、谷物、烘焙制品和饮料。日本 2004 年人均铅摄入量为 $26.8\mu g/d$。铅的主要来源
是大米（25%）、蔬菜和海带（20%）、调味品和饮料（18%）、鱼和贝类（4%）。芬兰成年
人平均饮食的铅摄入量估计为 $17\mu g/d$。芬兰人饮食中的铅暴露源为鱼和罐头鱼（23%）、根
茎农作物、蔬菜、水果和干果（17%）、粮食和粮食产品（15%）、果汁和其他饮料（12%）、
牛奶和奶产品（11%）、肉和肉产品（9%）、酒（7%）和其他食物来源（6%）。欧洲国家的
食物调查结果表明，食物中的铅污染在过去数年处于下降趋势。美国矿山和水泥厂附近水果
和蔬菜的铅含量超过铅最大允许浓度的 2～25 倍。

3.1.1.2　食品包装

早期进行的食物篮子调查结果表明，用于存储食物的铅焊接罐对铅暴露产生了明显的影
响。陶瓷釉料、陶器、骨灰瓷和瓷器常常含铅，并且是潜在的暴露源。巴西、墨西哥、摩洛
哥、突尼斯和其他国家的研究报告涉及一些传统制陶业，这些企业的釉料含铅。如果制造工
艺在低温下进行，釉料中的铅就不会被固定住，以后可能会进入食物和饮料。在洪都拉斯进
行的陶瓷制品铅排放研究表明，在分析的 186 件陶瓷制品中 43 件的铅排放量超过了最高允
许限值。

3.1.1.3　职业暴露

空气中的铅可能造成显著地职业暴露（特别是工人吸烟）。吸入是生产、精炼、使用或
处置铅及其化合物产业的工人最主要的铅暴露途径。一些报告已经研究了工厂和车间的职业
暴露问题，特别是发展中国家工人的职业暴露。铅工业和矿山、制造铅鱼坠、生产和回收电
池、制陶和喷漆、钣金加工、金属切削、焊接和汽车机械产业工作的工人都显示了高血铅
浓度。

3.1.1.4　泥土和粉尘摄入

对于婴儿和儿童，由于他们由手到口的行为规律，所以粉尘和泥土常常构成主要的铅暴
露途径。粉尘和泥土中的铅含量可能也是一般大众暴露的关键点。铅摄入量取决于儿童的年
龄、行为特性以及污染源材料中铅的生物可获得性。家庭和大街上的粉尘以及泥土可能含很
高浓度的铅，特别是那些使用了含铅颜料油漆的家庭和排放铅污染物企业附近的土壤。儿童
最高铅摄入量看来发生在两岁左右；夏季比冬季摄入量高。儿童嗫手的习惯增加了他们的铅
摄入量，即使不能抓住东西的婴儿嗫手指头也是他们最主要的铅暴露来源。

3.1.1.5　油漆中的铅

油漆粉尘是美国那些生活在使用含铅油漆家庭中儿童的主要铅暴露来源。虽然美国
1978 年就开始禁止销售家庭用含铅油漆，但是，城市家庭住房老化导致的油漆脱落、油漆
碎片和风化油漆粉末仍然是儿童的主要铅暴露途径，特别是那些有异食癖的儿童。人们发现
含铅油漆碎片中的铅浓度为 $1～5mg/cm^2$，说明摄入这样一小片油漆将导致比其他铅污染源
更大的铅暴露危害。除了吃入油漆碎片或咀嚼油漆表面带来的显著危害，摄入含铅油漆粉尘
和污染泥土也是重要的暴露途径。含铅粉尘落在儿童触摸和抓紧物体以及玩具的表面，当儿
童把手或玩具放入口中时（这是所有儿童的常见行为），他们就摄入了含铅粉尘。

3.1.1.6　呼吸摄入

铅及其化合物大多经由胃肠道或呼吸道进入人体。大多数职业性铅暴露情况下，呼吸道

是铅吸收的主要途径。若经由呼吸道进入，铅在肺的沉积率取决于所吸入的颗粒粒径及个体的呼吸速率，当颗粒大于 5pm 时，多沉积于上呼吸道，而由呼吸道的纤毛运动排出气管，但有可能由气管排出而吞下胃肠道；而小于 1pm 者则可沉降于肺泡区。沉积于肺泡区的颗粒，几乎可被人体完全吸收。一般而言，经呼吸道进入的铅吸收率为 35% ～ 50%。Brunekreef 认为当空气中铅质量浓度改变 $0.1pg/m^3$ 时，人体血铅水平（BLL）将改变 3～5pg/L。呼吸道摄入铅是成年人铅暴露的主要风险来源。经呼吸道摄取的铅通常只占儿童体内铅总量的极少部分，但却占成年人体内铅总量的 15%～70%。

在巴基斯坦进行的一项研究显示，生活在汽车和电池生产车间附近的儿童血铅浓度为 $11.4～20.0\mu g/dL$，高于世界卫生组织推荐的 $10.0\mu g/dL$。在那些仍然使用加铅汽油的国家，汽车尾气吸入是铅的主要暴露途径，特别是那些靠近交通干道的人群。肯尼亚计划从 2006 年 1 月开始淘汰加铅汽油，然而，农村可能仍然很容易获得加铅汽油。在一些国家，蜡烛芯可能也是铅暴露源。据报道，墨西哥家庭、教堂、墓地和葬礼间的传统习俗和仪式使用的蜡烛可能用含铅的蜡烛芯，当蜡烛燃烧时，每小时铅排放量高达 $3000\mu g$。

3.1.1.7　饮用水

铅管、铅焊接铜管、塑料管的含铅黄铜接头以及供水设备其他部件可能会污染自来水。在酸性水或软水中，铅特别容易溶解，最终浓度取决于水接触铅部件的停留时间。不同地区饮用水的铅浓度各不相同，例如瑞典报道了每天 $1\mu g$ 或更低的铅摄入量。在德国汉堡使用含铅水管设备地区进行的一项研究表明，自来水铅浓度有很大不同，介于 $5～330\mu g/L$ 之间，平均值为 $15\mu g/L$。自来水铅含量高可能危害儿童健康，特别是用自来水冲配方奶粉的婴儿。英国国家立法规定的饮用水铅浓度标准为 $25\mu g/L$，从 2013 年开始更加严格到 $10\mu g/L$。挪威记录的饮用水铅含量一般都低于可接受的最大铅含量 $10\mu g/L$。根据一些报告，摩洛哥自来水铅含量根据房屋寿命，每个城市都不相同。例如，阿加迪尔（Agadir）、卡萨布兰卡（Casablanca）和丹吉尔（Tangier）市自来水的铅含量较高（与本国其他城市比较），平均值为 $28\mu g/L$，最高值为 $123\mu g/L$。地下水铅浓度一般不超过 $6\mu g/L$。在尼日尔，饮用水的铅含量标准为 $50\mu g/L$。匈牙利的饮用水铅的限值为 $10\mu g/L$。

3.1.1.8　其他暴露源

一些含铅的传统药品和化妆品可能导致人体暴露于高含量铅污染物中。的确，世界一些地区的某些传统医药使用铅化合物作为主要成分。这些药品甚至出口，特别是出口到发达国家作为替代医药，这个现象越来越普遍。人们已经确认了婴儿、儿童和成年人因为使用传统医药和化妆品而铅中毒的现象。在一些国家，传统上为新生儿脐带残端使用含铅科尔（leaded kohl），人们错误地认为它有益于止血。在另外一些国家，人们让易怒儿童吸入用煤加热金属铅或硫化铅产生的烟雾（bokhoor），相信这样将使儿童变得安静。通过对印度传统疗法资料的研究，人们发现了一些记录存在重金属、特别是铅的报告和一系列案例。拉丁美洲国家也报告了其传统医药含有高含量铅，例如，墨西哥传统医药铬酸铅（azarcon）和铅氧化物混合物（greta）的铅含量可能超过 70%。研究报告表明，含铅的金属玩具和小装饰品是儿童的铅暴露源。印度进行的一项研究表明，孟买儿童玩具的 20% 样品的含铅量为 $878.6～2104\mu g/g$。枪伤或铅子弹吸收可能也导致铅中毒。中国的铅暴露资料表明，广东贵屿利用土旧方法回收电子废物场地附近儿童的血铅含量升高。

3.1.2　镉的暴露途径

镉暴露主要来源于镉污染的环境、膳食以及吸烟等途径，但由于生活条件及工作环境的差异，不同地区人群的主要镉暴露途径存在差异。非职业人群，即普通人群一般通过食物、水、空气和吸烟等途径接触镉，其中膳食摄入是镉暴露的主要来源。在一般不吸烟人群中，膳食摄入暴露约占 90%。烟草对于吸烟者来说是摄入镉的重要来源，而非吸烟者被动暴露于二手烟中也会受到影响。处于职业暴露环境下的特定人群通过呼吸道吸入环境中的镉。

3.1.2.1　食物摄入

人体能通过消化道吸收食物中的镉，对膳食镉的吸收率一般在 5% 左右，但因生理状况、人体营养状况、是否多胎妊娠以及当前所患疾病等因素影响，不同个体间的吸收率差别较大。有研究表明，膳食镉的吸收率可高达 20%~30%，而每天仅有体内镉总量的 0.005% 排出体外。较高吸收率和低排出率使得镉在体内不断累积。

镉可存在于所有类型的食物中。镉通过大气沉降和使用肥料等进入土壤，植物从土壤中摄取了镉，人类日常饮食中的大多数镉都来自农产品。在污染严重的地区，再次悬浮的含镉粉尘会通过植物呼吸和人体摄入，造成相当大比例的植物污染和人体暴露。欧盟食品安全局利用 2003~2007 年食物镉含量数据计算的膳食镉暴露水平显示，人群镉摄入主要来源是谷类及其制品、蔬菜、坚果、淀粉含量高的植物根茎类以及肉和肉制品等高消费量食物。2002 年芬兰研究报告显示，通过饮食摄入镉的最主要来源是粮食制品（57%）、蔬菜、水果和浆果（23%）、肾肝等内脏（4%）和海产品（5%），其他食物来源占 11%。2004 年，日本饮食中平均 44% 的镉来自大米，接着是蔬菜和海藻（16%）、鱼和贝类（11%）、谷类、坚果和土豆（10%）。2009 年比利时进行的研究发现，谷物和土豆贡献了超过 60% 的膳食镉。2006 年瑞典镉膳食摄入量研究结果显示，80% 的膳食镉来源于谷物。

在我国谷类和蔬菜是居民膳食镉摄入的主要来源。2000 年进行的中国总膳食研究结果显示，谷类、蔬菜、水产类和肉类分别占膳食镉总摄入量的 33.3%、27.3%、19.6% 和 15% 左右，水产类和肉类中镉含量较高，分别为 0.86mg/kg 和 0.42mg/kg。2006 年通过风险监测数据和消费量数据对上海居民膳食镉暴露的风险评估显示，谷类（除干豆）、水产品、蔬菜（除薯类）、畜禽肉、薯类、干豆及乳类分别贡献了膳食镉摄入量的 37.50%、37.36%、5.85%、4.42%、2.47%、1.43% 和 0.66%。2007 年对我国南方某镉污染区进行了膳食镉的摄入量研究发现，大米是食品中镉来源的最主要部分（90% 以上），其次为蔬菜类（2% 左右）和肉禽蛋类（0.3% 左右）。

膳食镉暴露水平在不同的国家和地区之间差别较大。植物体内镉含量水平与土壤中的镉含量水平密切相关，不同农作物对土壤镉吸收率差别很大，并且也受其他元素（如锌）和其他因素（如土壤的酸碱度）的影响，不同地区食物中的镉含量差别较大。大多数国家的居民平均每天从食物中摄入镉量在 0.1~0.4μg/kg 体重的范围内。假设人的平均体重为 70kg，这就意味着每天的镉摄入量为 7~28μg。有研究报告，在高暴露区，每天的镉摄入量为 33~391μg。20 世纪 60 年代日本发生"痛痛病"的地区大米中镉含量估算的居民人均每日镉摄入量为 600μg。2007 年对我国南方某镉污染城镇进行的膳食镉摄入量研究发现，当地居民人均每日膳食镉摄入量为 100.77~282.91μg。

3.1.2.2　职业暴露

锌、铜和钢铁生产，镍镉蓄电池、太阳能电池、珠宝制造，金属电镀以及塑料生产等工业生产活动存在镉污染物的职业暴露。在涉镉的生产过程中，含镉灰尘和含镉烟雾会导致环境空气中镉浓度水平升高，增加特定人群吸入镉的水平。氧化镉是环境镉通过呼吸道进入人体的主要形式。

急性镉中毒的特征是呼吸道受到刺激，而在慢性镉中毒中，镉损害的主要目标器官是肾小管。不同行业，例如冶炼厂、颜料厂和电池厂烟气的镉污染物浓度不同。暴露于较高浓度镉的工人会得肾小管功能障碍、肾小球疾病与进展性肾脏疾病以及包括肺炎、肺气肿和急性呼吸道窘迫综合征在内的呼吸道疾病。一项研究结果显示，累积镉暴露相当于 $10\mu g/L$ 血液镉浓度且持续 20 年的工人，预计肾功能不全的发生率达 14%。随着职业卫生的快速发展和环境质量的改善，现在生产场所环境空气中镉浓度一般低于 $0.05mg/m^3$。尽管如此，有研究发现，人体长期处于低水平的环境镉暴露仍可导致肾功能损伤。日本一家镉颜料厂随着大气镉浓度的减少，工人血液和尿液中镉也呈下降趋势。4 年时间，周边空气中镉浓度从 $0.62mg/m^3$ 降至 $0.16mg/m^3$，工人的血镉浓度从 $2.15\mu g/100g$ 降至 $1.56\mu g/100g$，尿镉浓度从 $14.2\mu g/g$ 降至 $7.8\mu g/g$。

为将工作场所中镉及其化合物的暴露危险降至最低，国际镉协会（International Cadmium Association）提交了一份标题为《长期接触镉和镉化合物工人的风险管理（Managing risks to workers exposed to chronic exposure to Cadmium and its compounds）》的指南文件，对直接接触镉及镉化合物的工人们提供了帮助。

3.1.2.3　吸烟

吸烟是镉通过呼吸道进入人体的另外一个重要途径，是吸烟者摄入镉的重要来源。因为烟叶和其他植物一样会从土壤中蓄积镉。不同品牌香烟的镉浓度不同，主要取决于烟草来源，其浓度范围为 $0.19\sim3.01\mu g/g$（干重）。当香烟燃烧时，生成具有高生物活性的氧化镉。来自试验动物和人类的数据显示，镉通过肺的吸收量高于通过胃肠道的吸收量。在吸烟过程中，有 30%～40% 被吸入的氧化镉通过肺部组织进入循环系统，而另有 10% 的氧化镉会沉积在肺部组织中。在非污染地区，烟瘾大的人吸烟摄入的镉量相当于或超过从食物中的摄入的镉量。

一般吸烟者的血镉浓度是非吸烟者的 4～5 倍。正常人群中，吸烟者血镉浓度是 $1.4\sim4.0\mu g/L$，非吸烟者是 $0.4\sim1.0\mu g/L$。瑞典开展的调查发现，90% 被调查的吸烟人群血液中镉浓度超过 $0.6\mu g/L$，而 90% 被调查的非吸烟人群血液中镉浓度均低于 $0.6\mu g/L$。德国开展的调查结果发现，吸烟人群和非吸烟人群的血镉浓度分别为 $1.1\mu g/L$ 和 $0.28\mu g/L$。对北京地区吸烟人群血镉浓度的分析发现，吸烟人群血镉浓度高达 $(4.60\pm2.59)\mu g/L$，而非吸烟人群血镉浓度达 $(1.35\pm1.35)\mu g/L$。

3.1.2.4　空气和饮用水及其他暴露

与饮食摄入量相比，通过环境空气和饮用水的镉摄入量一般较少，占普通人群总摄入量的不到 10%。在芬兰，饮食平均摄入量是 $10\mu g/d$，而通过饮用水和环境空气的平均摄入量分别是 $0.1\mu g/d$ 和 $0.02\mu g/d$，前者约为后面二者的 100 倍和 500 倍。日本通过食物的镉摄入量估计占总摄入量的 97%，中国是 94%。

此外，玩具可能也是儿童镉暴露的途径之一。印度对 111 种玩具的研究显示，玩具中镉浓度为 0.01～188mg/kg，平均浓度为 15.7mg/kg。

3.1.3　汞的暴露途径

汞暴露的途径有很多，一般人群可以通过食物摄入（摄入受甲基汞污染的鱼类和贝类）、吸入、饮用水、牙齿填充物的释放、职业接触等途径接触汞或汞的化合物。本小节介绍几种主要的汞暴露途径。

3.1.3.1　食物摄入

食物摄入是人类接触汞暴露的主要途径，鱼类及海洋哺乳类动物是人类摄入汞的主要来源，且鱼类及海洋哺乳类动物中的汞主要以甲基汞化合物的形式存在。大多数食物中的汞浓度往往低于检测限。1997 年，美国环保局（US Environmental Protection Agency，USEPA）规定鱼类中汞的检出限是 20ng/g（净鲜重）。不同种类鱼的营养组织中正常的汞浓度在一个较宽范围内，一般在 0.05～1.40mg/kg（净鲜重），具体值还受 pH 值、水的氧化还原电位、鱼的种类、年龄和大小等因素共同影响。大型肉食性鱼类如鲭鱼王、梭子鱼、鲨鱼、箭鱼、白眼鱼、梭鱼、鞘鱼、枪鱼、海豹、锯齿鲸所含的汞平均浓度最高。人类常吃的金枪鱼罐头通常是用小金枪鱼制作的，因此其实际的汞含量较低。从各种暴露途径的吸收剂量来看，食用鱼类是人体汞暴露的最主要来源，通过此途径吸收的汞剂量最高可达 0.356pg/(kg·d)，是 USEPA 颁布参考剂量的 3.6 倍左右，而从其他暴露途径吸收的剂量非常少。

汞的摄入量不仅取决于鱼体内的汞含量，还与食用的鱼量有关。因此，部分国家的政府向消费者提出饮食建议，对于汞水平高的地方应限制对鱼类食品的食用量，除此之外，鱼类食用专家们一般会考虑可疑浓度、鱼或罐装食用鱼的消费量以及消费结构。

20 世纪 70 年代，有研究发现，超过几个月或几周时间持续摄入鱼及鱼产品，会导致日均甲基汞摄入量达到 2～47μg。由于总汞水平与许多食物的检测限值接近，而且汞的化学形态和配位结合还尚未确定，因此从食物中吸收的无机汞量难以估计。但研究人员已对不同年龄组饮食中总汞的日平均摄入量进行了多年的测定。在一次市场调查中，美国食品药品管理局（Food and Drug Administration，FDA）对饮食中摄入的总汞量进行了测定（WHO/IPCS，1990），不同年龄组每日的摄入量分别为 0.31μg（6～11 月）、0.9μg（2 岁）、2～3μg（成年）。在比利时也有两组调查，结果是每日从所有食物中摄取的总汞量为 6.5～13μg。

3.1.3.2　吸入

空气的吸入也是人类接触汞的又一主要途径，由于各地汞排放源类型不同，所以各地空气中汞暴露所产生的影响也有极大差别。假定某一乡村空气中汞浓度为 2ng/m³，城市空气中汞浓度为 10ng/m³，那么乡村地区和城市里的成年人每天通过呼吸而进入血液的汞量分别约为 32ng 和 160ng。此外，来自印度的一份研究报告指出，在建有热电厂的地区空气中汞暴露产生的影响会因热电厂排放汞的增加而比其他地区严重。同样，一份来自斯洛伐克的报告显示，斯洛伐克市区环境空气中汞浓度范围为 1.7～20ng/m³，平均值为 4.57ng/m³；工业区为 1.5～40ng/m³，平均值为 5.28ng/m³，在冶金工业区和燃煤区浓度最高（Hladiková 等，2001）。同理，在诸如有氯碱厂等排放源的下风向空气中汞的浓度也会增加。

除此之外，还有很多用汞类型可引起空气中汞浓度的增加，从而增加了人类通过空气吸入接触汞的风险。在室内加热金属汞和含汞物体，引起空气中汞浓度的升高，从而引起中毒或死亡。过去用于早产婴儿居住的恒温箱中的汞蒸气浓度接近于职业阈限值，其主要来自于含汞恒温器损坏洒落的汞滴。集中供热箱中汞的泄漏以及温度计破损同样也会导致室内空气中汞浓度的升高。宗教、种族或礼仪活动中使用金属汞也会产生一定的汞暴露。此外，还有一种汞蒸气暴露的途径是过去用于延长室内乳胶涂料储存期的含汞化合物产生的汞释放，这种释放可使室内空气中汞含量达到 $0.3 \sim 1.5 \mu g/m^3$（Beusterien 等，1991）。目前，世界上许多国家已经禁止在涂料中使用汞，因此这种暴露不会像之前那么普遍。中国也已经对室内装饰装修材料、玩具用涂料、汽车涂料和建筑用外墙涂料中的汞含量做出了明确规定。

3.1.3.3　饮用水

饮用水也是人类接触汞的又一途径，人体从饮水中吸收的汞量是人体每日摄入汞量和汞在肠道中吸收率的乘积。饮用水中汞浓度通常为 $0.5 \sim 100 ng/L$，平均值约为 $25 ng/L$，USEPA 在健康评价程序中采用的成人饮用水量标准为 $2 L/d$，因而人类每天通过饮用水摄入的汞大约 $50 ng$。有研究显示，成人对饮用水中汞的吸收率为 $7\% \sim 15\%$，儿童的吸收率为 $40\% \sim 50\%$。

饮用水中汞的存在形式还未经仔细研究，但化合物汞和与螯合物汞（Ⅱ）可能是其主要存在形式。此外，也有一些关于饮用水中甲基汞摄入量的报道，但并不常见。

3.1.3.4　牙齿填充物

牙齿填充物是人类接触汞蒸气的主要途径，主要是牙齿填充物（汞齐）表面释放的汞蒸气进入口腔。1998 年，Clarkson 等已对汞齐填充物的汞释放进行过研究，发现根据汞齐填充物的数量不同，每天从其中吸入的汞蒸气平均量在 $3 \sim 17 \mu g$ 之间，少数情况下人体内的血汞量会高达 $20 \mu g/L$（Barregard 等，1995，Pirrone 等，2001）。

3.1.3.5　职业暴露

工作环境中的汞会增加人类接触的汞量。根据职业活动的类型和采取的保护措施不同，影响的严重程度也有差别，可能影响较小，也可能导致严重的伤害甚至死亡。实际上，在所有生产汞和用汞加工制作产品的工作环境中，职业暴露都可能发生。在氯碱工厂、汞矿、汞法提金、汞的加工和销售、温度计工厂、几乎未进行汞处理的齿科诊所以及含汞化学试剂厂产生的职业暴露都已有报道（US ATSDR，1999）。

根据联合国工业发展组织（United Nations Industrial Development Organization，UNIDO）的一项研究，位于菲律宾主要岛屿之一的棉兰老岛 Diwata 山脉 Diwalwal 区金矿汞中毒产生了严重的影响，超过 70% 的职业接触者受到了慢性汞中毒的折磨，在其下属的汞齐冶炼厂的职业暴露人群的百分比更高，达到 85.4%。在 Diwata 山区及其下风向区域，非职业暴露人群中大约 1/3 也表现出了慢性中毒的症状，典型的症状有记忆力减退、焦躁、体重减轻、疲劳、战栗、心神不安等。

近十年来，许多国家通过使用密闭的加工系统、改善通风条件、采用安全的处理流程、加强个人保护装备以及替代含汞工艺等避免职业暴露的发生，提高了工作环境质量。但这些措施并未得到广泛普及，仍有许多工人暴露于存在风险的汞浓度环境中。

Zavaris（1994 年）报道了关于通过实施改进措施和替代工艺改善暴露状况可能性的例子，主要关注的是氯碱工业、电光源、电池及控制仪表这些特定行业中所暴露的汞浓度。起初大约 17％的工人尿液中汞浓度超过法定限值，在不断改善工作环境并采用部分汞替代品技术的情况下，超过 98％的工人尿液中的汞水平返回到正常范围内。

3.1.3.6　其他暴露

汞在一些传统医药、化妆品、仪式以及某些药剂中使用，会产生有机汞、无机汞或单质汞暴露的可能性（US ATSDR，1999；Pelclova 等，2002）。例如硫柳汞，即硫代水杨酸乙基汞，在部分国家用来保存一些牛痘免疫球蛋白疫苗，在保存期间也会产生暴露的可能。此外，还有研究报道，一些传统中药或亚洲药品的使用也会导致汞暴露（Ernst 和 Coon，2001；Koh 和 Woo，2000；Garvey 等，2001）。在中国有媒体报道，部分消费者使用汞超标的增白祛斑产品在短期内暴露于大量的汞，产生头晕、失眠、多梦、脾气暴躁等中毒症状，还有严重者患上了肾病综合征。

3.2　健康风险

3.2.1　铅的健康风险

3.2.1.1　对神经系统的影响

儿童特别容易面临神经系统风险，导致智商降低、学习成绩差、低脉搏控制和注意力不集中。研究人员发现，接受调查血铅浓度在大约 $0.5\mu mol/L$ 的儿童发育减慢、智商低、行为紊乱。铅对儿童神经生理影响非常大，因此，儿童和怀孕期妇女的血铅浓度应该低于 $5\mu mol/L$。然而，有迹象表明，铅对健康的不利影响并没有最低限值，这意味着不可能为儿童和胎儿确定一个"安全"的血铅浓度。当血铅浓度在约 $1.5\mu mol/L$ 时开始对成年人的多数器官产生不利健康影响。

长期暴露于铅的儿童可产生神经和认知方面的后遗症，包括认知和行为分数降低、注意力不集中、视觉运动和推理能力减弱、社会行为和阅读能力降低。患铅中毒脑病存活的儿童中，82％的儿童具有后遗症，包括认知和神经缺陷、癫痫病、失明和轻偏瘫。这些对儿童的行为、认知和神经系统的影响一直会持续到成年时期。产生神经后遗症的成年人通常发生周围神经病变，特点是桡神经麻痹，手腕下垂。成年人在更高的血铅浓度下会发生铅中毒脑病。

3.2.1.2　贫血症

铅对造血系统的影响导致血红蛋白合成能力下降和贫血症。研究人员认为，贫血症是由膜的脆弱性增加和血红蛋白合成能力下降（US ATSDR）造成的。铅会影响血红蛋白的合成，还增加了血中的粪卟啉浓度，并且阻断线粒体酶，线粒体酶控制着把铁插入原卟啉，以形成红细胞和含血红蛋白其他酶的血红蛋白成分。随着核糖核酸（RNA）分解量的减少，没有分解或部分分解的核糖体的聚合可导致细胞嗜碱性彩斑。

3.2.1.3　对肾的影响

铅暴露会对肾产生不利影响，当用敏感功能指标观测时，铅甚至对普通人群也会产生肾的不利影响。人们已知铅会导致近段肾小管损伤，特点是氨基酸尿、糖尿排出和磷酸盐去除的改变。即使相对短时期的铅暴露，也会导致近段肾小管上皮细胞发生变化（核包合体、线粒体和巨细胞瘤变化），这些变化一般都是可逆的。然而，长期暴露于高含量铅污染物可能导致不可逆的硬化变化和间质纤维化，这可引起肾功能降低并可能导致肾衰竭。研究人员已经注意到血铅浓度超过 $3.0\mu mol/L$（大约 $60\mu g/dL$）的工人患肾病的风险增加。

3.2.1.4　对心血管的影响

铅对心脏产生间接影响，这个影响主要是通过自主神经系统发生。工人职业暴露和动物试验已经清楚地证明了高浓度铅对血压的影响，但高浓度铅对普通人群血压的影响不那么明显。有研究认为，铅诱导的高血压和原发性高血压可能有相同的机制。成年男性的心脏收缩血压非常清楚地显示了血铅浓度与血压的关系。血铅浓度从 $10\mu g/dL$ 下降到 $5\mu g/dL$ 导致心脏收缩血压下降了 $1.25mmHg$（$1mmHg=133.32236842105Pa$）。对于女性，这个联系较弱。然而，女性的血铅浓度达到 $4.0\sim31.1\mu g/L$，会增加心脏舒张高血压或一般高血压的风险。一项 $1995\sim2001$ 年针对正常血压怀孕期妇女血液和骨骼铅含量进行的研究表明，骨铅浓度增加 $10\mu g/g$，心脏收缩压增加 $0.7mmHg$，心脏舒张压增加 $0.54mmHg$。

3.2.1.5　对肠胃的影响

铅中毒的早期迹象可能并不显著，通常影响肠胃。症状包括腹痛、便秘、恶心、呕吐、厌食和体重减轻。铅导致的绞痛可能来自内脏自主神经系统的影响，使平滑肌张力变化、小肠黏膜钠输送变化或产生间质性胰炎。

3.2.1.6　对生殖系统的影响

男性的高血铅浓度（$>40\mu g/dL$ 或多年来 $>25\mu g/g$）会降低繁殖能力并增加其子女自然流产的风险，影响胎儿发育和造成早产。母亲血铅浓度为 $10\mu g/dL$ 增加了怀孕高血压和自然流产的风险，以及损害子女的神经发育。较高的血铅浓度减缓了胎儿生长，但在畸形和剂量反应关系方面仍然存在不确定性。环境铅暴露与损害男性生殖能力密切相关。有研究报告表明，铅中毒病人会发生阳痿和性欲减弱的现象，铅不仅影响精子数量，还损害精子的结构和膜的完整性、运动性和功能活性。血铅浓度低于 $40\sim50\mu g/dL$ 的个体不会产生这些影响。研究结果表明，铅暴露会推迟女性的性成熟时间。

3.2.1.7　癌症

一些研究成果表明，铅暴露与肺癌存在联系。人们假设铅是辅助致癌剂，有允许或加强其他药剂作用的效果。摄入大剂量某些铅化合物的试验鼠得了肾肿瘤。一些动物研究结果表明，铅增加了肿瘤发病率或已知致癌剂的基因毒性。基于有限的人体研究证据和足够的动物研究证据，美国健康和人类服务部门已经确定铅和铅化合物为"人体致癌剂"。

3.2.2　镉的健康风险

镉对于人体而言是非必需、易蓄积的有毒元素。镉的毒性对人体的肾脏危害性最大。长期摄入和吸入低浓度的镉会导致镉在肾脏里蓄积，如果蓄积量足够多，则会引发肾损害和骨质疏松。此外，镉是蓄积性毒物，在体内生物半衰期长达 $10 \sim 30$ 年，随着年龄的增长，人体内镉的蓄积量也逐渐升高，50 岁时将会达到一个相对稳定的水平。镉对人体的损伤是一个长期的过程，身体一旦受到损伤将很难恢复。

关于镉对人体影响的第一次描述是在 20 世纪 30 年代急性吸入后造成的肺损害。第二次世界大战后，日本报道了镉污染造成的骨骼影响和蛋白尿，描述了伴有骨折和剧痛的骨痛病，致病原因与镉暴露和低钙饮食有关。20 世纪 70 年代，世界卫生组织发布了镉污染健康风险的国际警告。1992 年，世界卫生组织确认镉对人体的重要影响是肾功能不全。20 世纪 90 年代，中国开展了大米镉污染对人群的影响研究，获得了镉对骨骼、肾脏和生殖毒性的新资料。亚洲许多国家都报道了当地居民由于一直食用镉污染土壤生产出来的大米，吸收大量镉，造成近端肾小管疾病。

镉在肾皮质中蓄积会导致肾功能不全，破坏蛋白质、葡萄糖和氨基酸等的再吸收，造成肾小管上皮细胞受到损害，而肾小管的损害通常认为是不可逆的（Godt 等，2006）。镉引发肾损害的第一个标志是肾小管性蛋白尿，当肾小管上皮细胞受损后，通常可检测出尿中低分子量蛋白质增加。研究发现，血镉浓度高的人尿中的 β_2-微球蛋白和视黄醇结合蛋白（RBP）的值远高于血镉浓度正常的人。因此，通过测量尿蛋白，可反映出肾脏中的镉浓度和镉污染物在体内的累积暴露程度。此外，也可以直接观测到肾小球和肾小管的损害。

骨骼损害是镉暴露的另一个重要影响。镉与低骨矿化、高骨折率、骨质疏松症增加和剧烈骨痛有关。这些都是骨痛病的症状，骨痛病首次发生在 20 世纪 40 年代的日本，患者吃的大米产自镉污染废水灌溉的农田。然而，镉污染物确切的作用机理尚不清楚，尤其是长期低浓度暴露的作用机理。镉对骨骼的影响有两个可能机制：一是肾损害的二次反应；二是镉对骨细胞直接作用的后果。第一个机制：随着镉蓄积在肾小管上皮细胞，抑制了细胞功能，致使两种维生素 D_3 的转化减少，导致钙吸收减少和骨骼矿物化，转而产生软骨病。第二个机制：镉可能直接作用于骨细胞，促进了骨吸收镉，减少了骨形成。有研究证明，不会损害肾功能的镉浓度也会引起骨骼损伤，说明镉直接作用于骨骼。动物研究指出，在生命最初几个月的骨骼密集发育期，即使接触较少量的镉污染物也会扰乱骨骼生长。根据镉暴露程度不同，可导致骨量减少或更严重的骨矿物质状态紊乱。如果镉污染暴露一直持续到骨骼成熟，那么影响会更加严重。

1972 年，联合国粮食及农业组织（FAO）和世界卫生组织（WHO）把镉列为第 3 位优先研究的食品污染物，1974 年联合国环境规划署（UNEP）将其定为重点污染物，此后美国毒物和疾病登记署（ATSDR）将其列为第 6 位危及人健康的有毒物质，也因其能诱发试验动物肺癌、前列腺癌和睾丸肿瘤而被国际癌症研究机构（IARC）归类为第一致癌物。体外和动物试验研究数据表明，镉影响下丘脑垂体轴和内分泌系统，干扰卵巢产生类固醇、黄体酮和睾酮，加速哺乳发育，并增加子宫重量，暴露于镉污染物的新生儿出生重量低和孕妇可能自然流产。

镉暴露的健康风险程度最高的人群包括含铁量低或营养不良的女性、肾病患者、胎儿和儿童。吸烟者、食入富含镉膳食的人、在排放镉污染物工厂（例如有色金属提炼厂）附近居住的居民是镉污染暴露的高危人群。

镉对生物体不同组织器官的毒性效应的阈值比较见表 3-1。

表 3-1　镉对生物体各组织器官毒性效应的阈值比较

效应靶	受试机体	染毒方式	暴露剂量	时间	毒性效应及阈值
呼吸系统	人	职业暴露	0.07~15mg/L,电厂等镉作业场所的粉尘	暴露10年以上	嗅觉神经中毒、嗅觉减退甚至丧失
	比格犬	呼吸暴露	2%CdCl$_2$溶液雾化吸入	1min,1d 或 1~4 周	血液中白细胞增加和肺部支气管炎症
心血管系统	卢西塔尼亚蟾酥	静脉注射	0~80mmol/L CdCl$_2$·H$_2$O	1d 或 7d	24h LC$_{50}$为80mmol/L,影响血液和心脏亚细胞组分、诱导酶类抗氧化防御系统,影响心脏的形态完整和心脏活动
	威斯特大鼠	静脉注射	2mg/kg CdCl$_2$	10d	血液中红细胞和血红蛋白浓度均下降,乳酸脱氢酶活力增高,过氧化氢酶和超氧化物歧化酶的活力降低
免疫系统	小鼠	腹腔注射	1.8mg/kg CdCl$_2$	0~72h	胸腺和脾脏损伤;18h,ROS显著增加;24h脾脏和48h胸腺线粒体膜的去极化,caspase-3活化和谷胱甘肽耗竭;48h及之后,胸腺皮质细胞耗竭
	大鼠	静脉注射	2.1~6.3mg/kg Cd(NO$_2$)$_3$	0~24h	半数致死浓度(LD$_{50}$)为5.5mg/kg;高于4.2mg/kg时,可诱导肝损伤和急性肾小管功能障碍;6.3mg/kg时,导致严重肝损伤和近端肾小管损伤
生殖系统	Wistar大鼠	腹腔注射	0~1.0mg/kg CdCl$_2$	连续6周	高剂量组出现死亡,1.0mg/kg可导致卵巢孕酮和雌二醇含量下降,雌激素合成减少
	Wistar大鼠	皮下注射	0~7.5mg/kg CdCl$_2$	24h	StAR和P450scc表达和活性受抑制,卵巢孕激素合成量下降,孕激素合成量与CdCl$_2$含量呈剂量-效应关系
	SD大鼠	腹腔注射	0.25~0.5mg/kg CdCl$_2$	连续7d	0.25mg/kg剂量组附睾尾精子计数下降,0.5mg/kg剂量组每日精子生成量、睾丸重量和睾酮含量下降
		饲料喂食	5~10mg/kg CdCl$_2$	连续3~6周	5mg/kg、6周,10mg/kg、3周,睾丸精子头计数和每日精子生成量急剧均下降
	黑斑蛙	身体暴露	2.5~10.0mg/L CdCl$_2$·2.5H$_2$O	连续14d	精子数量随染镉剂量升高而减少,精子畸形率升高,且均呈剂量-效应关系
胚胎发育	斑马鱼	胚胎暴露	12个浓度的Cd^{2+}	浸泡24~72h	24h,半数致死浓度(LC$_{50}$)为94.56μmol/L;72h,孵化抑制率的半数效应浓度(EC$_{50}$)为29.28μmol/L,8μmol/L浓度组孵化后出现心包囊肿和尾部弯曲的现象
	鲫鱼	胚胎暴露	8mg/L Cd^{2+}	浸泡至孵化	胚胎死亡率49%,胚胎孵化率51%,仔鱼畸形率33.4%
		仔鱼暴露	1~8mg/L Cd^{2+}	暴露24~72h	1mg/L、72h,2mg/L、48h,8mg/L、24h,累计死亡率均达到100%

3.2.3　汞的健康风险

人体汞暴露的健康效应主要取决于汞的化学形态、暴露途径以及暴露量。无机汞的人体暴露对于普通人群主要为补牙、服用中药以及使用高汞含量的化妆品等；职业暴露则主要为生产或使用汞及其化合物的职业人群。元素态汞的吸入是人体暴露无机汞的最重要途径，元素态汞经呼吸道进入到肺泡，除少部分通过肺泡壁迅速扩散被红细胞结合外，大部分（约80％）被氧化为无机离子进入血液，通过血液循环迅速分布到全身，随后转运聚积于肝脏和肾脏，并经肾由尿液排出体外。汞及其化合物具有很强的生物毒件和生物富集性，氯化汞和甲基汞已经被美国环保署列为可疑致癌物质。甲基汞具有极强的脂溶性，能够穿透血脑屏障，并造成中枢神经系统的永久性损伤。甲基汞还能通过胎盘屏障，侵害胎儿，影响胎儿及幼儿的神经发育和生长。有研究发现，胚胎期汞暴露的新生鼠脑组织中汞含量较对照组增加3～10倍。甲基汞易于沿水生食物链积累，人体甲基汞暴露的主要途径是食用龟类等水产品，美国环保署已就74％的鱼类食用向公众提出了警告。在我国汞矿区，居民甲基汞暴露的最主要途径是长期食用汞污染的大米。

不同形态汞作用的靶器官不同，脑是离子态汞作用的靶器官，肾是甲基汞毒性效应的靶器官，而元素态汞毒性效应的靶器官主要是脑和肾。汞的毒性作用主要体现在它对人体神经系统、免疫系统和循环系统。研究表明，甲基汞神经毒性作用的生化机制可能与线粒体变化、脂质过氧化损伤、蛋白质识别受干扰以及细胞表面识别受干扰等过程有关。冀秀玲等研究认为，长期通过饮食摄入产自万山汞矿区受永久污染的大米将引发人鼠体内神经递质、自由基及即刻基因的变化，并全面影响大鼠多个功能基因的表达。无机汞也有很强的神经毒性作用。汞离子属于典型的软酸，它与巯基有很强的亲和性，生物体中许多酶类含有巯基，而汞与巯基的这种亲和性特异反应，使巯基活性中心部位被封闭，酶的空间构象发生变化，造成酶失去其应有的活性。汞还可与细胞膜中一些组成成分含巯基的物质结合，改变细胞膜的通透性，造成细胞功能异常。

在人体脑、肝、肾等组织器官以及血细胞中汞的含量较高。长期处于汞污染暴露会导致汞在头发中积累，人体头发具有易于获取、非破坏性等特点，而且能够真实反应一段时期处于汞暴露的状况，已被广泛应用于衡量人体污染暴露水平。虽然不同形态汞具有不同的暴露模式和毒理动力学过程，但在人体内有机汞和元素汞最终都会被转化为无机离子态汞。甲基汞在脑中最终也会被转化为无机离子态汞，但转化速率非常慢。

3.3　摄入标准

3.3.1　铅的摄入标准

世界卫生组织空气质量指南（WHO Air Quality Guidelines）确定了空气中的铅时间加权平均浓度值标准为 $0.5\mu g/m^3$（年平均值）。此外，欧洲委员会 1999 年也确定了环境大气标准 $0.5\mu g/m^3$（年平均值），称为"第一女儿指令 [the first daughter directive（1990/30/

EC）〕”，该标准适用于欧盟所有国家。1978 年，美国环境保护局确定了《国家环境空气质量标准（NAAQS）》，规定铅在空气中 3 个月以上的平均浓度不能超过 $1.5\mu g/m^3$。1990年颁布的《清洁空气法修正案（Clean Air Act Amendment，CAAA）》要求从 1995 年 12月 31 日开始禁止销售加铅汽油，并要求美国环境保护局根据该法章节 112，通过不同企业运用最高可实现的控制技术，来控制作为有害空气污染物的铅化合物。

FAO 和 WHO 设立的食品添加剂联合专家委员会确定了铅的临时每周可允许摄入量$25\mu g/kg$ 体重。FAO 和 WHO 设立的国际食品法典委员会对食品中的最高铅浓度（codex alimentarius maximum levels）做出了规定，表 3-2 总结了食品法规定的铅最高含量。

WHO 确定了饮用水铅含量的指导标准为 $0.01mg/L$（$10\mu g/L$）。研究发现，使用铅设备的饮用水铅含量很高（超过 $100\mu g/L$），但饮用水的铅含量一般都低于 $5\mu g/L$。美国环境保护局规定饮用水的铅标准值，也称为最大污染物浓度（MCL）为 $0.015mg/L$。美国环境保护局也确定了零铅浓度目标（MCLG），这个目标是要求饮用水中没有自由铅。

表 3-2　食品法规定的铅最高含量　　　　　　　　单位：mg/kg

法规号		食物	最高浓度	备注
FC1	FP9	水果	0.1	
FS12	FB18			
FT26	FI30	小水果、干果和葡萄	0.2	
JF175		果汁,包括果肉饮料	0.05	直接饮用
VA35	VO50	蔬菜	0.1	包括削了皮的土豆
VC45	VR75	芸苔(VB)、有叶蔬菜(VL)、蘑菇、啤酒花和药草除外		
VB40		芸苔	0.3	
		羽衣甘蓝除外(480)		
VL53		有叶蔬菜(菠菜除外)		
C81		谷物粮食	0.2	
VD70		豆子		
VP60		豆类蔬菜		
MM97		牛羊猪肉	0.1	
PM100		家禽肉		
MF97		肉类脂肪	0.1	
PF111		家禽脂肪		
OC172		植物油(可可油除外)		
OR172				
MO97		牛、猪和家禽可食杂碎	0.5	
ML107		牛奶	0.02	含有消费的二级(82)牛奶产品
FF269		葡萄酒	0.2	
LM(未特别指定的)		婴儿配方食品	0.02	直接使用

3.3.2　镉的摄入标准

FAO 和世界卫生组织食品添加剂专家联合委员会给出的暂定每周耐受摄入量为 $7\mu g/kg$ 体重，相当于每天 $1\mu g/kg$ 体重。对于体重 70kg 的人，每天耐受的镉摄入量是 $70\mu g$。欧洲食品安全局食品链污染物科学小组研究结果表明，每周镉的摄入量应不超过 $2.5\mu g/kg$ 体重。美国环保局规定了镉的参考（标准）剂量，水污染暴露剂量标准是 $0.0005mg/(kg \cdot d)$，食品暴露剂量标准是 $0.003mg/(kg \cdot d)$。

国际食品法典委员会（Codex Alimentarius Commission，CAC）规定，粮食、豆类镉限量为 0.1mg/kg、稻谷 0.2mg/kg、大米 0.4mg/kg、大豆及花生 0.2mg/kg、软体动物 1.0mg/kg 或 2.0mg/kg。欧盟法规规定，肉食、禽肉及部分水产品的镉限量 0.05～1.0mg/kg，谷物和大豆 0.1～0.2mg/kg，蔬菜 0.05～0.2mg/kg。澳大利亚规定，花生、小麦和大米 0.1mg/kg，巧克力和可可制品 0.5mg/kg，牛、羊、猪的肾脏 2.5mg/kg，牛、羊、猪的肝脏 1.25mg/kg，叶菜类和块根类蔬菜 0.1mg/kg，牛、羊、猪肉（包括内脏）0.05mg/kg，软体动物 2.0mg/kg。我国《食品安全国家标准　食品中污染物限量》（GB 2762—2017）中规定了不同食物的镉含量限值。

根据对饮用水的分配比占暂定每周耐受摄入量 10% 和每天平均饮水量为 2L，世界卫生组织规定饮用水中镉含量标准值是 0.003mg/L。美国、欧盟、英国和中国等国家和地区规定饮用水中镉浓度限值为 0.005mg/L。世界卫生组织规定环境空气中的镉浓度的指南标准是 0.005mg/L。

3.3.3　汞的摄入标准

汞的环境行为复杂，通过生物作用或非生物作用可以使环境中的无机汞转化为毒性更大的甲基汞，并通过食物链对人体产生严重的危害，同时具有强烈的致畸、致癌和致突变性。生态风险评价是为了估计某种环境生物所引起的目标人群相关疾病的水平。

污染水体中的汞主要来自工业排放的废水以及汞矿床的扩散等，环境中的无机汞随工业污染也会释放到大气中，后被降雨带入溪流和海洋。研究表明，北欧、北美内陆偏远地区无明显工业污染源的湖泊中鱼体内的汞浓度的升高就来源于大气汞沉降。水体中的无机汞在微生物作用下转化成为容易被生物利用的甲基汞，鱼体内 75%～95% 的汞都是以甲基汞的形式存在，处于食物链高端的鱼体内含汞的浓度可比其生活环境中的汞浓度高 100 万倍。

一般情况，采用水产品中允许的甲基汞最大残留量（maximum residue level，MRL）或最高限量（maximum level，ML）评估水产品对当地食鱼人群的暴露风险。食品药品监督管理局（FDA）规定鱼体甲基汞限量标准为 $1000\mu g/kg$，英国和欧盟对非掠食性鱼类的规定同样为 $1000\mu g/kg$，其他的鱼类可食用部分为 $500\mu g/kg$。2012 年，中国在《食品安全国家标准　食品中污染物限量》（GB 2762—2017）中对鱼的甲基汞标准进行了整合修订，水产动物及其制品（肉食性鱼类及其制品除外）限值为 0.5mg/kg，肉食性鱼类及其制品限值为 1.0mg/kg。

为了评估甲基汞对人体的潜在危害，使用式(3-1)可计算居民每天消费鱼类摄入甲基汞的量。

$$EDI = CM/BW \qquad\qquad (3-1)$$

式中　C——鱼肉中甲基汞的浓度；

　　　M——每人每天食鱼量；

　　　BW——体重。

田文娟等根据式(3-1)研究了不同年龄段人群的体重和鱼的消费量，计算出不同年龄段人群每天每千克体重甲基汞的摄入量，详见图 3-1。

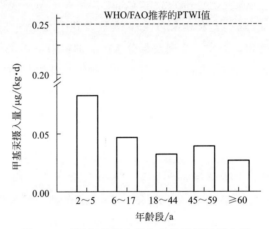

图 3-1　不同年龄段人群食鱼的甲基汞摄入量

由图 3-1 可知，随着年龄的增长，人体通过食鱼摄入的甲基汞含量总体呈下降趋势，2~5 岁儿童的甲基汞摄入量最高，为 0.087μg/(kg·d)，低于 WHO 和 FAO 设定的每天可承受摄入量 0.23μg/(kg·d)，也低于 USEPA 制订的 RfD 值 0.1μg/(kg·d)。儿童是最易受甲基汞毒性影响的敏感人群，其摄入较高量的甲基汞必应引起高度关注。

根据甲基汞和人体健康效应之间的关系，FDA 和 USEPA 建立了甲基汞摄入参考剂量（reference dose，RfD），WHO 和 FAO 联合制订了临时性每周可承受的摄入量（PTWI），这两个标准成为国际公认的甲基汞暴露衡量指标。1972 年，WHO 建议成人每周暂定甲基汞的 PTWI 值不得超过 3.3μg/kg。2003 年，联合食品添加剂专家委员会（JECFA）将甲基汞的 PTWI 值由 3.3μg/kg 降至 1.6μg/kg。USEPA 制订甲基汞的 RfD 为 0.1μg/(kg·d)。表 3-3 列举了部分国家、地区或组织制订的甲基汞最大可承受的摄入量。

表 3-3　部分国家、地区或组织制订的甲基汞最大可承受摄入量

国家、地区或组织	相关标准	可承受的摄入量
欧盟	指令、法规和指导文件	每周 1.6μg/kg[0.23μg/(kg·d)]
日本	鱼类和甲壳类食用标准	临时性日可承受摄入量
英国	欧洲法定标准	每周 1.6μg/kg[0.23μg/(kg·d)]
美国	FDA 和 USEPA 相关规定	0.1μg/(kg·d)
WHO 和 FAO	鱼体甲基汞含量导则	每周 1.6μg/kg[0.23μg/(kg·d)]

3.4　环境暴露水平

3.4.1　铅的环境暴露水平

一般而言，铅的浓度从雨水（一般酸性，pH<5.5，浓度大约是 $20\mu g/L$）、淡水（一般中性，pH=7，浓度大约是 $5\mu g/L$）和海水（一般碱性，pH>8.2，浓度小于 $1\mu g/L$）依次下降。在这个铅浓度下降的过程，铅被清除到沉积物中。河流铅浓度一般主要取决于当地铅污染源的输入，因为铅在河水中的停留时间较短。在那些存在铅矿化的地区，河流的铅浓度可比没有铅矿化地区河流的铅浓度高出 10 倍，一般没有铅矿化地区河流的铅浓度都远低于 $10\mu g/L$。

雨水渗入地下水和进入地表水系一般都要通过土壤。由于铅与土壤中的矿物质和腐殖质结合，所以地下水含铅量一般都很低，低于 $10\mu g/L$。

日本环境部已经公布了土壤和地下水环境质量监测数据。公布的数据表明，地下水铅含量超过环境质量标准（0.01mg/L）的现象非常少见。1999～2003 年，仅 0.2%～0.6% 的样品超过环境质量标准，最高浓度为 0.16mg/L。

英国进行的一项研究表明，农村"没有污染"的土壤铅浓度范围为 15～106mg/kg，几何平均值为 42mg/kg，在一个包括 2780 个土壤样品的调查中，其几何平均值为 48mg/kg。美国农业地表土壤超过 3000 个样品的数据给出了铅浓度中值为 11mg/kg，平均值为 18mg/kg。英国发现的较高浓度可能是因为过去数百年工业和冶金活动产生的污染物累积结果。

靠近点源（例如冶炼厂）附近土壤的铅浓度明显升高，城市土壤铅浓度也高于包括农田在内农村地区土壤的铅浓度。在美国，针对城市公园的研究结果表明，土壤铅浓度为 200～3300mg/kg。英国针对 53 个镇和市镇城市公园土壤铅浓度的研究发现，与农村土地比较，城市公园土壤的铅浓度较高。这些市镇（伦敦除外）和受到采矿、冶炼影响地区土地的铅浓度为 13～14100mg/kg（几何平均值为 230mg/kg）。伦敦 7 个市镇土壤的铅平均浓度为 654mg/kg。

荷兰土壤铅的代表性浓度从较干净地区的 10～30mg/kg（干重）到每千克土壤干重含几十毫克铅不等。根据图克尔等的研究成果，丹麦城市土壤的铅浓度为 30～500mg/kg。

在亚美尼亚阿拉韦尔迪（Alaverdi）附近有一个铅采矿和冶炼联合企业，距离该企业 2km 的地方土壤铅浓度超过最大允许浓度（20.0mg/kg）20～40 倍，3～5km 距离处土壤铅浓度超过 10～15 倍。这家企业内土壤铅浓度据报道超过最大允许浓度的 81～109 倍。赫拉兹丹（Hrazdan）水泥厂和国家发电厂附近土壤铅浓度为 23～71.6mg/kg，距离 3km 处土壤铅浓度为 44.7mg/kg。同样，亚拉腊（Ararat）水泥厂附近土壤的铅浓度为 24～28mg/kg（干重），2～5km 处土壤的铅浓度为 16～20mg/kg。

亚美尼亚埃里温（Yerevan）空气铅浓度是最大允许浓度（0.003mg/m³）的 1.2～1.3 倍，而在繁忙交通干线附近，空气铅浓度是最大允许浓度的 16～19 倍。在瓦纳佐尔市（Kirovakan），空气铅浓度超过最大允许浓度的 15～20 倍，在阿拉韦尔迪市，空气铅浓度超过最大允许浓度的 10 倍。

在肯尼亚内罗毕（Nairobi）重点地区和奥尔卡洛区、尼扬大陆区的儿童和青少年进行了血铅案例研究，该研究也分析了土壤铅浓度。在内罗毕中心商业区，土壤铅浓度为265.918mg/kg，羽衣甘蓝的铅浓度为5.054mg/kg，玉米的铅浓度为1.948mg/kg，牛奶的铅浓度为0.046mg/kg。与此对应，锡卡市中心商业区的土壤铅浓度为133.79mg/kg，羽衣甘蓝的铅浓度为2.243mg/kg，玉米的铅浓度为1.352mg/kg，牛奶的铅浓度为0.044mg/kg。

在波兰，环境保护监察总局根据全国环境监测计划监督管理废气废水排放。对于废水排放，污染排放企业必须提供关于他们缴纳排污费方面的有关数据。此外，污染物排放配额交易全国管理者将编写铅污染排放数据并提交给欧洲委员会。目前，波兰只有大气沉降PM_{10}颗粒物的铅浓度和地表水铅浓度数据。

在匈牙利，农业部和环境部1992年联合建立了土壤信息和监测系统（SIMS）。土壤信息和监测系统的采样范围涵盖整个匈牙利，而不管土地的用途、土地归谁所有以及其他因素。这个监测系统包括1236个站点。研究人员分析了1992年采集的样品，其中包括分析样品的铅浓度。根据不同类型的土壤，匈牙利土地铅含量如下：沙子的铅浓度为9mg/kg，贫瘠粉质黏土的铅浓度为16mg/kg，黏土的铅浓度为26mg/kg。

在匈牙利淘汰含铅汽油后，人们没有定期测量空气中的铅浓度。然而，人们会时而采样和测量铅浓度。环境当局最新的采样和测量是2005年进行的。在许多不同城市采用空气样品来分析PM_{10}颗粒污染物中的砷、镍、镉、铅和苯并芘浓度。

1996年在马达加斯加进行了关于空气污染的一项研究，研究地点是交通繁忙地区。不同粒径颗粒污染物（$PM_{2.5} \sim PM_{10}$）测出的铅浓度为$10 \sim 1791\mu g/m^3$。

2006年冬季在巴基斯坦拉哈尔（Lahore）进行了另外一项研究，研究人员发现$PM_{2.5}$的含铅量为$11.7 \sim 6948ng/m^3$，平均浓度为$953.3ng/m^3$。

在荷兰，水的铅浓度最多不过每升几微克。莱茵河（Rhine）和默兹河（Meuse）的铅浓度从20世纪70年代中期的$20 \sim 30\mu g/L$下降到20世纪80年代中期的低于$10\mu g/L$，这已经低于荷兰最高允许风险水平（MTRL）的$11\mu g/L$。

挪威2001年认定打猎或其他室外射击使用的子弹是其环境中最大的铅污染源，构成陆源排放量的72%。射击场雨水径流样品表明，铅的浓度为$10 \sim 150\mu g/L$（在挪威，地表水铅浓度超过$5\mu g/L$就被认为是"严重污染"）。

日本从1997年和最近的一些水生生物铅含量的监测数据中发现，铅浓度一般都很低，虽然在某些情况下，以贝类为食的鸟可能会暴露在较高浓度铅污染物中。

日本的监测数据还包括一些海鹰和金鹰样品，它们的铅浓度差别很大，例如在铅最富集的肝中，其铅含量从大约$0.1\mu g/g$到超过$230\mu g/g$不等。一些鹰的胃里发现有铅弹。研究人员认为，鸟肝中铅浓度$\geqslant 5\mu g/g$就会导致死亡。欧洲1995～1999年海洋环境远离地方和区域排放源海域贻贝的铅浓度都低于《奥斯陆巴黎保护东北大西洋海洋环境公约》（OSPAR）背景值的上限。然而，欧洲大多数海岸的铅浓度都高于背景值。在几个地点，贻贝的铅浓度已经高于人类食用限值。大西洋鳕鱼鱼肝和波罗的海青鱼肉中的铅浓度一般很低。研究人员观察到九个沿海地点鱼肉铅含量的上升趋势，在大多数情况下，它们与热点地区的情况不同。研究人员逐站点分析了266个时间趋势，其中只有39个是显著的趋势，30个随时间下降，剩下的9个随时间上升。

野生动物直接暴露于环境大气中可能是一个暴露途径，但是，《环境健康铅标准》并没有描述这个暴露途径。

摩尔多瓦现有最高允许铅浓度为 30.0mg/kg（所有形式的物质）和 6.0mg/kg（流动形式的物质），对土壤中的铅浓度及其无机化合物浓度（所有和流动形式）进行了规定。

挪威 2006 年在不同地点测量不同介质的铅浓度结果表明，空气中的铅年均浓度为 $0.44 \sim 2.01 ng/m^3$，降水中的铅年均浓度为 $0.44 \sim 2.01 \mu g/L$，大气沉降物年均铅浓度为 $133 \sim 1600 \mu g/m^3$；最低的铅浓度出现在挪威北部。2005 年挪威苔藓的铅浓度为 $0.49 \sim 34 \mu g/g$，它反映了沉降规律。1995 年 102 个湖泊沉积物样品表明铅浓度的干重范围为 $6.44 \sim 2070 \mu g/g$。

瑞士苔藓典型铅浓度是空气颗粒污染物沉降的结果，该浓度平均值从 1990 年的 $15.2 \mu g/g$ 下降到 2000 年的 $3.3 \mu g/g$，呈现出下降趋势。降水少的阿尔卑斯山脉中部的铅浓度要比降水多的瑞士南部的铅浓度低很多。

定期分析匈牙利河流中的铅浓度，根据监测数据，人们可计算出进出河流的溶解铅量。2005 年，匈牙利杜纳河、蒂萨河和德拉瓦河铅输入总量为 152t，铅输出总量为 166t。

研究人员在巴基斯坦首都伊斯兰堡以北 250km 的白沙姆镇进行了一项研究，确定当地七种常见植物及其土壤的铅浓度。植物中平均铅浓度为 $30.97 \mu g/g$，土壤中铅的平均浓度为 $367.81 \mu g/g$。

联合国环境规划署和联合国开发计划署目前正在科索沃米特罗维察（Mitrovica）研究重金属污染问题的案例，该研究指出了废弃采矿和选矿设施带来的一些环境风险。

3.4.2　镉的环境暴露水平

镉排放到环境中的受体包括大气、水和陆地环境。镉在这几种受体之间流动。排放到大气中的镉，由于大气沉降而进入陆地和水环境，而排放到土壤中的镉随着时间会被冲到水环境中。水和土壤的物理化学性质影响镉的流动性和生物利用度。相对而言，水环境中的低 pH 值、低硬度、低悬浮颗粒含量、高氧化还原电势和低盐度会加强镉的流动性，土壤中的低 pH 值、低有机物含量、土壤大颗粒和高土壤湿度会加强生物群落中镉的流动性和潜在蓄积程度。

挪威 2006 年监测空气中镉的年平均浓度范围为 $0.016 \sim 0.063 ng/m^3$，降水年平均浓度范围为 $0.016 \sim 0.163 \mu g/L$，大气沉降年平均浓度为 $7.1 \sim 64.4 \mu g/m^2$，最低浓度出现在挪威北部；2005 年陆地苔藓镉浓度范围为 $0.017 \sim 2.5 \mu g/g$，并反映了沉降规律；1995 年 102 个湖泊沉积物样品的镉浓度范围是 $0.0954 \sim 179 \mu g/g$（干重）。2006 年冬季，巴基斯坦拉哈尔研究发现，$PM_{2.5}$ 颗粒物的镉平均浓度为 $7.02 ng/m^3$，浓度范围为 $0.34 \sim 27.7 ng/m^3$。

欧盟淡水镉污染物浓度从 20 世纪 70 年代底开始下降。在莱茵河下游，$1977 \sim 1984$ 年镉浓度发生了大幅下降。欧洲淡水（主要是河流）溶解镉浓度监测数据显示，镉浓度范围为 $0.01 \sim 1.0 \mu g/L$，平均浓度为 $0.11 \mu g/L$。欧盟镉风险评估选择 $0.05 \mu g/L$（溶解部分）作为淡水的自然背景值，选择沉积物镉的背景值为 2mg/kg（干重）。镉的天然背景值可能更低，大概是 $0.1 \sim 0.8$ mg/kg（干重）。

荷兰河流镉污染物浓度（可溶解物和悬浮颗粒的总浓度）从 1983 年到 1986 年下降了 75%。加拿大大多数城市海洋和淡水沉积物的镉浓度都低于不利影响的阈值，但工厂和城市地区污染场地附近的镉浓度（平均浓度为 5～40mg/kg）则处于可能产生不利影响的浓度范围。日本环境部的持续监测数据显示，公用水域和地下水中镉含量普遍达到环境质量标准，2001～2005 年，所有采样点的镉浓度都小于 0.01mg/L。

欧洲远离镉污染点源地区（主要是北欧）监测的土壤镉浓度范围为 0.05～14mg/kg（干重），大多数地点的浓度范围为 0.1～1.8mg/kg（干重），监测地点的平均值为 0.33mg/kg（干重），最高 10％浓度数据的平均值为 0.67mg/kg（干重）。在北欧，土壤镉浓度一般都低于 0.25mg/kg（干重）。日本环境质量标准中规定的土壤镉浸出浓度为 0.01mg/L，1998～2002 年采集土壤样品的分析结果表明超标率为 8％～22％。巴基斯坦斯瓦特明戈拉（Mingora）和卡布拉（Kabla）地区的镁铁矿石和超级镁铁矿岩石厂内土壤镉浓度范围分别是 0.04～0.09mg/kg 和 2.0～4.0mg/kg。

澳大利亚通过采集袋鼠样品，来分析它们的镉和其他重金属浓度。研究发现，新南威尔士州布罗肯希尔西边一座矿山附近的袋鼠样品镉浓度较高，说明布罗肯希尔及其附近的表土和植被含有较高浓度的镉（澳大利亚，2005）。芬兰通过每年收集驼鹿和驯鹿样品，分析发现动物肌肉样品中的镉浓度在监测期间下降，接近 0.001mg/kg（湿重）。驼鹿肝、肾镉浓度下降，浓度范围分别为 0.71～1.28mg/kg（湿重）、4.95～6.18mg/kg（湿重）。几乎所有成年驯鹿和一些牛犊的肾镉水平都超过了欧盟镉的最高允许标准（1.0mg/kg）。

3.4.3　汞的环境暴露水平

一般人群主要是通过摄入含甲基汞的食物、饮用水或牙齿填充物（汞齐）中汞的释放接触汞。护肤品、香皂的使用，宗教、文化和仪式中的汞使用，传统医药中的汞以及工作环境中的汞，也会提高人类对汞的接触。例如，家庭中旧煤气表泄漏和其他形式的泄漏会导致空气中汞浓度的升高。在氯碱工厂、汞矿山、温度计/体温计厂、精炼厂、齿科门诊部（WHO，1991 年）以及利用汞进行炼金的矿山和制造业等工作环境中汞浓度的升高，已有报道先例。其他的接触可能来自消毒液、一些疫苗中用于防腐剂的硫柳汞及其他医药品的使用。联合国环境规划署（United Nations Environment Programme，UNEP）组织编写的国家评估报告中指出，目前由于局部污染、职业暴露、某些文化和仪式活动、传统医药品的使用等产生的与汞相关的影响，在全球范围各国家和地区之间有很大差别，有些地区会表现得特别显著。

世界上有许多国家和地区都发现了因鱼肉引起的甲基汞暴露的例子，如瑞典、芬兰、美国、北极地区、日本、中国、印度尼西亚、巴布亚新几内亚、泰国、韩国和亚马孙等。美国1999 年开展了一项以约 700 名妇女（年龄 16～49 岁）为代表性人群的研究，其中 10％的妇女血液和头发中汞浓度超过了 USEPA 相应的参考值。在这些国家和地区，地方性和区域性的汞沉积物多年来一直影响着汞污染物的量，直到最近十年才采取了一些措施减少汞的释放。然而，汞污染物释放后的长距离迁移特性，使在只有少量汞释放的国家，以及在远离稠密人类活动的区域，都可能会受到汞污染物的严重影响，北极地区已达到警戒的高汞暴露就是一个实例。

许多国家和国际组织也向 UNEP 提交了关于鱼体内汞浓度的资料，且这类研究在文献中也有报道。水体的 pH 值、氧化还原性、鱼的种类、年龄和大小等因素造成不同鱼体内的汞浓度值一般在 0.05～1.4mg/kg。由于汞在食物链中的生物放大作用，食物链中营养级别越高或所处位置越高的鱼，其体内汞的浓度就越高。因此，大型食肉性鱼类体内汞的浓度最高，如梭子鱼、鲨鱼、旗鱼、梭鱼类、大金枪鱼以及海豹和有齿鲸等。因鱼体内的汞浓度会直接影响到食用鱼类产品的人类健康，所以许多学者对鱼类和一些海洋哺乳动物的汞暴露水平进行了研究。研究表明，适量食用汞含量低的鱼类不会导致严重的汞暴露，若大量食用受污染的鱼类或海洋哺乳动物将极可能面临严重的汞暴露并最终产生风险，同时建议敏感人群（如孕妇和小孩），要限制或避免食用含汞水平高的鱼类。

第4章

重金属对生态系统的风险

4.1 鸡鸟类和哺乳动物的影响

4.1.1 铅对鸟类和哺乳动物的影响

有很多文献记录了铅污染对水鸟产生的环境影响。在鸟胃里，铅会慢慢分解，导致血液、肾、肝和骨骼内含铅量很高，并最终导致铅污染物的排放。鸟吞入胃中的铅弹是严重铅暴露的污染物。此外，鸟也吞入钓鱼使用的鱼坠。摄入子弹的金属铅对鸟类的毒性很大，一些种类的鸟吞入一粒铅制子弹就能致命。摄入的铅制鱼坠，由于鸟消化系统的酸性环境和鸟胃的物理磨碎而变小，形成可溶解的毒性铅盐，然后被循环系统吸收，导致鸟中毒、神经和行为变化，并最终导致死亡。

一般而言，水鸟血液中 $0.5\mu g/g$ 浓度的铅就具有毒性。虽然血铅浓度 $0.2\mu g/g$ 可能就开始出现中毒症状，但研究表明，水鸟肝中铅浓度 $5.0\mu g/g$ 或更高 $[10\sim14\mu g/g（干重）]$ 是致命的。对于一些敏感种类的鸟，$75\sim150\mu g/g$ 体重的铅剂量就会减少寿命，饮食浓度 $50\mu g/g$ 时危害繁殖。研究人员在 $7.5\mu g/g$ 体重的铅剂量就已经观察到了铅中毒的亚致死迹象。试验研究中，水鸟在铅浓度 $20\sim40\mu g/g$ 时常常发生死亡现象，水鸟的致命剂量为 $5\sim80\mu g/g$。

至少 21 个国家的研究文献记录了水鸟摄入铅制子弹而中毒的现象，包括澳大利亚、加拿大、法国、英国、日本、荷兰、西班牙和美国等。除了铅制子弹，水鸟还摄入小鱼坠。因为鱼坠一般都比铅制子弹更大，一枚鱼坠可能就会导致急性中毒。美国针对 600 只死亡潜鸟的研究表明，鱼饵导致了约 10％的鸟类死亡。加拿大研究表明，摄入铅制子弹是本国水鸟和大多数其他种鸟类铅暴露和铅中毒的主要原因。对潜鸟等种类的鸟而言，摄入铅制鱼坠是铅中毒更常见的原因。美国环境保护局研究结论得出，摄入铅制鱼坠导致潜鸟、号手天鹅、疣鼻天鹅、冻原天鹅和沙丘鹤等鸟类中毒往往是致命结果。在铅暴露地区有类似捕食习惯的其他种类的鸟也面临风险。在加拿大和美国进行的研究表明，秃鹰和金鹰由于捕食受到铅弹污染的动物发生二次铅中毒，导致 $10\%\sim15\%$ 的成鸟死亡。另有研究结果表明，大约 20% 或更高比例的健康水鸟都携带铅制子弹。北美和欧洲的一些其他种类的猛禽也有类型情况。

有许多研究文献报告野生动物的铅含量水平，但很少有铅对野生动物或非实验室动物的毒性后果的报道。在实验室研究的所有种类动物中，已经表明铅会导致一些器官和器官系统的不利影响，包括血液系统、中枢神经系统、肾、生殖系统和免疫系统。芬兰每年都采集驼鹿和驯鹿样品进行分析，作为全国铅残留控制项目的组成部分。所有研究动物肌肉组织中的铅含量都在下降，目前接近定量限度值 $0.01mg/kg$（湿重）。监测期间动物肝脏和肾脏样品的铅浓度也在下降，分别为 $0.04\sim0.07mg/kg$（湿重）和 $0.05\sim0.07mg/kg$（湿重）。芬兰山区野兔的铅浓度研究表明，其铅浓度比欧洲其他地区野兔的铅含量高。

4.1.2　镉对鸟类和哺乳动物的影响

部分鸟类和哺乳动物体内镉含量较高。在日本北海道采集的海雕和白尾海雕以及日本岩手采集的金雕样品中，肾脏镉浓度都高于肝和肌肉的镉浓度。在土地填埋场或工业区附近的羽田机场附近采集的红隼样品中，肝、肾脏镉含量较高。在相对没有受到人类活动污染地区的海鸟体内，也监测到了镉污染导致的肾病变，可能是由自然存在的镉污染源所导致的。

研究人员调查了日本黑熊肝、肾和脾的镉含量，3 个样品中肝脏的镉浓度为 $1\mu g/g$ 或更高，肾的镉浓度高于肝，肝的最大镉浓度为 $3.2\mu g/g$，肾脏的最大镉浓度为 $20.5\mu g/g$。

澳大利亚研究发现，冶炼厂或主要矿山附近动物发生了镉的生物蓄积现象。在大多数情况下，距离冶炼厂或主要矿山最近的动物，生物蓄积量最高。放牧反刍动物体内镉含量来源为土壤中施用的超级磷肥。

加拿大育空地区部分驯鹿/北美驯鹿、驼鹿和松鸡的镉含量以及格林兰西北海域和法罗群岛的海鸟和海洋哺乳动物中的镉含量较高，可能会损伤肾脏。但针对环斑海豹、白鲸和北极露脊鲸（balaena mysticetus）的病理学调查，包括对那些镉含量超过预期影响阈值的动物检查没有发现与镉有关的不利影响。

土壤-蚯蚓-鸟类/哺乳动物系统的镉二次中毒风险比土壤镉对植物、无脊椎动物或微生物造成的风险更高。利用评估因子法计算的哺乳动物通过食物摄取的镉无明显效应，浓度为 $0.30mg/kg$（鲜重），鸟类食物摄取的口服无效应浓度为 $0.16mg/kg$。欧盟使用后者作为哺乳动物和鸟类风险评估的预测无效应浓度。

4.1.3　汞对鸟类和哺乳动物的影响

20 世纪 50～60 年代，最先发现因汞以及其他环境有毒物质造成的环境问题中包括了鸟类蛋壳变薄的现象。当时甲基汞用于拌种，受甲基汞的影响，斯堪的纳维亚和北美的野生动物受到严重危害。野鸡和其他以种子为食的鸟类，以及以鸟类为食的肉食性动物，如隼和鹰的数量急剧减少，在某些地区几乎灭绝。之后，鸟类羽毛和蛋卵被用于监测汞对鸟类的影响，部分研究结果如下。

1997 年美国环保局的一份报告中指出，中急性中毒的鸟整体残留的汞常常超过 $20mg/kg$

（湿重）。Burger and Gochfeld（1997 年）研究了引起鸟类受损，特别是孵化率、成活率和其他生殖毒性的鸟蛋中的汞浓度。鸟蛋受损的效应浓度范围为 0.05～5.5mg/kg（湿重），主要集中在 0.5～1.0mg/kg 区间，羽毛中的汞浓度达到 5～65mg/kg（干重）时就会造成危害。Burgess and Braune 实验室研究表明，鸟蛋中的汞浓度达到 0.5～2.0mg/kg（湿重）时就会产生生殖毒性。加拿大某些鸟类蛋中的汞浓度已达到这一水平，而其他一些鸟类蛋中的汞浓度正在持续上升并接近这一水平。相关研究成果见表 4-1。

表 4-1　汞对鸟类的急性毒性和其他毒性的效应浓度

水平		效应浓度/(mg/kg)[①]	参考文献
急性效应水平	整体残留	20（湿重）	USEPA,1997
其他有害效应水平	蛋	0.5～2.0（湿重）	加拿大提交的数据
	蛋	0.05～5.5（湿重）	Burger and Gochfeld,1997
	羽毛（实验室数据）	5～65（干重）	Burger and Gochfeld,1997
	食用鱼	0.3～0.4（湿重）（鱼中）	Pirrone 等,2001
	食用鱼（野外调查）	0.2～0.4（湿重）	加拿大提交的数据
	食用鱼（实验室数据）	＞0.5（湿重）	加拿大提交的数据

①效应浓度随鸟类物种的不同而不同，与鸟类的食性偏好有关，因此外推到其他鸟类物种时需谨慎。

研究表明，被捕食的鱼中汞浓度达到 0.2～0.4mg/kg（湿重）时，就会对野生的普通潜鸟产生影响；食物中的汞达到 0.5mg/kg（湿重）时，鸟类就表现出生殖和行为毒性。美国环保局制定了适用于翠鸟、潜鸟、鱼鹰和秃头鹰等栖息的水体甲基汞标准限值，见表 4-2，范围在 33～100pg/L。此外，还特别说明，反映野生动物明显效应的浓度水平仅比反映人体细微效应的浓度水平高两个数量级。

表 4-2　适用于不同鸟类的水中甲基汞标准　　　　　　　　　　　单位：pg/L

生物体	野生动物标准
翠鸟	33
潜鸟	82
鱼鹰	82
秃头鹰	100

甲基汞是一种中枢神经系统毒剂。日本的水俣病已反映出甲基汞对动物的神经毒性作用。鸟出现严重的飞行障碍和其他极其反常的行为，家养的动物特别是主要以鱼为食的猫，出现抽搐、痉挛、行动极其不稳定（如疯跑、突然的跳跃、撞击）等神经受损症状。甲基汞也具有明显的生殖毒性，由于甲基汞很容易穿过胎盘屏障，会损害正在发育的神经系统，因此，甲基汞对正在发育的胎儿具有极大的风险。无机汞化合物主要分布在肝、肾和脑内，而最易受到无机汞化合物损害的器官是肾，能导致肾功能障碍。

美国环保局（1997 年）研究了食用鱼中的甲基汞对水貂和水獭的影响。结果表明，甲基汞剂量达到每天 0.18mg/kg（体重）或 1.1mg/kg（食物）时就会产生影响，剂量达到每天 0.18～0.5mg/kg（体重）或 1.1～5.0mg/kg（食物）时就会致死。通常较小的动物，如水貂、猴子要比大型动物，如长耳鹿或鞍纹海豹等更易受汞的影响。根据效应浓度和生物蓄积系数，美国环保局计算并设定了不会对动物造成影响的水体（动物的食物来自这些水体）中甲基汞的浓度标准，水貂为 57pg/L，水獭为 42pg/L。

北极监测和评估组织（AMAP）在 1998 年报道了肾或肝中汞浓度达到 25～60mg/kg 湿重时，会对海洋和陆生哺乳动物造成严重危害或致死。香港对驼背豚种群的研究表明，汞对它们健康的危害大于其他重金属。

4.2 对水生生物的影响

4.2.1 铅对水生生物的影响

无机铅盐对水生生物的毒性取决于水的硬度、pH 值和盐度等环境条件，大多数毒性研究并未充足地考虑这个事实。一般环境中发现的铅含量不会影响水生植物。

对于水生无脊椎动物，不同种类的动物对铅的敏感性不同。与成年阶段比较，幼年生长阶段更容易受到铅污染物的影响。然而，与无污染地区比较，那些生活在污染地区的无脊椎动物表现出更耐受铅的能力。

与成年鱼和鱼卵阶段比较，幼鱼更容易受到铅暴露影响。铅毒性典型症状包括脊椎变形和尾部变黑。在不同条件下对不同种类的淡水鱼和海鱼进行的实验结果表明，其最高允许毒性限值（MATC）为 0.04～0.198mg/L。有证据表明，青蛙和蟾蜍卵在死水中对少于 1.0mg/L 的微量铅浓度敏感，在流水中对 0.04mg/L 的铅浓度敏感。对于成年青蛙，在铅浓度低于 5mg/L 的溶液中没有明显的不良影响。

目前有关海洋中铅对海洋生物的影响主要集中在生物生长、蓄积排放及对某些参与免疫相关酶的影响方面。

铅等重金属对藻类生长、发育、细胞形态结构、繁殖等的影响研究国内外已有很多报道。早在 1979 年，Rivkin 就指出在铅质量浓度 0.05～10mg/L 中生长的骨条藻，其生长率、最高产量和细胞呼吸作用均有不同程度的下降；相反，细胞体积和每个细胞的光合作用强度增加。铅等重金属对浮游植物的生长能够产生明显的毒性作用，在低浓度的铜、铅、锌和镉污染状态下，生长未受到影响，表现为一定的耐受性，而浓度较高时，其生长受到明显抑制，毒性效应随重金属浓度的升高而增大，毒性效应依次为镉＞锌＞铅＞铜。但不同微藻对铅等重金属的耐受性不同，如重金属对于钙质角毛藻的毒性效应为 $Cu^{2+}>Cd^{2+}>Zn^{2+}>Pb^{2+}$。高质量浓度的 Pb^{2+}（≥2000μg/L）对赤潮异弯藻、旋链角毛藻、中肋骨条藻、三角褐指藻、海洋原甲藻、裸甲藻、亚心型扁藻和青岛大扁藻等 8 种浮游植物的生长普遍存在拟制作用，而较低质量浓度的 Pb^{2+}（≤100μg/L）则易促进赤潮异弯藻、旋链角毛藻、三角褐指藻、中肋骨条藻、青岛大扁藻和亚心型扁藻的生长，最佳促进生长的质量浓度分别为 1991μg/L、2523μg/L、101μg/L、1448μg/L、627μg/L、509μg/L，但对于海洋原甲藻、裸甲藻的生长没有明显的影响。

有关铅对海洋动物的毒性研究，国内外已有较多报道，主要是针对海洋铅污染对贝类、鱼类和其他较低等动物致死率或对动物个体发育过程的影响。陈金堤等在研究重金属对褶牡蛎胚胎及幼体发育的毒性效应时发现，铅离子对胚胎的半数致死质量浓度（48h，LC_{50}）为 2.52mg/L，而对幼体发育的质量浓度（96h，LC_{50}）为 3.59mg/L。高象贤等分别研究了铅对刺参和栉孔扇贝的影响，发现当铅离子质量浓度达到 0.32mg/L 时，刺参耳状幼虫会出现大量畸形，而当铅离子质量浓度达到 0.5mg/L 时，稚参已无法正常发育；而铅对栉孔扇贝幼贝的 96h LC_{50} 为 1.27mg/L。也有研究表明，铅离子质量浓度在 2mg/L 以下时，对贻贝早期孵化影响不大。而隋国斌等的研究发现，当铅离子质量浓度达到 10mg/L（已饱和）时，对皱纹盘鲍幼鲍（6 月龄）染毒 96h，仍未出现个体死亡现象。众多急性毒性试验结果表明，各种动物对铅离子的耐受程度不同，往往是个体比较大的耐受力要比个体比较小的耐受力大；而同一种动物在不同发育时期的耐受力则表现为胚胎期对铅离子敏感性大于幼虫期和成虫期，这主要是幼体生命活动力开始增强，解毒机制已初步形成。在精子和卵形成时期，一般受铅污染的精子表现为顶体的解体、顶体及核物质大量丢失，这种类型的精子失去了正常受精的能力，会直接导致个体的不育；早期胚胎发育阶段，一般受铅污染比较严重的受精卵的分裂很不规则，呈畸形发育，这些畸形发育的胚胎继而就成为胚胎及幼体死亡的个体，往往在养殖上会造成严重的伤害，使自然种群繁殖率下降。但通过急性毒性试验对比研究表明，铅污染对生物体的伤害比汞、镉、铜、锌等重金属要小。

不同海洋动物对铅等重金属的富集能力存在很大差异。一般来说，底栖和固着生活种类动物的富集能力大于游泳生活的种类，而底栖滤食性的软体动物则更为显著。高象贤等同时研究了栉孔扇贝、贻贝和毛蚶对铅的富集情况，发现三者对铅均具有较强的富集能力，而贻贝则最为突出，在 35d 内其体内富集含铅量比本底值提高了近 200 倍。研究同时表明，近江牡蛎和翡翠贻贝等动物体内的铅含量还与暴露时间呈显著的线性正相关，与海水盐度存在一定的反比关系。铅在海洋动物体内的累积还受到动物个体大小、体重的影响。铅在不同动物体内的蓄积分配与排放规律也有所不同。牙鲆暴露于铅环境中，其体内铅的蓄积量由多到少依次为内脏、鳃和肌肉，将其置身于清洁海水中，铅在各器官的排除速率与蓄积量相对应，排除速率依次为内脏＞鳃＞肌肉；而将栉孔扇贝暴露于铅环境中，其体内的铅蓄积量依次为鳃＞内脏＞肌肉，排出速率与蓄积量亦相对应；铅在刺参体内的蓄积速率从大到小则为内脏团、纵肌、体壁。

动物对铅等海洋重金属的蓄积还受到一些物理条件的影响。赵元凤等研究发现，海水中总有机碳浓度对铅在牙鲆中的蓄积量有明显影响，总有机碳浓度与牙鲆各组织中铅蓄积量呈一定反比关系，说明海水总有机碳能降低铅的生物有效性。而有试验证明，在饵料中添加海藻多糖则对刺参中铅的排放有明显的促进作用。

铅等海洋水体污染物对海洋生物的毒理学研究，除了致死浓度和蓄积排放规律外，还包括其对生物体内酶、蛋白质等有关生化成分的影响，从而用于判断铅等水体污染物对海洋生物的毒性作用，也可作为检测水体重金属污染的一个重要方法。当生物体受到铅等重金属污染物刺激时，体内会产生大量的活性氧，造成生物体的氧化损伤如酶蛋白失活、DNA 断裂等。在重金属离子对水生动物的毒理学研究中，许多学者已经对抗氧化酶作为生物体氧化胁迫和损伤的标志物进行了大量的研究，但大多集中在铜、锌等重金属。而铅对海洋动物体内免疫相关酶的影响的报道相对较少，目前国内主要集中在铅对动物体内超氧化物歧化酶、过氧化氢酶、谷胱甘肽过氧化氢酶等抗氧化酶的影响以及几种水解酶的影响。

4.2.2　镉对水生生物的影响

　　镉在水生生物中的蓄积分布，可以反映生物体对镉的吸收、代谢和转移情况。水环境中镉的吸收通过水生动物的呼吸、体表转移和进食三条途径，通常是一个被动吸收的过程，不需要能量消耗。水生生物会从水中或通过食物链富集镉，但不同生物体内重金属镉的含量有差异。研究表明，水生生物体内镉的平均含量高低具有这样的规律：鱼类＜甲壳类＜贝类。这种规律与水生生物栖息水层及摄食习惯有关，如贝类、甲壳类大都栖息于水层底部，靠近底泥环境中，活动范围相对固定，而且它们以沉积物为主要食物，沉积物中重金属含量远大于水体中的重金属含量，由于食物链的传递，因此贝类和甲壳类体内重金属含量较鱼类高。

　　陈贵良等研究发现，当镉进入鱼体后，在鱼体中的蓄积有组织差异性。水体中的镉经鳃进入鲫鱼体内后，经过血液循环，首先是在肝脏中储存并与金属硫蛋白（metallothionein，MT）结合，生成镉-MT络合物再转移到肾脏中，镉在肝和肾中的量占全身镉总量的 $1/2 \sim 2/3$，镉在鲫鱼中的主要蓄积器官是肝脏和肾脏。2008 年，马文丽研究发现，大多数水生动物通过鳃及肠吸收重金属，进入血液循环，再到机体的其他组织器官。呼吸器官鳃是水体中镉被水生动物吸收的主要部位，行使一个短暂的重金属蓄积的功能，并且具有排除外来重金属的功能。王茜等的研究指出，镉在长江华溪蟹主要组织器官中的蓄积具有选择性，蓄积量的顺序依次为外壳＞鳃＞肝胰脏＞触角腺＞卵巢。朱玉芳等发现克氏原螯虾中镉含量为鱼鳃＞肝＞螯足肌＞腹部肌。因此，镉在水生动物各组织中的吸收和蓄积均有组织差异性和选择性。

　　水生生物长期暴露在受污染的水环境中，其组织或器官会出现病理学的改变，严重的会导致炎症或坏死等结果，因此，组织病理学的各种研究方法常被用来研究污染物对生物机体的不利影响，通常选用鳃、肝脏、性腺等作为靶器官。Liu Dongmei 等的研究发现，河南华溪蟹（sinopotamonhenanense）在镉暴露 72h 后，在显微结构上观察到，在肝胰腺组织中细胞出现肿胀和凋亡情况，在一定程度上发生坏死的现象。通过电镜可以观察到肝胰腺中细胞核和线粒体肿胀，嵴缩短或消失，线粒体最终破裂。研究表明，水环境镉暴露会影响鱼鳃组织结构和功能完整性，如导致鳃细胞凋亡、坏死、炎症反应等现象。除了肝胰腺外，镉对水生动物的鳃、心脏和血淋巴等组织都有毒性。鳃组织不仅是呼吸器官，而且还具有排泄代谢物和参与渗透压调节等重要功能，在水生动物生命活动中发挥着重要的作用，也是镉污染物产生毒性作用的最初靶点。

　　研究表明，镉会破坏鱼鳃组织渗透压和离子平衡，影响鱼正常的生理、生化及新陈代谢过程；同时，柏世军研究发现，在高浓度 Cd^{2+} 胁迫下（500μg/L），黄颡鱼（pelteobagruseupogon）鳃组织中线粒体 SOD 活性降低，从而降低了清除自由基的能力，最终导致鳃组织线粒体膜受到氧化损伤、结构破坏。2013 年，马丹旦等在研究镉对河南华溪蟹生殖系统中精子的毒性作用中发现，随着镉浓度增加，精子成活率明显下降，质膜和顶体缺失率上升，质膜完整性和染色质结构有损伤现象，同时 DNA 结构明显受损，这些生理功能的变化都会导致机体的繁殖延迟。心脏是生物体内最重要的器官之一，因其自身的保护机制，与肝胰腺、鳃、触角腺、性腺相比，镉对心脏的损害较低。Lei Wenwen 的研究发现，当镉浓度是 116mg/L，染毒 7d 时，河南华溪蟹心脏显微结构和亚显微结构均发生了显著变化，如核固缩、肌纤维断裂、心肌水肿、灶性炎细胞浸润明显等现象，如果损伤达到某种程度，心肌细胞会产生不可逆的死亡结果。机体中肝胰腺、鳃、性腺和心脏等组织结构上的改变势必会引起这些器官功能的降低甚至衰退，最终导致功能障碍和机体死亡。

4.2.3　汞对水生生物的影响

处于食物链顶层的海洋肉食性动物尤为容易暴露在汞污染中。在北极和格陵兰岛的一些地方，北极圈内的海豹和白鲸体内的汞在过去 25 年内增加了 2～4 倍。然而，还未完全掌握生物环境中发现的汞有多少源于自然因素，有多少源于人为因素。同样，温暖水体中的肉食性海洋哺乳动物也正处于已构成健康危害的汞暴露之中。

研究发现，氧气较少的海洋次表层是汞转化为甲基汞的地方，这将加剧甲基汞在鱼体和食物网中的蓄积。水深 200m 以上的鱼体内的甲基汞浓度比 300m 以下的高 4 倍，而 300m 以下，即使到 1200m 水深，鱼体内的甲基汞浓度没有明显差别。

淡水生态系统与海洋环境有着很大的不同。1997 年，USEPA 的研究发现，淡水生态系统受大气汞危害最大，而且具有下列特点：位于大气汞沉降多的地区；表层水已经受到酸沉降的危害；除了 pH 值低以外，本身具备的其他特点导致汞的生物蓄积很高；包含敏感生物种类。

加拿大环境当局认为生活在汞沉降多的地区、被酸化的流域、湿地面积大、溶解有机碳高的流域和水库中的食鱼物种，易加剧饮食汞暴露的危害。例如，对安大略湖的研究表明，大约 30% 的样本，包括体重小于 250g 的小鱼，体内汞的平均浓度大于 0.3mg/kg。

4.3　对微生物和植物的影响

4.3.1　铅对微生物和植物的影响

欧盟环境毒理学科学委员会（EU's Scientific Committee on Environmental Toxicology）研究建议陆地生物物种的长期土壤暴露最低阈值为 50～60mg/kg（干重）。这意味着土壤含有明显高于最低阈值的铅可能产生有害影响（例如，高于荷兰执行的 85mg/kg 土壤标准值）。荷兰政府确定了土壤（有害物质的）卫生目标和干预值。当超过这个水平时，人们就认为土壤拥有的给人类、植物或动物服务的功能受到严重影响或威胁。荷兰政府建议的土壤/沉积物铅的干预值为 450～575mg/kg（土壤干重）。

有研究报道了土壤 10mg/kg 铅浓度对微生物的不利影响，但是，对于大多数微生物来说，土壤铅浓度为 50～100mg/kg 时才对微生物产生不利影响。线虫摄入受到铅污染的细菌和真菌导致繁殖受损。目前已有资料较少，不足以定量确定铅污染垃圾分解期间对无脊椎动物的风险。研究表明，在酸化地区，铅能妨碍土壤中氮的矿化。然而，铅化合物一般对微生物没有多大毒性。与三烷基铅和四烷基铅化合物比较，无机铅化合物的毒性较低。有证据表明，有些微生物具有对铅的耐受性，其他种类的微生物也可能会具有耐铅能力。

铅不是植物生长发育的必需元素，当铅被动进入植物根、茎或叶后，就会积累在里面，影响植物的生长发育。其对植物影响的大小与铅的浓度、盐的类别、植物种类等因素有关。植物根系所吸收的重金属中大部分以离子形式存在或结合到纤维素、木质素等细胞壁的结构上。Jarvis 等的研究发现，如果不施用 HEDTA 和 EDTA，铅主要积累在根部的细胞壁上，而施加 HEDTA 和 EDTA 后，铅主要积累在植物针叶的细胞壁和细胞内的线粒体、高尔基体、核糖体和内质网等器官中。

细胞膜是植物体与外界接触的界面，重金属离子透过细胞壁作用于细胞膜。随着重金属离子浓度的增大，胁迫时间的延长，细胞膜的组成及选择透过性受到伤害，使得细胞内溶物大量外渗，同时外界有毒物质进入细胞内部，结果导致植物体内一系列生理生化反应发生紊乱，正常的新陈代谢活动被破坏，生长、生殖活动受到抑制，甚至整株死亡。有研究结果证明，铅在高浓度和长时间胁迫时，对植物的伤害作用显著，而在低浓度时，对植物的代谢过程或酶的活性具有促进作用。随着铅浓度的增加，对玉米、黑麦草及紫花苜蓿苗高、根长等的抑制作用也越来越明显。将醋酸铅溶液施入土壤及喷洒叶片的盆栽试验结果显示，铅对植物的毒性不大，植物对铅的忍耐力很强。溶液中的铅可以被植物的根系吸收，也可以被叶片直接吸收，吸收量与环境中的铅浓度成正比。铅在植物体中移动性很小，根吸收的铅主要积累在根部，叶片吸收的铅主要积累在叶部，有少量铅可以向上或向下转移，但极少能进入果实的内部及块根的淀粉中。

铅可引起植物体内可溶性蛋白含量发生变化。铅处理导致蛋白质含量下降，首先是铅加强了原有蛋白质分解；其次是抑制了新的蛋白质合成。蛋白质合成的启动阶段需要某些金属离子的参与，如 Mg^{2+} 参与。在重金属污染的情况下，Mg^{2+} 可能与重金属离子进行交换，导致蛋白质的合成无法启动，蛋白质的合成受阻。虽然铅能迅速启动一种新蛋白质合成基因，合成一类为金属硫蛋白的蛋白质，补救这一条遭到破坏的蛋白合成途径，但幼苗中可溶性蛋白质含量仍呈下降趋势，低浓度的铅能促进蛋白质合成，高浓度的铅对蛋白质合成起破坏作用。

植物中铅离子迁移是有限的，大多数被固定的铅都存在植物的根茎或叶片表面。因此，在大多数铅毒理学试验中，1kg 土壤需要含 $100\sim1000mg$ 的铅才能对植物的光合作用、生长或其他参数产生可以见到的毒性影响。所以，只有在现场非常高的环境浓度下铅才可能危害植物。

无机铅形成很难溶解的盐和与各种抗体形成复合物，再加上它容易与土壤结合的倾向，急剧减少了陆地植物通过根部的铅可获得性。陆地植物通过根系吸收铅，在较少程度上通过嫩芽吸收铅。然而，铅的流动性和生物可获得性取决于环境因素，例如 pH 值。在酸性环境里，铅将以水溶性盐的形式存在，这些水溶性盐是生物可获得的。

4.3.2　镉对微生物和植物的影响

试验证明，镉对许多微生物都具有毒性。然而，试验容器内的沉积物、高浓度溶解盐或有机质都能降低镉的毒性。镉产生的主要不利影响是针对生长和生殖的。受镉污染影响最大的土壤微生物是真菌，一些种类的真菌暴露于土壤中的镉污染物后死亡。在暴露于低浓度镉金属后，也存在一些能忍耐低浓度镉的微生物菌种。加拿大针对土壤无脊椎动物、微生物代谢过程和维管植物的一系列实验室研究和野外试验都证实镉对土壤产生不利影响的阈值为 $2.0mg/kg$（干重）（总镉）。

随土壤中黏土成分、pH 值和有机质含量增加，土壤中镉对微生物的毒性一般会下降。研究发现，固氮可能是最敏感的土壤微生物过程。不管是直接施用镉金属盐，还是加入含镉污泥，在中等镉污染情况下，都对土壤固氮产生毒性影响。欧洲长期处理污泥的三个地区，苜蓿产量、根瘤菌豆科细菌、变种白花苜蓿数量的最低观测到影响的浓度值（LOEC）分别是 $0.8\mu g/g$、$1.0\mu g/g$ 和 $6.0\mu g/g$，对应的锌含量分别为 $130\mu g/g$、$200\mu g/g$ 和 $180\mu g/g$（ECB，2005）。

陆地植物可能在根部蓄积镉，研究发现镉被束缚在细胞壁上。表 4-3 给出了欧盟对土壤微生物、土壤动物和高级陆地植物镉风险评估所需要的 NOECs、LOECs 和 EC_{50} 值。土壤动物的无观测到不利影响的浓度（NOEC）、最低观测到影响的浓度（LOEC）和 50% 受到影响的浓度（EC_{50}）值是根据蚯蚓（eisenia fetida）和弹尾目昆虫（folsomia candida）标准试验确定的。与土壤微生物和植物比较，土壤动物对镉不那么敏感。研究得到的土壤动物的最低观测到影响的浓度（LOEC）都 $\geqslant 5mg/kg$，而镉对土壤细菌或植物的毒性都低于这个浓度（ECB，2005 年）。土壤的总预测无效应浓度（PNEC）建议为 $1.15\sim2.3mg/kg$。欧洲各国土壤的 PNEC 平均值为 $0.21\sim0.54mg/kg$。

表 4-3　欧盟对土壤微生物、土壤动物和高级陆地植物镉风险评估的 NOECs、LOECs 和 EC_{50} 值

单位：mg/kg

无观测到不利影响的浓度（NOECs）			
	最低值	中值	最高值	研究数量
土壤微生物群落	3.6	50	3000	21
高等植物	1.8	10	80	41
土壤动物	5	32	320	13
最低观测到影响的浓度（LOECs）			
	最低值	中值	最高值	研究数量
土壤微生物群落	7.1	100	8000	21
高等植物	2.5	40	160	44
土壤动物	5	59	326	12
50% 有影响浓度（EC_{50}）			
	最低值	中值	最高值	研究数量
土壤微生物群落	7.1	283	5264	20
高等植物	2.8	100	320	34
土壤动物	27	102	3680	28

4.3.3　汞对微生物和植物的影响

汞对微生物有毒，长期以来实验室一直用其抑制细菌增长。据报道，微生物培养液中无机汞的效应浓度为 $5g/L$，比有机汞的效应浓度至少高 10 倍。因此，有机汞曾被用于保护种子免于真菌感染。

汞对土壤中细菌和真菌的增殖总体上具有抑制作用，但这种抑制效应并不呈直线关系，而是呈波动性特点。长期受汞污染的土壤中，不仅微生物的数量减少，而且其种群之间的结构比例关系也会发生变化，以此可反映土壤生态系统功能的变化情况。在轻污染区，细菌（除固氮菌）的比例增加，真菌、固氮菌的比例下降；在中污染区，细菌（除固氮菌）的比例下降，真菌、固氮菌的比例增大；在重污染区，细菌（除固氮菌）的比例进一步下降，真菌比例进一步增大。一般认为，土壤中真菌比例增加，而细菌比例下降是土壤生态系统功能衰退的表现。

研究显示，欧洲大部分地区，汞是造成土壤陆生食物链中极为重要的微生物活性下降的主要原因。世界上与欧洲类似土质的其他地方，可能也会受到同样的影响。为防止有机土壤中汞的生态影响，国际专家将土壤中总汞的临界值初步定为 $0.07\sim0.3\text{mg/kg}$。

水中无机汞能引起水生植物受损的效应浓度为 1mg/L，但有机汞的效应浓度要低得多。高浓度无机汞通过减少萌芽而使大型藻类受损。

水生无脊椎动物对汞的敏感性差异很大，一般幼龄阶段比成龄阶段敏感。通常幼龄阶段 48h 的半致死浓度在 10g/L 左右，而成龄阶段的数值比其高 100。幼龄牡蛎对汞更是敏感。汞的毒性与水温、盐度、溶解氧和硬度都有关系。

通常，陆生植物对汞的毒害敏感性较差。植物主要是通过根系从土壤中吸收汞，也可以通过叶、茎的表面直接吸收大气中的汞。汞能使叶片光合作用和蒸腾作用减弱，叶绿素合成和吸水能力降低，生物量明显降低。汞主要蓄积在高等植物中，特别是多年生植物。植物受到高浓度汞蒸气影响时，其叶、茎、花蕾等会变成棕色或黑色，严重时会引起叶片和幼蕾的脱落。在一般污染情况下，即使植物未表现出汞毒害症状，但此时植物体内往往已富集了较高浓度的汞，这将严重危害到主要靠陆生食物链生活的人类。

4.4　对陆地生态系统的影响

4.4.1　铅对陆地生态系统的影响

为了评价铅污染物暴露水平对生态系统层面的潜在影响，研究人员使用《联合国欧洲经济委员会远距离越境空气污染公约（UNECE Convention on Long-range Transboundary Air Pollution）》框架内开发的临界负荷法（critical load approach），根据现有资料，确定了一个定量暴露（一种或几种污染物）估计值作为临界负荷，低于这个负荷，对环境中特定敏感的要素不会发生明显的有害影响。根据 17 个国家的铅大气沉降观测数据，目前已经计算出欧洲铅的初步临界负荷。该方法还在进一步探讨和研究中。

随着全球加铅汽油消费的持续减少，预计未来 10 年的大气铅沉降量将减少，森林土壤的铅浓度也将减少。

4.4.2　镉对陆地生态系统的影响

《联合国欧洲经济委员会关于远距离跨境空气污染公约》污染影响工作组（Working Group on Effects，WGE）根据 17 个国家提供的关于镉大气沉降的国家报告，已经计算出欧洲镉污染物的初步临界负荷，该临界负荷是根据大气镉污染物沉降计算出的污染负荷，并未考虑其他人类活动造成的土壤镉污染负荷，比如施用化肥、农家肥和污水处理污泥产生的污染负荷。

4.4.3　汞对陆地生态系统的影响

无机汞一直未被认为是造成土壤污染的主要因素，因为无机汞束缚于土壤颗粒上，不易被植物或有机体接触。事实上，叶子吸收的气态汞要比根部吸收的固态汞（Hg^{2+}）毒性大很多。因此，植物的汞暴露可能主要通过大气。

土壤微生物活性对土壤中碳和氮的转化过程至关重要，微生物群落的状况对构成陆生食物链基础的树木和土壤有机体的生存条件具有重要意义。瑞典等国家研究表明，表层土壤的微生物活性对汞的负荷很敏感，汞可能正在对欧洲大部分地区森林土壤造成严重危害。世界上具有相似土壤性质的其他地区也可能存在相同的情况。

第5章

重金属问题的国际管理进程

5.1 联合国环境规划署重金属相关问题决议

1997 年第十九届联合国大会特别会议（简称"联大会议"）通过的第 S/19-2 号《关于进一步实施 21 世纪议程计划》的决议附件中提出："鉴于铅中毒的严重性和不可逆的健康影响，特别是对儿童的影响，根据各国具体情况加强对发展中国家的国际支持和援助，特别是及时提供技术和财政援助，以及促进内在能力建设，对加快消除不安全的铅的使用进程是非常重要的，包括在全球范围内含铅汽油的使用。"

自 2001 年开始，历届联合国环境规划署理事会/全球部长级环境论坛，均针对铅、镉问题形成决议。决议内容反映了国际社会对铅、镉问题的管控进程和发展趋势。

（1）第 21 届理事会

2001 年 2 月 5～9 日，第 21 届联合国环境规划署（United Nations Environment，UN Environment）理事会/全球部长级环境论坛在肯尼亚首都内罗毕召开。会上呼吁各国政府淘汰汽油中的铅的使用；督促各国政府、政府间组织、政府间化学品安全论坛和民间社会团体积极参与协助各国政府淘汰含铅汽油，其方式包括提供信息、技术援助、能力建设，以及对发展中国家，特别是最不发达国家和经济转型国家，提供必要的资金，以使发展中国家得以积极参与逐步淘汰进程。

2002 年，在南非约翰内斯堡举行的可持续发展世界首脑会议上，UN Environment 发起并建立了清洁燃料和车辆伙伴关系，是在发展中国家和经济转型国家促进清洁燃料和车辆使用的一项全球领先的公私合作计划，主要目的旨在全球逐步淘汰含铅汽油。其成立之初汇集了代表发达国家和发展中国家燃料和车辆工业界、社会团体等 72 个组织，以及清洁燃料和车辆领域的世界级专家。各利益相关方结合自身资源和努力，在全球领先的汽车市场通过燃料质量改进和成熟汽车技术的应用，以实现较低温室气体排放。

（2）第 22 届理事会

2003 年 2 月 3～7 日，第 22 届联合国环境规划署理事会/全球部长级环境论坛在肯尼亚首都内罗毕召开。在第 22/4 号决定中，除继续促进各国政府、政府间组织和非政府组织与私营部门一起逐步淘汰汽油中的铅外，又提议与组织间化学品妥善管理方面的其他成员机构合作，特别是世界卫生组织以及其他包括私营部门在内的合作伙伴，通过信息交流、技术援助和能力建设等方式，协助各国政府逐步淘汰在汽油、铅基油漆和其他人类接触源中的铅，防止接触铅，特别是儿童接触铅，并加强监测监督以及铅中毒的治疗。

（3）第 23 届理事会

2005 年 2 月 21～25 日，第 23 届联合国环境规划署理事会/全球部长级环境论坛在肯尼亚首都内罗毕召开。在第 23/9 Ⅲ 号决议中，要求 UN Environment 对铅和镉的科学资料报告进行审查，特别关注铅和镉的长距离传输问题，以便于 UN Environment 管理委员会对未来铅和镉的全球行动计划需求进行深入讨论。UN Environment 专门成立了一个工作组来帮助编写科学报告，并于 2006 年完成中期报告。

（4）第 24 届理事会

2007 年 2 月 5～9 日，第 24 届联合国环境规划署理事会/全球部长级环境论坛在肯尼亚首都内罗毕召开。在第 24/3 号决定中确认，UN Environment 在其关于铅和镉的中期科学审查中明确指出在数据和信息方面存在的不足，并明确需要采取进一步行动；要求 UN Environment 提供关于减少铅和镉的资料，填补数据和信息空白，并编写一份风险管理措施清单，鼓励在铅、镉整个使用周期内降低其对人类健康和环境构成的风险。

（5）第 25 届理事会

2009 年 2 月 16～20 日，第 25 届联合国环境规划署理事会/全球部长级环境论坛在肯尼亚首都内罗毕召开。会上，UN Environment 正式提交了《铅科学报告》和《镉科学报告》终稿以及风险管理措施清单。

铅和镉的科学资料审查结果显示，铅和镉在大气中的停留时间很短，因此主要在本地、国家和区域范围内迁移；发展中国家和经济转型国家因为缺乏以无害环境方式管理和处置含铅、镉新旧产品中铅和镉的能力，这类产品的出口对于这些国家仍然构成挑战。

鼓励各国政府和其他各方在铅和镉整个生命周期内降低其对人体健康和环境的风险，并采取适当行动促进无铅和无镉替代品的使用，比如在玩具和油漆中使用替代品。通过清洁燃料和车辆伙伴关系以及新成立的消除含铅涂料全球联盟，逐步开展淘汰汽油中的铅和含铅涂料的行动和工作，例如，全球联盟为限制玩具、珠宝、电池、电气和电子设备及汽车等产品中的铅和镉含量而采取的区域和国家法律行动等。

总体而言，本届理事会审查铅、镉资料报告并得出重要结论，环境中的铅和镉在大气中的停留时间很短，不具有显著的远距离迁移特征。

（6）第 26 届理事会

2011 年 2 月 21～24 日，第 26 届联合国环境规划署理事会/全球部长级环境论坛在肯尼亚首都内罗毕召开，理事会通过第 26/3 Ⅰ 号决议，要求各国政府特别是发展中国家以及经济转型国家，继续在所有层面开展淘汰铅和镉的行动，包括针对关于铅和镉的科学资料审查中所载信息、铅和镉环境问题和人类健康问题、能力建设和认识提高等活动；为实现含铅和镉电池的整个生命周期的环境无害管理而协调全球努力的倡议、深化现有研究的科学基础；继续降低铅和镉在其整个生命周期内对人类健康尤其是儿童和其他弱势群体以及对环境造成的风险，包括酌情采取行动推广无铅和无镉替代品的使用、采取措施推动对含铅和含镉产品、废物及污染场所的环境无害管理；要求 UN Environment 与利益相关方协调，根据可获得的资源，试用期为 2 年，在国际化品管理战略方针秘书处的信息交换机制中纳入各项审查所取得的关于以危险性较小的物质或技术替代铅或镉的可能性，以及关于减排技术的现有资料，同时鼓励各国政府及其他各方向信息交换所提交此类资料。

（7）第 27 届理事会

2013 年 2 月 18～22 日，第 27 届联合国环境规划署理事会/全球部长级环境论坛在肯尼亚首都内罗毕召开。会议重申了历届会议对铅和镉的问题的决议，并鼓励各国继续执行。

（8）第一届联合国环境大会

2014 年 6 月 23～27 日，第一届联合国环境大会在肯尼亚首都内罗毕召开，是联合国环境署理事会升格为联合国环境大会后的首次会议。会议提出编制有关减排技术和以危险性较低的物质或技术来替代铅或镉可能性的资料，以供联合国环境大会第二届会议审议。

（9）第二届联合国环境大会

2016 年 5 月 23～27 日，第二届联合国环境大会在肯尼亚首都内罗毕召开。大会审议了执行联合国环境大会关于化学品和废物问题的第 1/5 号决议进展情况的报告，并形成了第 2/7 号化学品和废物健全管理决议。决议请执行主任与各国政府、私营部门（包括行业）及其他非政府组织合作，继续开展铅和镉方面的工作，并特别提到了废铅酸电池的回收利用对健康和环境的影响，鼓励扩大生产者收集废铅酸电池的责任，从而确保这类电池以无害环境的方式得到回收利用，并充分解决废铅酸电池（包括回收利用）带来的释放、排放和接触问题。

5.2　国际化学品管理战略中铅镉问题相关议题

5.2.1　SAICM 文本中关于铅的决议

2002 年 2 月联合国环境规划署理事会在其第七届特别会议上决定，要拟订一项国际化学品管理的战略方针（Strategic Approach to International Chemicals Management，SAICM）。同年 8 月底至 9 月初，在南非约翰内斯堡举行的可持续发展世界首脑会议通过了实施计划，同意制订 SAICM，并要求在 2005 年完成。2003 年 2 月，理事会第 22 届会议着手启动了由所有利益相关方代表参与的 SAICM 拟订过程，并召开了三次筹备会议和一次主席团扩大会议，提出 SAICM 文本。2006 年在第一届国际化学品管理大会上，SAICM 文本最终通过。由于各国化学品管理水平的差异，各方对 SAICM 的态度存在一定的分歧，再加上其内容全面，SAICM 最终被定位为自愿性的，在全球范围内加以实施。

SAICM 的总体目标是实现可持续发展世界首脑会议制定的 2020 年前实现化学品的生产、使用方式不会对人类健康和环境产生重大负面影响。基于这一目标，SAICM 被发展为一个包罗万象的化学品管理工具包，几乎涵盖了化学品管理的各个层面，包括环境、经济、社会、卫生和劳工等与化学品相关的诸多领域。SAICM 文本共包括三个级别文件，分别是高级别宣言、总体政策战略和全球行动计划。总体政策战略提出了 SAICM 的五大具体目标，即减少风险、信息共享、良好的管理、能力建设与技术合作以及防范非法国际贩运。全球行动计划就是基于这 5 个方面的目标提出的。

全球行动计划共涉及 36 个化学品管理工作领域，在这些领域下设计了 273 项具体活动。在 2020 年目标期限下，针对每个活动还提出了建议的实施时间表、评估指标和预期成果。"推动逐步淘汰含铅汽油"作为需要所有利益相关者共同采取适当合作行动的十二项全球优先事项之一，亦被列入 36 个工作领域中，其相关活动、行动者、目标/时限、进展情况指标和实施工作层面清单见表 5-1。

表 5-1　可能的工作领域及其相关活动、行动者、目标/时限、进展情况指标和实施工作层面清单

工作领域	活动	行动者	目标/时限	进展情况指标	实施工作层面
涉及风险减少(目标 1)的工作领域					
汽油中的铅	消除汽油中的铅	各国政府、化学品管理方(环境署、卫生组织、工发组织、开发署、世界银行)、全球基金、工业界	2006～2010 年	消除汽油中的铅	立法范本、《鹿特丹公约》中有关四乙基铅和四甲基铅的进口决定
涉及知识与资讯(目标 2)的工作领域					
汽油中的铅	开展替代性添加剂研究。	工业界、研究中心	2006～2010 年	逐步消除各国汽油中的铅	研究中心利用鹿特丹公约网站上可能提供的替代品信息
涉及能力建设和技术援助(目标 4)的工作领域					
汽油中的铅	发展确定汽油中的含铅的替代品的能力、建立对汽油成分进行分析的必要基础设施、以及更新采用无铅汽油需要的基础设施	化学品管理方案(环境署、工发组织)、各区域机构、各国政府、工业界	2006～2010 年	所有国家都建立分析汽油成分的基础设施	立法范本提供方法培训

5.2.2　国际化学品管理大会中关于铅的议题

2009 年 5 月，第二届国际化学品管理大会在瑞士日内瓦召开。会议详细审议并确定将含铅涂料、产品中的化学品、电器和电子产品全生命周期管理、纳米技术和人工纳米材料作为新出现的政策性问题，将全氟化学品及其过渡到安全替代品作为关切问题，并明确了就上述问题开展研究、增进信息交流、适时提出控制对策的重要性。

在第Ⅱ/4B 号决议中，明确 2009 年 4 月在意大利锡拉丘兹举行的八国集团环境部长会议上就儿童健康和环境所确定的逐步淘汰含铅涂料的各项行动，并承认 2008 年 9 月 15～19 日在达喀尔举行的政府间化学品安全论坛第六届会议上通过的《关于消除含铅涂料的达喀尔决议》。决议同意建立全球合作伙伴组织，逐步淘汰含铅涂料，以积极响应 2002 年可持续发展世界首脑会议提及的有关逐步淘汰含铅涂料的呼吁，邀请所有感兴趣的利益攸关方参加全球合作伙伴组织，制定业务计划，针对全球逐步淘汰含铅涂料进程中的诸多关键领域，提出

明确的阶段性目标，并向第三届国际化学品管理大会报告。

由 UN Environment 和 WHO 建立的消除含铅涂料全球联盟（Global Alliance to Eliminate Lead Paint）于 2010 年 5 月 26 日至 28 日在瑞士日内瓦召开了第一次组织会议，并在 2011 年随着相关操作层面工作的完成而最终成立。

2011 年召开的国际化学品管理大会不限成员名额工作组第一次会议上，根据第二届国际化学品管理大会第 Ⅱ/4B 号决议，大会就关于含铅涂料的实施进展报告和决议草案进行讨论。报告提出设立国际预防铅中毒行动日的倡议，鼓励各利益攸关方参与全球联盟的活动，并逐步在全球范围内消除含铅涂料的使用。

2012 年召开的第三届国际化学品管理大会上审议并通过了第 Ⅲ/2B 号决议，同意国际预防铅中毒行动日的确立，鼓励所有国家政府、民间社会组织和私营部门推动全球联盟的工作，在下列方面提供技术和财政援助。

① 提高各国对于人类健康和环境的毒性以及对替代办法的认识，包括填补各国消费市场上对于是否有含铅涂料，仅有少量数据或完全没有数据的信息空白。

② 增加有关脆弱人群（如 6 岁以下儿童、涂料使用者以及涂料生产厂的工人）接触不同类别含铅涂料的途径的信息。

③ 指导和帮助、查明对铅的潜在接触，包括建设开展血铅检测及提高监控的能力，评估居民及职业性风险，并针对减缓铅中毒的方法开展公共及专业教育。

④ 推动国际第三方对新涂料产品的认证，帮助消费者识别不含铅的涂料和涂剂，以履行国际义务。

⑤ 落实减少接触的防范性方案，特别是在曾使用含铅涂料的房屋、幼托机构、学校及其他建筑内外，以及生产或使用含有添加铅化合物的涂料的工业设施中。

⑥ 酌情推动国家管理框架，停止对含铅涂料及涂有含铅涂料产品的生产、进口、销售和使用；鼓励各公司将涂料中添加的含铅化合物替换为较安全的替代品。

2014 年召开的国际化学品管理大会不限成员名额工作组第二次会议上，再次强调各国政府为支持全球联盟工作和促进实现 2020 年目标而应采取的进一步行动，包括制定适当的法规、协助制定关于设定涂料中铅含量限值、开展宣传和认识提高活动、举办区域研讨会以及扩大监测工作的范围，尤其是卫生部门的监测工作。

2015 年 9 月 28 日至 10 月 2 日第四届国际化学品管理大会在瑞士日内瓦召开。在新出现的政策问题第 Ⅳ/2 号决议中，鼓励各国政府、民间组织和私人部门参与全球联盟的工作，协助实现其提出的 2020 年全球淘汰含铅涂料的目标；同时，鼓励 SAICM 各利益相关方在国家和区域层面上促进采取包括制定法规在内的旨在淘汰含铅涂料的各种可能措施。

5.3　涉及铅镉的国际公约和条约

5.3.1　《远距离越境空气污染公约》和《奥尔胡斯重金属议定书》

《远距离越境空气污染公约（Convention on Long-Range Transboundary Air Pollution）》简称《LRTAP 公约》是欧洲国家为控制、削减和防止远距离跨国界的空气污染而订立的区域性公约。1979 年 11 月 13 日在日内瓦通过，1983 年 3 月 6 日生效，有 25 个欧洲国家、欧洲经济共同体和美国参加缔约。该公约目标是保护人体和环境免受空气污染，并尽最大可能逐渐减少和预防包括远距离越境污染在内的空气污染。

其执行机构于 1998 年 6 月 24 日在丹麦阿胡斯批准了《重金属协议（Protocol on Heavy Metals）》。该协议是 LRTAP 公约派生出的八项协议之一，协议成员国包括东欧各国、中欧各国、加拿大和美国。协议针对镉、铅和汞三种有害重金属要求成员国减少其排放量。议定书的目标是减少工业污染源（钢铁工业、有色金属工业）、燃烧过程（发电、道路交通）和废物焚烧产生的重金属污染排放。协议要求固体排放源执行严格的排放标准，并采取措施减少其他产品的重金属污染物排放。

协议第三条规定了协议成员国的基本责任，其中与铅和镉相关的内容包括以下几点。

① 采用最佳可行技术、产品控制措施或其他减排战略，减少缔约方的大气铅污染物和镉污染物的年排放总量。

② 固定源使用最佳可行技术——新建企业在该协议生效（即 2005 年 12 月）后两年内，现有企业在 8 年内必须采用最佳可行技术。该协议附录 Ⅲ 提出了最佳可行技术，包括了铅、镉和其他污染物如颗粒物的协同减排控制技术。

③ 利用限值控制新建和已有重点固定源的污染物排放——协议附录 Ⅴ 规定了包括玻璃生产、燃烧企业、水泥生产、废物焚烧和冶金工业等污染源限值标准。

④ 采取产品铅和镉污染控制措施——协议要求市场上销售用于道路汽车的汽油铅含量不超过 0.013g/L。缔约方销售的无铅汽油应不高于这个标准。

5.3.2　《东北大西洋海洋环境保护公约（OSPAR Convention）》

1992 年的《东北大西洋海洋环境保护公约（The Convention for the Protection of the Marine Environment of the North-East Atlantic）》的目标是采取一切可能措施预防和消除污染；采取必要措施保护海洋免受人类活动的不利影响和人体健康；保护海洋生态系统，并且在可能情况下恢复遭受不利影响的海洋区域。

铅和有机铅污染物、镉及其化合物被列入该公约的优先管理化学品名单，通过编写（在《东北大西洋海洋环境保护公约》区域内使用）每种或每组物质的背景文件，明确海洋环境中此类物质的排放源、输入量、所构成的威胁以及可能采取的措施，要求各成员国近海天然气和石油设施、有色金属工业（锌、铜、铅和镍工厂）、大型发电厂采用最佳可行技术和最佳环境管理实践，以减少铅和镉向大气、水和土壤的排放。此外，在该公约框架下，在镉的替代、电池和蓄电池、初级和再生钢铁行业，以及其他工业污染源等与镉相关的产业工艺方面规定了镉的排放限值，还规定了关于含镉电池回收、处置、销售和使用的各项措施。

5.3.3　《波罗的海域海洋环境保护协议（赫尔辛基协议）》

1992 年 4 月 9 日批准的《波罗的海域海洋环境保护协议（赫尔辛基协议）》的目标是单个国家或通过区域合作，采取一切合适的措施预防和消除污染，以促进波罗的海的生态恢复，保持其生态平衡。1998 年，通过批准 HELCOM 第 19/5 号建议（HELCOM Recommendation 19/5），该公约确定了有害物质的目标和实现这些目标的战略。其目标是通过持续地减少有害物质的排放量和损失量，预防公约海域的污染，实现 2020 年停止排放有害物质的目标，最终实现海洋自然产生污染物接近背景水平，人工合成物质的含量接近零的目标。

铅和铅化合物、镉及其化合物均被列入该公约的 42 种优先控制有毒化学物质名单中。公约还制定了包括铅和镉污染物在内的有害物质控制目标和战略。其中与铅和镉有关的政策建议包括其中与铅和镉有关的公约建议，即《关于含铅汽油燃烧的铅污染物减排建议》《钢铁工业使用碎料造成的大气污染》《减少化肥生产过程中的水体污染、大气污染和磷石膏排放量》《近海活动》《玻璃工业大气和水污染物排放标准》《影响波罗的海运输行业的污染减排》《有害物质减排目标》《通过适当的暴雨管理制度减少城市的污染物排放》《通过金属表面处理减少污染物排放》《化学工业废水排放规定》《含汞、镉或铅电池》《钢铁工业污染物减排》《通过使用最佳可获得技术减少工业污染物排放》和《生活垃圾焚烧的大气和水污染物排放标准》等。

5.3.4　《保护和可持续利用多瑙河合作公约》

《保护和可持续利用多瑙河合作公约（The Convention on Cooperation for the Protection and Sustainable Use of the River Danube）》《多瑙河保护公约》主要目标是确保多瑙河流域地表水和地下水以可持续和公平的方式管理和利用。铅和铅污染物、镉及其化合物均被列入该公约的优先控制物质清单，是多瑙河流域优先管控物质，属于定期监测的八种重金属（砷、铜、铬、锌、镉、铅、汞和镍）之列。

5.3.5　《控制危险废物越境转移及其处置的巴塞尔公约》

《控制危险废物越境转移及其处置的巴塞尔公约》（Basel Convention on the Control of Transboundary Movements of Hazardous Wastes and Their Disposal）简称《巴塞尔公约》（Basel Convention），是关于控制跨国界危险废物运输和处理的全球性公约，于 1989 年 3 月 22 日通过，1992 年 5 月正式生效。公约严格规定了危险废物的越境转移，并规定了缔约方确保以环境无害方式管理和处置危险废物的责任。公约中提及的危险废物包括了含铅及其化合物的废物、废弃的铅蓄电池等含铅产品、被铅或铅化合物污染的废物、含镉废物等。此外，针对公约制定了《废铅电池环境无害管理的技术指南》《铅电池管理计划编写培训手册》《金属和金属化合物环境无害回收/再生技术指南》和《危险废物物理化学处理（D9）/生物处理（D8）的巴塞尔公约技术指南》等指导文件。

5.3.6　《关于在国际贸易中对某些危险化学品和农药采用事先知情同意程序的鹿特丹公约》

《关于在国际贸易中对某些危险化学品和农药采用事先知情同意程序的鹿特丹公约》（简称《鹿特丹公约》）是关于对国际贸易中的特定危险化学品和农药执行事先知情同意程序的全球性公约，于 1998 年生效。其目标是促进缔约方在某些危险化学品的国际贸易中分担责任和进行合作，以保护人体健康和环境；通过危险化学品特性的信息交流、提供危险化学品进出口决策程序和缔约方分享这些决策，推动以环境无害方式利用这些危险化学品。四乙基铅和四甲基铅被列入公约名单中，而《鹿特丹公约》不包括镉和镉化合物。公约并没有关于减少或淘汰这些危险化学品和农药的任何具体建议，但如果进口方决定在本国禁止使用这些危险化学品和农药，该公约将确保不得进行此类危险化学品和农药的国际贸易。

5.3.7　《非洲-欧亚迁徙水鸟保护协议》

《非洲-欧亚迁徙水鸟保护协议（The Agreement on the Conservation of African-Eurasian Migratory Waterbirds）》的目的是在有利保护状态下，保持或恢复非洲和欧亚大陆的迁徙水鸟。协议要求缔约方到2000年在湿地打猎活动中应努力淘汰猎枪铅弹。

5.4　《关于汞的水俣公约》

汞被 UN Environment 列为全球性污染物，是除了温室气体外唯一一种对全球范围产生影响的化学物质，具有跨国污染的属性，已成为全球广泛关注的环境污染物之一。为有效应对和解决全球汞问题，UN Environment 自2010年起共召开7次政府间谈判委员会会议。2013年1月在瑞士日内瓦召开的政府间谈判委员会第五次会议上，140多个国家经过4年多谈判，就全球第一部限制汞排放的国际公约达成一致。同年10月10日在日本熊本召开的全权代表外交大会上，《关于汞的水俣公约》（以下简称《公约》）获得正式通过并开放供签署。

5.4.1　概况

2017年8月16日，《公约》正式生效。《公约》以日本城市水俣命名，以纪念在20世纪50～60年代在日本水俣发生的灾难性汞污染事件，提醒全球各方就汞污染问题予以重视。《公约》在全球范围内监控和限制汞的生产和贸易，以减少汞污染对环境的破坏和对人类健康的影响，是"里约＋20"会议以后国际社会通过的第一个多边环境条约。

《公约》的总体目标是保护人类健康和环境免受汞及汞化合物人为排放和释放的危害。管控的范围包括汞的供应来源及贸易、添汞产品、用汞工艺、手工和小规模采金业、汞的大气排放、汞向水体和土壤的释放、汞废物以外的汞环境无害化临时储存、汞废物、污染场地等领域，贯穿了汞的全生命周期，同时还涉及了与汞有关的环境监测、环境风险评估、健康风险评估等领域。《公约》明确了落后添汞产品和用汞工艺的淘汰时限，对汞污染物减排目标和减排措施的制定和实施也提出了要求。在能力建设方面，《公约》明确了包括制订实施计划、报告和成效评估等具体要求。《公约》采取了较为灵活的控制措施，是强制性和自愿性的有机结合体。

《公约》由35条正文和5个附件组成，管控的内容包括总述性条款、控制性条款以及机制性条款。

5.4.2　《公约》的目标和定义

《公约》中总述性条款包括两条，第一条是实施《公约》所要达到的目标，即保护人体健康和环境免受汞和汞化合物人为排放和释放的危害。第二条是对《公约》中11个相关名词进行定义。

①"手工和小规模采金业"是指由个体采金工人或资本投资和产量有限的小型企业进行的金矿开采。

②"最佳可得技术"是指在考虑到某一特定缔约方或该缔约方领土范围内某一特定设施的经济和技术因素的情况下，在防止并在无法防止的情况下减少汞向空气、水和土地的排放与释放以及此类排放与释放给整个环境造成的影响方面最为有效的技术。在这一语境下：a."最佳"是指在实现对整个环境的高水平全面保护方面最为有效；b."可得"技术，就某一特定缔约方和该缔约方领土范围内某一特定设施而言，是指其开发规模使之可以在经济上和技术上切实可行的条件下，考虑到成本与惠益，应用于相关工业部门的技术，无论上述技术是否应用或开发于该缔约方领土范围内，只要该缔约方所确定的设施运营商可以获得上述技术即可；c."技术"是指所采用的技术、操作实践以及设备装置的设计、建造、维护、运行和退役方式等。

③"最佳环境实践"是指采用最适宜的环境控制措施与战略的组合。

④"汞"是指元素汞。

⑤"汞化合物"是指由汞原子和其他化学元素的一个或多个原子构成且只有通过化学反应才能分解为不同成分的任何物质。

⑥"添汞产品"是指含有有意添加的汞或某种汞化合物的产品或产品组件。

⑦"缔约方"是指同意受《公约》约束，且《公约》已对其生效的国家或区域经济一体化组织。

⑧"出席会议并参加表决的缔约方"是指出席缔约方会议并投出赞成票或反对票的缔约方。

⑨"原生汞矿开采"是指以汞为主要获取材料的开采活动。

⑩"区域经济一体化组织"是指由某一特定区域的主权国家组成的组织，其成员国已将《公约》所辖事项的处理权限让渡于它，且它已按照其内部程序正式获得签署、批准、接受、核准或加入《公约》的授权。

⑪"允许用途"是指缔约方任何符合《公约》规定的汞或汞化合物用途，其中包括但不限于那些符合第三、四、五、六和七条规定的用途。

5.4.3　汞的供应来源和贸易

《公约》第三条规定了针对"汞的供应来源和贸易"的管控要求，条款中对"汞"进行了说明。"汞"包含汞含量按重量计至少占95%的汞与其他物质的混合物，其中包括汞的合金以及"汞化合物"。"汞化合物"系指氯化亚汞（Ⅰ）（亦称甘汞）、氧化汞（Ⅱ）、硫酸汞（Ⅱ）、硝酸汞（Ⅱ）、朱砂和硫化汞（Ⅱ）。

以下情况不适用于本条款。

① 拟用于实验室规模的研究活动或用作参考标准的汞或汞化合物用量。

② 在诸如非汞金属、非汞矿石包括煤炭在内的非汞矿产品或从此类材料中衍生出来的产品中存在的属于自然生成的痕量汞或汞化合物，以及在化学产品中无意生成的痕量汞。

③ 添汞产品。

管控要求主要可归纳为以下几类。

Ⅰ.在《公约》对缔约方生效后，禁止新建原生汞矿；15年内关闭所有原生汞矿，期间原生汞仅可用于《公约》允许用途或汞废物处置。

Ⅱ.禁止对废弃氯碱设施中过量汞进行回收、再循环、再生、直接再使用或用于其他替代用途。

Ⅲ.限制汞或汞化合物的国际贸易。《公约》要求汞进口缔约方需提供书面同意,说明进口汞仅用于《公约》允许用途或无害化临时储存,从非缔约方进口汞还需非缔约方提供证明,表明汞并非来自新建原生汞矿或废弃氯碱厂等受限制的供应源;要求出口缔约方凭借书面同意出口汞,向非缔约方出口汞也需非缔约方提供书面同意,并证明其已采取措施保护人体健康和环境,同时遵守《公约》对无害化临时储存和汞废物处置的规定以及用于《公约》允许用途。

Ⅳ.报告和提交信息。《公约》要求各缔约方逐个查明其领土范围内50t以上的汞或汞化合物库存情况以及每年产生10t以上库存汞的供应源,查明废弃氯碱设施所产生的过量汞,并采取措施进行无害化处置,向缔约方大会提交相关信息报告。

5.4.4 添汞产品

《公约》的第四条和第六条规定了针对添汞产品的管控要求和豁免要求,受管控的添汞产品及管控措施列于《公约》附件A中,主要包括7类产品,即电池、开关和继电器、电光源、化妆品、农药、生物杀虫剂和局部抗菌剂、非电子测量仪器以及牙科汞合金。《公约》对添汞产品的管控措施如下。

(1) 限期逐步淘汰

《公约》管控的添汞产品及其淘汰期限见表5-2。《公约》对除牙科汞合金外以外的6大类添汞产品(电池、开关和继电器、电光源、化妆品、农药、生物杀虫剂和局部抗菌剂、非电子测量仪器)明确了逐步淘汰期限为2020年,但《公约》的豁免条款规定,前5年是豁免登记,缔约方均可根据自己意愿享受5年的豁免,后5年为延期豁免,需要缔约方大会对申请延期的缔约方所提交的相关信息进行审议,审议通过后缔约方可享受5年的延期豁免,因此上述6类添汞产品的最迟淘汰期限为2025年或2030年。

表5-2 《公约》管控的添汞产品及其淘汰期限

添汞产品	逐步淘汰期限	规定
电池,不包括含汞量低于2%的扣式锌氧化银电池以及含汞量低于2%的扣式锌空气电池	2020年	淘汰期限过期后,不允许生产、进口或出口; 豁免规定:5年豁免登记+5年延期豁免,最迟2025年或2030年淘汰
开关和继电器,不包括每个电桥、开关或继电器的最高含汞量为20mg的极高精确度电容和损耗测量电桥及用于监控仪器的高频射频开关和继电器	2020年	
用于普通照明用途、不超过30W、单支含汞量超过5mg的紧凑型荧光灯	2020年	
用于普通照明用途的直管形荧光灯: (1)低于60W、单支含汞量超过5mg的直管形荧光灯(使用三基色荧光粉); (2)低于40W、单支含汞量超过10mg的直管形荧光灯(使用卤磷酸盐荧光粉)	2020年	
用于普通照明用途的高压汞灯	2020年	
用于电子显示的冷阴极荧光灯和外置电极荧光灯中使用的汞: (1)长度较短(≤500mm),单支含汞量超过3.5mg; (2)长度中等(>500mm且≤1500mm),单支含汞量超过5mg; (3)长度较长(>1500mm),单支含汞量超过13mg	2020年	

续表

添汞产品	逐步淘汰期限	规定
化妆品(含汞量超过百万分之一),包括亮肤肥皂和乳霜,不包括以汞为防腐剂且无有效安全替代防腐剂的眼部化妆品①	2020 年	淘汰期限过期后,不允许生产、进口或出口; 豁免规定:5 年豁免登记+5 年延期豁免,最迟 2025 年或 2030 年淘汰
农药、生物杀虫剂和局部抗菌剂	2020 年	
非电子测量仪器,不包括在无法获得适当无汞替代品的情况下,安装在大型设备中或用于高精度测量的非电子测量设备: a. 气压计;b. 湿度计;c. 压力计;d. 温度计;e. 血压计	2020 年	

① 不包括含有痕量汞污染物的化妆品、肥皂或乳霜。

（2）采取措施逐步减少牙科汞合金的使用

缔约方应考虑到国内情况和相关国际指南,至少纳入下列措施中的两项:制定旨在促进龋齿预防和改善健康状况的国家目标,尽最大限度降低牙科修复的需求;制定旨在尽最大限度减少牙科汞合金使用的国家目标;推动使用具有成本效益且有临床疗效的无汞替代品进行牙科修复;推动研究和开发高质量的无汞材料用于牙科修复;鼓励有代表性的专业机构和牙科学校就无汞牙科修复替代材料的使用及最佳管理实践进行推广,对牙科专业人员和学生进行教育和培训;不鼓励在牙科修复中优先使用牙科汞合金而非无汞材料的保险政策和方案;规定牙科汞合金只能以封装形式使用;推动在牙科设施中采用最佳环境实践,以减少汞和汞化合物向水和土地的释放。

（3）报告和提交信息

《公约》要求缔约方向秘书处提交《公约》管控的添汞产品及其替代产品的相关信息、新产品及其替代产品的相关信息,以及针对添汞产品附件的修正提案,提案应包括无汞替代品的可得性、经济技术可行性以及对环境和人体健康产生的风险和收益等信息。

5.4.5　用汞工艺

《公约》的第五条和第六条规定了针对"使用汞或汞化合物的生产工艺"（以下简称"用汞工艺"）的管控要求和豁免要求,受管控的用汞工艺及管控措施列于《公约》附件 B 中,主要包括 5 类工艺,即氯碱生产工艺,使用汞或汞化合物作催化剂的乙醛生产工艺,氯乙烯单体生产工艺,甲醇钠、甲醇钾、乙醇钠或乙醇钾的生产工艺以及使用含汞催化剂的聚氨酯生产工艺。《公约》的第七条规定了针对"手工和小规模采金业"的管控要求,需制订的国家行动计划内容列于《公约》附件 C。《公约》对用汞工艺的管控措施和规定主要可归纳为以下几类,详见表 5-3。

表 5-3　用汞工艺的管控措施和规定

用汞工艺	规　　　定
氯碱生产	公约生效后原则上禁止新增用汞工艺 淘汰日期:2025 年 豁免规定:最迟 2030 年或 2035 年淘汰
使用汞或汞化合物作催化剂的乙醛生产	公约生效后原则上禁止新增用汞工艺 淘汰日期:2018 年 豁免规定:最迟 2023 年或 2028 年淘汰

用汞工艺	规　定
氯乙烯单体的生产	拟由缔约方采取的措施应当包括,但不限于如下各项: ①至 2020 年时,在 2010 年用量的基础上每单位产品汞用量减少 50%; ②促进采取各种措施,减轻对源自原生汞矿生产的汞的依赖; ③采取措施,减少汞向环境中的排放和释放; ④支持无汞催化剂和工艺的研究与开发; ⑤在缔约方大会上确定基于现有工艺无汞催化剂技术和经济均可行,5 年后,不允许继续使用汞; ⑥向缔约方大会报告其为依照第二十一条开发和/或查明汞替代品以及淘汰汞使用所做出的努力
甲醇钠、甲醇钾、乙醇钠或乙醇钾的生产	拟由缔约方采取的措施应当包括,但不限于如下各项: ①采取措施减少汞的使用,争取尽快且在《公约》开始生效之后 10 年之内淘汰这一使用; ②至 2020 年时以 2010 年的用量为基础,将每生产单位排放量和释放量减少 50%; ③禁止使用源自原生汞矿生产的新的汞; ④支持无汞工艺的研究与开发; ⑤在缔约方大会确认无汞工艺已在技术和经济上均可行,5 年后不再允许使用汞; ⑥向缔约方大会报告其为依照第二十一条开发和/或查明汞替代品以及淘汰汞的使用所做出的努力
使用含汞催化剂进行的聚氨酯生产	拟由缔约方采取的措施应当包括,但不限于如下各项: ①采取各种措施减少汞的使用,争取尽快且在《公约》开始生效之日起 10 年之内淘汰这一用途; ②采取各种措施减少对来自原生汞矿生产的汞的依赖; ③采取各种措施,减少汞向环境中的排放和释放; ④鼓励研究和开发无汞催化剂和工艺; ⑤向缔约方大会报告其为依照第二十一条开发和/或查明汞替代品以及淘汰汞的使用所做出的努力; ⑥第五条第 6 款不得适用于这一生产工艺

公约对用汞工艺的管控措施如下。

(1) 禁止新建

《公约》生效后原则上禁止新增氯碱生产、使用汞或汞化合物作催化剂的乙醛生产、氯乙烯单体生产以及甲醇钠、甲醇钾、乙醇钠或乙醇钾的生产等用汞工艺。

(2) 限期淘汰

氯碱生产、使用汞或汞化合物作催化剂的乙醛生产工艺的淘汰期限分别是 2025 年和 2018 年。考虑《公约》的豁免规定,氯碱生产的最迟淘汰时限是 2030 年或 2035 年;乙醛生产的最迟淘汰时限是 2023 年或 2028 年。前 5 年是豁免登记,各缔约方均可以根据自己的意愿享受 5 年的豁免,后 5 年需要缔约方大会对申请延期的缔约方进行审议,审议通过的缔约方才能享受延期 5 年的豁免。甲醇钠、甲醇钾、乙醇钠或乙醇钾的生产、使用,含汞催化剂的聚氨酯生产,需在《公约》生效后 10 年内逐步淘汰汞催化剂的使用,或在缔约方大会确认无汞催化剂技术和经济均可行 5 年后禁止使用汞催化剂。

(3) 采取措施严格控制和减少汞的使用和排放

氯乙烯单体生产,需在缔约方大会确认无汞催化剂技术和经济均可行 5 年后禁止使用汞催化剂,2020 年单位 PVC 产量的用汞量比 2010 年减少 50%,需采取措施减少对原生汞的依赖,减少汞的排放和释放。甲醇钠、甲醇钾、乙醇钠或乙醇钾的生产,需采取措施将 2020 年单位产品汞的排放量和释放量比 2010 年减少 50%,并禁止使用原生汞。使用含汞催化剂的聚氨酯生产,需采取措施减少对原生汞的依赖,减少汞的排放和释放。手工和小规模采金业，需制订国家行动计划，明确国家目标和减排指标，制订多项战略，制订实施国家行动计划的时间表等。

（4）《公约》要求各缔约方在《公约》生效后 3 年内查明用汞工艺设施的数量、类型和估计年用汞量，鼓励各缔约方之间交流新技术研发、可行替代工艺以及汞减排措施等方面的信息。

5.4.6　汞排放

《公约》第八条规定了针对"大气汞排放"的管控要求，受管控的点源类别主要包括 5 类，即燃煤电厂、燃煤工业锅炉、有色金属（铅、锌、铜和工业黄金）冶炼和焙烧工艺、废物焚烧设施和水泥生产设施。《公约》对大气汞排放的管控措施和规定主要可归纳为以下几类。

（1）新排放源

《公约》对其生效后 5 年内，各缔约方应使用最佳可行技术（BAT）和最佳环境实践（BEP），控制并减少汞的大气排放。

（2）现有排放源

《公约》对其生效后 10 年内，各缔约方应采取下列一种或多种措施，并将其包括在国家计划中，即量化减排目标、采用排放限值标准、采用 BAT/BEP、制订多污染物控制措施以及采取其他替代减排措施。

除上述措施外，《公约》对其生效后 4 年内，拥有相关汞排放源的缔约方应制订国家计划，并提交缔约方大会；要求《公约》对其生效后 5 年内，各缔约方应建立汞排放清单；向缔约方大会提交相关信息报告。

5.4.7　汞释放

《公约》的第九条针对"汞释放"提出了管控要求，此条款适用于通过采取措施控制《公约》其他条款未包括的任何重大人为释放点源，以减少汞及其化合物（通常指总汞）向土壤和水体的释放。《公约》管控要求主要有：

（1）识别相关点源

缔约方应在《公约》对其生效后 3 年内，识别释放相关点源。

（2）控制措施

缔约方采取的控制措施应包括下列一种或多种措施，即采用释放限值标准；采用各种最佳可得技术（BAT）和最佳环境实践（BEP）；制订多污染物控制措施；采取其他替代减少释放的措施。

（3）国家计划和释放清单

缔约方应采取各种措施控制其释放，并制订一项国家计划，其中应列明为控制释放而采取的各种措施及其预计指标、目标和成果，且在《公约》对其生效后 4 年内提交缔约方大会，同时，缔约方应在《公约》对其生效后 5 年内建立汞释放清单。

（4）报告和提交信息

《公约》要求各缔约方提交报告中应包括遵守本条各项规定的信息，特别是所采取减少汞释放的控制措施及其有效性的相关信息。

5.4.8　汞的临时储存、汞废物及污染场地

《公约》的第十条针对"汞废物以外的汞环境无害化临时储存"提出了管控要求。该条款适用于"汞的供应来源和贸易"定义的汞和汞化合物，但不在"汞废物"定义涵盖范围之内。《公约》的管控要求主要是各缔约方应采取措施，对《公约》允许用途的汞和汞化合物进行环境无害化临时储存；各缔约方应通过合作，加强环境无害化临时储存的相关能力建设，同时，公约也对缔约方大会提出了要求，即缔约方大会应在考虑《巴塞尔公约》制定的任何相关指导准则以及其他相关指导意见的情况下，针对此类汞和汞化合物的环境无害化临时储存问题制定指导准则。缔约方大会可以以增列附件的形式通过关于临时储存问题的各项规定。

《公约》的第十一条针对"汞废物"提出了管控要求。"汞废物"是指汞含量超过缔约方大会经与《巴塞尔公约》各相关机构协调后统一规定的阈值，按照国家法律或《公约》规定予以处置的由汞或汞化合物构成、含有汞或汞化合物或受到汞或汞化合物污染的物质或物品，不包括采矿的表层土、废岩石和尾矿石（原生汞矿开采除外），除非其汞或汞化合物含量超过缔约方大会规定的阈值量。《公约》要求各缔约方应采取适当措施，将汞废物以下列3种方式处置：a.可参照《巴塞尔公约》指导准则并遵照缔约方大会将以增列附件的形式通过的各项要求，以环境无害化的方式管理汞废物；b.仅为《公约》允许用途或环境无害化处置而得到回收、再循环、再生或直接再使用；c.除进行环境无害化处置的情况外，《巴塞尔公约》缔约方不得跨越国际边境运输。

《公约》第十二条针对"污染场地"提出的管控要求主要包括各缔约方应采取措施识别和评估污染场地；任何降低污染场地所造成风险的行动均应以环境无害化方式进行，并酌情评估对人类健康和环境风险的影响；鼓励缔约方针对污染场地的识别、评估、确定优先次序、管理和修复问题制订战略并开展活动。另外，缔约方大会应针对场地识别与特征鉴别、公众参与、人体健康与环境风险评估、污染场地风险管理的选择方案、惠益与成本评估、以及成果验证等问题提出指导意见。

除上述管控条款外，《公约》还包括财政资源和财务机制、能力建设、技术援助和技术转让、健康方面、实施计划和报告等技术条款。

5.5　国际方面开展的主要行动

5.5.1　区域和次区域举措

除涉及铅镉等重金属的国际公约和条约外，还有很多区域间合作协议或管控文件，如北极委员会行动计划、加拿大-美国大湖流域有毒物质淘汰战略、世界城市清洁空气行动计划、环境合作委员会、北海联合会、南亚环境合作项目，河流保护国际委员会和欧盟指令等。

① 北极委员会行动计划开展的北极监测和评估项目，评估了北极陆地、淡水和海洋生

态系统中包括铅和镉在内的重金属污染问题。

②　加拿大-美国大湖流域有毒物质淘汰战略确定了包括烷基铅在内的 12 种持久性有毒物质的逐步淘汰目标。美国已经通过汽车汽油不再使用烷基铅，实现了该战略目标。加拿大通过削减 90%烷基铅的生产、使用和排放来执行这项战略。

③　世界城市清洁空气行动计划包含了分区域的清洁空气行动计划。例如，1998 年启动的撒哈拉以南非洲地区城市清洁空气行动计划的目标是通过减少道路交通的空气污染，改善城市空气质量，而该计划的当务之急是逐步淘汰含铅汽油。

④　环境合作委员会是加拿大、墨西哥和美国根据"北美环境合作协议"成立的一个国际组织，其目的是解决区域环境问题，预防潜在的贸易与环境纠纷和促进环境法律的有效执行。该委员会对候选物质进行审查的化学品无害管理工作组已确定三国都在关注铅领域的合作问题。

⑤　北海联合会的目标是提供政治推动力量，加强有关国际机构的工作，确保更有效地执行关于北海国家海洋环境保护的现有国际规章。1990 年，有关国家同意把包括铅和镉在内的 36 种危险物质的输入量削减 50%；把构成主要威胁的有害物质输入量削减 70%。根据2002 年 5 月在挪威卑尔根召开的第五届会议进展报告，参加北海联合会的所有成员国都已经实现了 70%的铅减排目标，但仅有一个国家实现了镉削减目标。

⑥　南亚环境合作项目是南亚国家政府于 1982 年成立的一个政府间组织。南亚环境合作项目的使命是促进南亚环境领域的区域合作、自然和人类环境的可持续发展、经济与社会发展及其与环境的和谐；支持本区域自然资源的保护与管理；并且促进所有国家、区域、国际机构、政府和非政府组织、专家和环保团体之间的密切合作。

⑦　河流保护国际委员会致力于跨境河流的保护。其中两个例子是易北河保护国际委员会和保护奥得河免受污染国际委员会。参加这些委员会的成员进行相互合作，以预防河流及其流域受到危险物质的污染。

⑧　欧盟针对铅污染问题制定了多项法规和指令。

欧盟关于危险物质分类、包装和标签的 67/548/EEC 号指令。

欧盟关于危险物质分类、包装和标签的 1999/45/EC 号指令。

欧盟关于确定危险制剂和物质具体信息制度（安全数据表）详细安排的 2001/58/EC 号指令（91/155/EEC 号指令的修改稿）。对于危险物质和制剂，专业用户有权索取安全数据表。该安全数据表应包含这些制剂含有的物质/化合物的固有性质、分类和标签要求，以及存储、废物处置和应急措施采取等信息。

欧盟关于限制某些危险物质和制剂销售以及使用的 76/769/EEC 号指令。欧盟 89/677/EEC 号指令为 76/769/EEC 号指令的修订版，要求禁止使用碳酸铅和硫酸铅油漆，艺术品和历史建筑修复除外。

欧盟关于保护工人、防止工作场所化学品的健康和安全风险的 98/24/EC 号指令［欧盟89/391/EEC 号指令第 16 条（1）款描述的第 14 个单个指令］。该指令要求强制执行铅及其离子化合物职业暴露的血铅浓度标准。

欧盟关于采取措施鼓励改善孕妇、分娩或哺乳期员工的安全和健康的 92/85/EEC 号指令［欧盟 89/391/EEC 号指令第 16 条（1）款描述的第 10 个单个指令］。该指令规定了保护怀孕、分娩和哺乳期员工的措施，包括评估铅化合物暴露健康风险的规定。

欧盟关于保护年轻工人的 94/33/EC 号指令。该指令禁止年轻工人使用某些化学药剂，包括使用具有生殖毒性的铅化合物。

欧盟关于玩具安全的 88/378/EEC 号指令。该指令对任何含铅儿童玩具规定了生物可获得性提取标准。

欧盟关于化妆品产品的 76/768/EEC 号指令。该指令禁止化妆品使用铅及铅化合物，只允许头发处理使用醋酸铅。

欧盟关于危险废物的 91/689/EEC 号指令。该指令确定了超过阈值的含铅废物等危险废物的管理规定。

欧洲议会和欧盟委员会关于包装和包装废物的 94/62/EC 指令。该指令规定到 2001 年包装材料或其组成部分铅、镉、汞和六价铬的总含量降低到 $100\mu g/g$ 以下。

欧洲议会和欧盟委员会关于在电子电气设备中限制使用某些危险物质的 2002/95/EC 号指令。该指令禁止 2006 年 1 月 1 日以后上市的新电子电气设备中使用铅、汞、镉、六价铬、多溴联苯（PBBs）和多溴联苯酯（PBDEs）。对于钢、铝和铜合金等铅的某些用途豁免。

欧盟 2003/108/EC 号指令是修订后的欧洲议会和欧盟委员会关于废旧电子电气设备的 2002/96/EC 号指令。该指令确定了废旧电子电气设备收集、处理、回收和利用的标准，并由生产商负责这些活动的开支。

欧洲议会和欧盟委员会关于报废汽车的 2000/53/EC 号指令。该指令要求从 2003 年 7 月 1 日开始，禁止上市新车使用铅、汞、镉和六价铬。某些铅的用途可豁免，例如钢和铜合金以及电池和减震器用铅。

欧盟 98/101/EC 号指令是修订后的欧盟关于含有某些危险物质电池和蓄电池的 91/157/EEC 号指令。该指令确定了关于含有危险物质的旧电池和蓄电池的处置和利用措施，比如铅的质量含量超过 0.4% 的电池。

欧盟 98/70/EC 号指令是修订后的欧盟关于成员国汽油铅含量的 85/210/EEC 号指令。该指令规定汽油中含铅量应小于等于 0.005g/L。

欧盟关于环境大气质量评估管理的 96/62/EC 号指令。该指令 96/62/EC 号框架指令规定了定义和设立环境空气质量标准的共同战略。第一个下级指令（1999/30/EC）提出了环境大气中铅污染物浓度的问题，并且根据世界卫生组织指南设定了 $0.5ng/m^3$ 的标准值（以年度平均值表示）。

欧盟关于执行欧洲污染物排放注册制度的 2000/479/EC 号决议。该指令根据欧洲污染物排放注册制度，成员国必须针对 96/61/EC 号指令管制的工业设施污染物排放每三年编写一份空气和水污染物综合防治报告。这份报告涉及包括铅在内的 50 种污染物。

欧洲议会和欧盟委员会 2000 年 10 月 23 日关于在水政策领域建立欧盟行动框架的 2000/60/EC 号指令。该指令确定了水政策领域的目标，包括优先领域现状和铅的质量标准。在欧盟水框架指令中，铅及其化合物归类为"优先审查物质"。

欧盟关于保护环境、特别是污水处理厂污泥用于农业时保护土壤环境的 86/278/EEC 号指令。该指令禁止农业使用污水处理厂污泥，除非满足一些具体要求，包括进行污泥和土壤测试，指令管理的一些参数包括铅和镉含量。

欧盟 2005/31/EC 号指令（修订欧盟 1984 年 10 月关于成员国与食品接触陶瓷产品法律的 84/500/EEC 号指令）。该指令为接触食品的陶瓷产品规定了向食品转移镉和铅污染物的最高允许标准。

欧盟关于人类使用水水质的 98/83/EC 号指令。该指令规定饮用水中的铅含量指南标准从 $50\mu g/L$ 降低到更加严格的 $10\mu g/L$，并留出 15 年过渡期使人们有足够时间更换铅水管。

5.5.2　国际组织和项目

5.5.2.1　国际癌症研究机构

国际癌症研究机构是世界卫生组织的一个组成部分。国际癌症研究机构的使命是进行人类癌症成因、致癌作用研究，并制订癌症控制战略。国际癌症研究机构的专著代表癌症风险评估的第一步，它涉及检查一切有关资料，以便评估现有证据证明某些暴露可改变人体癌症发病率的概率。其针对无机和有机铅化合物开展的评估结论表明，无机铅化合物可能会使人体致癌，而有机铅化合物不能归类为人体致癌物质。

5.5.2.2　国际劳工组织

国际劳工组织是联合国的一个专业机构，其目标是促进社会公正和国际公认的人权和劳动权。国际劳工组织以国际公约和建议的形式设立了国际劳动标准，并确定了基本劳动权利的最低标准。

化学品控制领域的有关国际公约、建议和指南包括 1993 年批准的《预防重大工业事故公约》（第 174 号）及其附属建议（第 181 号）和 1990 年批准的《工作场所使用化学品安全公约》（第 170 号）及其附属建议（第 177 号）。后者的目的是保护工人，降低工人在工作场所使用化学品的风险。该公约规定了雇主、供应商和工人的责任，要求批准这个国际公约的缔约方根据规定原则制订工作场所安全使用化学品的国家政策，对所有物质执行分类和标签制度，并且采用化学品安全数据表。

此外，与化学品安全有关的标准和指南文件还包括针对具体有毒物质（比如石棉、白铅和苯）风险的一些相关国际公约和建议。另外，国际劳工组织发表了《危害健康的空气污染物质职业暴露标准：职业安全与健康管理制度行为准则和指南》。

5.5.2.3　国际化学品安全规划署

1980 年成立了国际化学品安全规划署作为世界卫生组织、国际劳工组织和联合国环境规划署的合作机构，在国际层面评估化学品对人体健康和环境的风险。各国可利用该机构的研究成果制定自己的化学品安全措施来加强预防和处理化学品有害影响的国家能力，并且管理化学品事故造成的健康影响。

国际化学品安全规划署出版了关于铅的相关环境健康标准，例如，EHC3（1997）：铅；EHC85（1989）：铅环境领域；EHC165（1995）：无机铅。

另外，粮食与农业组织和世界卫生组织食品添加剂和污染物联合专家组 1972 年评估了铅镉等重金属。世界卫生组织发表的《世界卫生组织系列报告 505》公布了该专家组的评估结果。国际化学品安全规划署还编写了《有机和无机铅毒性物质信息专著》。

5.5.2.4　世界卫生组织

世界卫生组织是联合国关于健康的专门机构，成立于 1948 年 4 月 7 日。该组织的章程指出其目标是所有人享有最高的健康水平。世界卫生组织与化学品风险有关的大量活动都包括在国际化学品安全方案、国际癌症研究机构、政府间化学品安全论坛和化学品良好管理跨单位项目的工作中。

世界卫生组织从 1976 年开始执行全球环境监测制度——食品污染监测和评估项目，该项目告知各国政府、食品法典委员会和其他机构以及公众关于污染物含量和趋势的信息，其中包含铅在食物中含量、人体暴露水平以及它对公共健康和贸易的影响。

世界卫生组织还以指南的形式制定了空气和水质以及人体健康的标准，发达国家和发展中国家均以此为基础制定自己的法规和标准，包括《铅含量水质指南》和《欧洲空气质量指南》等，并于 2005 年编写了包含铅在内的培训材料和提高儿童意识的宣传单。

5.5.2.5 经济合作与发展组织

经济合作与发展组织（The Organization of Economic Cooperation and Development，OECD）是由 30 个成员国组成的政府间组织，其通过论坛交流经验，讨论大家关注的问题并寻求问题解决方案，在适当情况下采取共同行动或进行合作。

OECD 在许多领域开展了工作，其"环境项目"解决成员国关注的广泛问题。OECD 的"环境、健康与安全项目"包括了化学品相关项目，农药、化学品事故和生物技术统一管理监督，污染物释放和转移制度以及食品安全。

1990 年，OECD 理事会批准了"现有化学品联合调查和减少风险决议建议"。技术情报交换所完成了《减少风险的第一本专著：铅》的编写工作。在该专著中总结了铅污染物环境排放、环境和人体暴露以及 OECD 成员国如何看待铅暴露风险方面的资料，并描述了成员国和工业界已经采取或计划采取的减少铅暴露风险的行动。

1996 年，OECD 环境部长会议批准了《减少铅污染风险宣言》。该宣言的目的是推动各国国内和成员国之间的合作，以减少铅暴露风险。宣言要求继续加强各国的合作，以减少铅暴露风险；采取优先行动，降低食物、饮料、水、空气、职业暴露和其他潜在途径的铅暴露风险；继续检查环境铅含量以及敏感和高风险人群的铅暴露水平；促进和最大程度上使用环境无害和经济可行的方法收集和回收铅和含铅产品；加强合作，分享（包括非 OECD 成员国）关于铅暴露、减少风险以及环境无害和经济可行技术方面的信息；鼓励铅生产国和消费国充分利用其铅风险管理专长，且让 OECD 成员国和非成员国分享这些经验和专长；与铅制造工业合作，制订减少铅暴露的自愿行动计划（OECD 成员国和感兴趣的 OECD 非成员国政府管理当局合作执行），并且鼓励铅消费国也制订类似计划，同时，还宣布 OECD 应该在批准该宣言三年后观察成员国的执行进展，并评估采取进一步行动的需求。1998 年，OECD 对成员国、欧盟和工业界进行了调查，以了解其采取了哪些行动以执行上述宣言。有 23 个国家和欧盟、以及 13 家企业和 9 个工业协会填写了调查问卷，旨在获得自 1992 年以后完成的活动或持续的活动信息。《1993—1998 年经济合作与发展组织成员国铅风险管理活动报告》总结了本次调查结果。

5.5.2.6 联合国环境规划署——保护海洋环境免受陆源污染全球行动计划

保护海洋环境免受陆源污染全球行动计划的目标是让世界各国认识到自己保护海洋环境的责任，预防陆源污染造成的海洋环境退化。它旨在成为理论和实践指南，各国和区域管理当局可根据本行动计划设计并实施自己的可持续行动，来预防、减少、控制和/或消除陆源污染导致的海洋环境退化。

保护海洋环境免受陆源污染全球行动计划有一个专门部分涉及包括铅在内的重金属污染防治建议。其目标是减少和/或消除人类活动污染物排放量，以便预防、减少、控制和消除重金属污染。虽然没有针对铅设定具体的目标，但保护海洋环境免受陆源污染全球行动计划为了减少重金属和其他污染物的环境影响，给出了可能步骤的具体指南。

5.5.2.7　联合国环境规划署——清洁燃料和汽车伙伴关系

清洁燃料和汽车伙伴关系是一项重要的全球行动计划，目标是通过使用清洁燃料和汽车改善城市的空气质量。2002 年召开的可持续发展世界首脑会议建立了清洁燃料和汽车伙伴关系，到 2006 年 1 月 1 日，包括政府、国际组织、工业团体和非政府组织在内的 80 多个组织加入了这个伙伴关系，努力在世界范围淘汰加铅汽油，并同时采用清洁汽车和汽车技术来减少燃料中的硫含量。

这个伙伴关系的活动重点是在所有行业建立共识，促进发达国家向发展中国家转让清洁燃料和清洁汽车的知识和技术。清洁燃料和汽车伙伴关系技术情报交换所设在位于肯尼亚内罗毕的联合国环境规划署总部，它为促进清洁燃料和汽车的地方和区域、国家活动提供技术、网络和经济支持。

清洁燃料和汽车伙伴关系在区域和国家层面上帮助撒哈拉以南非洲国家到 2006 年 1 月前淘汰加铅汽油、积极支持清洁燃料和汽车对话、培训决策者、制订政策和增强意识。清洁燃料和汽车伙伴关系还发表了《淘汰汽油中的铅》报告来解决老旧汽车淘汰加铅汽油的问题。通过全球跨行业工作组的研究，清洁燃料和汽车伙伴关系针对减少硫含量、清洁新旧汽车更新、提高公共意识等问题提供了建议。

清洁燃料和汽车伙伴关系还支持淘汰加铅汽油的国家项目和建立区域共识项目；它在塞内加尔和肯尼亚联合举办了两场淘汰加铅汽油的撒哈拉以南非洲地区区域会议；在塞内加尔、贝宁、肯尼亚、南非和喀麦隆举办了 5 场撒哈拉以南非洲地区关于淘汰加铅汽油的次区域会议；在马里举办了一场技术专家组会议；在南非举办了一场石油精炼会议；在乌干达举办了一场撒哈拉以南非洲地区区域研讨会；并且在布隆迪、贝宁、坦桑尼亚、冈比亚、乌干达、马拉维、卢旺达、肯尼亚、加纳、多哥、刚果、赞比亚、吉布提、莫桑比克和索马里举办了国家层面的研讨会、加强意识运动（包括广播和印刷广告）和环保培训工作。联合国环境规划署已经通过培训加油站工作人员，使他们能回答公众关于加铅汽油益处的问题，并且在肯尼亚调查儿童血铅的含量，以评估加铅汽油的健康影响和社会成本。

5.5.2.8　联合国工业发展组织

联合国工业发展组织于 1967 年成立，从 1985 年开始，就一直致力于促进发展中国家和经济转型国家的可持续发展。联合国工业发展组织汇集了政府、工业、公众和私营部门的代表，为考虑可持续发展相关问题提供了论坛。联合国工业发展组织还参与各种工业行业的环境管理，包括有毒和危险化学品的监测、处理、回收和处置以及污染场地的修复。

5.5.2.9　世界银行

世界银行于 1944 年成立，它是世界上提供最多发展援助的单位之一。世界银行一直非常积极推动淘汰加铅汽油有关活动，并发表了一些相关报告，其中包括《拉丁美洲和加勒比海地区淘汰汽油中的铅状况报告》、《中欧东欧淘汰汽油中的铅：健康问题、可行性和政策》和《淘汰汽油中的铅：世界经验与政策影响》。

　　世界银行 2007 年 4 月发表了新版本的《世界银行环境、健康和安全指南》。这些是反映环境、职业健康与安全、社区健康与安全、建设和退役等方面的综合指南，以及包括《非贵重金属冶炼和精炼指南》在内的具体工业指南。

　　当前，世界银行具有明确环境目标的项目总金额为 107 亿美元（2005 年）。活动包括以下几个：1998 年启动的"清洁空气行动计划"是涉及市政府、私营公司、国际发展机构和基金、非政府组织和学术机构的网络；在 1998 年 12 月世界银行宣布成立"拉丁美洲城市清洁空气行动计划"；2001 年，世界银行启动了"亚洲城市清洁空气行动计划"；同年又启动了"撒哈拉以南非洲地区的城市清洁空气行动计划"。世界银行建立了清洁空气行动计划网站，作为该计划伙伴交流的电子运作中心并帮助各国淘汰铅，2003 年，世界银行获得了资金，帮助坦桑尼亚、毛里塔尼亚、马里和埃塞俄比亚制订证明淘汰加铅汽油益处的行动计划，并就相关行动内容做了说明。

第二篇

铅污染及控制

第6章

铅的使用和释放

生物圈的主要铅污染排放可分为以下三类：一是自然源排放，火山爆发和岩石风化等自然因素导致的地壳和地幔中的铅排放；二是人类活动导致原材料中铅的排放，例如化石燃料，特别是矿石、煤以及其他矿物的开采、处理和回收的铅排放；三是在产品生产、使用、处置、回收、再利用或焚烧过程中，引起的产品和工艺的人为排放，同时，还要考虑过去人为排放到土壤、沉降物、填埋场和固体废物堆场/尾矿库沉积的铅的再次流动以及生物圈中自然发生的铅迁移。

6.1 铅的生产、使用和贸易

6.1.1 全球铅生产

2004 年，全球有 40 多个国家进行铅矿开采，铅矿产量约 315 万吨。各国产量和储量见表 6-1。其中，最主要的铅生产国是中国和澳大利亚，产量分别占世界总产量的 30％ 和 22％。2004 年全球探明铅储量（利用现有技术可经济开采的数量）为 6700 万吨，相当于 2004 年产量的 21 倍，已经确认的铅资源总量（包括利用现有技术可经济提取的铅）超过 15 亿吨。

富铅矿石铅含量为 3％～8％，通常和其他金属共存，特别是银、锌、铜，有时还与金共存。因此，铅也是锌、铜和银生产的副产品。世界上 2/3 的铅产量来自铅锌矿。采矿后，富铅矿石与其他矿物分离形成铅精矿。通过冶炼，铅精矿转化成带有杂质的金属铅，再通过火法冶炼或电解精炼去除杂质。

表 6-1　2004 年全球铅矿产量和储量

国家地区	2004 年采矿产量/10^3 t	占全球产量的百分比/%	2004 年储量/10^3 t
中国	950	30	11000
澳大利亚	678	22	15000
美国	445	14	8100
秘鲁	271	9	2000
墨西哥	139	4	1500
加拿大	77	2	2000
摩洛哥	65	2	500
爱尔兰	65	2	NA
哈萨克斯坦	40	1.3	5000
印度	40	1.3	NA
南非	37	1.2	400
瑞典	34	1.1	500
其他国家和地区	275	9	19000
总计	3116	90.8	65000

注："NA"表示没有数据

国际铅锌研究组（International Lead and Zinc Study Group，ILZSG）是联合国 1959 年成立的政府间组织，也是成立时间最长的国际商品组织之一。国际铅锌研究组共有 28 个成员国，其合计铅锌产量占全世界总产量的 90%，合计铅锌消费量超过全世界总消费量的 80%。该组织定期召开国际论坛，交流关于铅锌的资料信息。研究显示，过去 30 年间，全球铅矿石产量略有下降，从 1975 年的 360 万吨下降到 2004 年的 310 万吨，而同期的全球精炼铅产量和铅金属消费量从 470 万吨上升到 710 万吨。

铅产量与消费量之间的差距为从铅废品、废渣、浮渣和固体废物等铅回收数量。再生铅是指从铅蓄电池、铅板、铅条、铅管和铅包电缆等废料以及加工和处理过程中产生的废渣、浮渣和固体废物等生产的精炼铅和精炼铅合金，不包括没有经过精炼过程从再生材料里回收的再熔炼铅和铅合金。2004 年世界铅生产量、回收量和消费量见表 6-2。

表 6-2　2004 年世界铅生产量、回收量和消费量　　　　　　　　单位：1000t/a

洲名[①]	采矿生产量	精炼铅产量（原生和再生）	再生铅回收量	精炼铅消费量	再生铅回收量占精炼铅消费量的百分比/%
欧洲	219	1557	982	1969	50
非洲	117	100	81	116	70
北美洲	658	1745	1356	1816	75
中美洲和南美洲	349	270	147	224	66
亚洲	1102	2879	626	2975	21
大洋洲	642	281	46	40	115
总计	3087	6832	3238	7140	45

①在欧洲和亚洲的划分中，俄罗斯划入欧洲，土耳其划入亚洲。北美洲包括美国、加拿大和墨西哥。澳大利亚和新西兰属于大洋洲。

再生铅主要来自废旧铅蓄电池，其余的来自铅管、铅板、铅包电缆以及加工/处理过程产生的废物。2003 年美国再生铅总量的 92.2％来自电池，3.5％来自生产废品和废物，4.3％来自其他废弃的含铅和含铜产品。再生铅占全球铅消费量的 45％，各大洲的占比差异较大，从北美洲的 75％到亚洲的 21％不等，但并不代表这些国家铅废料收集和回收的效率。比如，亚洲再生铅比例较低，一方面是因为该区域汽车拥有量急剧增长，另一方面是因为亚洲大量出口含铅产品，如配备电池的汽车。欧洲和亚洲是铅原材料的净进口方，用于进行铅的精炼；大洋洲（主要是澳大利亚）和南美洲为净出口方；北美洲和非洲铅消费量基本上等于其精炼铅产量。

1998 年铅矿石生产量的市场价值估计为 22 亿美元。全世界铅采矿、冶炼和精炼生产总值每年约为 150 亿美元。全世界铅采矿、选矿、冶炼和精炼生产提供了 72000～89000 个工作机会，铅氧化物生产提供了 2400 个工作机会。

6.1.2 全球铅的使用和贸易

进出口国际贸易的铅包括矿石或精矿、经过冶炼但未精炼的铅金属、精炼金属铅和最终铅产品。各大洲的净出口量见表 6-3。由于贸易数据仅包括国际铅锌研究组（ILZSG）成员国，一部分铅金属和合金出口到了非国际铅锌研究组成员国，所以各洲进出口量有差距。数据显示，欧洲和亚洲是铅精矿、铅矿石和粗铅锭的净进口方，对进口的铅原料再进行精炼。

表 6-3 铅矿石/精矿、精炼铅和铅各洲间的国际贸易　　　　　　单位：1000t/a

洲名[①]	从本洲到其他洲的出口		
	铅矿石和精矿	精炼铅和铅合金	粗铅锭
欧洲	−51	−217	−156
非洲	67	4	0
北美洲	171	16	0
中美洲和南美洲	220	49	0
亚洲	−733	434	−25
大洋洲	264	211	150
总计	−62	497	−31

①在欧洲和亚洲分区时，俄罗斯列入欧洲，土耳其列入亚洲（ILZSG，2006）。北美洲包括美国、加拿大和墨西哥；澳大利亚和新西兰属于大洋洲。

中国是世界上最主要的铅生产国和消费国。2004 年，中国的原生精炼铅产量为 181.2 万吨，回收精炼铅的产量为 31.3 万吨。中国铅矿石和精矿主要进口国为澳大利亚、秘鲁和美国，中国大陆生产的精炼铅主要销往韩国、中国台湾和泰国。

6.1.3 铅的最终用途

铅的用途非常广泛。由于纯铅十分柔软，通常加入少量锑、铜、镉或银组成铅合金使用，此外也在铜合金和锡合金加入中铅。1970～2003 年，全球铅消费量从 450 万吨增加到 680 万吨。表 6-4 列出了 2003 年国际铅锌研究组成员国的铅消费量，以及经济合作与发展组织 1970 年和 1990 年的铅消费量。2003 年按用途分类的铅消费量基于国际铅锌研究组成员国研究资料，其成员国合计铅消费量约占全球消费总量的86%。经济合作与发展组织1970年和1990年的铅消费量分别占全球消费总量的68%和60%。

表6-4 1970年、1990年和2003年铅消费量

类型	经济合作与发展组织国家				国际铅锌研究组成员国	
	1970年		1990年		2003年	
	铅消费量 /10^3t	百分比 /%	铅消费量 /10^3t	百分比 /%	铅消费量 /10^3t	百分比 /%
电池	1190	39	2120	63	4590	78
电缆铅包	370	12	170	5	71	1.2
轧制/挤压铅（主要是铅板）	370	12	300	9	319	5
弹药	120	4	100	3	104	2
合金	210	7	130	4	115	2
铅化合物	340	11	340	10	481	8
汽油添加剂	310	10	70	2	14	0.2
其他	150	5	130	4	192	4
总计	3060	100	3360	100	5886	100
全球总计	4502		5627		6852	

表6-4中数据显示，用于电池制造的铅消费量增加，电缆铅包和汽油添加剂的消费量减少。

（1）电池

2003年，用于电池生产的铅占消费总量的75%。铅电池最主要用途是汽车启动器电池，可以侧面反映不同国家拥有的汽车数量。其他主要用途包括电动卡车的牵引用蓄电池以及备用电力供应的固定电池组。

（2）弹药

不同类型的弹药都使用铅。最主要用途是猎枪子弹。欧盟15国1993年消费的52700t弹药中，90%用于猎枪子弹，剩下的10%用于步枪和手枪子弹。特别注意的是有大量子弹通过打猎排放到湿地和其他生物群落中。

（3）汽油添加剂

四乙基铅和四甲基铅可用于汽油的抗震剂，并以不同形式的铅化合物排入大气。1970年汽油添加剂消费量占铅总消费量的10%，汽油添加剂是大气铅污染物的主要来源。由于大多数国家进行了使用限制，汽油添加剂铅消费量显著的减少。国际铅锌研究组报告显示，汽油添加剂用铅量从1998年的31500t减少到2003年的14400t。目前，大多数国家已经淘汰使用含铅汽油添加剂，但一些区域仍然使用。

联合国环境规划署清洁燃料伙伴关系（The UNEP Partnership for Clean Fuels）继续监督全球加铅汽油的淘汰进展。2008年年初，全球有19个国家仍然使用加铅汽油。同年，约旦、老挝、蒙古和巴勒斯坦停止使用加铅汽油；2008年年底，阿富汗和摩洛哥淘汰加铅汽油。在联合国环境规划署清洁燃料伙伴关系提高国家意识行动中，突尼斯从2008年年底开始逐步淘汰加铅汽油。

此外，许多国家一些螺旋桨飞机仍然使用加铅汽油，但没有全球螺旋桨飞机的加铅汽油使用量数据。2002 年，挪威航空活动向大气排放了 2.5t 铅，瑞典排放了约 5t 铅。

（4）电缆铅包

电缆铅包用铅量的减少一部分原因是一些国家的环保考虑，另一部分原因是开发出了替代包裹材料。

（5）铅板

铅板主要用于屋顶和防水板，但已经开发出防水铅板的替代产品。

2003 年最大的铅消费国是美国（147 万吨），其次是中国（118 万吨）和韩国（35 万吨）。中国的铅消费量从 1998 年的 51 万吨增加到 2005 年的 118 万吨，增长了 1 倍多。表 6-5 列出了 6 个国家首次用途的铅消费量在总消费量中的占比情况。首次用途（first use）指的是使用精炼铅（而不是回收铅）生产铅产品。各国的数量差异在一定程度上反映了该国的工业结构。韩国电池生产占铅消费总量的 87%，反映了韩国汽车工业的重要性。大多数铅将以最终产品的形式出口。意大利弹药铅的很大消费量（6.4%）反映出意大利是欧洲弹药的主要生产国和出口国。在英国，轧制/挤压铅产品占铅消费总量的 46%，可反映出建筑用铅的区域差别。由于传统和建筑风格的不同，北欧国家的建筑用铅板的消费量（主要是铅屋顶防水板）明显比南欧国家高出许多。

表 6-5 2003 年（首次用途）铅消费量占铅总消费量的百分比 单位：%

应用领域	韩国	中国	意大利	英国	印度	墨西哥
电池	87.2	79.5	81.1	33.3	77.0	85.6
电缆铅包	0.7	1.9	0.6	3.3	4.2	0.2
轧制/挤压铅（主要是铅板）	0.8	1.9	0.0	45.6	0.0	0.0
弹药	0.0	0.0	6.4	2.3	0.0	0.0
合金	0.1	0.0	0.3	4.1	6.1	1.2
铅化合物	6.1	10.0	7.5	6.4	10.7	6.0
汽油添加剂	0.0	0.0	0.0	3.3	0.0	2.4
其他	5.2	6.8	4.2	1.8	2.0	4.6
总计	100	100	100	100	100	100
总计/10^3t	349	1183	236	247	142	259

一个国家首次用途铅消费量的分布与交易的最终产品铅分布有明显不同，特别是中小国家。由于贸易产品中存在大量铅进出口，所以难以获得最终用途铅消费量的准确数据。

表 6-6 列出了丹麦 1985 年、1994 年和 2000 年最终用途铅消费量的数据。主要变化是铅包电缆、含铅子弹、鱼坠、铅丹、铅颜料和汽油添加剂的铅消费量减少了。煤、石灰、水泥等的铅杂质数量占最终产品总铅量的不到 1%。

表 6-6 丹麦 1985 年、1994 年和 2000 年最终用途的铅消费量 单位：t/a

产品组	消费量①			2000 年消费占比/%
	1985 年	1994 年	2000 年	
铅金属启动器电池		6900~7700	6900~7700	42
其他电池（牵引电池和固定电池组）	10900~12600	1200	1600~1800	10

产品组	消费量①			2000 年消费占比/%
	1985 年	1994 年	2000 年	
建筑材料(主要是屋顶和防水铅板)	3500～3700	2850～4100	3700～4100	23
铅子弹	大约 870	100～160	20～39	0.2
其他弹药	大约 150	250～300	94～164	0.8
龙骨	800～900	50～150	240～740	3.0
铅包电缆	2400	2000～2300	353～383	2.2
铅锡合金	200～300	260～380	190～350	1.6
其他合金(主要是铜合金)	300～550	150～300	170～350	1.5
商业捕鱼(鱼坠、加铅绳索)	400～600	300～600	430～740	3
钓鱼(鱼坠、夹具等)		75～125	97～170	0.8
配重(汽车、风车等)	150～200	200～250	76～160	0.7
辐射防护屏	200～400	200～250	41～440	1.4
其他用途	150～600	90～290	26～110	0.4
化合物 铅丹(抗腐蚀用)	40～65	20～35	0.5～2	<0.1
颜料	250～400	35～110	17～70	0.3
阴极射线管	不包括	550～900	520～640	3.0
其他玻璃(主要是水晶玻璃)	60～80	70～80	140～340	1.4
聚氯乙烯(稳定剂)	200	300～400	440～570	3.0
陶瓷和釉料(上釉)	80～100	25～150	40～150	0.6
汽油添加剂(活塞引擎飞机)	250	2～10	1.6～2	<0.1
作为化合物的其他用途	100～200	12～40	13～74	0.3
自然微量元素 煤	250～300	42～125	40～67	0.3
其他产品	50～240	40～115	37～73	0.1～0.2
总计	21200～25100	15500～19800	14900～19000	100

① "消费量"定义为调查当年该国销售最终产品的铅含量。

6.1.4　铅化合物

1970～2003 年，除汽油添加剂和电池用途以外的铅化合物约占铅消费总量 10%，但期间发生了重要变化。表 6-7 表明了西方国家（表注给出了它的定义）铅消费量的减少，铅化合物的主要用途是阴极射线管的加铅玻璃和水晶玻璃以及塑料添加剂（主要是聚氯乙烯的稳定剂）。以前，油漆和陶瓷的铅颜料占很大比例，但最近几十年，这些用途的消费量一直在下降。

表 6-7　西方国家 1975 年和 2001 年最终用途[①]消费的铅化合物

用途	铅消费量/(10^3 t/a)		百分比/%	
	1975[②]	2001[③]	1975[③]	2001[③]
玻璃用化合物 阴极射线管	70000	157000	20	38
水晶玻璃	63000	62000	18	15
特殊玻璃/光学玻璃	42000	16000	12	4
灯泡	17500	12000	5	3
其他化合物 塑料添加剂	73500	99000	21	24
釉料	17500	37000	5	9
涂料	49000	21000	14	5
陶瓷	17500	8000	5	2
总计	350000	412000	100	100

①不包括汽油添加剂和电池使用的铅化合物；
②按照 1975 年的百分比和铅化合物用铅总量 35 万吨重新计算了各用途的数据；
③利用百分比和消费总量数据重新计算了数量。现在，人们认为"西方国"已经是一个历史词汇了，之所以使用它是因为铅使用的历史数据资料主要是来自西方国家。西方国家不包括非市场经济的东方国家，即东欧国家和中国。

(1) 阴极射线管

阴极射线管使用的辐射屏护加铅玻璃很快将成为历史，因为平板技术正在取代阴极射线管技术。平板技术，特别是等离子体显示平板（PDP）也使用了加铅玻璃，但平板使用加铅玻璃的目的不同于阴极射线管，单位面积的用铅量明显低于阴极射线管的用铅量。对阴极射线管用铅的特别关注点是大量含铅的废旧阴极射线管直接土地填埋的长期影响。

(2) 颜料

铅化合物用于颜料的消费量比例已经从 14% 下降到 5%。铅化合物可用于涂料、塑料和陶瓷的颜料，包括氧化铅、碳酸铅（又称白铅）、高铅酸钙和铬酸铅/钼酸铅。氧化铅（PbO）有两种不同的晶体颜色——红色和黄色；二氧化铅（PbO_2）是褐色；"红铅（铅丹）"（Pb_3O_4）的组成介于上述两者之间。过去的钢结构保护使用的防锈油漆广泛使用红铅作为抗腐蚀颜料，但现在使用的不多。部分国家仍然用红铅作旧钢结构的保护，也使用高铅酸钙作为镀锌钢的抗腐蚀剂。

过去，碳酸铅（白铅）广泛用于房屋墙面涂料，是重要的铅暴露源。许多国家已经禁止使用白铅，但一些国家可能仍有使用，如艺术涂料。然而，大量旧房屋的墙面涂料仍然含铅。

铬酸铅、钼酸铅和硫酸铅广泛用于塑料和涂料的增亮、不透明黄色、红色和橙色的无机颜料。国际铅开发协会（Lead Development Association International）的报告显示，铬酸铅用量约占全世界铅消费总量的 1%。欧洲和美国在 20 世纪 80 年代铬酸铅的消费量明显减少，从那时开始，欧洲的铬酸铅用量平均每年减少 4%；美国的铬酸铅用量平均每年减少 7.5%。

(3) 珐琅和陶瓷

珐琅和陶瓷可能含铅，且其中的铅会渗入食物。含铅珐琅和釉料的类型不同，浸出铅的可能性也不同。目前已有产品中的铅浸出到食物的国际标准，但一些国家使用超出铅浸出标准的釉料。例如，在摩洛哥，使用硫化铅粉末给陶制锅上釉，该粉末的含铅量超过 53%。国家卫生院（National Institute of Hygiene）1994 年进行的一项研究表明，传统制造的陶锅铅的流动量很高，平均为 176mg/L，最高为 640mg/L，远远超出了陶瓷产品的国际标准。

（4）聚氯乙烯稳定剂

铅化合物被广泛用作聚氯乙烯热稳定剂和紫外线稳定剂。稳定剂是仅次于阴极射线管的铅化合物第二重要市场。稳定剂使用的铅化合物主要是三价和四价硫酸铅、二价磷酸铅、二价邻苯二甲酸铅、多价富马酸铅，以及二价或常态硬脂酸铅。铅稳定剂系统主要用于电缆、室外管道和天沟、窗户和门框、房顶等。2000 年欧洲使用了 112000t 铅稳定剂，其中 35932t 用于管道和天沟，17226t 用于电缆，57147t 用于窗户和门框、房顶等。据估计，112000t 稳定剂约含有 50000t 铅。

全球稳定剂市场存在明显的区域差别。在欧洲和亚洲，含铅稳定剂广泛用于硬质聚氯乙烯，而在北美洲，硬质聚氯乙烯主要使用有机锡稳定剂。值得关注的是聚氯乙烯处置后铅的最终去向，例如聚氯乙烯焚烧后铅的最终去向。

6.2　铅的自然释放源

铅排放可分为自然释放源和人为释放源。自然源排放指来自地壳和地幔中的铅经由自然运动向大气、水和土壤的排放，例如火山爆发和岩石风化；人为释放源主要包括人类活动导致的材料中的铅杂质排放，如化石燃料和其他提取和处理的金属由于采矿、选矿、制造、使用、处置、回收和利用等产品和工艺使用的铅污染排放；市政垃圾焚烧、露天焚烧等导致的铅污染排放；原先固定在土壤、沉积物和废物中铅的排放。

铅从地球岩石圈进入地球生物圈的主要自然源是火山爆发和岩石风化。陨石粉尘也把微量铅带入生物圈。据估计，1983 年火山爆发向大气排放了 540～6000t 铅。岩石风化把铅排入土壤和水体。这个过程在全球铅循环中发挥了重要作用，但很少增加分割空间的铅浓度。

铅是矿物中自然存在的元素，通常以很低的浓度存在于岩石和土壤中。地壳平均铅浓度为 12～17mg/kg，可形成土壤类岩石的铅浓度从黑页岩的 7～150mg/kg 到玄武岩的 2～18mg/kg 不等。有报告显示，全球土壤平均铅浓度为 22mg/kg。全球不同类型土壤的铅浓度从碱土类土壤的 0.2mg/kg 到红土土壤的 115mg/kg 不等。

铅浓度升高与铅的沉积密切相关。通过岩石风化，铅排放到土壤和水体中，进入生物群落。随后面临着包括铅在内的大陆基础金属的扩散，叠加在土壤上面。这个过程在全球铅循环中发挥重要作用，并导致一些地方的土壤铅浓度升高。例如，澳大利亚 2005 年提交的资料表明，澳大利亚大陆铅浓度普遍高于地壳平均铅浓度。澳大利亚地球科学数据库（database of Geoscience Australia）数据表明，65000 个样品中，1200 个样品的铅浓度等于或高于 100mg/kg。

在生物圈内，铅通过不同过程迁移，例如盐末和土壤颗粒通过风进行传输。大气铅污染物的自然排放源主要是火山、土壤颗粒污染物、海水细末、生物和森林火灾。

对自然活动排放到大气中的铅总量的计算结果非常不同，铅污染源的计算仍值得研究。表 6-8 列出了自然来源的大气铅排放总量两个计算结果。恩里亚古（Nriagu）计算出 1983

年的年排放总量为 970～23000t。研究人员现在仍经常引用该计算结果。理查森等研究表明，自然铅污染源的年排放总量为 22 万～49 万吨。两个研究之间的差距主要是因为土壤向大气排放颗粒污染物的不同计算值造成的。理查森等根据美国中南部灌木林地土壤金属流量计算出土壤颗粒向大气传输的铅排放总量。根据每个生态区域（拥有具体生态系统的区域为灌木林、沙漠、雨林等）沙尘暴发生频率，计算出每个生态区域的土壤颗粒流量，并与灌木林地的流量进行比较。由于沙漠发生沙尘暴的频率很高（灌木林地 6 次，草地 27 次），沙漠生态区域（占全球土地总面积的 19%）成为进入大气土壤颗粒流量最主要的来源。沙漠加上灌木土地约为 100% 大气颗粒污染物的来源。

表 6-8　全球自然来源大气铅污染物排放总量计算结果　　　　单位：10^3 t/a

排放源类型	铅排放量			
	理查森等（Richardson 等，2001）		恩里亚古（Nriagu，1989）	
	平均值	第 5～95 百分位数	平均值	第 5～95 百分位数
土壤颗粒物排放量，特别是在沙尘暴期间	1700	200～4900	3.9	0.3～7.5
海水盐末	13	2.7～31	1.4	0.02～2.8
火山排放量	4.7	1.1～10	3.3	0.54～6.0
森林火灾	83	24～180	1.9	0.06～3.8
植被、花粉和孢子	—	—	1.74	0.05～3.33
陨石粉尘	$2.2×10^{-7}$	$0.5×10^{-7}～5.4×10^{-7}$		
总计	1800[①]	220～4900	12	0.97～2.3

①排放总量是通过统计计算得出的统计数据，而非具体排放源排放数据的简单相加。

全球铅循环中自然排放量的重要性取决于排放污染物粒径大小。较大的土壤粒子传输距离较短。当评估污染颗粒物沉积地区的铅浓度时，颗粒污染物的铅浓度就很重要。

进入大气的土壤颗粒的铅污染排放可能也是人为排放铅污染物再次流动的机制。美国环境保护署 2005 年资料显示，固定源和移动源仅构成加利福尼亚南海岸空气（South Coast Air Basin of California）铅污染物排放总量的 10%，其余 90% 来自土壤颗粒物。土壤的高铅浓度源自过去几十年人们消费的加铅汽油。

自然排放量计算数据与全球人为大气排放量计算值进行比较。1983 年到 20 世纪 90 年代中期，铅的大气总排放量从 33 万吨下降到 12 万吨，主要是因为在过去 10 年加铅汽油消费量的减少。恩里亚古计算出 1983 年人为铅排放量是自然排放量的 28 倍，理查森等计算人为铅排放量约占自然源排放量的 20%。

格陵兰冰原（Hreenland Ice Sheet）冰芯记录表明，人为排放源长距离传输对遥远地区铅污染的重要性。北极经验表明，铅通过大气的长距离传输增加了北极地区的铅沉降，因为铅可凝结在非常细小的颗粒上随风吹到很远距离。根据模型计算结果，欧亚地区冬季 5%～10% 铅大气污染物沉降在北极北部地区。

用来确定北极金属沉降情况的最大冰芯数据库来自格陵兰深度钻探项目（Greenland Summit deep-drilling program）。数据表明，从 19 世纪工业革命以后，铅浓度显著升高。20 世纪 60 年代和 70 年代的铅沉降量比工业革命前的沉降量高出 8 倍。随着 1970 年开始逐步淘汰加铅汽油和进行污染排放控制，冰芯的铅含量急剧下降，20 世纪 90 年代后期的铅浓度已经接近工业革命前的水平。在给定时期内，人为排放，特别是人类使用加铅汽油导致的铅污染物排放是格陵兰铅沉降比自然排放更重要的排放源。

研究人员测量了南极洲东部的劳多姆（Law Dome）采集冰芯的铅同位素组成和铅浓度，冰芯样品提供了过去 6500 年的数据。研究结果显示，一直到公元 1884 年，"自然"背景铅浓度大约为 0.4pg/g，此后铅浓度开始增加，表明人为排放的铅污染物对南半球的影响。1890～1908 年，劳多姆铅浓度第一次人为排放增长，比 1880 年的自然浓度高出 4 倍。那时，煤炭燃烧和有色金属生产导致大多数人为铅污染物排放到大气。从 1942 年开始，劳多姆铅浓度连续保持高位，20 世纪 50 年代中期到 70 年代中期为 1.5pg/g，与此时使用加铅汽油和家用轿车的发展相吻合。

肖提克等利用加拿大北极地区的冰雪样品研究大气铅污染情况。45 个代表 1994～2004 年德文岛（Devon Island）的积雪样品平均含铅量为 45.2pg/g，平均含钪量为 0.43pg/g。该铅钪含量比远高于土壤粉尘颗粒的铅钪含量比，说明 95％～99％ 的铅污染物来自人类活动排放。铅的同位素（^{206}Pb、^{207}Pb、^{208}Pb）分析结果确认，人为排放源是大气铅污染物的主要来源。格陵兰的积雪样品表明，铅污染物主要来自美国，而德文岛积雪样品的铅污染物来源不那么清晰。它们表现出季节性变化，具有最大铅富集量的积雪样品来自冬季，此时，北极的空气团来自欧亚大陆。肖提克等认为，欧洲、北美洲和日本过去二、三十年淘汰加铅汽油有助于减少铅排放量，但北极目前的气溶胶仍然遭到较高浓度的工业铅污染。

瑞典湖沉积物、泥炭沉降物和土壤剖面研究清楚地表明，铅浓度峰值与欧洲中世纪冶金生产高峰期的一致性。随着工业革命发生，大气中的铅污染物浓度增加，却不像其他地方增加的那么多。铅污染在第二次世界大战后显著增加，在 1970 年出现峰值。根据作者的观点，如果目前的趋势继续下去，铅污染浓度将很快回到中世纪水平。

由于沉降，斯堪的纳维亚土地粗腐殖质层的铅浓度在 20 世纪增加了。虽然最近几十年铅污染物的大气沉降减少了，但减少幅度还不足以防止土壤铅浓度的进一步累积。瑞典森林表层土壤的铅浓度仍然每年增加 0.2％。

匈牙利研究和评估了不同类别的人为铅污染源的排放量。根据工业企业按照 21/2001 [（Ⅱ.14.）Korm]号政府法令提交的报告显示，95％～98％ 的人为大气铅污染排放来自锅炉、内燃机和涡轮机燃烧的固体和液体化石燃料。由于自 1999 年起，匈牙利淘汰了加铅汽油，所以大气铅排放量（1995～2000 年期间）明显下降，大气铅排放量见表 6-9。

表 6-9　匈牙利大气铅排放量　　　　单位：t/a

项目	1980 年	1985 年	1990 年	1995 年	2000 年	2005 年
化石燃料	500.0	471.0	616.8	102.8	20.4	13.2
其他技术	75.2	61.1	46.5	26.8	24.7	24.4
总计	575.2	532.1	663.3	129.6	45.1	37.6

6.3　铅的人为释放源

人类活动明显地影响着全球铅循环。2004 年，人类从地壳开采了 315 万吨铅，并将其带入社会循环。还有相当数量的铅留存在金属冶炼废渣，以及煤和石灰这样其他矿物的杂质中。1983 年，40 万～100 万吨铅作为金属提取和煤炭消费废物被处置。尽管大部分铅不参与长距离传输，或不以生物可获得的形式存在，但如果管理不善，它们可能进入生命循环过程，并产生生态影响。在撒哈拉沙漠以南非洲地区、拉丁美洲一些发展中国家和小岛屿发展中国家，由于公众意识有限和废物管理能力低，含铅产品通常未以环境友好方式处置，如露天燃烧、乱堆乱放以及排放到湿地和河流中，并发生过由于不合理的处置和废物管理而导致的铅中毒案例。由于某些铅化合物更具危害性，因此，有必要限制含铅油漆等产品的生产、销售和使用。

6.3.1　大气铅释放源及排放量

6.3.1.1　大气铅排放量

全球人为铅污染物排放总量最全面的评估可追溯到 1983 年。从 1983 年到 20 世纪 90 年代中期，全球大气铅污染物排放总量从 33 万吨下降到 12 万吨。在 1983 年，汽油铅添加剂是主要污染源，到 20 世纪 90 年代中期，全球 74%的大气铅排放量仍然来自汽油添加剂。除汽油添加剂外，有色金属生产和煤炭燃烧也是大气铅污染物的主要来源。由于大多数国家正在淘汰加铅汽油，预计该污染源的排放量将明显减少。根据国际铅锌研究组的研究成果，2003 年公布的全球汽油添加剂用铅量为 14400t。而全球铅消费总量（包括没有公布的）可能会更高。汽油添加剂中的铅 100%排入大气。全球以及加拿大、澳大利亚等国家和地区的不同类别排放源的铅排放清单见表 6-10，清单基于"污染物排放和转移登记表（Pollutant Release and Transfer Registers）"，主要包括点源排放数据。例如，欧洲使用的欧洲污染物排放和转移登记表涵盖了工业源和非工业源的铅排放数据，包括了大气、水和土壤的铅排放量，以及废水和固体废物厂区外传输量。

表 6-10　大气铅排放和基于国家和全球地区提交资料的案例　　　　　　单位：t/a

排放源类型	铅大气排放量					
	全球 20 世纪 90 年代中期	加拿大 2004 年	澳大利亚 2003～2004 年[①]	日本 2003 年[②]	斯洛伐克 2003 年	丹麦 2000 年[③]
能源生产 热电联产	11690	13.8	8.4		4.3	0.2～0.59
采煤		0	5.6			
制造加工 金属矿采矿		11.7	100			
有色金属生产	14815	231.3	330	29.8	2.8	
矿石开采					25.0	
钢铁制造	2926	17.9	4.9	2.0	1.3	0.51
水泥、石灰、石膏 和混凝土生产	268	1.1	1.4			0.13
陶瓷、石头和 黏土生产				7.1		0.04～0.7

排放源类型	铅大气排放量					
	全球 20 世纪 90 年代中期	加拿大 2004 年	澳大利亚 2003~2004 年[①]	日本 2003 年[②]	斯洛伐克 2003 年	丹麦 2000 年[③]
玻璃和玻璃产品制造			1.6		14.2	0.05~0.4
塑料产品行业				0.1		
轮船和造船				6.5		
其他工业源生产		11	5.1	5.6		0.008~0.015
产品消费 燃料添加剂	88739		85(1995)[①]		2.0	1.6~2.0
烟花						1~8
其他扩散源		1.7	565[①]			
废物处置	821	0.4		0.3~7.2	10.8	1.2~3.8
总计(四舍五入)	119259	289	1107	51~58	60	5~16

①数据来自全国污染清单(NPI)。燃料添加剂数据为 1995 年数据。由于澳大利亚自 2002 年完全淘汰加铅汽油,因此,表中总量不包括燃料添加剂数据。澳大利亚提交的资料表明,80%的扩散源来自铺面道路和未铺面道路,13%来自汽车(以"燃料添加剂"表示)。扩散源是 1995~2004 年期间计算的平均值。
②工业数据来自污染物排放和转移注册表。废物焚烧为计算值范围,排放总量可能存在更大的不确定性。
③数据建立在详细的物质流分析基础上,比丹麦官方报告的排放清单有更多污染排放源。

有色金属生产和金属采矿业是澳大利亚最主要的铅污染排放点源。除了点源排放,澳大利亚还有扩散源,特别是来自那些铺面道路和未铺面道路的排放量。丹麦没有重大金属生产企业,烟花、废物焚烧和飞机用加铅汽油是重要的铅排放源。斯洛伐克生产大量的水晶玻璃产品,因此,玻璃产业是其第二大铅污染排放源。

由于不同国家的铅污染源清单使用了不同的污染源标准,且使用了不同计算方法,因此各国的数据无法进行相互比较。

表 6-11 列出了美国 2002 年铅排放量计算数据。飞机使用的航空汽油是最大排放源,约占铅排放总量的 40%;钢铁厂(钢铁铸造)是美国最大的铅污染物排放源之一,其 2002 年的铅排放量约占全国排放总量的 7%。

表 6-11 国家案例——美国 2002 年的大气铅排放量

排放源类型	大气铅排放量/(t/a)	占总量的百分比/%
能源生产 公用事业锅炉化石燃料燃烧	21	2
工业/商业/机构锅炉化石燃料燃烧	48	4
制造加工 原生铅冶炼	54	5
原生有色金属生产(锌、镉、铍)	5	0.4
原生铜冶炼	9.1	0.8
再生铅冶炼	40	0.5
再生有色金属生产	20	1.8

排放源类型	大气铅排放量/(t/a)	占总量的百分比/%
原生钢铁生产	15	1.3
再生钢铁生产	15	1.43
钢铁铸造	75	7
压制玻璃、吹制玻璃和玻璃制品生产	24	2
普通水泥生产	16.4	1.45
无机化学品生产	9	0.8
纸浆和纸生产	9	0.8
铅蓄电池生产	24.5	2
污水中污泥焚烧	9	0.48
医疗废物焚烧	0.2	0.02
危险废物焚烧	43	3.8
生活垃圾焚烧	30	3
其他固定排放源	213	21
移动排放源	446	40
总计	1126	100

铅污染源排放清单都存在不确定性。为了证明不确定性，表 6-12 列出了 2000 年欧洲三个铅大气污染物排放清单。这三个排放清单的数据分别来自欧洲大气污染物长距离传输监测与评估合作项目、挪威大气研究院（Norwegian Institute for Air Research，NILU）和荷兰应用科学研究组织（Netherlands' Organization for Applied Scientific Research，TNO）。不同类型排放源的官方数据，来自本国实际测量值，或来自欧洲大气污染物长距离传输监测与评估合作项目欧盟大气排放核心清单指南规定的缺省排放因子与活动率的乘积。基于官方排放清单进行的初步模型计算，可能导致低估铅的浓度和沉积量。挪威大气研究院和荷兰应用科学研究组织的排放清单是在官方排放清单基础上，进行专家修正的结果。

表 6-12　2000 年欧洲大气铅排放量——三个排放清单计算结果[①]

排放源类型	欧洲大气污染物长距离传输监测与评估合作项目官方数据[②]		挪威大气研究院官方数据加上专家计算结果[③]		荷兰应用科学研究组织官方数据加上专家计算结果[④]	
	排放量/(t/a)	百分比[⑤]/%	排放量/(t/a)	百分比[⑤]/%	排放量/(t/a)	百分比[⑤]/%
发电厂	694	6.35	540	4.10	1547	10.30
居民和商业锅炉	682	6.24	1082	8.22	390	2.60
水泥生产	0	0	645	4.90	0	
钢铁生产	0	0	2282	17.35	4466	29.73
有色金属生产	1471	13.47	1471	11.18	0	
废物处置	116	1.06	116	0.88	134	0.89
汽油燃烧	7712	70.61	6773	51.48	8329	55.45

排放源类型	欧洲大气污染物长距离传输监测与评估合作项目官方数据[②]		挪威大气研究院官方数据加上专家计算结果[③]		荷兰应用科学研究组织官方数据加上专家计算结果[④]	
	排放量/(t/a)	百分比[⑤]/%	排放量/(t/a)	百分比[⑤]/%	排放量/(t/a)	百分比[⑤]/%
其他排放源	247	2.26	247	1.88	154	1.03
总计	10922	100	13156	100	15020	100

①欧洲定义为《联合国欧洲经济委员会长距离跨境空气污染公约》缔约方的 44 个欧洲国家，包括俄罗斯和土耳其。

②基于欧洲大气污染物长距离传输监测与评估合作项目 2004 年 12 月公布的排放数据，由挪威大气研究院编制，作为欧盟一个研究项目的部分工作（ESPREME，2006）。

③挪威大气研究院根据欧洲大气污染物长距离传输监测与评估合作项目官方数据，编制了专家"基础案例"，作为欧盟一个研究项目的部分工作（ESPREME，2006）。

④荷兰应用科学研究组织的专家与其他专家合作，审查和改善欧洲大气污染物长距离传输监测与评估合作项目官方数据得到的计算结果。

⑤排放清单污染源排放量比例进行四舍五入。

表 6-13 列出了 1990~2005 年摩尔多瓦共和国人为大气铅排放量总结数据。

表 6-13　摩尔多瓦共和国人为大气铅排放量　　　　单位：t/a

1990 年	1991 年	1992 年	1993 年	1994 年	1995 年	1996 年	1997 年
253.19	220.26	102.57	71.20	23.16	33.90	27.90	22.36
1998 年	1999 年	2000 年	2001 年	2002 年	2003 年	2004 年	2005 年
7.90	11.21	2.82	3.35	3.28	8.50	9.04	5.059

6.3.1.2　排放趋势

　　一般而言，工业化国家的大气铅排放量在过去 15 年显著下降，主要是因为限制和禁止汽车使用加铅汽油，以及执行空气污染控制措施。图 6-1 表明了 1990~2003 年加拿大和欧洲大气污染物长距离传输监测与评估合作项目区域（包括 24 个国家）的大气铅污染物排放趋势。在此期间，欧洲的大气铅污染物排放量下降了大约 92%，而加拿大的大气铅污染物排放量下降至 1990 年排放量的 1/3。

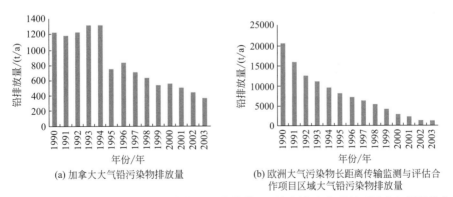

(a) 加拿大大气铅污染物排放量　　(b) 欧洲大气污染物长距离传输监测与评估合作项目区域大气铅污染物排放量

图 6-1　1990~2003 年加拿大和欧洲大气污染物长距离传输监测与评估合作项目区域大气铅污染物排放趋势

　　美国大气铅污染物排放量在 20 世纪 80 年代和 90 年代初明显下降（见图 6-2）。从 20 世纪 90 年代中期到 2002 年，美国大气铅污染物排放量继续下降，但下降幅度没有 80 年代那么大。在 1982~2002 年这 21 年期间，美国大气铅污染物排放总量约下降了 95%。

　　图 6-2 中，1982~2002 年下降 93%；1993~2002 年下降 5%。

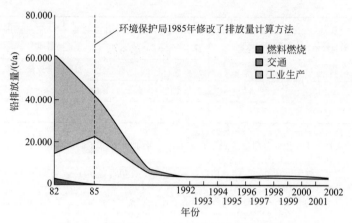

图 6-2　美国 1982~2002 年大气铅污染物排放

　　图 6-3 表明了泰国汽油平均含铅量与环境大气平均铅浓度之间的相关关系。1989~1998年，泰国淘汰了加铅汽油，环境大气铅浓度从 $0.44\mu g/m^3$ 下降到 $0.02\mu g/m^3$。

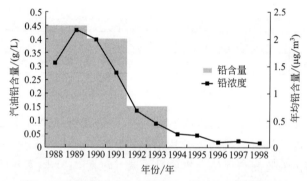

图 6-3　泰国汽油平均含铅量和环境大气平均铅浓度

　　欧洲大气污染物长距离传输监测与评估合作项目中，奥地利、比利时、法国、荷兰、挪威、西班牙、瑞典和英国八个国家报告了 1990 年和 2003 年按照排放源行业类别统计的铅、镉和汞排放量（见表 6-14）。1990 年，由于使用了加铅汽油，"道路交通"约占全国铅排放总量的 85％；2003 年，"道路交通"行业的铅排放量下降到约 6％，"金属生产"行业则成为铅污染物的最大排放源（约 28％）。在此期间，废物焚烧的大气铅污染物排放量下降了98％，工业部门的大气铅污染物排放量下降了 42％~86％。

表 6-14　欧洲八个国家 1990 年和 2003 年大气铅排放趋势

类别	1990 年		2003 年		减少部分	
	铅排放量/t	百分比/％	铅排放量/t	百分比/％	铅排放量/t	百分比/％
道路交通	9996	84.7	47	6.3	9949	99.53
金属生产	355	3.0	207	27.7	148	41.69
废物焚烧	339	2.9	6	0.8	333	98.23
钢铁	229	1.9	120	16.1	109	47.60
热电联产	203	1.7	39	5.3	164	80.79

续表

类别	1990 年		2003 年		减少部分	
	铅排放量/t	百分比/%	铅排放量/t	百分比/%	铅排放量/t	百分比/%
有色金属	184	1.6	88	11.8	96	52.17
制造业和建筑	138	1.2	137	18.3	0	0.72
化工业	98	0.8	14	1.8	85	85.71
生活	93	0.8	41	5.5	51	55.91
其他行业	160	1.4	49	6.5	111	69.38
总计	11795	100	748	100	11046	93.65

6.3.2　土壤铅释放源及排放量

6.3.2.1　土壤铅排放量

土壤是人类赖以生存的自然环境和农业生产的重要资源。Pb、Cd 等重金属是土壤重金属污染的代表元素。其中，铅是构成地壳的元素之一，天然土壤中铅的含量为 5～25mg/kg。据魏复盛等（1991）报道，中国土壤 Pb、Cd 的背景值分别约为 26mg/kg 和 0.097mg/kg。而大型冶炼厂周围土壤铅含量可超过 1500mg/kg，土壤镉含量达到背景值数百倍。土壤中 Pb、Cd 等重金属污染主要来源于人类活动。采矿、金属冶炼等人类活动通过各种途径将重金属释放到大气中，然后通过大气沉降使这些含重金属的污染物最终沉积在土壤中。其中，大部分会沉积在土壤表层 0～30cm 的位置，对耕层土壤造成污染。

对全球土壤和废物堆存的唯一全面评估可追溯到 1983 年。根据计算结果，80 万～180 万吨铅直接进行废物堆存或排入土壤（见表 6-15）。应该注意，铅排入土壤和排入土地的区别并不那么明显，例如，粉煤灰很可能是进入填埋场填埋，而不是排入土壤。土壤铅排放的三个主要类别为废旧产品、尾矿、冶炼渣和废物。自从汽油减少使用铅添加剂后，大气沉降铅量明显减少。

表 6-15　1983 年全球土地铅排放量

排放源类型	排放量/(10³t/a)	排入土地的百分比(平均值)/%
农业和粮食废物	1.5～27	1.1
动物废物、粪便	3.2～20	0.9
砍伐和其他废木	6.6～8.2	0.6
城市垃圾	18～62	3.1
城市生活污水	2.8～9.7	0.5
包括粪便的有机废物	0.02～1.6	0.1
固体废物、金属制造	4.1～11	0.6
粉煤灰、底灰	45～242	11
肥料	0.42～2.3	0.1
泥煤(农业和燃料用途)	0.45～2.0	0.1
商业产品消耗[①]	195～390	22

续表

排放源类型	排放量/(10^3 t/a)	排入土地的百分比(平均值)/%
大气沉降	202～263	17
总计(采矿废物除外)	479～1113	
尾矿	130～390	19
冶炼渣和废物	195～390	22
总计	804～1820	

① "消耗"是指由于产品使用导致金属腐蚀或排入土壤的损失,如大多数铅可能通过弹药进入土壤。

在针对肯尼亚内罗毕丹勒拉垃圾堆放场(Dandora Municipal Dunping Site)进行的研究中,垃圾场周围土壤样品的铅浓度为50～590μg/g,垃圾场内样品的土壤铅浓度最高值为13500μg/g。根据国际化肥集团(International Fertilizers Group)的计算结果,佩梅(Kpeme)一家磷酸盐处理厂往海岸水域排放了大约350万吨采矿废物,其平均铅含量为69μg/g。在马达加斯加首都安塔那那利佛(Antananarivo)1997年进行的另外一项研究中,研究人员发现,填埋场内外土壤的铅浓度为290～8550μg/g。

在匈牙利,如果政府法令[Government Decree No. 5/2001((Ⅳ.3) Korm)]规定的许可条件得到满足,则可能允许污水处理产生的污泥用于农田。根据提交给当局的数据,土壤每年铅施用量计算结果为7.350英亩(1英亩＝4046.8564224平方米)1.568kg(2004年);7.069英亩1.581kg(2005年)以及6.406英亩1.188kg(2006年)。

根据2000年的第ⅩLⅢ号法律,匈牙利企业有责任向主管当局报告他们每年产生的废物数量。报告应参考欧盟第2000/532/EC号决议附录中的《欧洲废物法典(European Waste Code)》。表6-16给出了匈牙利某些类型废物每年的铅排放量。

表6-16 匈牙利某些类型废物每年的铅排放量 单位：kg

废 物		年 份		
EWC 编码	名 称	2004	2005	2006
060405	包含其他重金属的废物	213.000	265.000	371.000
100401	冶炼渣(一次和二次冶炼)	18.500	128.000	90.900
100402	废渣和撇取的浮沫(一次和二次冶炼)	264.000	182.000	172.000
100405	其他颗粒物和粉尘	10.200	7.300	8.700
101111	含重金属的细碎玻璃和玻璃粉(例如阴极射线管碎玻璃)	837.000	757.000	80.300
110101	含有除铬以外重金属的氰化物废物(碱性)	0	0	0
160601	铅电池	824.000	396.000	455.000

根据瑞士土壤监测网(swiss soil monitoring network)数据,初次计算结果表明,全国有10%的土地铅浓度超过有关指南中的标准,主要无机污染物来自人类活动导致的铅、铜、镉和锌污染。土壤动力学的自然和人为影响过程,以及监测程序都可能会影响监测的铅含量值。在10年后,针对25个农业场地的研究表明,测量的污染物存在高水平迁移性。遥远的阿尔卑斯山区和阿尔卑斯山区附近测出超过标准的铅含量,主要是因为人为污染源的长距离传输,或射击场这样的人为排放源的铅排放。瑞士土壤监测网1995～1999年监测的瑞士土壤典型铅浓度最低和最高中值分别为23.1mg/kg和246.9mg/kg。

产业经济学公司（Industrial Economics Incorporated）1991 年 5 月为铅工业协会（Lead Industry Association）编写了名为《城市固体废物的潜在人体铅暴露（Potential Human Exposures from Lead in Municipal Solid Waste）》的研究报告。这份研究报告的重点是未处理城市固体废物的土地填埋和焚烧可能导致的铅暴露，土地填埋和焚烧是美国最常见的两种固体废物处置方法。对于未处理城市固体废物的土地填埋，研究人员已经确认填埋场渗滤液和地下水、饮用水中的铅可能是主要的暴露途径。对于废物焚烧炉，可能的暴露途径包括烟囱排放和无组织排放。根据土地填埋和焚烧炉的分析结果，研究人员得到这样的结论："城市固体废物含铅量没有对人体健康构成明显的威胁，因此，不应该把城市固体废物处置作为限制那些最终会进入废物流的产品含铅量的理由"。

6.3.2.2 农业土地铅累积

农业土地铅的主要来源是大气沉降和铅制子弹的使用。大气铅沉降在过去几十年已经明显减少，特别是在淘汰加铅汽油以后。在发达地区，其他主要铅污染源的排放量也减少了。根据铅制子弹的环境损失和铅制子弹在土壤中的腐蚀速率，图克尔等计算得出铅制子弹将在 2030 年构成人为土壤铅排放总量的 80%（欧盟 15 个国家）。研究显示，各国土地的铅含量明显不同。英格兰和威尔士土壤铅含量几何平均值为 42mg/kg，丹麦农业土地的铅浓度为 11.3mg/kg。铅背景浓度的差别在一定程度上反映了铅在土壤中的流动性和生物有效性。铅主要累积在表层 5cm 土壤的草地上，假设"干净"草地的铅浓度为 10mg/kg，则表层 5cm 土壤内铅浓度可能在 40 年内翻一番；铅污染物排放还导致表层 25cm 土壤的铅含量每年增加 0.2%～0.5% [0.048mg/(kg·a)]，假设土壤铅的平均自然背景浓度为 10～30mg/kg，欧洲土壤铅浓度 200～500 年可增加 1 倍。与高 pH 值和较高铅背景浓度的土壤相比，低 pH 值和较高铅流动性以及较低铅背景浓度的土壤中，0.048mg/(kg·a) 的铅负担将产生更明显的影响。但国际铅锌研究组织研究显示，图克尔等的计算结果仅局限于像射击场的热点地区，而非欧洲所有农业土地。

6.3.2.3 其他铅排放源

（1）车轮平衡块的铅排放

铅广泛用于汽车车轮的平衡块。当车辆猛然振动时，或行驶速度发生突然变化时，车轮平衡块就会损失一些重量。鲁特 2000 年进行的道路汽车研究计算出车轮平衡块每年损失 10%。车轮平衡块损失的铅可能进入公路旁边的土壤、进入城市径流或被城市道路清洁车清扫时以扬尘方式扩散。美国每年使用 23000t 铅制造车辆平衡块，以每年损失 10% 计，进入土壤和城市径流的铅量大约为 2300t。

（2）电缆铅包的铅排放

地下电缆和海底电缆铅包使用了大量的铅，而废弃在地下和海底的电缆可能向环境排放铅。2003 年，全球电缆铅包消费了约 75000t 铅，但尚没有废弃电缆铅排放量的数据。

（3）产品土地填埋的铅排放

丹麦和荷兰进行的研究表明，产品中大约 10% 的铅进入土地填埋场。铅化合物约占全球消费总量的 10%，而大多数国家没有回收，因此至少消费量的 10% 进入土地填埋。以全球铅消费量 700 万吨计，废弃产品进入土地填埋的铅量为 50 万～100 万吨。近几年部分国家开始回收阴极射线管，废弃产品进入土地填埋的铅排放量将显著减少。

6.3.3　子弹和鱼坠的铅

铅制子弹和其他军火的使用向陆地和水体环境排放大量的铅。排放到陆地环境的铅产生局地影响，而排放到湿地的铅制子弹则产生跨境影响。

（1）子弹和鱼坠的铅排放到土壤

土壤铅的直接污染排放主要来自弹药。2003年，全球弹药的铅消费总量约12万吨，占世界总量86%。部分弹药用于打猎，子弹排放到环境中；部分弹药用于射击场，废子弹在射击场中累积，或被回收。

汉森等在欧盟进行的一项研究中表明，欧盟15国2003年弹药用铅总量为39000t。打猎导致3500t铅排入湿地，14000t铅排入其他生物群落（草地、森林等），剩下的主要用于射击场。由于铅制子弹在不同应用领域的分解是非常不确定的，因此，排放到不同环境中的数量也不确定。在欧盟15国，弹药消耗量的1/2直接排入环境，但不同国家的百分比不一样。

2004年日本射击场消耗了1440t铅，只有158t铅用于野外打猎。朔哈梅尔和诺里斯估计，加拿大在20世纪90年代中期废弃弹药排放了大约2000t铅。其中，780t铅用于水鸟打猎，1110t铅用于其他打猎活动。

射击场的铅累积可能对地下水和地表水产生污染风险，并限制射击场土地未来的使用。德国自1998年进行的射击场土壤污染综合研究结果证明，射击场土壤长期累积的铅将给周围环境带来很大风险。从1990年开始，德国萨克森地区137个射击场遭到2722t铅的污染。

（2）子弹和鱼坠的铅排放到湿地和水体环境

除了本地影响，湿地铅污染也具有跨境性质，因为湿地是迁徙鸟类的重要栖息地。《非洲-欧亚迁徙水鸟保护协议（Agreement on the Conservation of African-Eurasian Migratory Waterbirds)》旨在解决湿地铅制子弹使用的问题。根据该协议的行动计划，缔约方到2000年应逐步淘汰在湿地打猎的铅制子弹。

鸟误食子弹和鱼坠导致中毒具有很高的风险。朔哈梅尔和诺里斯估计，加拿大20世纪90年代中期水鸟打猎使用了约780t铅。英国则禁止使用铅含量超过0.06g的铅制子弹和鱼坠，淡水标准低于28.35g。

除了鸟的铅中毒，内陆水域遗失的鱼坠也是值得关注的问题。铅制子弹和鱼坠在水环境中的最终去向依赖于水化学性质和机械扰动。快速流动的酸性河水具有最快的腐蚀速率，而海水环境的沉积区具有最慢的腐蚀速率。例如，瑞士流速较大的河流（pH值为6.3～6.7）铅制鱼坠腐蚀速率较快，每年大约1%。因此，瑞士许多河流已经禁止使用铅制鱼坠。

6.3.4　水环境的铅释放源及排放量

与大气和土地相比，直接排入水环境的铅量相对很少。排除大气沉降量，研究人员计算出1983年排入全球水体的铅量为10000～67000t（见表6-17）。估计大气中沉降到水体的铅量为8.7万～11.3万吨。最近几十年，由于大气铅排放总量的减少，大气中沉降到水体的铅量也减少了。其他主要铅排放源包括生活污水、有色金属冶炼和精炼、金属制造和废水处理产生污泥的堆放。

在工业化国家，由于废水处理设施的改善，铅向水环境中的直接排放量已经明显减少。

铅与水中的颗粒物密切相关，通过废水处理，铅被有效地转移到污泥中。在丹麦的生活污水处理厂中，废水中约 96% 的铅最后进入污泥。在这种情况下，暴雨期间没有经过污水处理厂处理的城市径流和废水的含铅量可能高于生活污水处理厂排放的水。

表 6-17　全球 1983 年排入水环境的铅量

排放源类型	排放量/(10^3 t/a)	占陆地总量的百分比（平均值）/%
生活污水	1.5～12	4.9
蒸汽发电	0.24～1.2	0.5
非贵重金属采矿和选矿冶炼和精炼	0.25～2.5	1.0
钢铁制造加工	1.4～2.8	1.5
有色金属制造加工	1～6.0	2.5
金属制造加工	2.5～22	8.8
化学品	0.4～3.0	1.2
纸浆和造纸	0.01～0.9	0.3
石油产品生产	0～0.12	0.0
大气沉降	87～113	72.2
处理生活污水产生的污泥堆放	2.9～16	6.8
总量（四舍五入）	97～180	100

表 6-18 给出了日本、澳大利亚等国家水环境铅污染排放源清单。在日本，有色金属工业和污水处理厂是铅的主要排放源；澳大利亚拥有大量非贵金属工业企业和矿山，这两个行业是澳大利亚最主要的铅排放源；在丹麦，海洋石油和天然气开采是铅的主要工业污染源，丹麦还报告了含铅产品排放的铅。由于捕鱼鱼坠和海底废弃的铅包电缆，大量铅金属进入海洋环境。其他国家可能也是这样，但没有相关资料；挪威存在大量近海活动，是海洋铅排放的主要污染源。

表 6-18　进入水环境的铅排放源清单　　　　　　　单位：t/a

排放源类型	日本 2003 年排放量	澳大利亚 2003～2004 年排放量	丹麦 2000 年排放量	美国 2004 年排放量	挪威 2002 年排放量
电力供应		0.19		17.3	
采矿和制造金属矿采矿		18		4.3	
煤矿采矿		0.2			
海洋石油和天然气开采			2～4		24.6
有色非贵金属工业	9.8	9.7			
钢铁工业	1.6	0.81		11.2	
金属工业	0.2				
化工业	0.1			1.9	
陶瓷、石头和黏土产品制造加工	1.3	0			
造纸业				11.9	

续表

排放源类型	日本 2003 年排放量	澳大利亚 2003～2004 年排放量	丹麦 2000 年排放量	美国 2004 年排放量	挪威 2002 年排放量
石油工业				5.0	7.1
其他工业				3.8	
废物处理 生活污水处理、排水和供水服务	13.0	1.4	1～2.5		1.6
城市径流和雨水			1.6～4.3		
废物存储和处理			0.03～0.19		
产品使用 鱼坠和铅绳损失			117～290		
钢结构的红铅腐蚀			1～3		
海底丢弃铅包电缆			50～300		
总计	27.1	30.8	170～600	55.3	＞33.4

在汤加，海洋环境输送主要是通过沿岸物质流（东边）和流向大海的激流。这些水流把受到自然和人类活动导致的含重金属的沉积物长距离输送到海岸和海洋，造成汤加及其邻国贝宁和尼日利亚海岸磷酸盐采矿废物的扩散。

研究人员在 1986～1987 年两年内监测了法国利古里亚海（Ligurian Sea）通过降水和干沉降输入的铅量。铅总输入量为 3.3～18kg/(km^2·a)，对应的铅总重量为每年 175～950t。干沉降的份额为 8%～93%。地中海地区大气铅输入量远高于河流的铅输入量。与此相反，波罗的海约 65% 的铅输入量来自水生物种（例如来自河流或直接污染物排放）。

欧盟 2004 年内陆水域钓鱼总计使用了 1000～3000t 铅，海洋钓鱼也使用了同样数量。大多数鱼坠都遗失在水体里。除了钓鱼用的鱼坠，商业捕鱼使用了 2000～9000t 铅。其中，鱼坠损耗和捕鱼渔具丢失向海洋排放了 100～1800t 铅。因此，估计欧盟排入水体的铅量为 2100～7800t。

加拿大专家估计，加拿大每年鱼坠的铅销售量为 388～559t，且这些铅都排入了环境。

6.3.5 历史遗留人为铅释放的再流动

人类活动排放铅污染物的再次流动表明，过去沉积或处置的铅污染物在自然世界中会再次流动，并且在不同的环境（陆地、水体和大气）之间流动。人类活动排放的铅污染物的再次流动包括以下几个方面。

① 经过大气沉积的铅（人类活动和自然排放源）可通过风吹起的含铅粉尘和降水而再次流动。

② 已沉积在河床、海岸地区和其他水环境的铅污染物可通过人类活动和自然影响再次流动。

③ 沉积在普通固体废物、危险废物和工业固体废物填埋场，以及没有适当管理的废物堆场中的铅可通过人类活动和自然影响再次流动。

④ 过去沉积在尾矿、废石中的铅可在积极和受到良好控制的环境管理（固体废物管理和土地复垦）过程中再次流动。铅采矿涉及的大多数工业活动就属于这个类型，可清楚地定量确定这些工业活动导致的再次流动的铅量。

⑤ 过去沉积在尾矿和废石中的铅可在很少发生但产生重大本地和区域影响的事件中再次流动（由于自然现象或工程结构发生破坏和倒塌）。

世界各国不同程度上都具有同样的问题，即处理过去人类活动排放的已沉积的铅污染物。例如，采矿生产导致的废渣（例如尾矿和废石）在发生酸溢流或酸排放时成为污染源。1998 年 4 月 25 日，西班牙西南部多纳那国家公园 70km 以北的阿兹纳尔科拉尔矿的尾矿库发生垮坝事故，溶解在 pH 值为 2 的酸性水中的超过 500 万吨有毒尾矿冲入阿格里奥河和瓜迪亚马河，包括铅在内的重金属给下游地区带来了严重污染。经过 4 个月努力，大部分尾矿被清除，但是，0.1%～5% 的尾矿已经与河床最上层土壤混合。厄瓜多尔也报道了采矿活动向附近河流排放了包括铅在内的重金属。

喀麦隆的一项研究表明，假设该国进口的汽车和摩托车在使用寿命内只使用一块电池，1992～2005 年 14 年间已经累积了约 28962.7t 的铅，即非洲每年可回收大约 36% 的再生铅。

第7章

我国铅的供需与排放

7.1 铅供应来源

我国铅的主要供应来源是铅矿资源的开采和再生铅的生产，从目前铅供应量特点来看，原生铅产量约占精炼铅总产量的 70%，再生铅产量约占 30%。

7.1.1 铅矿资源

我国的铅锌矿产地分布广泛，企业数量众多。从三大经济地区分布来看，主要集中于中西部地区，铅储量占 37.8%，锌储量占 47.8%。截至 2011 年年底，中国查明的铅锌资源储量（金属量）17100 万吨，仅次于澳大利亚，居世界第二位，其中铅查明资源储量（金属量）5600 万吨，锌查明资源储量（金属量）11500 万吨。铅锌矿作为我国优势矿种，通过近几十年的大量开采，铅锌资源保有储量迅速下降，发现和开采比逐年下降，导致我国正在逐渐失去铅锌资源在全球的优势地位，资源枯竭趋势初步显现，找矿压力逐年上升。2013 年世界铅锌产量 1890 万吨，其中铅产量为 540 万吨，中国为 270 万吨；锌产量为 1350 万吨，中国为 500 万吨。可见中国铅锌产能在全球占有较大比重，铅锌找矿勘查压力突显。然而，全国矿产资源潜力评价通过对铅锌资源成矿远景分析，在全国范围内共圈定出铅锌预测工作区 192 个，预测资源量铅 210 万吨，锌 220 万吨，表明我国铅锌资源的潜力较大。我国铅资源储量如表 7-1 所列。

表 7-1　我国的铅矿储量和资源量　　　　　　　　　　　　　　　　单位：万吨

年份	矿区数	储量	基础储量	资源量	查明资源储量
2001	804	712.14	1163.50	2576.21	3739.71

年份	矿区数	储量	基础储量	资源量	查明资源储量
2002	831	818.41	1251.08	2545.60	3796.68
2003	850	804.85	1247.97	2508.86	3756.84
2004	924	824.36	1314.74	2491.74	3806.48
2005	1014	818.31	1393.44	2541.10	3934.54
2006	1243	792.33	1351.39	2789.97	4141.36

其中，基础储量是当前技术经济条件下可经济利用的地下埋藏量；资源量是经济可利用性差或经济意义未确定的地下埋藏量；储量是基础储量中扣除各种损失后可以经济采出的部分。通常将基础储量和资源量的总和称为查明资源储量。表 7-1 数据显示，2006 年我国采出的铅储量约 800 万吨。但由于我国的铅资源比较丰富，随着经济发展水平以及开采技术的不断发展和提高，会有越来越多的铅矿资源可以经济利用和采出，不断补充到铅储量中，满足铅开采的需求。

2006 年我国铅矿资源和储量的地区分布情况如表 7-2 所列。

表 7-2　2006 年铅矿资源和储量地区分布　　　　　　　　　　单位：万吨

地区	矿区数	储量	基础储量	资源量	查明资源储量
全国	1243	792.33	1351.39	2789.97	4141.36
北京	5	—	—	3.06	3.06
河北	24	6.54	17.31	30.64	47.95
山西	4	1.02	1.46	3.49	4.95
内蒙古	92	107.13	228.48	256.89	485.37
辽宁	87	8.24	15.04	17.75	32.79
吉林	22	1.67	2.11	13.29	15.4
黑龙江	23	—	5.49	43.86	49.35
江苏	14	14.44	19.91	52.43	72.34
浙江	45	2.94	39.26	70.26	109.52
安徽	30	0.98	5.29	36.61	41.9
福建	105	13.48	20.12	167.92	188.04
江西	73	19.03	37.29	244.28	281.57
山东	26	1.25	7.07	11.82	18.89
河南	43	14.46	23.14	57.24	80.38
湖北	21	1.85	2.72	20.91	23.63
湖南	91	75.22	118.91	157.57	276.48
广东	63	99.31	131.53	261.42	392.95
广西	81	18.64	29.98	138.04	168.02
海南	4	0.39	0.55	1.41	1.96
重庆	8	2.58	3.94	3.63	7.57
四川	89	34.92	56.00	188.09	244.09

续表

地区	矿区数	储量	基础储量	资源量	查明资源储量
贵州	45	0.90	5.93	32.18	38.11
云南	101	180.10	326.84	379.56	706.4
西藏	11	—	18.47	69.93	88.4
陕西	37	9.00	12.59	190.09	202.68
甘肃	49	80.03	108.06	192.07	300.13
青海	27	95.67	107.99	87.19	195.18
新疆	23	2.54	5.91	58.34	64.25

　　从表 7-2 中可以看出，我国铅矿资源比较丰富的省份主要有云南、内蒙古、广东、甘肃、江西、湖南和四川等，可采铅储量较多的省份主要有云南、内蒙古、广东、青海、甘肃和湖南。因这些地区的铅矿资源和储量比较丰富，铅的开采和冶炼行业较为发达。

　　我国是世界矿铅产量最大的国家。2014 年我国矿铅产量（矿石和精矿中含铅量）约260.86 万吨，约占世界合计产量的 52％，居世界首位。其次是澳大利亚、美国，产量分别为 72.80 万吨、37.90 万吨。2014 年世界矿铅产量前 10 位的国家或地区见表 7-3。

表 7-3　2014 年世界矿铅产量前 10 位的国家或地区

位次	国家或地区	2014 年产量/万吨	占比/％
	世界合计	504.60	100
1	中国	260.86	51.70
2	澳大利亚	72.80	14.43
3	美国	37.90	7.51
4	秘鲁	27.80	5.51
5	墨西哥	24.90	4.93
6	俄罗斯	19.40	3.84
7	印度	10.60	2.10
8	玻利维亚	9.40	1.86
9	瑞典	7.10	1.41
10	土耳其	6.50	1.29

　　2005～2010 年我国铅精矿产量持续高速增长，年均增速近 10％。自 2011 年后，我国矿铅产量保持在 260 万吨左右。近年来，我国矿铅产量及世界合计产量情况见表 7-4。

表 7-4　我国矿铅产量及世界合计产量情况

年份	矿铅产量/万吨	世界合计产量/万吨
2009	160.41	384.10
2010	198.13	414.00
2011	240.57	465.30
2012	261.32	523.80
2013	269.65	538.60
2014	260.86	504.60

从省域分布看，2014 年我国矿铅产量主要集中在内蒙古、湖南、广西、四川和云南 5 省，其合计矿铅产量达 187.88 万吨，占全国总产量的 72%。2014 年我国部分省份及全国矿铅产量见表 7-5。

表 7-5　2014 年我国部分省份矿铅产量

地区	铅金属含量/t	产量占比/%
全国	260 8621	100
河北	3148	0.12
内蒙古	787845	30.20
辽宁	97105	3.72
吉林	17944	0.69
黑龙江	6451	0.25
江苏	5021	0.19
浙江	25537	0.98
安徽	15350	0.59
福建	79196	3.04
江西	40839	1.57
河南	88225	3.38
湖北	4601	0.18
湖南	372510	14.28
广东	69094	2.65
广西	255137	9.78
四川	254710	9.76
贵州	6696	0.26
云南	208643	8.00
西藏	61536	2.36
陕西	83310	3.19
甘肃	62144	2.38
青海	47729	1.83
新疆	15850	0.61

7.1.2　精炼铅生产

7.1.2.1　铅冶炼工艺

铅冶炼是指将铅精矿氧化还原为金属铅的过程，主要由粗铅冶炼和精铅冶炼两个步骤组成。粗铅冶炼是指硫化铅精矿经过氧化脱硫、还原熔炼、铅澄分离等工序，产出粗铅，粗铅含铅量 95%～98%；精铅冶炼是将粗铅中含有的铜、镉等杂质进一步精炼，去除杂质，形成精铅，精铅含铅量 99.99% 以上。

目前，世界上粗铅冶炼方式主要采用火法炼铅，湿法炼铅还未完全实现工业化。火法分为传统炼铅法、直接炼铅法。传统炼铅法主要包括烧结鼓风炉炼铅法、电炉炼铅法等；直接炼铅法主要包括氧气底吹炼铅法（QSL 法）、富氧顶吹熔炼法（Ausmelt 法）、基夫赛特法（Kivcet 法）、顶吹旋转转炉法（卡尔多法、TBRC 法），以及我国自主研发的氧气底吹鼓风炉炼铅工艺（SKS 法）、液态高铅渣直接还原法、三连炉法（底吹氧化-侧吹还原-烟化）等。

目前，世界上相当一部分粗铅仍是采用传统的烧结鼓风工艺生产。从世界铅冶炼发展趋势上看，传统的烧结鼓风工艺仍然占主导，但从我国铅冶炼发展趋势上看，传统的烧结鼓风工艺已逐步被淘汰，新建、改建的铅冶炼项目大多以直接炼铅法为主。与烧结鼓风炉炼铅法相比，直接炼铅法具有自动化水平高、流程短、设备紧凑、综合能耗低、金属回收率高、环境卫生条件相对较好等优点。

据不完全统计，近年来我国铅冶炼工艺主要包括 SKS 法、烧结鼓风炉炼铅工艺、鼓风炉炼铅（ISP）工艺、艾萨法炼铅工艺、奥斯麦特炉炼铅工艺、粗铅精炼。2010 年采用上述炼铅工艺的铅产量分别为 115.9 万吨、42.6 万吨、15.6 万吨、10.3 万吨、1.4 万吨和 0.3 万吨。

我国的精铅冶炼基本上均采用初步火法精炼加电解的工艺，在电解前根据粗铅成分有一段火法除铜过程，除铜通常是采用熔析及硫化除铜法。

7.1.2.2 含铅污染物产排污节点

铅冶炼过程中，产生的含铅污染物主要包括废气、废水和固体废物等。典型铅冶炼工艺流程及主要产污环节如图 7-1 所示。

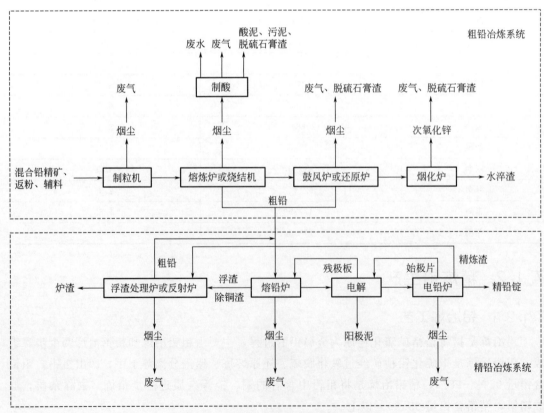

图 7-1 铅冶炼工艺流程及主要产污环节

冶炼过程中，产生和排放的含铅金属废气主要包括烟粉尘、烟气，主要产生于配料制粒、底吹炉、还原炉、烟化炉、熔铅炉、电铅炉以及反射炉等。铅冶炼工艺含铅废气产生及排放情况见表7-6。

表7-6　铅冶炼工艺含铅金属废气产生及排放情况

废气种类	产排污节点	主要污染物	排放形式
配料制粒烟气	混合配料、制粒、输送等	颗粒物、铅尘	布袋除尘后排放
底吹炉制酸烟气	底吹炉排气口、进料口、出铅出渣口	SO_2、颗粒物、铅尘	余热锅炉重力除尘、静电除尘、两转两吸制酸后排放
还原炉烟气	还原炉排气口、进料口、出铅出渣口	SO_2、颗粒物、铅尘	余热锅炉重力除尘、布袋除尘、脱硫后排放
烟化炉烟气	烟化炉排气口、进料口、出渣口	SO_2、颗粒物、铅尘	余热锅炉重力除尘、布袋除尘、脱硫后排放
粗铅熔炉烟气	熔铅炉	颗粒物、铅尘	布袋除尘后排放
精铅熔炉烟气	电铅炉	颗粒物、铅尘	布袋除尘后排放
反射炉烟气	反射炉	颗粒物、铅尘	布袋除尘后排放
无组织烟气	堆放、运输、装卸、铸块、出铅出渣口、电解槽等工序逸散	颗粒物、铅尘、酸雾	无组织间歇性排放

冶炼过程中，产生和排放的含铅金属废水主要包括冲渣水、烟气净化废水、冲洗废水和初期雨水。铅冶炼厂工业废水处理系统一般采用物化法处理工业废水，经处理后废水达标排放。铅冶炼工艺含铅废水产生及排放情况见表7-7。

表7-7　铅冶炼工艺含铅废水产生及排放情况

废水种类	产排污节点	主要污染物	排放形式
冲渣水	烟花水水淬渣冷却、废水量大	炉渣、重金属	处理后循环作用
烟气净化废水	烟管道及制酸烟气洗涤净化,废水量较大	重金属、废酸	处理后外排或用于冲渣
冲洗废水	阴极铅、阳极泥及残极板洗涤的废水,以及地面冲洗水	含酸废水、重金属	处理后回用
初期雨水	初期雨水	重金属	处理后外排或路面洒水

冶炼过程中，产生的含铅固废主要有烟化炉废渣、反射炉废渣、溶铅炉废渣、电铅炉废渣等，除尘器收集的含铅烟粉尘，烟气脱硫产生的脱硫渣、滤饼，废水处理站产生的污泥等。铅冶炼工艺含铅固废产生及排放情况见表7-8。

表7-8　铅冶炼工艺含铅固废产生及排放情况

固废种类	产排污节点	主要污染物	排放形式
含铅烟粉尘	重力、静电、布袋除尘器收集的烟粉尘	铅、砷、镉	返回废料重新利用
水淬渣	烟化炉、反射炉	铅、砷、镉	外售
铜浮渣、锡渣	熔铅炉	铅、砷、镉、锡	作为反射炉原料利用
精炼渣	电铅炉	铅、砷、镉	作为反射炉原料利用

续表

固废种类	产排污节点	主要污染物	排放形式
砷滤饼	制酸系统烟气净化	铅、砷、镉	返回配料重新利用或送往危废中心处置
脱硫渣	制酸、还原炉、烟化炉烟气脱硫	铅、砷、镉	返回配料重新利用或送往危废中心处置
污水处理污泥	废水处理污泥	铅、砷、镉	返回配料重新利用或送往危废中心处置

7.1.3　再生铅生产

7.1.3.1　再生铅生产现状

发达国家比较重视废铅回收和再生，制定了一系列鼓励、扶持和强制废铅回收再生的法律法规，再生铅工业发展很快。2002 年世界再生铅生产能力增加到 373 万吨，大部分分布在北美洲（约占 40%）、欧洲（约占 35%）和亚洲（约占 18%）。西方国家再生铅产量占世界精铅总产量的 59%，而美国是世界上最大的再生铅生产国，产量约占西方国家的 1/3。根据世界金属统计局公布的资料，世界总铅产量约 40% 是由再生铅生产获得的，废铅蓄电池则占再生铅生产原料的 90%。

我国再生铅工业起步于 20 世纪 50 年代，由于技术等各方面因素，产量一直保持在几千吨左右，直到 1990 年才达到 2.82 万吨。鉴于再生铅产业具有明显的资源与环保优势，能有效解决我国铅资源短缺、铅污染严重等诸多问题，所以，近十几年来再生铅产业在我国取得了显著的进展，基本上形成了独立的产业。全国再生铅的产量由 2005 年的 48 万吨增加到 2011 年的 135 万吨。2012 年全国再生铅产量达到 140 万吨，占当年精铅产量的 30%。再生铅已成为我国铅工业可持续发展的重要组成部分。

2011 年以来，经过环境保护部多次环保核查专项行动，我国再生铅产业集中度得到明显提高。2012 年我国再生铅企业单厂生产产能突破 6 万吨/年，截至 2012 年年底，全国再生铅企业数量为 89 家，其中，在生产 22 家，产能 169.6 万吨；再建 13 家，产能 145.6 万吨；停产整顿 35 家，产能 126.5 万吨；取缔 19 家，产能 17.6 万吨。2012 年，全国精铅产量 464.6 万吨，基本与 2011 年持平；表观消费量 467.3 万吨，比 2011 年增加 1 万吨；再生铅产量为 140 万吨，比 2011 年增长 3.7%；再生铅产量占精铅产量的比例为 30.14%，再生铅产量占铅消费量的比例为 30%。2002～2014 年再生铅产量见表 7-9。

表 7-9　2002～2014 年我国再生铅产量

年份	再生铅产量/万吨
2002	17
2003	20
2004	24
2005	28
2006	39
2007	45
2008	70

续表

年份	再生铅产量/万吨
2009	123
2010	136
2011	140
2012	137
2013	151
2014	153

7.1.3.2　再生铅生产工艺

再生铅冶炼工艺可分为再生铅和矿产铅混合生产工艺、铅膏炼前脱硫-还原熔炼-精炼工艺、栅板铅膏混合熔炼-精炼工艺和湿法炼铅工艺。以下将逐一对各工艺的污染物排放节点进行分析。

（1）再生铅和矿产铅混合生产工艺

废铅蓄电池经破碎、分选，使密度大的重质部分（即金属粒子）沉入分级箱底部，送往铅合金车间，再添加适量的锑粉后生产出铅锑合金。密度小的轻质部分（即氧化物和有机物）随水流往水平筛分，筛下物质经浆化槽浆化后送往压滤机压滤，铅泥送到铅富氧底吹炉系统进行处理。筛上有机物随水流进入另一水力分级箱进行分级，将密度小的塑料部分和密度大的橡胶部分分开，送往仓库堆存后外售，见图 7-2。

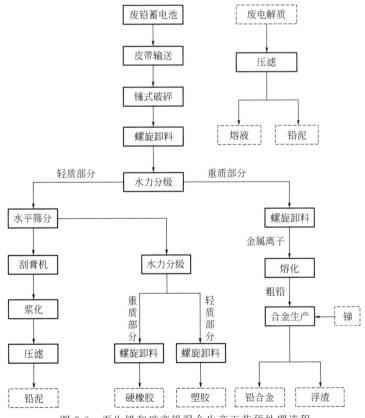

图 7-2　再生铅和矿产铅混合生产工艺预处理流程

111

铅精矿和铅膏等混合配料，经过氧气底吹熔炼、鼓风炉熔炼、电解，生产电铅产品，工艺流程见图7-3。

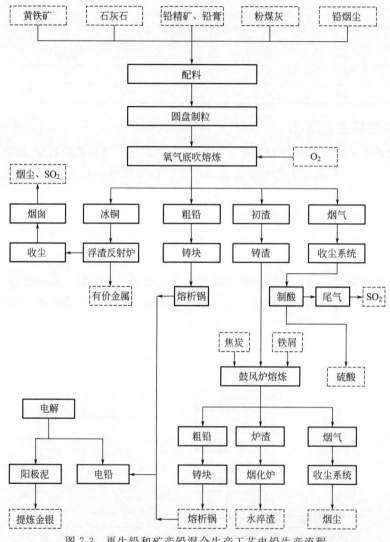

图7-3　再生铅和矿产铅混合生产工艺电铅生产流程

再生铅和矿产铅混合生产工艺生产过程中的废气主要有氧气底吹炉烟气、鼓风炉烟气、烟化炉尾气、硫酸酸雾、熔铅炉烟气、浇铸锅烟气、备料粉尘电解槽溢出的酸雾、废旧铅酸蓄电池破碎产生的粉尘。废气治理流程主要为氧气底吹熔炼炉产生的含尘含硫废气经静电除尘器除尘后，送入二转二吸制酸系统进一步处理后制取硫酸。鼓风炉系统配置有袋式除尘器。烟化炉、鼓风炉上料系统、铅精矿备料系统、熔析锅均配置有袋式除尘器。废旧蓄电池回收工程配置有酸雾刮除器、熔铅炉袋式除尘器。

该工艺产生的生产废水主要包括 a.鼓风炉冲渣水，经水处理系统处理后闭路循环使用，少量外排，并定期补充新鲜水；b.制酸车间产生的酸性废水，通过采用石灰石中和法处理后，用作鼓风炉冲渣补充水，串级使用，少量外排；c.电解铅铸造冷却用水，经冷却后闭路循环使用，不外排；d.各设备冷却水及一般生产废水，该部分废水大部分循环回用，部分经沉淀处理后外排；e.废旧蓄电池破碎产生的废电解液，该部分废水送污水处理站集中处理后外排。

该工艺生产过程中产生的固体废物有鼓风炉系统产生的水淬渣、冰铜渣；电解精炼系统产生的铜浮渣、氧化渣、阳极泥、冶炼渣等，大部分进行综合利用。

（2）铅膏炼前脱硫-还原熔炼-精炼工艺

废铅蓄电池破碎后，经水力分选将铅金属、PVC隔板和PP板材料分开。铅膏则送入脱硫车间。脱硫后的铅膏和铅渣一起进入反射炉中产出粗铅。合金铅和粗铅进入精铅及合金系统生产铅合金产品和精铅产品，工艺流程见图7-4。

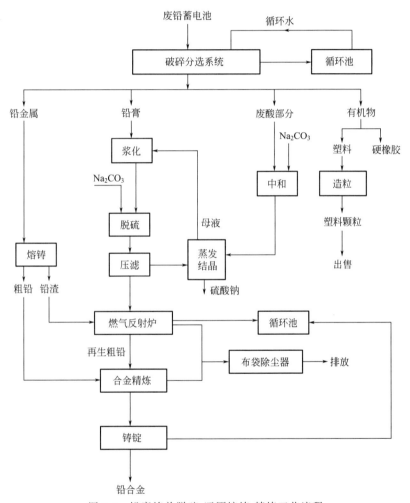

图 7-4　铅膏炼前脱硫-还原熔炼-精炼工艺流程

该工艺生产过程中的废气主要来源于合金配制过程中产生的含铅烟气、冶炼过程中的含铅、SO_2烟气。主要污染物为含铅烟尘、烟尘和二氧化硫。车间烟气以及合金、精炼车间废气，主要经袋式除尘器处理后排放。

该工艺的生产废水主要来源于车间冲洗水、厂区洗衣房、洗浴废水，初期雨水；污染物衡量指标为 pH 值、SS、COD、总铅、硫化物、石油类含量等；最终废水经中和沉淀及处理后排放。

该工艺产生的固体废物主要有 4 类。a. 混炼过程中产生的铅渣，含铅量小于 6%。废渣含铅量在 2%～6% 时，给有资质的处理单位处理；弃渣含铅量＜2%，给危废处理单位处理；这类含铅废渣属危险废物。b. 废铅蓄电池拆解下来的隔板纸、塑料，进行外售回收。c. 废水处理中产生的铅泥，给危废处理单位处理。d. 含铅废旧劳保用品，给危废处理单位处理。

（3）栅板铅膏混合熔炼-精炼工艺

栅板铅膏混合熔炼-精炼工艺的特点在于栅板和铅膏混合熔炼，熔炼温度较高，铅的产生量比较大，同时存在二氧化硫的污染问题，工艺流程见图 7-5。

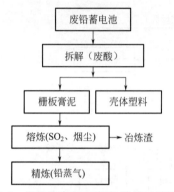

图 7-5 栅板铅膏混合熔炼-精炼工艺流程

栅板铅膏混合熔炼-精炼工艺产生的废气主要来源于冶炼炉冶炼烟气，合金车间烟气；主要污染物为含铅烟尘和二氧化硫；冶炼炉冶炼废气、合金车间烟气进入袋式除尘器后排放。该工艺产生的废水主要来源于车间冲洗水、厂区洗衣房、洗浴废水、初期雨水；污染物衡量指标为 pH 值、SS、COD、总铅、硫化物、石油类含量等；废水最终经中和沉淀处理后排放。该工艺产生的固体废物与"铅膏炼前脱硫-还原熔炼-精炼工艺"基本一致，主要有 4 类：a. 混炼过程中产生的铅渣，含铅量小于 6%。废渣含铅量在 2%～6% 时，给有资质的处理单位处理；弃渣含铅量＜2%，给危废处理单位处理；这类含铅废渣属危险废物；b. 废铅蓄电池拆解下来的隔板纸、塑料，进行外售回收；c. 废水处理中产生的铅泥，给危废处理单位处理；d. 含铅废旧劳保用品，给危废处理单位处理。

（4）湿法炼铅工艺

湿法炼铅工艺主要包含电解沉积工艺和固相电解工艺。

① 电解沉积工艺　该生产工艺为废旧铅蓄电池经解体分离、填料破碎、栅板-铅膏分离、栅板熔铸合金、铅膏脱硫滤液蒸发结晶、滤液浸出等工序，再利用不溶阳极电解沉积最终得到电铅产品，工艺流程见图 7-6。

② 固相电解工艺　该生产工艺为废旧铅蓄电池经解体分离、填料破碎、栅板-铅膏分离、栅板熔铸合金、铅膏脱硫进行阴极填充、固相电还原，铅粉再经精炼熔铸最终得到电铅产品，工艺流程见图 7-7。

湿法炼铅工艺生产过程中产生的废水主要来源于废酸、车间冲洗水以及生产工艺过程中的循环冷却水；主要污染物衡量指标为 COD、总铅、硫化物、石油类含量。湿法炼铅工艺生产过程中产生的废气主要来源于合金车间烟气，主要污染物为铅烟。废渣主要来源于废水处理中产生的铅泥、废旧蓄电池拆解下来的隔板纸、塑料、含铅废旧劳保用品，一般给有危废处理资质的单位处理。

7.1.4 铅产量、消费量和进出口贸易

一些西方国家铅冶炼企业迫于日趋严格的环保法规和生产成本费用的限制而关停。相对而言，我国的铅冶炼发展较快。自 20 世纪 80 年代中期开始，中国铅冶炼和生产能力进入了

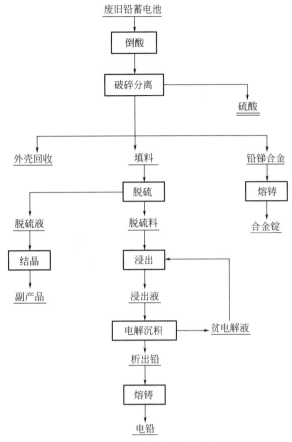

图 7-6　电解沉积工艺流程

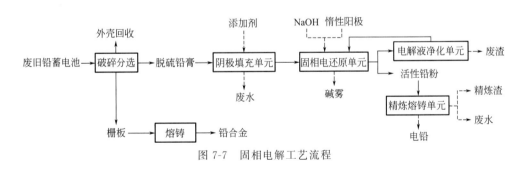

图 7-7　固相电解工艺流程

快速增长时期，特别是 90 年代铅冶炼能力的增加。一方面是骨干企业为追求规模经济效益，不断扩建；另一方面是有原料供应的地区，追求较高的冶炼利润而新建大量的中小冶炼厂。国家屡次限制的规模标准、技术标准和环保标准得不到有效贯彻，铅工业表现为整体的持续性简单扩大再生产。依据铅矿产地的分布和建设条件，中国已形成东北、湖南、两广、滇川、西北五大铅锌采选冶炼和加工配套的生产基地，其铅产量占全国总产量的 80％以上。

"十二五"期间，截至 2013 年年底，共淘汰铅冶炼产能 256 万吨，淘汰锌冶炼产能 85 万吨。目前我国规模以上铅锌矿企业 500 多家，铅冶炼企业 400 多家。近 2 年，内蒙古、湖南、云南等主要生产地的精矿产量均有明显增长。内蒙古新建或扩建矿山项目增多，正逐步成为我国未来铅锌资源开发的重要基地。湖南地区精矿产量增幅较大，主要原因是花垣地区铅锌矿产量的大幅提高和清水塘地区铅锌矿业的整合。

7.1.4.1 铅产量

自 2002 年起，我国精炼铅产量稳居世界第一。2014 年世界精炼铅产量 1092.50 万吨，其中我国精炼铅产量 470.43 万吨，约占全球铅产量的 43%。我国精炼铅产量及世界排名情况见表 7-10，其中包括了再生铅产量。

表 7-10 我国精炼铅产量及世界排名情况

年份	产量/万吨	世界排名
2001	119.54	2
2002	132.47	1
2003	156.41	1
2004	193.45	1
2005	239.14	1
2006	271.49	1
2007	278.83	1
2008	345.18	1
2009	377.29	1
2010	415.75	1
2011	460.36	1
2012	459.09	1
2013	493.51	1
2014	470.43	1

我国精炼铅产量、产能分布非常集中。2014 年我国精炼铅生产主要集中在河南、湖南、云南、安徽和湖北，其合计产量达 376.08 万吨，约占全国总产量的 80%。其中，河南和湖南产量最高，产量均超过 100 万吨。安徽和湖北以再生铅为主。2014 年我国部分省份铅产量见表 7-11。

表 7-11 2014 年我国部分省份铅产量　　　　　　　　单位：t

地区	矿产铅产量	再生铅产量	合计产量
全国	3173115	1531204	4704319
天津	0	12280	12280
河北	0	12000	12000
山西	0	2006	2006
内蒙古	103281	0	103281
辽宁	23556	49925	73481
江苏	0	97315	97315
安徽	64277	353309	417586
江西	141140	71176	212316

续表

地区	矿产铅产量	再生铅产量	合计产量
河南	959747	382399	1342146
湖北	0	337045	337045
湖南	1074202	135486	1209688
广东	51434	1643	53077
广西	129375	10787	140162
重庆	0	25000	25000
贵州	0	19662	19662
云南	448333	5967	454300
陕西	64892	0	64892
甘肃	23633	0	23633
青海	22130	15204	37334
宁夏	27347	0	27347
新疆	39768	0	39768

7.1.4.2　铅消费量

近年来，我国铅的消费增长较快，2009～2014 年我国和世界精炼铅消费量见表 7-12。2001～2014 年我国精炼铅消费变化情况如图 7-8 所示。从图 7-8 和表 7-12 可以看出，2001～2014 年间我国精炼铅消费量增长迅速。2014 年我国精炼铅消费量 490.00 万吨，约占世界合计消费量的 45%，居世界第一。

表 7-12　2009～2014 年我国和世界精炼铅消费情况

年份	我国消费量/万吨	世界合计消费量/万吨
2009	365.00	893.20
2010	395.00	956.30
2011	430.00	1040.70
2012	460.00	1045.60
2013	485.00	1122.10
2014	490.00	1089.80

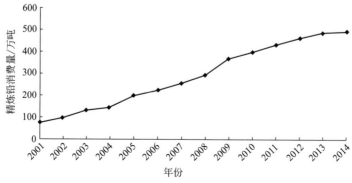

图 7-8　2001～2014 年我国精炼铅消费量变化趋势

7.1.4.3 铅矿、精炼铅及铅产品进出口贸易

(1) 铅矿、精炼铅及铅产品海关代码

我国与铅相关的产品进出口贸易主要包括未锻轧铅、铅材、铅矿、氧化铅/铅丹/铅橙、铅金属制品,其相关海关编码见表7-13。

表7-13 涉铅产品海关代码

产品名称	海关代码
铅矿砂及其精矿	26070000
铅矿砂及其精矿(黄金价值部分)	2607000001
铅矿砂及其精矿(非黄金价值部分)	2607000090
未锻轧精炼铅	78011000
未锻轧铅锑合金	78019100
未锻轧的其他铅合金	78019900
铅废碎料	78020000
铅片、带及厚度≤0.2mm 的箔	78041100
铅及铅合金板、厚度>0.2mm 的箔	78041900
铅及铅合金粉末、片状粉末	78042000
铅及铅合金条、杆、丝、型材	78060010
其他铅制品	78060090
一氧化铅(铅黄、黄丹)	2824100000
铅丹及铅橙[四氧化(三)铅](红丹)	2824901000
其他铅氧化物	2824909000

除铅金属制品、铅酸蓄电池等铅产品外,2014年我国未锻轧铅、铅材、铅矿、氧化铅、铅丹及铅橙合计进口额为22.4亿美元,同比增长2.4%;出口额为1.5亿美元,同比下降14.8%。其中,进口未锻轧铅2.8万吨,同比下降12.4%;出口未锻轧铅3.6万吨,同比增长53.6%;进口铅精矿实物量181.2万吨,同比增长21.4%。

(2) 铅矿进出口贸易

在 COMTRADE 数据库中,铅矿砂及其精矿海关编码为26070000,其进出口贸易情况见表7-14。我国以进口贸易为主,基本无出口。

表7-14 我国铅矿砂及其精矿进出口贸易情况

年份	出口/万吨	金额/万美元	进口/万吨	金额/万美元
1992	1.52	201.89	0.83	66.91
1993	2.82	210.19	0.61	28.10
1994	6.29	1498.83	0.80	224.36
1995	5.36	1421.17	3.18	659.76
1996	1.46	501.14	7.00	1517.41
1997	2.57	243.05	11.83	2036.53
1998	3.44	465.08	23.60	4226.31

年份	出口/万吨	金额/万美元	进口/万吨	金额/万美元
1999	2.29	286.19	16.97	2991.23
2000	0.28	40.05	31.14	5638.72
2001	0.02	12.65	39.71	6729.88
2002	0.00	0.19	38.90	8508.79
2003	0.00	0.01	67.90	20462.90
2004	0.00	0.51	83.06	43700.93
2005	0.00	0.15	103.00	60363.90
2006	0.01	6.36	118.85	96337.59
2007	0.00	0.11	126.53	166312.19
2008	无数据	无数据	144.18	157335.25
2009	0.00	0.39	160.48	173665.27
2010	0.01	8.59	160.29	251291.56
2011	1.01	5407.90	144.33	301786.68
2012	0.00	0.00	181.50	317453.15
2013	0.65	2619.40	149.28	210674.61
2014	0.21	167.93	181.05	216069.19
2015	0.11	35.67	190.19	209451.42

（3）精炼铅进出口贸易

由于铅冶炼被视为"两高一资"行业，其出口贸易受到相关政策抑制。过去几年，我国精炼铅进口并不活跃，一方面，国内精炼铅产量基本可以满足消费需求；另一方面，我国对精炼铅进口征收 3% 的关税，自 2007 年对精炼铅出口征收 10% 的关税，极大地增加了精炼铅的进出口成本。

2005～2008 年我国精炼铅进口量基本维持在 3 万吨左右，仅占全球精炼铅进口贸易量的 2% 左右。2009 年进口量升至 15.7 万吨，2010 年又下降为 2.2 万吨。精炼铅出口量从 2007 年的 23.6 万吨下降至 2012 年的 0.22 万吨。近两年精炼铅进口量的波动主要受利用国内外铅价差进行跨市套利的影响。

在 COMTRADE 数据库中，未锻轧精炼铅海关编码 78011000，其进出口贸易情况见表 7-15。

表 7-15　我国未锻轧精炼铅进出口贸易

年份	出口/t	金额/万美元	进口/t	金额/万美元	再进口/t	金额/万美元
1992	73522.27	3978.45	1152.768	114.5031	0	0
1993	83932.87	3347.523	1737.218	115.2736	0	0
1994	169632.3	8521.552	3410.441	230.8604	0	0
1995	160820.3	10627.24	3000.255	200.6078	0	0
1996	238909.5	18178.65	4149.176	266.9903	0	0
1997	178230	11718.93	6961.819	340.6979	0	0
1998	232689.4	12598.74	8263.438	396.8158	0	0

续表

年份	出口/t	金额/万美元	进口/t	金额/万美元	再进口/t	金额/万美元
1999	441754.2	22471.44	6866.514	240.018	0	0
2000	441859.3	20662.03	7712.431	269.1518	195.725	8.4966
2001	437691.9	21109.11	12068.03	474.7082	241.957	10.2638
2002	393716	18893.68	30748.39	1286.953	343.232	14.7131
2003	435655	21929.14	24992.6	1284.007	541.936	25.1359
2004	446681	39614.94	42834.13	3807.545	4681.801	467.3986
2005	455040.7	45687.12	35700.7	3768.211	9978.265	1095.808
2006	537082.3	67534.54	33406.3	4335.547	9726.342	1289.216
2007	236384	52721.03	25048.26	5598.3	1600.205	281.6439
2008	33608.76	9555.256	30912.8	6342.42	4086.913	755.3329
2009	23028.92	4009.965	157268.7	23196.53	0	0
2010	23071.46	4924.826	21533.29	4552.458	0	0
2011	6127.648	1529.396	6611.065	1564.154	0	0
2012	2204.36	459.8962	6829.581	1445.152	0	0
2013	21922.17	4789.161	835.245	189.5483	0	0
2014	34855.37	7336.281	210.186	68.6659	0	0
2015	49706.32	9629.581	997.125	204.0245	0	0

综合而言，我国精炼铅的产量和进出口量及变化趋势如表 7-16 和图 7-9 所示，表 7-15 中所列进出口量来自中国海关统计数据库，其对应海关编码为 78011000，指未锻轧的精炼铅。

表 7-16　我国精炼铅产量、进出口量　　　　　单位：万吨

年份	产量	进口量	出口量
2001	119.54	1.2	43.77
2002	132.47	3.1	39.37
2003	156.41	2.5	43.57
2004	193.45	2.3	42.67
2005	239.14	3.6	45.50
2006	271.49	3.3	53.71
2007	278.8	2.5	23.6
2008	320.6	3.1	3.4
2009	377.1	15.7	2.3
2010	415.75	2.1	2.3
2011	460.36	0.66	1.2
2012	459.09	2.92	0.22

（4）铅废碎料进出口贸易

在 COMTRADE 数据库中，铅废碎料海关编码为 78020000，其进出口贸易情况见表 7-17。20 世纪 90 年代后，铅废碎料进出口量逐步减少，并自 2010 年起已无进出口贸易。

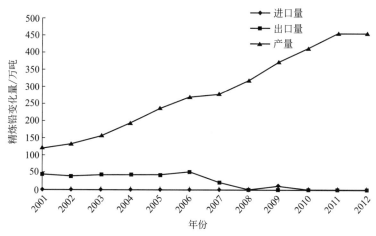

图 7-9　我国铅进出口量及产量对比

表 7-17　我国铅废碎料进出口贸易

年份	出口/t	金额/万美元	进口/t	金额/万美元	再进口/t	金额/万美元
1992	1500.125	65.5167	5711.867	98.0938	0	0
1993	621.005	16.4615	7321.843	102.7517	0	0
1994	1510.55	53.3082	5793.349	62.2331	0	0
1995	588.886	22.5745	5690.324	76.7217	0	0
1996	151.667	7.4667	819.662	25.2739	0	0
1997	61.257	2.0261	203.737	4.8978	0	0
1998	1750.932	27.6507	6.75	0.3405	0	0
1999	1059.976	15.4712	0	0	0	0
2000	36.96	1.1088	4.784	0.1148	0	0
2001	51	1.5203	0.14	0.042	0.14	0.042
2002	45.084	1.4065	0.006	0.0012	0	0
2003	131.11	5.4101	0	0	0	0
2004	31.5	0.945	5.663	1.1762	0	0
2005	2.147	0.0644	14.916	0.5943	0	0
2006	0	0	22.869	0.4246	0	0
2007	19.7	0.6496	2682.332	383.6233	0	0
2008	0	0	11.62	0.7405	0	0
2009	0	0	97.436	15.0183	0	0

7.2　有意用铅的主要产品和工艺

　　铅在工业领域中应用广泛，铅板和铅管用于制酸工业、蓄电池、电缆包皮及冶金工业设备的防腐衬里，也作为原子能工业及 X 射线仪器设备的防护材料用于吸收放射性射线；铅与锑、锡、铋等配制成各种合金，如熔断保险丝、印刷合金、耐磨轴承合金、焊料、榴霰弹弹丸、易熔合金及低熔点合金模具等；铅的化合物四乙基铅用作汽油抗爆添加剂和颜料。其中，铅蓄电池用铅占铅总消费量的80%左右，其次是含铅涂料。铅物质流向见图7-10。

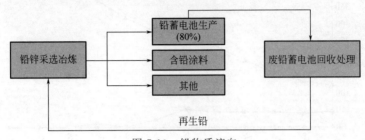

图 7-10　铅物质流向

7.2.1　铅蓄电池

7.2.1.1　产品分类及工作原理

铅蓄电池广泛应用于交通、通信、电力、军事、航海、航空、光伏和风力发电（系统储能）等各个领域。在国民经济中，铅蓄电池都起到了不可缺少的重要作用，为新兴战略性产业的重要组成部分。根据铅蓄电池结构与用途区别，粗略将电池分为五大类：启动用铅蓄电池；动力用铅蓄电池；固定用铅蓄电池，如固定型阀控密封式铅蓄电池等；其他用途类铅蓄电池，如小型阀控密封式铅蓄电池，矿灯用铅蓄电池等；先进铅蓄电池，如卷绕式电池、胶体电池、铅碳电池、启停电池等。

目前主要的铅蓄电池种类见表7-18。

表 7-18　铅蓄电池分类

序号	大类	序号	小　　类
一	启动用 铅蓄电池	1	启动用铅蓄电池
		2	船舶启动用铅蓄电池
		3	内燃机车用排气式铅蓄电池
		4	内燃机车用阀控密封式铅蓄电池
		5	摩托车用铅蓄电池
二	动力用 铅蓄电池	6	牵引用铅蓄电池
		7	煤矿防爆特殊型电源装置用铅蓄电池
		8	电动道路车辆用铅蓄电池
		9	电动助力车辆用铅蓄电池
三	固定用 铅蓄电池	10	固定型防酸式铅蓄电池
		11	固定型阀控密封式铅蓄电池
		12	航标用铅蓄电池
		13	铁路客车用铅蓄电池
		14	储能用铅蓄电池

续表

序号	大类	序号	小　　类
四	其他用途铅蓄电池	15	小型阀控密封式铅蓄电池
		16	矿灯用铅蓄电池
		17	其他
五	先进铅蓄电池	18	启停电池、铅碳电池、卷绕式电池等

铅蓄电池的工作原理是通过正、负极板上的活性物质与电解液发生化学反应来实现化学能同电能之间的相互转化，其中正极板上的活性物质是二氧化铅，负极板上的活性物质是海绵状金属铅，导电介质是稀硫酸。其化学反应如下：

正极反应：$PbO_2 + 3H^+ + HSO_4^- + 2e^- \underset{充电}{\overset{放电}{\rightleftharpoons}} PbSO_4 + 2H_2O$

负极反应：$Pb + HSO_4^- \underset{充电}{\overset{放电}{\rightleftharpoons}} PbSO_4 + H^+ + 2e^-$

总反应：$PbO_2 + Pb + 2H_2SO_4 \underset{充电}{\overset{放电}{\rightleftharpoons}} 2PbSO_4 + 2H_2O$

放电时，正极板上的二氧化铅和负极板上的海绵状铅与电解液内的硫酸发生反应，产生硫酸铅和水，硫酸铅分别沉积在正负极板上，而水则留在电解液内；充电时，正负极板上的硫酸铅分别还原成二氧化铅和海绵状铅。

7.2.1.2　生产工艺及产污环节

铅蓄电池是由正极（活性物质是二氧化铅）、负极（活性物质是海绵状铅）、蓄电池壳、隔板和电解液、连接零件构成，生产工艺分为外化成和内化成两种。采用外化成的铅蓄电池生产工艺如下：第一步，将铅（锑）合金、铅钙合金或其他合金铸造成符合要求的不同类型的各种板栅，同时用铅粉机将电解铅选制成符合要求的铅粉；第二步，将铅粉和稀硫酸及添加剂混合后涂抹于板栅表面，并进行干燥固化从而得到生极板；第三步，生极板经过固化干燥、化成等工序，制成熟极板；第四步，根据需要，将不同型号、不同片数的极板组装成各种不同类型的蓄电池；第五步，将组装好的电池进行灌酸、充放电（只有部分企业有）。

采用内化成的铅蓄电池生产工艺与采用外化成的生产工艺基本相似，仅在第三步和第四步有所区别，即先将生极板组装成电池，再进行化成。在此，仅以外化成生产工艺进行重点分析。

在整个铅蓄电池生产过程中，对外环境及周边居民健康影响最大的是废气污染，其次是废水和危险废物。废气污染物主要包括铅尘、铅烟和硫酸酸雾。其中，铅尘的产生环节为制粉工序、和膏工序、涂板工序、分片刷耳工序、称片工序、包片工序；铅烟的产生环节包括熔铅工序、铸板工序、焊接工序；硫酸酸雾产生环节包括化成工序、充放电工序。

产生的废水中主要污染因子包括铅、镉（我国电动自行车蓄电池行业几乎 90% 的铅蓄电池产品都采用铅-锑-镉作为正极板栅合金）。废水产生环节为涂板工序的地面冲洗、化成工序的极板冲洗和地面冲洗、灌酸充电工序的地面冲洗和冷却（大容量电池灌酸充电时需要降温）、铅蓄电池冲洗。此外，还包括湿法除尘设施排放的含铅循环废水，厂区工人的淋浴水、工作服清洗水等。

产生的危险废物主要包括铅泥、铅尘、铅渣、含铅废料、废电池、废活性炭、含铅废旧劳保用品等。其中，铅泥主要的来源包括涂板工序产生的废铅膏、污水处理站的脱水污泥、湿法除尘循环水箱底泥；铅尘主要来自于干法除尘收集的铅尘、地面清扫收集的铅尘；铅渣产生源主要是合金工序熔铅锅产生的浮渣；含铅废料产生环节主要是分片工序产生的废极耳、废极板，废活性炭产生环节为制备去离子水工序；含铅废旧劳保用品主要包括工人使用过的废口罩、手套、工作服。

7.2.2　含铅涂料

7.2.2.1　含铅涂料中铅的来源及影响

涂料由成膜物质、颜料、溶剂和各种添加剂组成。由于涂料产品使用的原材料品种繁多，所以涂料中铅的来源较广。常用的树脂、颜料、助剂的生产中很多以铅为原料，从而导致涂料含铅。另外，一些颜料、填料，如锌粉、云母氧化铁、天然硫酸钡、重质碳酸钙、硅微粉等理论上不存在铅，但由于其矿品的原因，不同程度地存在杂质铅，而且，有些钢质生产设备、研磨珠等也含有微量的铅，在使用中产生磨损，也是造成涂料含铅。总的来说，涂料含铅的来源有两种形式，见表7-19。其中，颜料是涂料中铅、镉的重要来源之一。颜料的作用是赋予涂膜以各种色彩和特殊性能。添加铅的涂料色彩鲜艳，着色力和遮盖力较强，耐久性和抗腐蚀性更佳，同时使涂料的干燥速率更快，寿命更长。

表 7-19　涂料中铅的来源

来源因素	来源	典型品种	含铅原因
有意使用含铅原材料	颜料	红丹、铅铬颜料等	以铅为原料
	助剂	黄丹、环烷酸(异辛酸)铅、碳酸铅、醋酸铅等	以铅为原料
无意使用含杂质铅的原材料	颜料	锌粉、云母氧化铁、天然石粉	杂质
	工艺设备	钢质设备、玻璃珠	磨损、杂质

常用的含铅颜料包括红丹、铅铬颜料等。红丹，即四氧化三铅（Pb_3O_4），是一种稳定的防锈颜料。添加红丹的涂料渗透性、润湿性好，附着力、耐水性强，干燥快，稳定性好。常用于桥梁、船舶、机械设备、管线等钢结构表面作底漆。虽然国家早已明令禁产，但是在建筑、桥梁和工程机械等领域仍在大量使用。铅铬颜料，即以铬酸铅为主要成分的无机彩色颜料，包括铅铬黄（铬黄）、钼铬红、铅铬绿、碱式硅铬酸铅等。铅铬黄为黄色系颜料，化学成分为铬酸铅（$PbCrO_4$）、硫酸铅（$PbSO_4$）、碱式铬酸铅（$PbCrO_4 \cdot PbO$）。通常含铅53%～64%，含铬10%～16%。随铬酸铅含量不同，呈黄色至橘黄色；钼铬红化学成分为铬酸铅（$PbCrO_4$）、钼酸铅（$PbMoO_4$）、硫酸铅（$PbSO_4$），因配比不同，颜色由橘红色至红色；铅铬绿为铬黄和铁蓝或酞菁蓝混合拼色形成的颜料；碱式硅铬酸铅为包核颜料，在二氧化硅的表面包一层碱式铅盐，包覆层成分为$PbSiO_3 \cdot 3PbO$或$PbCrO_4 \cdot PbO$，主要用于钢铁防锈。

此外，各种添加剂给涂料"添加"了铅。添加剂的主要作用是对涂料的特定性能进行改进，常用的添加剂有催干剂和催化剂等。催干剂可以促进涂膜固化，缩短干燥时间，在添加剂中用量最多，是涂料中铅的一大来源。常用的含铅催干剂有醋酸铅、环烷酸铅、异辛酸铅等，可开发稀土催干剂进行替代。醇解催化剂可以加快醇解过程，且使合成的树脂清澈透明。常用的含铅催化剂为黄丹，即氧化铅，广泛用于醇酸树脂的生产过程中。可采用氢氧化锂或异辛酸锌等替代黄丹催化剂。

含铅涂料已成为影响儿童健康的主要铅污染源。全球每年新增的智障儿童中，约有 60 万名儿童系暴露于铅所致。中国国家疾病防治和控制中心的调查研究表明，我国 1/3 儿童的铅吸收量高于安全水平。常见的铅中毒大多属于轻度慢性铅中毒，主要症状是植物神经功能紊乱、贫血、免疫力低下等。铅的毒性是不可逆转的，并且它的影响一般保留到青春期和成年期。

7.2.2.2　含铅、铬的颜料生产使用概况

1994 年开始，欧美及经济发达国家对铅铬颜料的生产进行了限制，国外知名颜料生产企业纷纷将生产转移至我国，致使我国铅铬颜料产量增加。2011 年我国铅铬颜料产、销量分别为 52699.9t 和 49779.3t。2013 年，铅铬颜料进口 1746t，同比增长 53.74%；出口数量 7000t，同比下降 43.95%。

含铅涂料中除铅铬黄颜料因同种颜色的有机颜料耐候性尚不能达到一些领域的要求，如室外建筑、交通标示等，目前尚无成熟的替代产品，其他含铅涂料都已有成熟的替代产品。当前含铅涂料用途和使用程度见表 7-20。

表 7-20　当前含铅涂料用途和使用程度

用途	当前使用程度
油漆和艺术涂料用的颜料（铬酸铅、钼酸铅、高铅酸钙、白铅）	几个国家禁止或限制使用白铅。仅少数几个国家限制使用其他含铅颜料
塑料颜料（铬酸铅和钼酸铅）	普遍
抗锈底漆（红铅）	普遍
清漆和油漆干燥剂（环烷酸铅）	部分类型的油漆普遍；一些国家已经逐步淘汰许多用途

7.2.2.3　铅铬黄颜料生产工艺

铅铬黄是主要的含铅颜料，其化学成分为铬酸铅（$PbCrO_4$）、硫酸铅（$PbSO_4$）、碱式铬酸铅（$PbCrO_4 \cdot PbO$）。不同颜色铬酸铅含量不同。铅铬黄主要用于涂料行业，此外还用于油墨、橡胶和塑料工业等。

水溶性的铅盐和水溶性的铬酸盐是制造铅铬黄颜料的主要原料。铅铬黄的各种制造路线，主要是采用不同品种的铅盐原料所形成的，其中以醋酸铅或硝酸铅路线最为普遍，各种生产铅铬黄的路线中也以这两种最为重要。铬酸盐一般采用重铬酸钠，其溶解度高，价格比重铬酸钾低。其中，以硝酸铅为原料制造铅铬黄通常是用的较多的生产路线。化学反应式如下：

$$2Pb(NO_3)_2 + Na_2Cr_2O_7 + H_2O \longrightarrow 2PbCrO_4 \downarrow + 2NaNO_3 + 2HNO_3$$

通常需预先中和重铬酸钠，或加纯碱到硝酸铅溶液，生产部分碳酸铅，以控制沉淀反应后的 pH 值。铬黄颜料后续处理工序包括洗涤、过滤、干燥、粉碎、拼色、包装。

生产过程中产生的废水通常集中于大池中，经过沉淀去除颜料悬浮物，再处理六价铬，符合排放标准后再行排放。

7.2.2.4　含铅涂料生产工艺

涂料生产的过程就是把颜料固体粒子通过外力进行破碎并分散在树脂溶液或者乳液中，使之形成一个均匀微细的悬浮分散体。

各种涂料的生产过程通常分为预分散、研磨分散、调漆、净化包装四个步骤：第一，预分散，将颜料在一定设备中先与部分漆料混合，以制得属于颜料色浆半成品的拌合色浆，同时利于后续研磨；第二，研磨分散，将预分散后的拌和色浆通过研磨分散设备进行充分分散，得到颜料色浆；第三，调漆，向研磨的颜料色浆加入余下的基料、其他助剂及溶剂，必要时进行调色，达到色漆质量要求；第四，净化包装，通过过滤设备除去各种杂质和大颗粒，包装制得成品涂料。

涂料生产的主要设备有分散设备、研磨设备、调漆设备、过滤设备、输送设备等。根据种类不同，生产工艺主要分为清漆生产工艺、色漆生产工艺和乳胶漆生产工艺。

（1）清漆生产工艺

清漆生产中，由于不涉及颜料、填料分散，工艺相对比较简单，包括树脂溶解、调漆（主要是调节黏度、加入助剂）、过滤、包装。

（2）色漆生产工艺

将颜料、填料均匀分散在基料中加工成色漆成品的物料传递或转化过程，核心是颜料、填料的分散和研磨，一般包括混合、分散、研磨、过滤、包装等工序。

（3）乳胶漆生产工艺

乳胶漆是颜料的水分散体和聚合物的水分散体（乳液）的混合物，这二者本身都已含有多种表面活性剂，为了获得良好的施工和成膜性质，又添加了许多表面活性剂。在颜料和聚合物两种分散体进行混合时，投料次序就显得特别重要。典型的投料顺序为：a.水；b.杀菌剂；c.成膜溶剂；d.增稠剂；e.颜料分散剂；f.消泡剂、润湿剂；g.颜料、填料；h.乳液；i.pH调整剂；j.其他助剂；k.水和/或增稠剂溶液。

7.2.3 聚氯乙烯（PVC）制品

聚氯乙烯（PVC）是世界上应用最为广泛的塑料品种之一，在我国国民经济及日常生活中发挥着重要作用。但因为PVC分子结构对光、热、紫外线不稳定，尤其在高温条件下分解加剧，颜色加深，力学性能降低，甚至瞬间炭化失去使用价值。因此，在加工过程中必须添加一定量的热稳定剂，以阻缓或阻止聚合物的分解。热稳定剂的用量为聚氯乙烯质量的2%~5%。常用PVC热稳定剂有铅盐热稳定剂、含镉热稳定剂（主要用于PVC软制品）、有机锡热稳定剂、钙锌热稳定剂等。

目前，我国PVC制品行业主要使用含铅、镉等重金属的热稳定剂。统计数据表明，2014年我国PVC热稳定剂消耗量为55万吨左右，其中，铅盐热稳定剂消耗量为28万吨，含镉热稳定剂消耗量约为12万吨，两者占全部热稳定剂消耗量的72%以上，主要用于生产PVC管材、型材等硬制品及广告膜等软制品。按照铅盐热稳定剂中氧化铅平均含量25%和氧化铅中铅平均含量93%计算，每年约有6.5万吨的铅进入了PVC硬制品中；按照含镉热稳定剂中氧化镉平均含量4%，氧化镉中镉平均含量87.5%计算，每年约有0.42万吨的镉进入了PVC软制品中。这些铅、镉在PVC制品废弃后无法有效回收利用，无论是采用焚烧还是填埋的方式，其中的重金属都会进入环境。

在铅以及镉热稳定剂的生产、使用过程中，也存在向大气、水体和土壤的排放铅、镉的情况。如在针对线缆制造企业铅盐热稳定剂的使用情况和铅污染问题的专项调查中，调查结果显示，其中一家使用铅盐热稳定剂的公司多个车间内铅尘含量超标，有的车间甚至超标高达 16 倍。使用铅热稳定剂的 PVC 水管，其中的铅有渗出风险并直接污染土壤和水体。使用铅热稳定剂的 PVC 门窗在使用一段时间之后，在外界环境的作用下其表面逐渐开始粉化、变质、分解。文献资料表明，在分解形成的粉尘中检测出了含铅化合物。在我国福建南安就出现过因怀疑使用含铅 PVC 水管导致附近村庄多名居民血铅超标的报道，当地政府因此采取了更换输水管道的措施以保障供水安全。

在替代品方面，从 20 世纪 80 年代开始，国际社会对 PVC 行业的铅污染风险逐渐进行中试，很多国家特别是发达国家都陆续对本国 PVC 制品行业提出了禁止使用铅盐的要求，并相继出台了禁铅的法规或制定实施了相关行动计划。无机铅盐热稳定剂是最早的 PVC 有效热稳定剂，因其廉价和有效的优点，故至今仍占重要地位。但它有硫污（与硫生成黑色 PbS）、不透明和具有毒性的缺点，因而促进了有机锡热稳定剂和具有协同效应的复合热稳定剂的发展，出现了钡镉热稳定剂，而钡镉和钡镉锌复合热稳定剂是当前重要的一类热稳定剂。从品种结构来看，目前美国以钡镉热稳定剂为主（占 50%～55%），铅盐热稳定剂次之（30%～35%），有机锡热稳定剂占 8%～10%，钙锌稳定剂热稳定剂占 3%～5%。日本则以铅盐热稳定剂为主（占 55%～60%），钡镉热稳定剂次之（20%），钙锌热稳定剂和有机锡热稳定剂各占 10% 左右。

7.3　大气铅排放源

我国大气环境中的铅污染主要来自于工业排放。大气铅污染源主要包括燃煤，铅及其他伴生矿的开采、选矿，铅冶炼，再生铅生产（废旧蓄电池回收），玻璃制造，粉末冶金生产，电子产品锡铅焊料和使用，聚氯乙烯生产加工，油漆、涂料、颜料、彩釉、化妆品、化学试剂及其他含铅制品的生产和使用，含铅垃圾焚烧排放等。

7.3.1　燃煤

在煤的燃烧过程中铅被释放，一部分富集在煤的残渣中，一部分附着于烟气中的烟尘上。后者的一部分被除尘器捕集进入飞灰，未被捕集的部分则排入大气中。燃烧 1t 含铅量为 30g 左右的煤，排放到大气中的铅为 20g 左右。燃煤释放的铅已是我国环境中铅污染的主要来源之一，且污染范围比汽车尾气更大，对人体的危害也更大。

7.3.1.1　煤中铅含量

中国煤中的铅含量平均值曾有多人做过统计，不同的统计方法结果略有不同，详见表 7-21。白向飞（2003 年）统计中国 1018 个样品得到的全国算术平均值为 19.37μg/g，按各聚煤区煤炭资源量加权求得的算术平均值为 17.68μg/g。唐修义（2004 年）统计中国 1369 个样品得到的算术平均值为 14.00μg/g。任德贻（2006 年）引入"储量权值"概念后，计算出中国 1393 个样品的算术均值为 16.91μg/g，整个煤资源量中铅的平均含量为 15.55μg/g。2007 年，白向飞研究了遍布我国 26 个省（市）的 126 个矿务局属下 504 个煤矿，共采集煤层煤样 892 个、生产煤样 231 个，根据"储量权重"计算的 1123 个样品煤中铅含量平均值为 16.64μg/g。

表 7-21　中国煤炭的平均铅含量

报告者(年份)	样品数/个	计算方法	平均含量/(μg/g)
白向飞(2003 年)	1018	算术平均	19.37
		样品覆盖储量权重	17.68
唐修义(2004 年)	1369	算术平均	14.00
任德贻(2006 年)	1369	样品覆盖储量权重	16.91
		全部煤储量权重	15.55
白向飞(2007 年)	1123	样品覆盖储量权重	16.64

7.3.1.2　铅排放量估算

目前，研究者是通过研究中国煤炭的使用量、燃煤铅排放因子，并结合有关统计资料估算出的我国燃煤的铅排放量。

燃煤铅排放因子按工业用煤和民用用煤分两类求取平均值，前者主要包括第二产业部门，后者包括第一、第三产业部门和家庭用煤。根据国内的实验研究结果，工业燃煤铅排放因子（E_1）平均值为 27.4%，民用燃煤铅排放因子（E_2）平均值为 49.2%。

秦俊法通过煤炭使用量和铅排放因子，估算了 1979～2005 年铅的排放量。由于不同年代两类产业部门的用煤比例不同，所以先按 1980～2006 年煤炭消费量算出第二产业部门的用煤比例（y），然后对年数 t 求回归方程，再推算出其他年份的用煤比例。由此，可以算出各年份的燃煤大气铅排放因子 E。

$$E = yE_1 + (100 - y)E_2$$

式中　E——燃煤大气铅排放因子；

　　　E_1——工业燃煤铅排放因子均值，27.4%；

　　　E_2——民用燃煤铅排放因子均值，49.2%；

　　　y——第二产业部门的用煤比例。

1979～2005 年，中国燃煤铅排放量从 3157t 增加到 9605t，27 年间累计向大气排放 148684t 铅，详见表 7-22。

表 7-22　1979～2005 年中国燃煤铅排放估算量

年份	煤炭消费量/t	铅排放因子/%	铅排放量/t
1979	5.8516×10^8	34.7	3157
1980	6.0010×10^8	34.5	3273
1981	6.0584×10^8	34.2	3222
1982	6.4126×10^8	34.0	3390
1983	6.8713×10^8	33.7	3601
1984	7.4968×10^8	33.5	3905
1985	8.1603×10^8	33.3	4226
1986	8.6015×10^8	33.0	4414
1987	9.2799×10^8	32.8	4733
1988	9.9354×10^8	32.6	5037
1989	1.03427×10^9	32.3	5195

续表

年份	煤炭消费量/t	铅排放因子/%	铅排放量/t
1990	1.05523×10^9	32.1	5267
1991	1.08800×10^9	31.8	5380
1992	1.10597×10^9	31.6	5435
1993	1.15361×10^9	31.4	5633
1994	1.23193×10^9	31.1	5958
1995	1.37677×10^9	30.9	6615
1996	1.44734×10^9	30.7	6909
1997	1.39248×10^9	30.4	6583
1998	1.29493×10^9	30.2	6081
1999	1.30000×10^9	29.9	6044
2000	1.32000×10^9	29.7	6096
2001	1.35000×10^9	29.5	6193
2002	1.41601×10^9	29.2	6430
2003	1.69232×10^9	29.0	7632
2004	1.93596×10^9	28.8	8670
2005	2.16723×10^9	28.5	9605

7.3.2　铅产业链

7.3.2.1　铅、锌等金属矿山开采

2006 年年末，全国规模以上铅、锌矿山开采企业有 700 多家。由于铅、锌单体矿床资源储量小，矿山企业分散，冶炼企业集中度低，多数企业的技术工艺比较落后，造成了铅污染的客观存在。铅、锌矿企业在矿石破碎、筛分、磨矿等工序和露天堆放含铅尾矿过程中都会产生含铅扬尘。

7.3.2.2　铅冶炼和加工

我国现有铅冶炼企业较多，粗铅冶炼厂、电解铅冶炼厂和综合铅冶炼厂各占 1/3。我国铅冶炼生产工艺中传统的烧结-鼓风炉工艺的铅产量占全国总产量的 80% 以上。该工艺在生产过程中会产生如下含铅烟尘。

(1) 烧结焙烧含铅烟尘

硫化铅精矿在烧结过程中排放的烟气含烟尘浓度很高，并含有铅、汞、砷、氟及氯等有害物质。

(2) 熔炼含铅烟尘

在鼓风炉熔炼铅时会产生烟气（炉气），尘中铅质量分数为 2%～3%，还含有镉、硒和碲等。

(3) 烟化含铅烟尘

用烟化炉法处理炉渣时会排出烟化烟气，其烟尘中铅质量分数为 10.6%，锌质量分数为 60%。

(4) 电解含铅烟尘

铅电解厂制作阳极板时必须对粗铅或电解残极进行熔化，在此过程中会排放出很多含铅烟尘。一般小型工厂根本没有收尘设施，铅烟尘直接排放，污染周围的空气，尤其对生产工人的身体健康影响极大。国内大型的铅电解厂虽然采取了一系列收尘措施，但效果不太理想。

7.3.2.3　铅蓄电池生产及再生铅的利用

铅蓄电池的主要组成物质是铅、铅合金及铅的化合物。铅蓄电池生产过程中，制粉、涂片、制板、化成等工段均会排放铅含量较高的铅烟和铅尘。某乡镇蓄电池企业作业场所空气中铅质量浓度为 $0.029\sim0.366\mathrm{mg/m^3}$，严重超标，其中制版浇铸工段最高超标 22 倍。

再生铅冶炼厂的原料主要是各种报废铅蓄电池。我国每年从车、船、电力、电信、广播电视等领域报废的铅蓄电池多达 5000 万只。完整蓄电池含铅质量分数为 67.95%，碎蓄电池含铅质量分数达 84.55%。2009 年我国有再生铅生产企业近 300 家，年产量在几十至几千吨之间，多分布在河北、河南、山东等地。由于再生铅生产企业规模小，缺少规范的厂房和污染防治措施，仍然采用手工解体废铅蓄电池、铅泥自然晾晒、与其他废杂铅基合金废料混合用反射炉冶炼的生产工艺，不仅冶炼铅回收率低，而且铅蒸气、铅尘、废酸液、废水不经处理直接排放，铅污染严重。

7.3.2.4　铅材生产加工

铅材是化工及其相关工业的一种很重要的耐蚀材料，如铅板、管、丝、网及铅锡涂层等。铅在铸造工艺中应用也很广泛，铅的铸造产品包括轴承、铅字板、密封垫圈、弹头、压舱配重等，甚至包括大型核电站防辐射层的整体铸件。在铅材生产过程中，高温工段（如铸造工艺）会产生铅烟尘污染。

7.3.3　其他

7.3.3.1　汽油作为动力的机动车尾气排放

在汽油无铅化之前，空气中铅的最大排放源是使用含铅化合物为添加剂的汽油作为动力的机动车尾气排放。四烷基铅在机动车发动机中燃烧后成为铅盐，以颗粒物的形式排放到空气中。根据机动车运行状况，汽油中 60%～80% 的铅直接进入空气中，机动车尾气中铅的质量浓度高达 $4\mathrm{mg/m^3}$。

20 世纪 90 年代，我国部分城市大气中铅的质量浓度一般在 $0.12\sim0.49\mu\mathrm{g/m^3}$，平均为 $0.38\mu\mathrm{g/m^3}$。1997 年 7 月北京市率先禁止使用含铅汽油，2000 年 1 月 1 日起全国范围内禁止生产车用含铅汽油，2000 年 7 月 1 日禁用车用含铅汽油。汽油无铅化的实施从根本上减少了机动车尾气中铅的排放，对降低城市大气环境中铅浓度有着重要作用。

7.3.3.2　钢铁工业

钢铁生产时，一些矿石中铅含量较高。在烧结和高炉、转炉、电炉冶炼等工艺过程中，400～450℃ 时有一定量的铅蒸气逸出，可形成高分散度的气溶胶态烟气而污染大气环境。张桂林等研究发现，烧结和电炉、转炉冶炼排放的烟尘中，平均含铅量高达 $6104\mu\mathrm{g/g}$。在碳钢精炼过程中，每生产 1t 钢铁会产生 10～15kg 烟尘，烟尘中铅质量分数为 4%～9%，主要存在形态是氧化铅。

铅浴淬火是钢丝等温热处理常用的方法之一，由于铅浴淬火温度一般在 500℃以上，因此会产生大量铅蒸气，由铅锅逸出的铅蒸气在空气中迅速氧化，以氧化铅的形态形成铅烟尘凝集并弥漫于生产车间内，排入大气环境后造成铅污染。

7.3.3.3　玻璃、陶瓷制造业

在玻璃制品中，含铅玻璃由于具有良好的防辐射性能、导电性能、光学性能、可加工性能，在我国现阶段甚至今后更长的时间内还有较大的存在价值。计算机、电视机行业的显像管玻壳生产过程中玻璃熔融产生大量烟尘，铅在其中的形态比较复杂，主要以氧化铅、硅酸铅、硫酸铅的形式存在。一家年产 300 万只显像管玻壳的企业，年产生含铅粉尘约 500t。

除此之外，晶质玻璃中一般也含有较多的氧化铅，日用陶瓷的生产过程中，釉和装饰颜料中含有铅。在熔制玻璃和烧制陶瓷的过程中，受热熔化的铅有一部分脱离液面随之生成氧化铅或其他的铅盐，以气溶胶的状态悬浮在空气中，形成含铅烟尘。

7.3.3.4　电子产品行业

在电子行业中，绝大多数的钎焊工作是在 300℃以下完成的，因此选择锡或锡-铅合金作为钎料。由于铅的沸点较低，在焊料制造和钎焊过程中，焊料中的铅挥发，微量铅蒸气在随热空气上升的过程中被迅速氧化，污染大气。

7.3.3.5　PVC 加工、涂料生产

PVC 广泛应用于建材、电线电缆和其他塑料制品中，加工过程中需加入热稳定剂，以防止 PVC 热降解，保持制品的物理性能。目前我国生产的 PVC 电缆料中，最常用的是铅盐类热稳定剂。PVC 配方中铅的质量分数为 1.3%～2.2%。铅盐类热稳定剂为很细的粉末，在搬运、称量、投料、研磨等过程中有许多粉尘逸散到空气中，对生产工人及环境造成危害。

含铅化合物如黄丹、红丹、铅铬绿和铅白等能使涂料颜色持久保持鲜艳，使涂料产品存在铅污染的问题。在涂料生产、使用时，这些含铅化合物会扩散到环境中，且涂料风化剥落后也造成环境中铅含量的增加。

7.3.3.6　垃圾焚烧

含铅的 PVC 制品、玻璃、家具、家用电器、电子产品、铅蓄电池等废弃后大量堆积，使垃圾中重金属的含量呈上升趋势。城市固体垃圾中，含铅量为 1～50g/kg。铅在垃圾焚烧过程经历蒸发、气相和表面反应、冷凝和团聚以及飞灰吸附等过程，焚烧后废气经净化处理后排入大气，也有少量铅随之排放。

第8章

我国铅污染控制及管控措施

8.1 铅污染防控技术

8.1.1 含铅产品的替代产品和技术

使用含铅产品的替代产品是削减铅最直接、有效的手段，有些行业已经有较为成熟的无铅替代产品和技术，如部分的铅酸蓄电池可以采用锂离子聚合物电池或其他类型的电池替代，含铅涂料可以采用无铅材料替代，这些产品和技术的应用都可以有效控制和削减铅的使用量和排放量。

8.1.1.1 铅酸蓄电池的替代产品和技术

铅酸蓄电池是铅的主要用途之一，其消费量约占铅总消费量的80%。铅酸蓄电池的主要替代产品为锂离子聚合物电池或其他类型的电池，锂离子聚合物电池正处于研究和开发阶段，但二者价格差距阻碍了其进一步的研发。总体而言，铅酸蓄电池在所有主要用途（启动器电池、牵引蓄电池和紧急备用电力）上都没有遇到市场的挑战。锂离子聚合物电池的成本是铅酸蓄电池的6倍，使用寿命长2～3倍。

锂离子电池是一种二次电池（充电电池），它主要依靠锂离子在正极和负极之间移动来工作。在充放电过程中，锂离子在两个电极之间往返嵌入和脱嵌（习惯上正极用嵌入或脱嵌表示，而负极用插入或脱插表示）。充电时，锂离子从正极脱嵌，经过电解质嵌入负极，负极处于富锂状态，放电时则相反。锂离子电池一般采用含有锂元素的材料作为电极，是现代高性能电池的代表。

锂离子电池是以锂离子嵌入化合物为正极材料的电池的总称。根据锂离子电池所用电解质材料的不同，又分为液态锂离子电池（liquified lithium-ion battery，LIB）和聚合物锂离子电池（polymer lithium-ion battery，PLB）。液态锂离子电池是使用非水液态有机电解质。聚合物锂离子电池是用聚合物来凝胶化液态有机溶剂作电解质，或者直接用全固态电解质。锂离子电池一般以石墨类炭材料为负极。

锂离子电池的充放电过程，就是锂离子的嵌入和脱嵌过程。在锂离子的嵌入和脱嵌过程中，同时伴随着与锂离子等当量电子的嵌入和脱嵌。在充放电过程中，锂离子在正、负极之间往返嵌入/脱嵌和插入/脱插，被形象地称为"摇椅电池"。当对电池进行充电时，电池的正极上有锂离子生成，生成的锂离子经过电解液运动到负极。而作为负极的炭呈层状结构，它有很多微孔，到达负极的锂离子就插入到炭层的微孔中，插入的锂离子越多，充电容量越高。同样，当对电池进行放电时（即使用电池的过程），插在负极炭层中的锂离子脱出，又运动回正极。回到正极的锂离子越多，放电容量越高。

锂电池的正极材料有钴酸锂 $LiCoO_2$、三元材料 $Ni+Mn+Co$、锰酸锂 $LiMn_2O_4$ 加导电剂和黏合剂，涂在铝箔上形成正极，负极是层状石墨加导电剂及黏合剂涂在铜箔基带上，至今比较先进的负极层状石墨颗粒已采用纳米炭，其生产流程为制浆、涂膜、装配和化成。

① 制浆：指用专门的溶剂和黏结剂分别与粉末状的正负极活性物质混合，经搅拌均匀后制成浆状的正负极物质。

② 涂膜：通过自动涂布机将正负极浆料分别均匀地涂覆在金属箔表面，烘干后自动剪切制成正负极极片。

③ 装配：按正极片-隔膜-负极片-隔膜自上而下的顺序经卷绕注入电解液、封口、正负极耳焊接等工艺，即完成电池的装配过程，制成成品电池。

④ 化成：将成品电池放置在测试柜进行充放电测试，筛选出合格的成品电池，待出厂。

8.1.1.2　含铅涂料的替代产品和技术

含铅涂料中通常使用一种或多种铅化合物用作颜料和添加剂。

常用的含铅颜料包括红丹、铅铬颜料等。红丹主要采用复合防锈颜料替代，我国已明令禁产红丹，但在建筑、桥梁和工程机械等领域仍大量使用。目前，铅铬颜料是主要的含铅涂料，即以铬酸铅为主要成分的无机彩色颜料，包括柠檬黄、中铬黄、钼铬等，其替代品的开发方向包括有机颜料、氧化铁黄、钛镍黄、钒酸铋黄等，其性能和替代进展见表8-1。

有机颜料具有更高的着色强度，鲜艳的颜色，色谱齐全。近年来，不断开发新型杂环类黄、橙、红、紫色谱品种，以及结构更为复杂的偶氮型、偶氮缩合型、稠环酮类有机颜料，具有更高的应用性能，如耐久性、耐气候性、耐热性、抗结晶、抗絮凝和耐迁移性等，用于取代铬黄、钼红、镉红等有毒的重金属无机颜料。钛镍黄、钒酸铋黄的生产是将矿产资源性物质在酸性介质中进行反应，再进行表面性能处理得到颜料，这种生产方式与铅铬颜料相似，仍然是一种资源消耗型的生产方式，生产过程中有污染物的产生，对环境会造成影响。

表 8-1　铅铬颜料替代品情况统计

替代品种		性　　　能	替代进展
有机颜料	普通有机颜料	性能不够稳定	应用范围较小
	高档有机颜料	性能较好	价格昂贵,影响市场推广
氧化铁黄		鲜艳度较差	影响应用领域

替代品种	性　能	替代进展
钛镍黄	较全面的应用性能,性质相当稳定,无毒,在颜色的鲜艳度方面与铅铬颜料还有一定差距	部分替代
钒酸铋黄	色泽鲜艳,性能良好,可以广泛应用于涂料、塑料行业,而且不含铅、铬	是较好的替代产品,价格较高,目前生产和使用尚未全面推广

常用的含铅添加剂有催干剂和催化剂。含铅催干剂有乙酸铅、环烷酸铅、异辛酸铅等,多采用环烷酸钴和复合稀土催干剂进行替代。用于醇解过程的含铅催化剂主要为黄丹,即氧化铅,可采用氢氧化锂或异辛酸锌等非铅催化剂替代黄丹催化剂。

此外,可采用其他类型(丙烯酸氨基、环氧、聚氨酯)装饰漆、防腐漆产品替代含铅原料,如采用多磷酸铝锌、三聚磷酸铝替代含铅、铬防腐填料。

8.1.1.3　其他替代产品和技术

除铅酸蓄电池、含铅涂料外,表 8-2 列出了其他含铅产品的主要替代品,以及替代品的研发、成本和应用现状。

表 8-2　含铅产品替代品及其应用情况

主要用途	替代品	成本比较	替代品应用情况
电缆铅包	PE/XLPE 电缆——聚乙烯/交联聚乙烯塑料低压地下电缆(最高 24kV),由于存在很高的内部电阻(电湍流导致),铝不能用作铅的替代物,目前还没有找到用于海底和高压的铅包电缆的替代物	PE/XLPE 电缆同低压地下应用的传统铅电缆的生产成本、寿命和质量一样	在丹麦,聚乙烯/交联聚乙烯塑料低压地下电缆正在取代铅包电缆 在法国,那些不需要绝对长期可靠性的中压铅包电缆已经部分使用替代物
防水板(烟囱、窗户等周围的)	纯锌是可供选择使用的替代物,纯锌柔软,可几乎像铅一样处理;刚性铝、不锈钢或其他金属,或与橡胶/聚合物结合使用的铝	估计总安装成本增加 10%	市场现在已经供应铝防水板和一些硬质铝板(Meier,2002)。丹麦水管培训中心已经开始进行使用纯锌防水板的培训工作
屋顶板材	目前新房屋替代屋顶板材的产品很多,对于老旧房屋,很难用替代材料,但建议使用镀铅钢板作为替代物	无	没有用于老旧房屋的替代物
化工行业抗腐蚀铅板	使用耐酸的不锈钢	无	市场供应替代物
电子焊锡	SnAgCu、SnCu、SnAgBi、SnZn、SnAg、SnAgIn 等不同的金属合金是锡铅合金的主要替代物	替代物的金属价格是使用锡铅合金的 1.5～2.5 倍	部分用途可用电子胶替代。人们需要无铅焊锡。新机器和新设计的应用,才能使用替代物
印刷电路板电镀	纯锡和基于 SnCu、SnBi、Ni/Au、Ni/Pd/Au、SnCuNi 等不同金属合金,以及有机焊接保护剂(OSP)	有机焊接保护剂的价格与原来相近,其他金属合金的价格都提高了。另外,使用新机器和技术带来了成本变化	大多数产品有替代物,新机器和新设计的应用,才能使用替代物
电子器件的可焊接电镀	纯锡和 NiPdAu、NiPd、NiAu、带有镍或银的不纯锡底板、回流锡、热浸 SnAgCu 或锡银、热浸锡等不同合金	替代物的金属价格从相近到更高 此外,新机器和技术的应用会使成本发生变化	九种需要改进的用途已经供应替代物 新机器和新设计的应用,才能使用替代物

主要用途	替代品	成本比较	替代品应用情况
食品罐头焊锡	无铅焊锡、焊接、黏结	人们自愿使用替代铅的食品罐头	1990 年 12 月以后,美国不再生产和使用含铅焊锡的食品罐头
灯泡焊料	锡锌焊料、焊接或电子黏结	无	仍然处于研发阶段
黄铜制自动散热器焊料	在散热器产品中用镁锶焊接铝替代黄铜	铝比黄铜价格便宜	铝制散热器主导市场
VVS 和其他用途焊料	用途不同,替代物选择不同供水系统中,焊料的替代物包括锡锑合金和锡银合金	焊料的替代成本比建筑总成本低	已经有一些很好的替代物。一些国家已经禁止公共供水系统使用含铅焊锡
弹药	猎枪子弹中使用钢、软铁、钨、铋和锡作为铅的替代物;在聚合物混合物中使用钨粉替代铅粉 对于步枪和手枪子弹中用铅,目前尚无替代物,原则上所有密度接近或超过铅的无毒金属都可能是合适的替代物	根据替代物种类不同,成本不同 钢弹:增加 20% 锡弹:增加 50%~150% 铋弹:增加 200%~400%	一些欧洲国家禁止在湿地使用铅制猎枪子弹,钢制子弹在市场占主导地位。在那些供应表层装饰木材的森林里,仅允许使用钨和铋制子弹,因为木材中的钢会损坏木锯
铅合金轴承	如果在轴承中可加入润滑剂并且轴设计允许轴承材料具有更高硬度,那么用于轴承的巴氏合金(一种低铅锡青铜合金)可被低铅青铜或无铅低锡青铜替代	无	目前,仍然没有其他合金能替代铅合金轴承
热浸镀锌(锌含有0.1%~1%的铅)	使用锑的无铅镀锌	无	现在市场上有无铅锑镀层
钢合金	含有锡、钙、铋、硒和碲的机械加工性增强剂	材料的价格相近或更高,生产成本可能增加	不同等级的钢正使用无铅机械加工性增强剂
铝合金	锡、锌和铋合金	无	替代物正在研发中
铜合金	含有硒、硅和铋以及其他合金元素的黄铜合金。一些特殊用途的青铜制轴承外壳的铅还没有替代物	无	自来水厂已广泛使用无铅黄铜
钓鱼工具和锚的平衡重	钓鱼设备中,可用铁、锡、锌等金属替代铅;锡适用于替代咬铅钓组铅坠,而铁适用于大多数平衡重可用铁链替代拖网的铅坠。现在正在研发铅绳索的替代物,塑料包皮的铁弹头有望替代铅弹头	不同用途,成本不同; 钓鱼咬铅钓组:增加200%(锡) 钓鱼设备普通平衡重:增加 50%(锌/铁) 拖网平衡重:无增加(铁) 绳索平衡重:增加 20%~100%	无
保险丝	可用锑和铋锡合金替代,但并非所有用途都有替代物。在一些情况下,加强冷却可避免使用某些零部件	铟非常昂贵	目前市场上主要使用镉或铅的合金

主要用途	替代品	成本比较	替代品应用情况
汽车平衡重	目前,成熟的汽车平衡重替代物包括锡、钢、锌、钨、塑料(热塑性塑料)和 ZnAl4Cu1 合金	无	ZnAl4Cu1 合金和热性塑料制成的汽车平衡重已广泛使用
汽油箱电镀	汽车生产中广泛使用以下汽油箱电镀平衡重替代物:附加有机物涂层的镀锌钢板、闪速镀镍镀锌钢板、锡锌合金镀层钢板、镀铝钢板、带铬氧化物薄层的锌镍合金、带有环氧树脂涂层的锌板、塑料	无	大多数欧洲国家的汽车生产公司已经改用无铅汽油箱,其他仅使用塑料油箱或塑料和钢混合物制造的油箱
游艇龙骨	目前,部分不用于竞赛的游艇中可使用铁进行替代。由于铁龙骨比铅龙骨需要更多维护,因此需要在游艇的速度和价格方面进行综合考虑	无	铁龙骨游艇和铅龙骨游艇平分市场
排水和供水管道中铅水管和接头	排水和供水管道中,使用铁管、铜管、塑料管和接头替代物铅管和接头对于工业用途的抗腐蚀水管和接头,可用耐酸的不锈钢管来替代	无	在许多国家的生活供水系统已经有 30 多年不使用新的含铅水管了。然而,法国 1996 年仍然有 36%的含铅水管在使用
辐射防护	钯和混凝土为潜在的替代物	无	铅制品主导市场
玩具、窗帘、蜡烛芯、铅箔、器官管道等其他用途	用途不同,替代物也不同,包括塑料、锡、不锈钢、铝等	无	许多国家已经淘汰含铅焊料
汽车汽油添加剂	石油精炼改变,更高的辛烷汽油成分和/或添加剂(包括氧化和其他)	无	大多数国家已经彻底替代含铅汽油添加剂
螺旋桨飞机汽油添加剂	目前还没有 AVGAS 100/130 辛烷的替代物。当前只能供应 AVGAS 91/96UL	无	瑞典还在使用,其他一些国家可能还在使用
制动衬片	石墨是目前主要的替代物。然而,大多数情况下不可能等比例替代铅;制动衬片的性质由不同材料的复杂相互作用决定,需研发全新材料	无	人们正使用无铅摩擦材料,目前大多数新车已经使用了无铅制动衬片
聚氯乙烯稳定剂	大多数室内用途都使用钙锌稳定剂进行替代	使用钙锌材料替代铅化合物会使聚氯乙烯产品的总成本增加 5%~10%	目前,丹麦室内用途已经完全淘汰了含铅稳定剂。此外,像窗户这样的室外产品现在也基本使用无铅稳定剂。总体而言,丹麦从 2002 年开始就在国内完全淘汰含铅稳定剂
合成橡胶中的热稳定剂	有机锡	无	无
阴极射线管玻璃	锆、锶和钯是铅的潜在替代物(Hedemalm,1994)	替代物成本太高会阻碍产品的进一步研发	迄今为止还没有铅的替代物
等离子体显示平板玻璃	硼酸铋、硼酸锌或磷酸锡玻璃为可能的替代产品,但这些替代产品都有明显的缺点	无	正在研发替代物

主要用途	替代品	成本比较	替代品应用情况
铅晶质玻璃的其他用途	用途决定替代物的选择 荧光灯灯管和灯泡中,铅的替代物包括锶、钯和铈等金属,但是这些替代物更难加工 大多数硼酸硅玻璃中,有氟磷酸锡、硼酸锌、钯、钛和铋可作为铅的替代物,但这些替代物一般不能拥有铅晶质玻璃的所有特性 半晶体玻璃中,钯、钾和锌是铅的替代物 全晶体玻璃中,替代物研究正在进行,但在晶体玻璃国际质量制度(International Quality System for Crystal Glass)修改前,不太可能采用替代物,因为这些质量制度必须使用铅	丹麦最大的半晶体玻璃制造商已经使用金属钯来部分替代铅	除了半晶体玻璃外(一些玻璃制造商用钯替代铅),铅的用途还没有面临全面的替代
釉料和珐琅	替代材料包括碱性硼酸硅玻璃、锌/锶和铋玻璃 对于一些装饰用的精巧彩色陶瓷,现在没有替代物	无	英国大约 80% 的骨灰瓷、30% 的陶器和 40% 的酒店用瓷都没有加铅。加铅玻璃的替代工作还在继续

注:无铅替代物当前用户/消费者总价格同使用铅材料技术的比较。决定价格的因素根据不同用途（购买花费、使用、维护等）有很大不同。然而,我们给出的价格评估没有考虑废物处置成本或其他环境或职业健康成本,以及地方和中央政府的支出和收入。

8.1.2　铅污染排放控制技术

8.1.2.1　铅冶炼行业

虽然采用的铅冶炼工艺不尽相同,但对于铅冶炼过程中产生的含铅金属污染物处理工艺在不同企业里大体相同。常见的废水处理工艺有循环利用、化学沉淀分离法、中和法,部分企业采用了铅冶炼污染防治最佳可行技术方法中的高浓度泥浆法＋石灰-铁盐（招盐）法、生物制剂法、高浓度泥架法、硫细菌还原硫酸盐法、电絮凝处理法和膜处理技术等。其中,高浓度泥装法＋石灰-铁盐（销盐）法、生物制剂法、高浓度泥装法、硫细菌还原硫酸盐法、电絮凝处理法和膜处理技术等方法出水水质总铅浓度小于 0.5mg/L,满足《铅、锌工业污染物排放标准》（GB 25466—2010）0.5mg/L 的国家排放标准值。

常见的废气处理工艺有布袋除尘、过滤式除尘、旋风除尘、静电除尘、烟气脱硫、湿法除尘、吸附法。根据第一次污染源普查数据,铅、锌冶炼废气常用末端处理技术的除尘效率见表 8-3。排放烟粉尘浓度满足《铅、锌工业污染物排放标准》（GB 25466—2010）中 80mg/m³ 的国家排放标准值。且随着布袋除尘器的发展,特别是高效的覆膜布袋除尘器的应用,能够捕集的颗粒物粒径范围逐步扩大,对极小颗粒的捕集效率越来越高,也就对烟尘中细颗粒的重金属颗粒物的去除效率越来越高。

表 8-3　铅冶炼废气末端处理技术及其除尘效率

治理技术（设备）名称	效率/%	治理技术（设备）名称	效率/%
旋风除尘器＋静电除尘器	98.5	烟气制酸（一转一吸）无尾气吸收	96.0
湿式除尘器（喷淋塔）	90.0	烟气制酸（一转一吸）有尾气吸收	98.5
湿式除尘器（文丘里洗涤器）	98.0	烟气制酸（两转两吸）	98.5
湿式除尘器（泡沫塔）	97.0	湿法脱硫（石灰石膏法）	90.0
湿式除尘器（动力波洗涤塔）	99.5	旋风除尘	65.0
过滤除尘器（布袋除尘器）	99.0		

当前我国铅冶炼烟气除尘采用的最佳可行技术流程及排放水平见表 8-4。

表 8-4　国内铅冶炼烟气除尘最佳可行技术流程及排放水平

生产工序或设备	收尘流程	排放烟粉尘浓度/(mg/m³)	国家排放标准/(mg/m³)
配料制粒	烟气——集气罩——布式除尘器——烟囱	<50	
底吹炉	烟气——余热锅炉——静电除尘器——两转两吸制酸——烟囱	—	
还原炉	烟气——余热锅炉——表面冷却器——布袋除尘器——脱硫——烟囱	<30	
烟化炉	烟气——余热锅炉——表面冷却器——袋式除尘器——脱硫——烟囱	<50	≤80
熔铅炉	烟气——集气罩——袋式除尘器——烟囱	<8	
电铅炉	烟气——集气罩——袋式除尘器——烟囱	<8	
反射炉	烟气——表面冷却器——布袋除尘器——烟囱	<20	
环境集烟	烟气——集气罩——袋式除尘器——烟囱	<25	

常见的废渣处理方式：除水淬渣协议外售至水泥厂综合利用外，其他均属于危废，需返回配料重新利用或送往危废中心处置。

8.1.2.2　铅蓄电池生产

铅蓄电池由正极、负极、蓄电池壳、隔板、电解液和连接零件构成。其生产过程主要包括极板制造和电池装配两大工序。生产过程中产生含铅废气、含铅废水和危险废物。

含铅废气主要为铅尘和铅烟。产生铅尘的生产环节主要有制粉、和膏、涂板、分片、称片和包板。产生铅烟的环节主要有熔铅、铸板和焊接。产生铅尘和铅烟的工序，均需建有废气治理设施。对铅尘和铅烟的处理应采用两级以上处理工艺。铅尘大多数采用"旋风除尘＋布袋除尘"两级干法技术，干法处理不仅便于铅尘的回收利用，同时可以避免湿法处理中循环水的处理环节。由于铅烟的粒度小，单一的布袋除尘效果差，所以铅烟宜采用两级干式袋式除尘、静电除尘或袋式除尘加湿法（水幕或湿式旋风）等除尘技术。

我国普遍采用湿法处理。湿法工艺又分为物理法和化学法两类。目前最简单、使用最普遍的方法是物理法中的水吸收法，它以水为吸收液，根据铅烟密度大的特点，利用物理吸收的原理进行净化。一些大型企业采用以微孔膜复合滤料等新型织物材料做的高效滤筒及布袋除尘设备来处理铅尘、铅烟，效果较理想。也有将废气通入旋流板塔，以浓度为 0.5%～3.0% 的乙酸水溶液或 0.4%～5.0% 的氢氧化钠水溶液为吸收液进行吸收净化的报道，废气中铅烟、铅尘的净化效率在 96% 以上。

含铅废水主要为生产废水和洗浴废水。生产废水主要包括化成车间极板清洗废水、各车间冲洗设备和地面的清洗废水。洗浴废水指员工洗澡和清洗工作服产生的含铅废水。此外，还包括初期雨水和湿法除尘设施排放的含铅循环废水。含铅废水排放和处理系统应实行清污分流,分质处理,一水多用。生产废水和洗浴废水因浓度差别大,不得混合处理,需在生产车间排放口建单独的处理设施。按照清洁生产要求,铅蓄电池生产过程排放的废水应循环利用,循环率应达到 70% 以上,同时,单位产品基准排水量应达到 GB 30484—2013《电池工业污染物排放标准》中相关规定,若单位产品实际排水量超过单位产品基准排水量,需将实测水污染物浓度折算成水污染物基准排水量排放浓度,并以水污染物基准排水量排放浓度作为判定排放是否达标的依据。

厂区内洗浴废水和初期雨水应作为含铅废水给予处理,不得与生活污水混合处理。洗浴废水需经过预处理后方可进入含铅生产废水处理站处理。企业应建设初级雨水收集池和事故应急池,将收集到的初期雨水和含铅废水排入含铅废水处理站处理。含铅废水的处理技术主要有化学沉淀法、电解法、螯合法、吸附法、离子交换法和膜分离法。在铅蓄电池行业应用最为普遍的依然是化学沉淀法,其原理是用碱调节含铅废水到易生成氢氧化铅沉淀的酸碱度,加入沉淀剂进行反应,使溶解态的铅离子转变为不溶于水的氢氧化物沉淀而除去。某铅蓄电池生产企业采用化学沉淀法辅以吸附法对含铅废水处理的流程如图 8-1 所示,吸附法所用的吸附剂一般为活性炭或石英砂,也有用动物骨粉的报道。国内两大电动车用铅蓄电池生产企业天能集团(河南)能源科技有限公司和山东超威电源有限公司将废水实行清污分流(处理技术路线见图 8-2),分别进行预处理后再进入膜分离系统,70% 的生产废水可回用,水质优于自来水,30% 的生产废水进行排放,铅含量小于 0.2mg/L,优于排放标准。

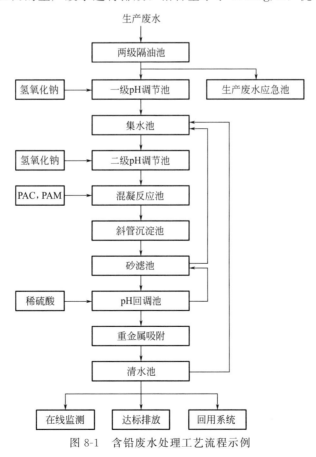

图 8-1 含铅废水处理工艺流程示例

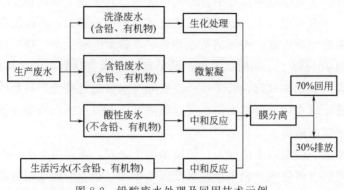

图 8-2　铅酸废水处理及回用技术示例

　　铅蓄电池生产企业产生的废电池、铅渣、铅泥、铅尘、含铅废料、废活性炭和含铅劳保用品等含铅废物均属于危险废物。其中，废电池指不合格的铅蓄电池产品；铅渣产生源主要是合金生产工序熔铅炉产生的浮渣；铅泥主要来源包括涂板工序产生的废铅膏、污水处理站产生的脱水污泥和湿法除尘循环水箱的底泥；铅尘主要来自于干法除尘收集的铅尘和地面清扫收集的铅尘；含铅废料产生环节主要是分片工序产生的废极耳和废极板；废活性炭产生于制备去离子水的工序；含铅废旧劳保用品主要包括工人使用过的废口罩、手套和工作服。企业应对这些危险废物分类收集，暂存于危险废物专用堆放场所内，定期委托有危险废物运输资质的运输单位，按规定的路线送到具有危险废物处理资质的企业进行安全处置，并严格执行危险废物转移联单制度，定期向环保部门申报备案。

8.1.3　含铅废物处理处置技术

　　含铅废物主要处理处置技术包括回收、焚烧、生物处理、堆存和土地填埋。其中，收集含铅废旧产品并回收铅是一项有效措施，可减少直接排放到环境中的铅污染物量或减少铅污染物的土地填埋量和焚烧量。

8.1.3.1　回收

　　目前，回收铅大约占精炼铅总量的 45%。废弃的铅蓄电池是人们回收铅的主要来源。回收的其他产品包括铅管、铅板、电缆铅包以及加工生产过程产生的废物。另外，一些铅化合物可再利用的产品，比如含有铅颜料或稳定剂的塑料，也可回收。

　　日本和瑞典建立了良好的收集和回收制度，其国内电池回收率超过 95%。瑞典强制收费制度确保了即使在再生铅的市场价格低时，也能回收铅蓄电池。另外，在经济合作与发展组织以外的部分国家，铅蓄电池的回收率也较高。根据国际铅锌研究组的文件，印度开始执行新的法规，要求每家电池生产商、进口商、组装商和回收商有责任确保回收的旧电池数量等于新出售的铅蓄电池数量。在许多国家，铅蓄电池的回收率可能很高，因为铅的价值可涵盖收集和回收成本。

　　对于其他金属铅的用途，成功地收集和回收工作的基本先决条件是可获得的目标金属的数量和条件合适，使得其分类、收集和回收工作经济可行。一般而言，像铅管、铅板（例如旧防水板）、屋顶材料、电缆铅包、车轮平衡重等铅产品都满足这个先决条件。除非法规有要求，像焊料和火警报警器等使用少量铅合金的产品回收率可能不高。

颜料和稳定剂使用的铅以及许多其他少量用途的铅物质也不可能广泛回收。然而，塑料中的铅可能会随着塑料回收而回收，其中铅物质的最终处置可能会延误几年。源头分类的PVC 机械回收现在技术上相对简单，成为欧盟国家的普遍做法。

对于回收铅金属，废碎金属经常堆存在室外，并且可能堆放在裸露土地上（该情况因各国法规和执行情况不同而不同），经常会发生金属的腐蚀和表面磨损，少量金属由于雨季会进入泥土中，将导致土壤污染。

电池可向环境排放较高数量的铅污染物，因为电池中的铅物质不仅有金属形式，还有化学形式和溶解在硫酸中的铅。《巴塞尔公约》秘书处最近发表了《废弃铅蓄电池环境无害管理技术指南》，该文件针对废旧电池的收集、存储、运输、拆解和铅精炼等给出了详细的指南。此外，《巴塞尔公约》秘书处还编写了《执行巴塞尔公约编写国家利用铅蓄电池环境无害管理培训手册》。

电池拆解，特别是在没有合适地处理酸性电解液的情况下，可能导致土壤污染、地表水或地下水污染。在把铅物质运送到冶炼炉前，必须处理好酸性电解液。通常使用氢氧化钠来中和电解液，生成氢氧化铅并从溶液中沉淀出来，然后通过倾析或过滤清除氢氧化铅。中和过程产生的铅化合物随后送入冶炼炉，加上熔解剂和还原剂进行冶炼。

在最终处理前，存储和运输过程的电池破碎可能也会排放电解液。一些国家已经立法，要求使用耐酸容器存储和运输铅蓄电池，以防电池破碎。

8.1.3.2　焚烧

许多国家将可燃废物直接焚烧，以减少废物体积和回收废物中的能量。现代技术可利用废物中的能源生产电力和热能。元素铅在焚烧过程中不会被破坏，被排放到大气中或进入各种焚烧废渣中。焚烧后重金属的命运取决于实际工艺，特别是烟气清洁技术，许多焚烧炉同时还可能配备了清除二噁英的碳过滤器、汞捕获装置和废渣的进一步处理装置，比如石膏沉降、废渣的清洗和稳定化。

焚烧过程的典型温度大约为 1000℃，在这个温度下，有机材料将燃烧和矿化。铅在这个温度下将会熔化并在一定程度上蒸发成气体，这取决于废物中铅的存在形式。

铅将留存在焚烧炉底灰（炉渣）、过滤器捕获的粉尘和其他气体清除废渣中。焚烧炉中大部分铅物质最终将进入炉渣内。因采用先进的污染物减排技术，现代废物焚烧厂排放的大气铅污染物量相对较少。

用于焚烧的废物可有许多不同的含铅产品，各国废物中不同含铅产品的分布很可能也是不同的。欧洲国家 2000 年前后的主要含铅废物包括阴极射线管的铅玻璃、晶体玻璃和光学玻璃、鱼坠和其他渔业设备、涂料和塑料中的颜料、聚氯乙烯稳定剂和焊料；一些少量用途的来源，比如窗帘平衡重、陶瓷、装饰用铅板、玩具（微缩人物）、子弹等也增加了含铅废物的排放。此后，通过执行《欧盟废弃电子电气产品指令》，焚烧废物中一些主要铅污染物数量已经减少。

焚烧过程烟气处理废渣一般直接进行土地填埋，一些国家将炉渣用于修路等建设工程，以节约土地填埋空间并且减少砂子、砾石等建筑材料的消耗。欧洲城市垃圾焚烧厂炉渣的铅含量一般为 98～13700mg/kg。在 2000 年，丹麦城市垃圾焚烧厂炉渣的铅含量范围为 860～1300mg/kg。市政建筑工程（例如铺路）使用这些炉渣在处置过程中使少量炉渣以粉尘形式排入周围环境。另外，涉及废渣重新整理的建筑工程后期变化将导致一些炉渣以粉尘形式排放到环境中，被雨冲刷、或与土壤或像砂子和砾石这样的其他建筑材料混合。市政工程储存的铅污染物可能未来会排放到环境中。

8.1.3.3　土地填埋

土地填埋是废物管理的一种方式，可针对一切类型的废物使用这个选择。在经济合作与发展组织以外的国家，还有欧盟国家，一般都使用土地填埋方法。当前，大多数废物都进行土地填埋。1999 年，西欧国家大约有 57% 的城市废物进行土地填埋。

土地填埋包括没有采取任何渗滤液控制措施的简单堆放和经过高度管理控制的危险废物土地填埋。把土地填埋的污染物排放降到最低程度的一般措施包括封盖、覆盖和铺设内衬材料以及填埋场渗滤液的处理。

研究人员已经对填埋场渗滤液中的重金属进行了广泛研究和监测。与土地填埋处置的重金属总量比较，填埋场渗滤液中的重金属含量相对很低。大多数重金属都存留在填埋场内。因此，可以预期填埋场重金属的液体渗滤将继续很长时间。城市垃圾卫生填埋场和类似填埋场在处置后 100 年间，渗滤液排放的铅量将远远低于填埋铅总量的 1%。

填埋场渗滤液将收集起来并进行废水处理。废水处理污泥含有的铅污染物可能会直接排入农田（如果填埋场渗滤液与城市生活污水混合在一起）、焚烧或再次土地填埋。这样就形成了循环，随着时间的流逝，填埋场渗滤液中的大多数重金属将排入环境。另外，填埋场渗滤液的有效收集预计将持续 50～100 多年，此后产生的填埋场渗滤液将排入环境中。

填埋场从长期角度上可看作铅的永久污染源。由于其有很高的不确定性，故一般不进行长期评估。例如，《欧盟风险评估使用的技术指南文件》就不涉及土地填埋场的污染物排放，生命周期评估使用的大多数方法也不涉及土地填埋场的污染物排放。汉森等研究了进入土地填埋场的持久性有害物质（包括铅）的长期命运。除了填埋场渗滤液，研究人员认为洪水和地震等导致土壤侵蚀的地质机制可能也产生明显的环境影响，这些影响取决于填埋场或仓库的位置。研究人员认识到道路和其他建筑工程存留的铅污染物将来可能会排入环境。

哥斯达黎加是利用土地填埋处置含铅电池和电子废物的一个国家案例。瓦尔中心区（Valle Central REgion）土地填埋废物总量接近 2% 是个人电脑（含铅焊料和其他有毒成分）这样的电子废物。目前，该国没有使用其他方法处置这类废物。

尾矿库和其他类型的采矿废物库是一种特殊类型的土地填埋/堆存，根据废物中的金属类型，它可能产生明显的重金属污染物排放。基本问题是尾矿常常含有金属硫化物，金属硫化物暴露于氧气和水时会发生氧化反应，因此会产生酸，酸会溶解金属。此外，尾矿库经过长时间堆放可能会产生渗滤液，尾矿库将来也可能向环境排放污染物。

燃煤电厂的底灰和粉煤灰以及具体工业的废渣可能用于建设工程，例如用于水泥和混凝土生产。

8.1.3.4　未经管理的燃烧和堆存

在许多国家，家庭（后院焚烧）和企业或土地填埋场未经管理的燃烧是减少废物数量的常用做法。

未经管理的燃烧无疑会向大气、水体和土地排放污染物。这种燃烧的温度低于废物焚烧厂的燃烧温度，所以不会有同样数量的废物中的金属转化成蒸气。但每吨废物燃烧产生的空气污染物排放量可能远远高于废物焚烧厂。然而，目前没有监测未经管理的燃烧所排放的铅污染物数量，迄今为止也不可能确定其排放量。但可通过了解废物焚烧厂没有处理的烟气中的铅污染量来类比。日本提交的报告给出处理前烟气铅排放系数为 $8\sim100\ g/t$，据此估算出日本废物焚烧厂烟气处理前的铅污染物年排放量为 $6900\sim9000t$。经过烟气处理，年排放量不到 $7.4t$。

减少未经管理的燃烧铅污染物排放量的主要措施是执行有效的废物收集制度，以及利用土壤封盖土地填埋场来预防污染物排放。

世界上许多国家的废物都存在未经管理的燃烧和堆放现象，处置的废物量和由此产生的污染物排放量未知。没有废物有效回收制度的国家会产生未经管理的燃烧，拥有废物有效回收制度的国家的农村也可能发生这种现象。20 世纪 90 年代初对美国伊利诺伊州中部 5 个县进行的调查发现，大约 40％的农村居民在后院焚烧生活废物。这项调查还发现，这些家庭平均焚烧大约 63％的生活垃圾。在新西兰，居民后院燃烧的废物大约占全国土地填埋总量的 1％。

8.2 现行管控措施

8.2.1 管制名录

《产业结构调整指导目录（2011 年本）（修正）》《部分工业行业淘汰落后生产工艺装备和产品指导目录（2010 年本）》要求如下。

（1）鼓励类

① 电池生产制造业 锂二硫化铁、锂亚硫酰氯等新型锂原电池；锂离子电池、氢镍电池、新型结构（卷绕式、管式等）密封铅蓄电池等动力电池；储能用锂离子电池和新型大容量密封铅蓄电池；超级电池和超级电容器。

② 皮革及其制品业 制革及毛皮加工清洁生产、皮革后整饰新技术开发及关键设备制造、皮革废弃物综合利用；皮革铬鞣废液的循环利用，三价铬污泥综合利用；无灰膨胀（助）剂、无氨脱灰（助）剂、无盐浸酸（助）剂、高吸收铬鞣（助）剂、天然植物鞣剂、水性涂饰（助）剂等高档皮革用功能性化工产品开发、生产与应用。

③ 化学原料及化学制品制造业 零极距、氧阴极等离子膜烧碱电解槽节能技术；分子筛固汞、无汞等新型高效、环保催化剂和助剂；生产、使用、施工及后处理过程中对环境不造成污染或对环境质量有所改善的环保型涂料生产。

④ 再生金属冶炼行业 高效、节能、低污染、规模化再生资源回收与综合利用；再生资源回收利用产业化；废旧铅酸蓄电池资源化无害化回收，年回收能力 5 万吨规模以上的再生铅工艺装备系统制造。

⑤ 其他 高效节能电光源（高、低气压放电灯和固态照明产品）技术开发、产品生产及固汞生产工艺应用；废旧灯管回收再利用。

（2）限制类

① 重金属采选、冶炼业 新建、扩建钨、钼、锡、锑开采、冶炼项目，稀土开采、选矿、冶炼、分离项目以及氧化锑、铅锡焊料生产项目；单系列 10 万吨/年规模以下粗铜冶炼

项目；铅冶炼项目（单系列 5 万吨/年规模及以上，不新增产能的技改和环保改造项目除外）；锌冶炼项目（单系列 10 万吨/年规模以下，直接浸出除外）。

② 电池生产制造业 糊式锌锰电池、镉镍电池。

③ 硫酸生产行业 新建 30 万吨/年规模以下硫黄制酸、20 万吨/年规模以下硫铁矿制酸。

④ 化学原料及化学制品制造业 新建纯碱、烧碱、常压法及综合法硝酸、电石（以大型先进工艺设备进行等量替换的除外）、单线产能 5 万吨/年规模以下氢氧化钾生产装置；新建硫酸法钛白粉、铅铬黄、1 万吨/年规模以下氧化铁系颜料、溶剂型涂料（不包括鼓励类的涂料品种和生产工艺）。

⑤ 再生金属冶炼行业 新建单系列生产能力 5 万吨/年规模及以下、改扩建单系列生产能力两万吨/年规模及以下以及资源利用、能源消耗、环境保护等指标达不到行业准入条件要求的再生铅项目。

⑥ 其他 充汞式玻璃体温计、血压计生产、牙科汞合金。

（3）淘汰类

① 重金属采选、冶炼业 密闭鼓风炉、电炉、反射炉炼铜工艺及设备；采用烧结锅、烧结盘、简易高炉等落后方式炼铅工艺及设备；未配套制酸及尾气吸收系统的烧结机炼铅工艺；烧结-鼓风炉炼铅工艺（2012 年）；采用马弗炉、马槽炉、横罐、小竖罐（单日单罐产量 8 吨规模以下）等进行焙烧、简易冷凝设施进行除尘等落后方式炼锌或生产氧化锌制品；采用地坑炉、坩埚炉、赫氏炉等落后方式炼锑；采用铁锅和土灶、蒸馏罐、坩埚炉及简易冷凝除尘设施等落后方式炼汞；采用土坑炉或坩埚炉焙烧、简易冷凝设施收尘等落后方式炼制氧化砷或金属砷制品；混汞提金工艺；有色金属矿物选矿使用重铬酸盐或氰化物等剧毒药剂的分离工艺；辉钼矿和镍钼矿反射炉焙烧工艺。

② 电池生产制造业 汞电池（氧化汞原电池及电池组、锌汞电池）；开口式普通铅酸电池；含汞高于 0.0001％的圆柱型碱锰电池；含汞高于 0.0005％的扣式碱锰电池（2015 年）；含镉高于 0.002％的铅酸蓄电池（2013 年）。

③ 电镀行业 含有毒有害氰化物电镀工艺［氰化金钾电镀金及氰化亚金钾镀金（2014 年）；银、铜基合金及预镀铜打底工艺（暂缓淘汰）］。

④ 皮革及其制品业 年加工生皮能力 5 万标张牛皮、年加工蓝湿革能力 3 万标张牛皮以下的制革生产线。

⑤ 硫酸生产行业 10 万吨/年规模以下的硫铁矿制酸和硫黄制酸生产装置（边远地区除外）。

⑥ 化学原料及化学制品制造业 汞法烧碱、石墨阳极隔膜法烧碱、未采用节能措施（扩张阳极、改性隔膜等）的普通金属阳极隔膜法烧碱生产装置；高汞催化剂（氯化汞含量 6.5％以上）和使用高汞催化剂的乙炔法聚氯乙烯生产装置；有钙焙烧铬化合物生产装置；5000t/a 规模及以下的电炉法生产黄磷装置；锌钡白生产。

⑦ 再生金属冶炼行业 无烟气治理措施的再生铜焚烧工艺及设备；坩埚炉再生铝合金、再生铅生产工艺及设备（2011 年）；直接燃煤反射炉再生铝、再生铅、再生铜生产工艺及设备（2011 年）；50t 以下传统固定式反射炉再生铜生产工艺及设备（2012 年）。

⑧ 其他 开关和继电器、所有砷制剂、汞制剂、铅制剂类高毒农药和含汞量超标的涂

料产品。

《环境保护综合名录（2013 年版）》中将镉镍电池、铅酸蓄电池零部件、管式铅蓄电池等产品列为高污染产品；聚氨基甲酸乙酯含汞催化剂生产工艺、混汞法提金工艺、管式铅蓄电池和灌粉式管式极板（铅蓄电池零件）灌粉工艺等列为重污染工艺。

《国家鼓励的有毒有害原料（产品）替代品目录（2012 年版）》（工信部联节［2012］620号）涉及重金属替代 22 项，鼓励企业开发、使用低毒、低害和无毒无害原料，减少产品中有毒有害物质含量。

8.2.2　铅行业准入条件

《铅锌行业准入条件（2007 年）》修订为《铅锌行业规范条件》（征求意见稿）。意见稿提出，新建小型铅锌矿山规模不得低于单体矿 10 万吨/年（300t/d），服务年限需在 10 年以上，中型矿山单体矿规模应大于 30 万吨/年（1000t/d）。新建和改造单独处理锌氧化矿或者含锌二次资源的项目，规模须达到 3 万吨/年以上。

《铅蓄电池行业准入条件（2012 年）》包括布局与规模、产品质量、工艺与装备、能源消耗、资源综合利用、环境保护、安全生产和社会责任 7 个方面。准入条件要求新建、改扩建铅蓄电池生产企业年生产能力不应低于 50 万千瓦·时，现有铅蓄电池生产企业年生产能力不应低于 20 万千瓦·时；现有商品极板生产企业年极板生产能力不应低于 100 万千瓦·时。

《再生铅行业准入条件（2012 年）》在生产规模、工艺和设备方面，要求新建再生铅项目必须在 5 万吨/年规模以上，鼓励企业实施 5 万吨/年规模以上改扩建再生铅项目，淘汰 3 万吨/年规模以下的再生铅项目以及坩埚熔炼、直接燃煤的反射炉等工艺及设备。再生铅企业必须整只回收废铅蓄电池。铅的总回收率应大于 98%。

8.2.3　铅清洁生产及环保技术规范

清洁生产标准包括《清洁生产标准　粗铅冶炼业》（HJ 512—2009）、《清洁生产标准　铅电解业》（HJ 513—2009）、《清洁生产标准　废铅酸蓄电池铅回收业》（HJ 510—2009）等。

已制定的清洁生产技术推行方案包括《铅锌冶炼行业清洁生产技术推行方案》《电池行业清洁生产实施方案》等。

已制定的清洁生产评价指标体系包括《铅锌采选业清洁生产评价指标体系（2014）》（征求意见稿）、《电池行业清洁生产评价指标体系（试行）》等。

此外，《锑行业清洁生产评价指标体系》《镍钴行业清洁生产评价指标体系》《锌冶炼业清洁生产评价指标体系》《再生铅冶炼业清洁生产评价指标体系》已列入 2014 年制修订计划。

《铅锌冶炼工业污染防治技术政策》（公告 2012 年第 18 号）提出，为防范环境风险，对每一批矿物原料均应进行全成分分析，严格控制原料中汞、砷、镉、铊、铍等有害元素含量。无汞回收装置的冶炼厂，不应使用汞含量高于 0.01% 的原料。含汞的废渣作为铅锌冶炼配料使用时，应先回收汞，再进行铅锌冶炼。环境保护部于 2015 年 11 月颁发了《铅冶炼废气治理工程技术规范》，该标准规定了铅冶炼废气治理工程的设计、施工、验收、运行和维护的技术要求。

《废铅酸蓄电池处理污染控制技术规范》（HJ 519—2009）要求从事废铅酸蓄电池收集、储存、利用的单位应按照《危险废物经营许可证管理办法》的规定获得经营许可证；现有再生铅的生产规模大于1万吨/年，改扩建企业再生铅的生产规模大于两万吨/年，新建企业生产规模应大于5万吨/年。现有铅回收企业铅回收率应大于95%，新建铅回收企业铅回收率应大于97%。

《关于加强铬化合物行业管理的指导意见》（工信部联原〔2013〕327号）提出，新建、改建、扩建焙烧法铬化合物生产建设项目单线设计生产能力不小于2.5万吨/年。2013年年底前淘汰有钙焙烧工艺，限制少钙焙烧工艺。

环境保护部于2015年2月发布了《再生铅冶炼污染防治可行技术指南》，该《指南》适用于以废铅蓄电池等含铅金属废料为主要原料的再生铅冶炼企业，以当前技术发展和应用状况为依据，对再生铅生产工艺及污染物排放、再生铅冶炼污染防治技术以及再生铅冶炼污染防治可行技术等进行了阐述，可作为再生铅冶炼污染防治工作的参考技术材料。环境保护部于2016年12月发布了《铅蓄电池生产及再生污染防治技术政策》，该技术政策从源头控制、过程防治、末端治理以及风险防控等方面对铅蓄电池的生产及再生企业污染防治工作提出了要求，以推进铅蓄电池行业的绿色循环低碳发展。

8.2.4　铅行业标准及食品卫生标准

8.2.4.1　污染物排放标准

铅、锌工业污染物排放执行《铅、锌工业污染物排放标准》（GB 25466—2010）。标准设定了废水总铅、总镉、总汞、总砷、总镍、总铬排放限值、特别排放限值以及基准排水量，设定了废气中铅及其化合物、汞及其化合物的排放浓度限值，以及企业边界大气污染物最高浓度限值。

铅蓄电池污染物排放执行《电池工业污染物排放标准》（GB 30484—2013）。标准严格设定了废水中总铅、总镉的排放限值、特别排放限值以及基准排水量，严格设定了废气中铅及其化合物的排放限值。

铜、镍、钴工业污染物排放执行《铜、镍、钴工业污染物排放标准》（GB 25467—2010）。标准设定了废水中总铜、总镉、总镍、总砷、总汞、总钴排放限值、特别排放限值以及基准排水量，设定了冶炼和烟气制酸排放废气中镍及其化合物、铅及其化合物、汞及其化合物的排放浓度限值，设定了镍及其化合物、铅及其化合物、汞及其化合物的企业边界大气污染物浓度限值。

废铅蓄电池铅回收采用火法冶金回收工艺的，大气排放执行《工业炉窑大气污染物排放标准》（GB 9078—1996），采用湿法冶金工艺的，大气排放执行《大气污染物综合排放标准》（GB 16297—1996）；废水执行《污水综合排放标准》（GB 8978—1996）。

此外，锡、锑、汞工业污染物排放执行《锡、锑、汞工业污染物排放标准》（GB 30770—2014）。标准设定了废水中总铜、总锌、总锡（锡、锑工业）、总锑、总汞、总镉、总铅、总砷、六价铬的排放限值、特别排放限值以及基准排水量，分别设定了锡冶炼、锑冶炼、汞冶炼、烟气制酸废气中锡及其化合物、锑及其化合物、汞及其化合物、镉及其化合物、铅及其化合物、砷及其化合物的排放浓度限值，以及企业边界大气污染物最高浓度限值。

电镀行业污染物排放执行《电镀污染物排放标准》（GB 21900—2008）。标准设定了废水总铬、六价铬、总镍、总镉、总银、总铅、总汞、总铜、总锌、总铁和总铝排放限值、特别排放限值以及基准排水量，设定了废气铬酸雾排放限值为 $0.05mg/m^3$ 。

皮革及其制品业废水排放执行《制革及毛皮加工工业水污染物排放标准》（GB 30486—2013）。标准设定了总铬、六价铬的排放浓度限值及单位产品基准排水量。

硫酸工业企业污染物排放执行《硫酸工业污染物排放标准》（GB 26132—2010），但该标准不适用冶炼尾气制酸和硫化氢制酸工业企业的水和大气污染物排放管理。标准规定硫铁矿制酸及石膏制酸工艺废水总砷排放限值为 $0.3mg/L$ ，总铅排放限值为 $0.5mg/L$ 。总砷、总铅特别排放限值均为 $0.1mg/L$ 。大气污染物排放浓度限值不涉及重金属。

《火电厂大气污染物排放标准》（GB 13223—2011）增设汞及其化合物排放限值。

8.2.4.2　产品标准、食品卫生标准

表 8-5 列出了我国有关铅的标准与限值。

表 8-5　我国铅相关标准和限值

标准号	名称	铅限值
GB 3095—2012	环境空气质量标准	（1）浓度限值年平均：一级 $0.5\mu g/m^3$ ；二级 $0.5\mu g/m^3$ （2）浓度限值季平均：一级 $1\mu g/m^3$ ；二级 $1\mu g/m^3$
GB 16297—1996	大气污染物综合排放标准	(1)最高允许排放浓度：现有污染源 $0.90mg/L$ ；新污染源 $0.70mg/L$ (2)最高允许排放速率：现有污染源：二级 $0.005\sim0.39kg/h$ ；三级 $0.007\sim0.60kg/h$ ；新污染源：二级 $0.004\sim0.33kg/h$ ；三级 $0.006\sim0.51kg/h$ （3）无组织排放监控浓度限值：现有污染源 $0.0075mg/m^3$ ；新污染源 $0.0060mg/m^3$
GB 5749—2006	生活饮用水水质标准	$0.01mg/L$
GB 2762—2017	食品中污染物限量	分类很细，详见标准原文
GHZB 1—1999	地表水环境质量标准	Ⅰ类 $0.005mg/L$ ；Ⅱ类 $0.005mg/L$ ；Ⅲ类 $0.01mg/L$ ；Ⅳ类 $0.05mg/L$ ；Ⅴ类 $0.1mg/L$
GB/T 14848—2017	地下水质量标准	Ⅰ类 $0.005mg/L$ ；Ⅱ类 $0.01mg/L$ ；Ⅲ类 $0.05mg/L$ ；Ⅳ类 $0.1mg/L$ ；Ⅴ类 $>0.1mg/L$
GB 3097—1997	海水水质标准	Ⅰ类 $0.001mg/L$ ；Ⅱ类 $0.005mg/L$ ；Ⅲ类 $0.010mg/L$ ；Ⅳ类 $0.050mg/L$
GB 5048—2005	农田灌溉水质标准	$0.2mg/L$
GB 11607—89	渔业水质标准	$0.05mg/L$
GB 8978—1996	污水综合排放标准	$1.0mg/L$
GB 18485—2014	生活垃圾焚烧污染控制标准	焚烧炉大气污染物排放限值：锑、砷、铅、铬、钴、铜、锰、镍及其化合物（以 $Sb+As+Pb+Cr+Co+Cu+Mn+Ni$ 计）： $1mg/m^3$ （测定均值）
GB 8172—87	城镇垃圾农用控制标准	$100mg/kg$

标准号	名称	铅限值
TJ 36—1979	工业企业设计卫生标准	车间空气中有害物质的最高容许浓度 0.03mg/m³ 铅烟；0.05mg/m³ 铅尘 居住区大气中有害物质的最高允许浓度 0.0007mg/m³（日均值）

8.2.5　其他政策

2015 年 1 月 26 日，国家财政部、税务总局联合颁布了《关于对电池、涂料征收消费税的通知》（财税［2015］16 号），通知规定"自 2015 年 2 月 1 日起，将对各类电池征收消费税（部分电池免征），在生产、委托加工和进口环节征收，适用税率均为 4％；铅蓄电池自 2016 年 1 月 1 日起征收"。对无汞原电池、金属氢化物镍蓄电池（又称"氢镍蓄电池"或"镍氢蓄电池"）、锂原电池、锂离子蓄电池、太阳能电池、燃料电池和全钒液流电池免征消费税。

《淘汰落后产能中央财政奖励资金管理办法》奖励范围涵盖铜冶炼、铅冶炼、锌冶炼、制革以及铅蓄电池等涉及重金属的行业。

《国家鼓励发展的重大环保技术装备目录（2014）》（征求意见稿），涉及重金属 9 类研发类、5 类推广类技术装备。

《关于联合组织实施高风险污染物削减行动计划的通知》（工信部联节［2014］168 号），通过清洁生产专项资金奖励制度，实施汞、铅和高毒农药等高风险污染物削减清洁生产工程，减少高风险污染物的使用和排放。

第三篇
镉污染及控制

第9章

镉的使用和释放

9.1 镉的生产、使用和贸易

9.1.1 全球生产和原材料消费

镉主要是锌（硫化矿）采矿、冶炼和精炼的副产品，也是铅和铜采矿、冶炼和精炼的副产品。单对镉矿物而言，其浓度和数量并不值得开采。因此，与市场需求比较，镉生产在更大程度上取决于锌的精炼。不同矿山锌精矿的镉含量不同，其范围是 $0.07\% \sim 0.83\%$，平均含量为 0.23%。

与 1997 年的 2 万吨高峰值比较，世界金属统计局关于锌生产厂生产的原生镉产量最新统计数据在 2005 年、2006 年和 2007 年持续下降。这一下降主要发生在欧洲。欧洲现在只有几家锌生产商继续生产作为副产品的镉，大多数欧洲锌生产厂已经关闭或在锌精炼生产中削减或不再生产镉副产品。亚洲和美洲则继续增加其原生镉的生产，非洲实际上已经不再生产镉，澳大利亚继续生产镉，但产量比过去有所下降。对于那些回收镍镉电池的国家，再生镉的产量继续增加。原生镉的消费量已经明显下降，但该年镉的总供应量一直短缺，这说明再生镉量将来可能不能满足需求。因此，镉价格去年大幅度上涨，99.99%纯度镉从 2006 年 10 月的 1.40 \$ /lb（当前 1 美元＝6.3804 元人民币）增长到 2007 年 7 月的 6.20 \$ /lb。现在的镉市场力量下降和价格上涨看来是因为镍镉电池工业持续的需求、锌生产厂的原生镉产量持续下降以及再生镉产量不足以满足镉金属的总需求。

图 9-1 显示了全世界 1950～2000 年精炼镉的产量。20 世纪 70 年代至 20 世纪 90 年代的生产数据不包括东欧国家、中国和韩国，这个时期全世界镉实际产量要高于本图给出的产量，然而，图中主要资料来源并没有说明这点。1996～2006 年期间，原生镉的产量已经下

降了大约 25%，然而，由于再生镉产量的增加，镉的总消费量一直相当稳定（图 9-2）。在日本，镉锭产量从 1995 年开始一直稳定在 2200～2600t，而进口量从 1995 年的 6000t 迅速下降到 1998 年的 3500t，此后又从 2500t 改变到 3900t。

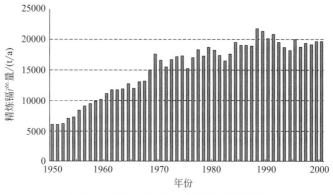

图 9-1　1950～2000 年精炼镉全球产量

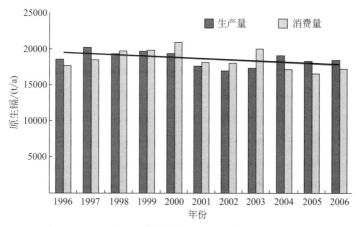

图 9-2　1996～2006 年全世界原生镉金属产量和消费量

过去十年原生镉总产量仅有稍微下降，但地理方面的变化非常显著。1997 年，亚洲、欧洲和美洲的原生镉产量基本相当。1995～2005 年间，亚洲的镉产量稳步增长，而欧洲的镉产量则相应下降，结果亚洲原生镉的产量是欧洲原生镉产量的 5 倍。应该注意的是原生镉产量增加发生在那些没有镉污染排放数据的国家。

如图 9-3 所示，2000～2006 年世界上的初级镉金属似乎形成了以下生产模式：约有60% 产自亚洲，约 25% 产自美洲，约 12.5% 产自欧洲，约 2.5% 产自澳大利亚。表 9-1 列出了初级镉金属的主要生产国。呈现出欧洲初级镉金属产量降低、亚洲产量升高的趋势。再生镉或再利用镉的未来趋势很难判断。再生镉产量将继续上升，但是很难获取可靠的统计数据，因为再生镉的生产很多是再生金属公司与镍镉电池生产商之间的专有收费安排的结果。

表 9-1　初级镉金属的主要生产国（国际镉协会，2007 年）　　　　　　单位：t

国家	2003 年	2004 年	2005 年	2006 年	2007 年
韩国	2379	2633	2782	3450	3704

续表

国家	2003 年	2004 年	2005 年	2006 年	2007 年
中国	2705	2900	3000	3000	3000
日本	2496	2222	2297	2287	1724
加拿大	1759	1881	1727	2094	1557
墨西哥	1606	1590	1627	1397	1526
哈萨克斯坦	930	2358	1624	1140	996
美国	700	1010	1070	892	892
俄罗斯	650	650	650	650	650
德国	640	640	640	640	640
荷兰	495	572	570	570	570
印度	477	489	409	457	534
秘鲁	529	532	481	416	432
澳大利亚	673	469	429	425	425

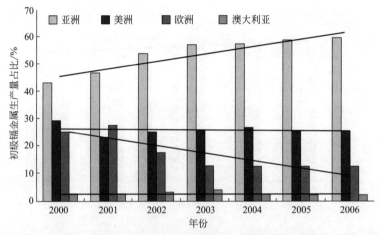

图 9-3　2000～2006 年初级镉金属生产的地理分布趋势

　　镉、镉化合物和含镉产品的生产与消费遍布全球各地。全世界都在开采含镉精矿，主要是作为锌矿副产品开采。表 9-2 是 2004～2005 年世界各国精炼镉的产量与储量。其中 2005 年镉储量（利用现今技术可商业开采的数量）约为 60 万吨，按照现今的生产水平，相当于 30 年的产量。以锌资源的镉含量约为 0.3％来计算，世界上的镉资源总量（包括利用现今技术不能进行商业开采的数量）约为 600 万吨。表 9-3 是 2006 年的世界镉消费数据。

表 9-2　2004～2005 年世界各国精炼镉的产量和储量　　　　　　单位：t

国家	2004 年精炼镉产量	2005 年镉储量
中国	2800	90000
日本	2233	10000
韩国	2100	—

国家	2004 年精炼镉产量	2005 年镉储量
哈萨克斯坦	1900	50000
加拿大	1888	55000
墨西哥	1600	35000
俄罗斯	950	16000
德国	620	6000
美国	550	90000
秘鲁	532	12000
印度	489	3000
澳大利亚	350	110000
比利时	120	—
其他国家	2650	120000
全世界	18800	600000

表 9-3　2006 年世界镉消费量

国家和地区	镉消费量/t	备注
中国	5407	生产镍镉电池
比利时	3682	将镉转化为氧化镉
日本	2053	生产镍镉电池
美国	1250	生产镉产品
德国	647	生产镉产品
英国	598	生产镉产品
印度	480	生产镉产品
瑞典	302	生产镍镉电池
法国	268	生产镍镉电池
加拿大	233	生产镉产品
巴西	176	生产镉产品
墨西哥	140	生产镉产品
亚洲所有其他国家和地区	119	生产镉产品
意大利	105	生产镉产品
韩国	100	生产镉产品
美洲所有其他国家和地区	72	生产镉产品
波兰	71	生产镉产品
欧洲所有其他国家和地区	40	生产镉产品
南斯拉夫	30	生产镉产品
澳大利亚	24	生产镉产品
非洲所有其他国家和地区	20	生产镉产品

　　美国地质调查局对储量的定义是在当时的条件下可被商业开采或生产的那部分资源。储

量仅包括可再生材料。

在很大程度上，世界上只有几个国家用镉精矿冶炼和精炼镉，中国、日本、韩国、加拿大和墨西哥是初级镉金属的主要生产国。

2006年各国初级镉的生产与消费情况见图9-4。大部分镉金属被转化成氧化镉，用于生产电池。镉金属向氧化镉的转化主要在中国、比利时和日本进行。比利时和中国是镉金属的主要进口国，比利时再向其他国家的镍镉电池生产商出口氧化镉。镍镉电池的生产是全球性生产过程。原材料来自一个国家，镍镉电池的生产在另一个国家，又在另一个国家组装成产品，再向其他国家的终端市场销售并被消费者使用。便携式电池的主要生产国是中国和日本，而瑞典和法国是工业镍镉电池的主要生产国。

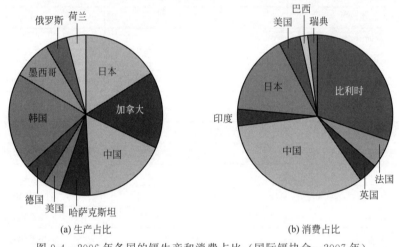

(a) 生产占比 　　　　　　　(b) 消费占比

图 9-4　2006 年各国的镉生产和消费占比（国际镉协会，2007 年）

镉颜料仅在少数国家生产，但是可以面向许多国家的消费者销售，通常被组装成各种产品并在同一个国家直接使用。稳定剂、涂料和合金的生产、使用和处置更多地是在国内进行。

(1) 再生镉

可从废旧镍镉电池、铜镉合金与其他非金属合金以及废钢铁回收过程中产生的含镉粉尘中回收镉。2004 年再生（再利用）镉产量约有 3500t，相当于全球总供应量（约 20000t）的 17.5% 左右。目前镉的年产量约为 4000t，占全球总供应量的 19%。再生镉的生产规模之前预计为供应量的 10%～15%。

再生镉的重要生产国包括美国、瑞典、法国、德国和日本，但是缺乏详细数据。据国际镉协会估计，90% 的再生镉又回到法国、瑞典、美国、墨西哥、日本和中国，用于生产镍镉电池。

(2) 市场价格波动

世界镉市场价格波动起伏表明供需关系变化多端。图 9-5 是 1993～2006 年镉的价格发展趋势。图 9-6 是 1959～1998 年的价格趋势。由于需求增长（主要是中国的镍镉电池行业）、初级镉产量下降（部分锌生产厂家削减了副产品镉的产量）以及精炼金属股价下跌，2004 年年中，镉的市场价格在世界范围内普遍上涨。

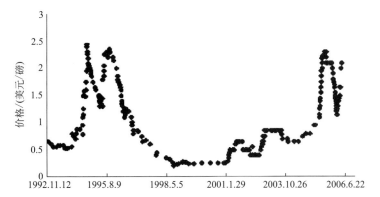

图 9-5　1993～2006 年 99.99％纯度镉金属的价格发展趋势（《英国金属导报》）

1 磅＝0.4536kg，下同

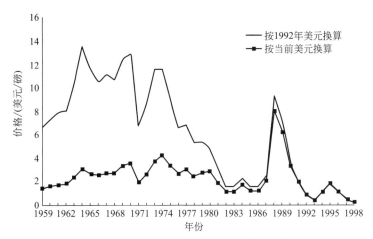

图 9-6　1959～1998 年镉的年均价格趋势

9.1.2　镉的最终用途

镉的用途很广，在颜料和涂料的生产中多用镉作原料，可制成硫化镉类、硫化硒镉类、硫化汞镉类颜料，还可以广泛用于聚氯乙烯树脂的盐基稳定剂、阴极射线管和镍镉电池及整流器中的材料。由于镉具有优良的抗腐蚀性和抗摩擦性，所以是生产不锈钢、易熔合金、轴承合金的重要原料。因为镀了镉的金属很难氧化，所以镉也常常用在电镀和焊接等工业。此外，镉在半导体、荧光体、原子反应堆、航空、航海等方面均有广泛的用途。

过去二十多年来全球镉消费的总体趋势是生产电池的用途陡升，其他所有用途几乎都在下降。1980 年镉颜料和镀镉是镉的主要应用领域，其次是电池生产，占全球总消费量的23％，再次是作聚合物的稳定剂，占总消费量的 12％（见表 9-4）。2005 年，电池生产（镍镉电池）占世界上镉总消费量的 82％左右。除了以上 4 个应用领域，其他用途仅占镉总消费量的 0.5％。

图 9-7 进一步显示了 1980～2005 年各主要应用领域镉消费量演变的完整数据，这些数据并不包括再生镉数据。2003～2005 年镉消费量的显著下降很可能是部分波动造成的，因此国际镉协会认为不应解读为消费量呈现总体下降趋势。

表 9-4 1980 年、1995 年和 2005 年初级镉各个终端用途的全球消费量

用途	1980 年		1995 年		2005 年	
	吨镉/年	百分比	吨镉/年	百分比	吨镉/年	百分比
电池	3917	23	12627	67	13240	82
颜料	4598	27	2639	14	1615	10
电镀	5790	34	1508	8	969	6
聚合物稳定剂	2044	12	1696	9	242	1.5
其他	681	4	377	2	81	0.5
总计	17030	100	18847	100	16146	100

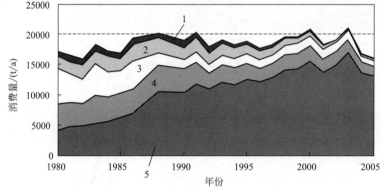

图 9-7 1980～2005 年初级镉在各终端用途的全球消费量
1—其他；2—稳定剂；3—电镀；4—颜料；5—电池

上述数据由国际镉协会编辑。数据来源有许多个，包括《采矿年评》《金属与矿物质年评》《世界金属统计局》《1990 年镉经济学（Roskill）》、Metallgesellschaft 公司金属统计数据和镉协会。

镉的用途很广泛，见表 9-5 中的示例。表 9-4 显示了镉的主要应用领域为镍镉电池、颜料、电镀和稳定剂。2005 年所有其他镉用途的镉消费量不到消费总量的 0.5%。1990 年，图 9-7 "其他"项下的镉合金占镉总消费量的 3%，但是此项用途几乎停止。太阳能电池可成为未来镉的一个重要应用领域，但这一用途镉的消费量仍然不多。

表 9-5 镉的用途

用途	当前用途
镍镉电池	镉的主要用途
钢铁电镀	在许多国家广泛应用于对安全性和耐受性有高度要求的领域,如航天工业、紧固件行业、电子零部件(部分国家限制使用)
焊料	用于少数类型的焊料(呈现下降趋势)
铜线与铜板中的合金成分	用于部分类型的铜镉、铜镉钛合金线与合金板(用于导热合金和导电合金)
钢结构中的锌合金牺牲阳极	用于部分类型的阳极,但是镉的总消费量可能不多
其他合金	很少

用途	当前用途
作为核反应堆中的控制棒(中子吸收剂)和安全屏障	镉、硼、碳、钴、银、铪、钆和铕是最常用于控制棒的元素,如 80% 银 + 15% 铟 + 5% 镉
电子电器中的保险丝	用于制作特定温度下的保险丝
塑料、瓷器、涂料中的颜料	广泛用于部分不透明颜料,但在有些国家已经被淘汰
有色玻璃	用于部分类型的黄色玻璃或大红色玻璃
塑料、特别是 PVC 的稳定剂	广泛用于这些用途,但在有些国家已经被淘汰(呈现趋势下降)
光电子设备	普遍少量用于部分光电子设备,如太阳能电池和室外照明开关中的光敏电阻、光电二极管、光晶体管
实验室分析试剂	一般用于一些实验室分析,但是镉的总消费量不多
CRT 屏幕涂层(电视、计算机屏幕等)中的磷光涂层	一般用于此用途,但是镉的总用量不多
生物灭杀剂和防腐剂	是过去的用途
银氧化镉大功率继电器的触点材料	一般用于此用途,但是镉的总用量不多

(1) 电池

可充电镍镉电池市场包括应用于无线电动工具、电信、应急照明和安全、便携式家用电器的小型密封电池。密封电池约占电池市场中镉消费量的 80%。其余 20% 来自铁路、航空航天、电动汽车、备用电源中的大型工业镍镉电池以及其他用途。当前便携式镍镉电池的主要生产国为中国和日本,固定式蓄电池的主要生产国为瑞典和法国。在世界各地,镍镉电池的市场持续增长,在西欧等部分地区,其他类型电池的市场份额也在增加。

(2) 颜料

镉颜料一直用于塑料、搪瓷、瓷器、涂料及其他材料,但或许不再用于涂料和染料。可选的颜色包括黄色、橘红色和红色,以及以黄色或红色为基色的其他颜色(如绿色、棕色和米色)。除了提供大范围色谱的亮暖色,含镉颜料的重要特征还有耐光度和温度稳定性。也可在玻璃上添加镉氧化物,生产部分有色玻璃。根据经济合作与发展组织(1994)的研究,约有 85% 的镉颜料用于需要高温加工的工程塑料。

(3) 电镀

在钢铁或其他材料上镀镉或镉合金涂层,用于有高度安全性或耐受性要求的航空航天、工业紧固件、电子零部件、汽车系统、军事设备和海洋/海岸设施中。镀镉的重要特征是碱溶液或盐溶液的良好防腐性、低摩擦性、良好的导电性和可焊性。美洲和亚洲仍然使用镉涂料(日本很少使用),但是欧洲国家大多限制使用镉涂料。

(4) 稳定剂

有机镉化合物(一般为月桂酸镉或硬脂酸镉)和硫酸钡广泛用作聚氯乙烯及其他氯乙烯聚合物或共聚物的稳定剂。然而,镉稳定剂主要用于室外,如管道和排水沟、窗框、门框和屋顶等。从 2001 年 3 月起,欧洲聚氯乙烯添加剂生产商不再向欧洲市场供应镉稳定剂。澳大利亚聚氯乙烯行业 2003 年宣布在乙烯基产品中淘汰使用镉稳定剂。后澳大利亚乙烯基委员会在公布的"2005 年产品跟踪管理计划"中指出,乙烯行业 2004 年 6 月 30 日之前已经全面落实了这项规定，只有两个企业除外。

（5）合金用途

合金中镉的用途包括焊接合金、含锌合金（用于钢铁防腐防护的牺牲阳极）、含铅含铜合金（铅电缆护层、铜线等）、火警系统和安全断路器中的低熔点合金、银-镉氧化物制成的弧形开关接点（如大电流继电器）中的合金，以及作为部分银替代物的银镉合金（珠宝）。各类合金中镉的消费量急剧下降，包括在"其他"用途中，2005 年镉消费量约占全球镉消费总量的 0.5%。

（6）其他用途

其他用途包括可产生光电子效应的镉半导体，这表明其电特性是感光性。这些光感应化合物可用于太阳能电池、光敏电阻或其他用途。涉及的镉化合物包括硒化镉（CdSe）、硫化镉（CdS）或碲化镉（CdTe），还包括用于热成像（即把不可见的红外线辐射转化成可见图像）的镉汞碲半导体。

9.1.3 别国案例

表 9-6 显示了丹麦 1990 年和 1996 年镉消费量的具体数据。该表总结了一年内随着终端产品进入丹麦的镉污染物总量。这些数据表明了镉作为锌、化石燃料等其他材料中的自然污染物被无意"消费"的重要性，但不具有代表性，因为从 1983 年丹麦开始限制在颜料、稳定剂和电镀中使用镉。

表 9-6　丹麦 1990 年和 1996 年各终端用途的镉消费量

应用领域	消费量[3]/利用量/(t/a)		1996 年镉消费量占总量的百分比/%
	1990 年	1996 年	
有意用途			
镍镉电池	32	36～54	80
颜料[1]		0.2～3.2	3
稳定剂[1]	7	0.007～0.7	<1
合金		0.6～2.6	3
电气元件[2]		0.07～0.2	<1
电镀		0.1～0.2	<1
其他用途	<0.5	0.3	<1
小计	39.5	37.3～61.2	87
作为自然微量元素的镉锌产品	<0.5	0.1～2	2
化肥	2.6	1.2	2
农业白垩土	1.1	0.8～1.2	2
煤炭（燃烧）	2	1.4	2
石油产品（燃烧等）	1	0.003～1.3	1
水泥	2	1.9	3
其他产品/材料	2.6	0.1～0.2	<1

应用领域	消费量③/利用量/(t/a)		1996 年镉消费量占总量的百分比/%
	1990 年	1996 年	
小计	11.8	5.4～9.5	13
总计(四舍五入)	51	43～71	100

①假设此处的镉消费是从欧洲以外地区进口的塑料产品。
②电子元件被定义为除了电池和焊料以外的电子元件，原则上可包括颜料、电镀或自然污染物。
③消费量被定义为本年度所售终端产品中镉的总含量。

镉消费量已随时间发生了很大变化，瑞典的一组数据显示了 1940～1995 年这 56 年间瑞典镉消费模式的变化（见图 9-8）。一直到 1970 年，电镀都是镉在瑞典的主要用途。20 世纪 70 年代是颜料和稳定剂镉消费的黄金时代，从 1980 年左右开始，烧结式极板电池（密封镍镉电池）变成镉的最主要用途。此外，过去几十年来镉一直用于杨格纳蓄电池（开口蓄电池）。

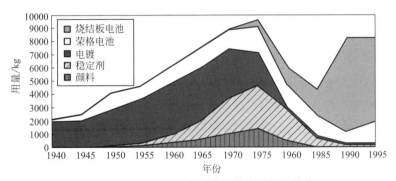

图 9-8　1940～1995 年瑞典镉的主要用途趋势

匈牙利有许多种含镉金属或镉化合物的产品。从健康、卫生和环保角度看，六价镉盐更具危险性（如镉酸盐），因此，开始限制六价镉盐的生产、销售或使用。该限制政策的法律基础是匈牙利卫生部-环境部第 41/200（Ⅻ.20.）号法令，后者替代欧洲共同体的 76/769/EEC 号指令。此外，匈牙利还制定了一项从消费者手中回收废旧电池的制度。根据匈牙利环境部第 9/2001（Ⅳ.9.）号法令，电池生产商和供应商有责任报告每年回收的电池数量。其中部分电池进行处理，其他作为废弃物管理，因此电池回收量（见表 9-7）与废弃量有明显的差距。

表 9-7　镍镉电池的年度回收量

年份	电池总回收量/kg
2004	274.000
2005	308.000
2006	305.000

日本镉的主要用途和消费包括生产镍镉电池、合金、颜料、机器零部件等的电镀（CdO，$CdSO_4$）、作塑料稳定剂、搪瓷固色剂（含 40%～80% 氧化铜的釉料和涂料）、机器零部件黏合用的银合金铜焊成分。2005 年，日本镉需求量的 95% 用于电池生产。由于颜料需求下降，镉的总需求量也下降了。含镉商品进口量（见表 9-8）表明其他镉及镉产品的进口量有明显增长，但是没有表明任何商品出现大幅下降。表 9-8 提供了含镉商品的出口数据。

表 9-8　日本含镉商品进口量

商品		单位	1998 年	1999 年	2000 年	2001 年	2002 年	2003 年	2004 年
含锑、铍、镉、铬的灰烬和残渣或其合成物		t	—	—	—	—	170	—	—
硫化镉		kg	—	0	—	—	—	1200	750
基于镉化合物的颜料和制剂		kg	3124	2493	3015	3636	4283	5830	5854
镉及镉产品	镉金属锭、粉尘和碎屑	kg	3561850	3332738	3916204	2463148	2818694	3819775	2626077
	其他	kg	2	18283	140013	260000	126737	96015	42088
镍镉电池		kg	1729660	1334154	1676227	985500	956716	1176384	1750357

注：1. 本表仅指 1998～2004 年间有贸易数据的产品。
2. 各产品的进口数据不能转化为等效镉。
3. 资料来源：财政部、日本贸易统计数据。
4. "—"表明日本贸易统计数据中没有相关数据。

9.1.4　镍镉电池镉使用的详细情况

镍镉电池约占世界精镉市场 81％ 的消费量，是全球贸易商品，也是镉通过全球进行流通的重要组成部分。世界上许多地方的镍镉电池都是镉排放的潜在来源。镉排放发生在电池的整个生命周期。有一项关于欧盟镍镉电池的综合性研究表明，对于实施电池回收制度的欧盟成员国（2000 年欧盟有 16 个成员国，其中 11 国实施此制度）2000 年电池的回收率为 75％。

9.1.5　镍镉电池的用途

镍镉电池（蓄电池）主要有两种类型：一是密封式单电池或内置电池，有多种规格面向消费者销售；二是"开放式"（或"通风式"）蓄电池，体积较大，例如汽车启动电源，主要应用于专业技术设备（火车和飞机启动电源、飞机和建筑的应急照明、光伏板备用电源、部分电动汽车的电源供应等）。"开放式"电池不用于消费品，一般面向小部分专业用户销售使用。大部分密封式镍镉电池用于大型电池组装置，电池外面有护罩（如无线电动工具）。

密封式镍镉电池的主要应用领域（也称为"可充电镍镉电池"）包括以下方面：a. 无线电动工具；b. 无线电通信（LMR）；c. 其他次要应用领域（其中部分用途已经在丹麦淘汰，西欧大部分国家目前可能已不再应用）；d. 应急照明装置；e. 无线真空吸尘器（"喷雾除尘机"）；f. 无线电话；g. 短程对讲机；h. 其他家用电器和个人护理用品（牙刷、剃须刀、修剪器等，其中现在有很多是镍氢电池）；i. 单电池（替代一次性、不可充电电池，在丹麦主要是镍氢电池）；j. 太阳能灯具；k. 移动电话（手机，现在用锂电子电池）；l. 便携式计算机设备（现在用锂电子电池）；m. 录像设备（录像机，现在用镍氢电池和锂电子电池）；n. 专业技术测量设备（实验室、医学等）。

最初，镍镉电池是各类便携式电子电器设备取得成功的重要因素，但由于其他类型可充电电池的单位质量电容高而且具备一些更优良的性能特征，所以目前技术更先进的大部分各类用途都使用其他类型的可充电电池。镍氢电池和锂离子电池是目前最重要的替代品。镍镉电池目前的主要用途是无线电动工具，部分原因是无线电动工具要求高放电率和快速放电模式，而替代电池类型仅存在数年。世界范围内各应用领域消费镍镉电池的装运量（见图 9-9）表明，家庭和业余爱好（如无线真空吸尘器）以及无线电话（不要与移动手机相混淆）也是镍镉电池的主要用途。

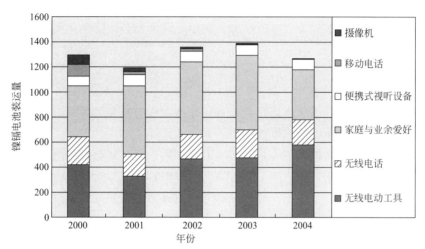

图 9-9　世界范围内各应用领域消费镍镉电池的装运量

过去数年，日本东京信息技术研究所竹下秀夫详细描述了便携式镍镉电池及其他类型可充电电池的全球市场。根据国际镉协会（2005 年）的研究成果，电池行业普遍认为这些市场分析是目前最优秀的分析。根据竹下秀夫的研究成果，在全球市场，无线电动工具占的镍镉电池消费比例越来越高，而摄像机和移动电话则停止使用镍镉电池。

图 9-10 更详细地表明了 1985～2000 年丹麦镍镉电池的消费进展。过去的十几年年中，

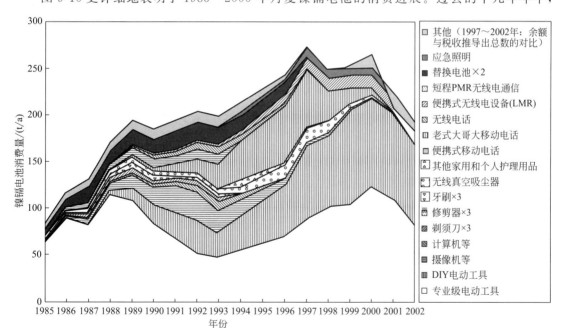

图 9-10　1985～2002 年丹麦各类用途的镍镉电池的消费进展

注：电动工具的消费分为两个用户部分，即 DIY 级和专业级（Pro）（图片复制自 Maag 和 Hansen，2005）。

＊2：术语"替换电池"是指专门向终端用户出售的镍镉单电池。

＊3：从 1994 年起，这些产品归类为"其他家用电器和个人护理产品"。

除了电动工具，镍镉电池的其他用途在丹麦基本已经淘汰。这与图 9-9 所示的全球情况有所不同。造成这个差别的几个原因之一是丹麦实施镍镉电池进口税。税务部门对每一个进口电池都征收高额进口税，让不含镉的替代产品的价格具有市场竞争力，使镍镉电池与替代电池的废旧电池的社会管理成本相当。所征收的税费用于资助私营回收企业实施国家废旧电池回收制度。

欧洲其他一些国家对所有类型的电池都征税，目的是实现电池全部回收，由此降低电池对环境的影响。这符合《欧盟电池法令（Battery Directive for European Union）》修订案的最新进展，这项法令之前要求仅回收那些对环境潜在危害最大的电池，即含汞、含铅和含镉电池，而修订案则要求回收所有电池。

比利时对镉及其氧化物进行了非常全面的风险评估，这是欧盟现有化学品风险评估工作的组成部分。这项风险评估运用适用于欧盟情况的详细具体的方法，以许多假设和暴露情景为依据，从镉生命周期的各个方面（包括镍镉电池中镉的使用和处置）来考虑镉的健康和环境风险。从评估方法上看，本次评估并没有考虑长期埋在垃圾填埋场（超过受控维护阶段）的镉污染物未来可能的暴露。

本次评估对镉及其氧化物在欧盟的应用和处置模式进行了如下汇总：

a. 目前在欧盟进行的生产活动和废物处理活动包括与镍镉电池相关的活动，对环境中的各类物种不构成风险或风险有限；b. 在某些暴露情况下对人体构成职业风险；c. 不排除通过环境造成的间接暴露对公众构成的风险；d. 不排除通过少数特定产品造成的直接暴露对消费者构成的风险（含镉焊条和珠宝，非镍镉电池）。

9.2　镉的污染源和环境排放

向生物圈排放镉的污染源主要分为：a. 自然排放源，由于地壳和地幔中的镉自然流动引发的排放，例如火山爆发和岩石风化；b. 人为排放源，例如磷酸盐矿物的原材料、化石燃料和其他提取、处理；c. 回收材料，特别是锌和铜中镉杂质流动引发的人为（与人类活动有关）排放，当前由于人们有意在产品和工艺中使用镉而在制造、使用、处置过程中导致的人为镉排放。

除了以上类型，可能还需要考虑过去人为排放并沉积在土壤、沉积物、填埋场和废物/尾矿库中的镉污染物的再次流动。

镉污染物环境排放的受体包括大气、水环境（淡水和咸水环境）和陆地环境（土壤和生物群落）。在环境中，镉将在这些环境媒介中流动。排放到大气中的镉将以大气沉降物的方式进入陆地和水环境，而排入土壤的镉随着时间将冲入水环境中。评估镉在土壤或沉积物中的生物利用度也很重要。例如，与有机物络合或固定在硫化物中的镉可能不具有生物利用度。土壤高 pH 值等其他参数也导致镉较低的生物利用度。

9.2.1　镉的自然排放源

排放到生物圈的镉自然排放源包括火山活动以及岩石和矿物的风化。另外，陨石灰尘也向生物圈排放了少量镉。

1983 年火山爆发向大气排放了 140～1500t 镉。一项新研究结果显示，火山爆发排放的大气镉污染物为 380～3800t（见表 9-9）。热液喷口（海底火山活动）可能是海洋的自然镉污染排放源。大多数海底热液喷口都位于大洋中脊，但沿着潜没带也发现一些热液喷口，陆地也有热液喷口。两个最著名的例子是美国黄石国家公园和新西兰北岛的温泉和间歇喷泉。

表 9-9　自然源全球大气镉污染物排放的两个案例　　　　　　　单位：t/a

污染源类型	镉排放量			
	理查森等,2001		恩里亚古,1989	
	平均值	5%～95%的浓度	平均值	范围
沙尘暴等的土壤颗粒物排放	24000	3000～69000	210	10～400
海盐末排放	2000	103～6700	60	0～110
火山喷发排放	1600	380～3800	820	140～1500
自然火灾排放	13000	4400～30000	110	0～220
植被、花粉和孢子	—	—	190	0～1530
陨石灰尘	0.0002	0.00004～0.0004	50	0～100
总计	41000	15000～88000[①]	1300	150～2600[②]

①总排放量的统计数字来自统计计算，而非具体污染源排放数据的简单相加（理查森等，2001）。
②恩里亚古 1989 年计算的总排放量。

因为镉是存在于许多矿物的元素，所以岩石和土壤含有低浓度的镉。地壳的镉浓度范围为 0.008～0.10mg/kg，火成岩岩石和土壤的镉浓度范围为 0.001～0.60mg/kg；沉积岩岩石和土壤的镉浓度范围为 0.05～500mg/kg。多哥镉污染物自然排放源主要是多哥南部哈霍托埃-波加梅的沉积磷酸盐，原矿的平均浓度为 49mg/kg；商业矿石的平均浓度为 58mg/kg。

通过岩石风化，镉排入土壤和水体并且进入生物群落。这个过程在全球镉循环中发挥重要作用，并且可能导致一些地方的土壤镉含量升高。

岩石风化和土壤侵蚀导致河流把大量镉排入海洋，估计每年排放量约为 15000t。

在生物圈内，各种过程都会运输镉。例如盐末和土壤颗粒物的风传输。自然过程的大气镉主要排放源是火山、土壤扬尘颗粒、海水沫、生物材料和森林火灾。研究文献报告了自然过程镉污染物大气排放量不同的计算值。

表 9-9 给出了自然镉污染源总排放量的两个不同计算结果。恩里亚古计算出 1983 年的总排放量为 150～2600t/a。科研文献现在仍然经常引用这些计算结果。理查森等在一项新研究中计算出自然源每年镉排放量为 15000～88000t。这个巨大的差异主要是因为计算的土壤颗粒物和自然火灾导致的镉排放量不同。理查森等计算的土壤颗粒物的大气镉排放量是建立在美国南部和中部丛林地土壤金属流数据基础上的。对比灌木丛，研究人员根据每个生态区（具有相同生态系统的区域：灌木丛、沙漠、雨林等）沙尘暴的发生频率计算出每个生态区的土壤颗粒物流。因为沙漠发生沙尘暴的频率高（灌木丛 6 次；草原 27 次），所以沙漠生态区（占陆地总面积的 19%）是大部分土壤颗粒大气污染物的来源。加上灌木丛，沙漠地

区几乎占大气镉污染物排放量的100%。

这些数据可同1995年计算出的全球大约3000t人为镉污染物排放量进行比较。理查森等计算出来的自然发生的镉排放量超过了人类活动产生的镉排放量。

格陵兰冰芯样品分析表明了人为排放源相对自然排放源在远距离传输造成偏远地区镉污染的重要性。根据冰芯样品分析,镉的大气沉降量在20世纪60和70年代达到高峰,此时沉降量比工业革命时代前的沉降量高8倍。这说明与自然排放源相比,当时工业排放是格林兰镉沉降更重要的污染源,或许北极其他地区也同样如此。然而,应该注意的是,数据表明从20世纪70年代以后大气镉污染物沉降量一直稳步下降。

由于大气沉降,斯堪的纳维亚地区土壤粗腐殖质层的镉浓度在20世纪一直增加。

根据布特龙等的研究成果,南极没有发现明显的镉污染物增加趋势。

9.2.2 镉的人为排放源

关于镉人为排放源的数据主要是大气镉污染物,而关于镉向水体、土壤排放或直接填埋的数据非常稀少。

在包括撒哈拉沙漠以南的非洲地区、拉丁美洲和发展中小岛国在内的一些发展中国家,由于公众意识不强和缺乏废物管理能力,含镉产品通常没有以环境无害的方式处置。这样处理的例子包括露天焚烧、胡乱堆放和利用湿地河流进行处置。

欧洲制订的《欧洲污染物排放和转移注册制度》是欧洲范围内工业和非工业污染排放的注册制度,包括空气、水体和土壤的镉污染排放以及异地废水和废物的转移。这个制度还提供了点源和扩散源的资料。根据《欧洲污染物排放和转移注册制度》法规第8条,注册内容应该包括存在的扩散源排放资料,并且这些资料已经报告给了成员国。这个制度提供了欧盟25个成员国具有数据的那些扩散源的污染排放量资料。

研究人员调查和评估了匈牙利的镉人为排放源,工厂根据No.21/2001.(Ⅱ.14.)号政府法令编写了工业污染物排放报告,并上交给环保当局。根据这些报告,当局编写污染物排放资料。主要大气镉污染是锅炉、内燃机、涡轮机等燃烧固体和液体化石燃料产生的排放物。通过各种燃料的消费量及其排放系数,研究人员计算出了空气污染物排放量。过去的能源统计数据提供了消费量数据,并且也预测了未来的能源消费。使用这个方法,95%~98%的人为排放都得到了考虑。利用上述方法计算出了1980~2005年的镉污染物年排放量,见表9-10(Hunagary's submission,2007)。

表9-10 匈牙利大气镉污染物排放量　　　　　　单位:t/a

年份 项目	1980年	1985年	1990年	1995年	2000年	2005年
化石燃料	5.35	5.19	4.17	3.16	2.44	2.25
其他技术	2.28	1.78	1.35	0.60	0.68	0.61
总计	7.63	6.97	5.52	3.76	3.12	2.86

镉的人为污染源主要包括工业上含镉矿物的采矿、选矿、有色金属冶炼排放的"三废";电镀、颜料、镍镉电池等含镉产品的制造过程排放的"三废";农业上含镉污水的灌溉以及

164

含镉化肥、污泥的施用等；煤、石油的燃烧；城市垃圾、废弃物的燃烧；交通运输业汽车排放的尾气；含镉产品的使用和消费，如颜料、化肥、聚氯乙烯树脂、镍镉电池、镉盐、镉蒸灯、焊药、烟雾弹、冶金去氧剂、原子反应堆的中子收棒等。

空气中的镉污染主要来自含镉矿物的开采和冶炼，煤、石油的燃烧以及城市垃圾、废弃物的燃烧和汽车尾气排放等。水体中的镉污染主要来源于含镉矿物的采矿、选矿、冶炼以及含镉产品制造过程产生的含镉废水的排放。土壤中的镉污染则主要来源于含镉污水的农田灌溉、含镉化肥和污泥的施用以及大气和水体中镉污染物迁移至土壤等。

此外，含镉产品的使用和废弃也是重要的人为污染源。如废弃的含镉电池，在废物处理过程中或随意丢弃后进入环境；PVC 塑料化学合成过程中作为盐基稳定剂添加的镉，在使用过程中会从 PVC 材料中渗透出来，影响人体健康，特别是威胁儿童成长。

9.2.2.1　大气镉释放源及排放量

（1）镉污染物大气排放清单

镉全球人为排放的最综合性评估可追溯到 1983 年。从 1983 年到 20 世纪 90 年代中期，人为大气镉污染物总排放量从大约 7600t（恩里亚古和帕西纳研究计算的中值）下降到 3000t（见表 9-11）。根据这项评估结果，得出大气镉主要污染源是有色金属生产。

表 9-11　1983 年到 20 世纪 90 年代中期全球大气镉污染物排放量

经济部门	大气排放量/t	占总量的百分比/%
有色金属生产	2171	73
钢铁生产	64	2.1
固定源化石燃料燃烧	691	23
水泥生产	17	0.6
废物处置（焚烧）	40	1.3
20 世纪 90 年代中期排放总量	2983	100
1983 年排放总量	7570	—

然而，我们应该谨慎对待这个计算结果，因为这个排放清单的方法论可能存在明显的低估现象。特别是，研究人员可能低估了焚烧过程的镉排放量。必须认识到，在那些废物处置不发达的国家或区域，经常发生非正规的废物焚烧，而这可能会明显增加镉污染物的总排放量。

所有污染排放源清单都存在不确定性。表 9-12 列出了欧洲 2000 年的三个大气镉污染源排放清单。这 3 个排放源清单是建立在 44 个国家提交给欧洲大气污染物远距离传输监测与评估合作项目（EMEP）的排放数据基础上的。《联合国欧洲经济委员会远距离跨境空气污染公约》的缔约方有责任提交污染物排放数据。这些来自不同类型排放源的正式数据或者是根据该国实际监测值计算而来，或者是根据 EMEP/CORINAIR 指南中的缺省排放因子乘以活动率而来。官方提交的数据在某些情况下存在不确定性。与实际测量值比较，基于正式排放清单的初始模型计算的结果镉浓度和沉降量明显偏低。为了获得更综合和更准确的排放清单，可由污染源排放清单专家审查和改进污染源清单。

表 9-12　欧洲 2000 年大气镉污染物排放量——三个污染源排放清单的结算结果[①]

排放源类型	官方 EMEP 数据[②]		经过挪威空气研究所专家计算补充的官方数据[③]		经过荷兰应用科学研究组织专家计算补充的官方数据[④]	
	排放量/(t/a)	百分比[⑤]/%	排放量/(t/a)	百分比[⑤]/%	排放量/(t/a)	百分比[⑤]/%
发电厂	60	22	116	20	99	26.3
民用和商业锅炉	59	22	251	43	49	13.0
水泥生产	0	0	64	11		
钢铁生产	37	14	46	8	214	56.8
有色金属生产	52	19	52	9		
废物处置	9	3	9	2	9	2.3
道路交通					6	1.4
其他排放源	52	19	52	9	0.7	0.2
总计	269	100	589	100	377	100

①此处欧洲的定义为签署了《联合国欧洲经济委员会远距离跨境空气污染公约》的 44 个成员国（包括俄罗斯和土耳其）。

②根据 2004 年 12 月欧洲大气污染物远距离传输监测与评估合作项目（EMEP）的官方报告数据和专家计算结果，挪威空气研究所在欧盟项目内编制。

③挪威空气研究所根据欧洲大气污染物远距离传输监测与评估合作项目官方数据编写出来的专家基础案例。

④根据欧洲大气污染物远距离传输监测与评估合作项目的官方数据计算出来，经过荷兰应用科学研究组织和国内其他专家的审查和修改（Denier van der Gon 等，2005）得到的数据。

⑤表示排放清单内各种污染源排放量占总排放量的百分比。

根据荷兰应用科学研究组织改进的计算结果，镉大气污染物主要来自工业燃烧和排放过程，特别是原生锌和铜的生产和钢铁生产（特别是烧结生产）；另外一个重要污染源是发电厂，这里特别指的是燃烧硬煤、褐煤和重油的热电厂。

表 9-13 列出了加拿大等国家提交的污染排放量数据。不同污染源的权重取决于该国的工业结构。在那些拥有大量有色金属生产的国家，比如加拿大和澳大利亚，有色金属工业是大气镉污染物的主要排放源；而化石燃料燃烧则是美国大气镉污染物的主要排放源。

表 9-13　一些国家大气镉污染物排放量数据　　　　　　　　　　单位：t/a

污染源类型	大气排放量			
	澳大利亚 2003～2004 年[①]	加拿大 2004 年[②]	美国 2002 年[③]	日本 2003 年[④]
化石燃料燃烧固定源	0.75	1.5	144	
采矿	4.8	0.0		
石油和天然气开采	1.1	0.1		
有色金属生产	10	29	6.9	1.62
钢铁生产		0.7	未评估	
废物焚烧		0.0	7.5	0.09～1.9
移动污染源		0.1	3.0	
其他排放源		1.2	25.9	0.05
总计（四舍五入）	16.8	32.7	82	1.7～4.9

①2003/2004 年全国污染物排放清单的工业排放量（Australia's submission，2005）。

②2004 年全国污染物排放清单的工业排放量（Canada's submission，2006）。

③2002 年全国污染物排放清单（U. S. EPA，2008）。

④工业数据来自 PRNR（Japan's submission，2005）。计算范围仅涉及废物焚烧。预计排放总量的不确定性更高，因为本计算只考虑了废物焚烧的不确定性。提交的资料把"有色金属工业"同"塑料工业"的排放数据弄混了。

表 9-14 总结了摩尔多瓦大气镉污染物人为排放量数据。

表 9-14 摩尔多瓦大气镉污染物人为排放量　　　　　　　　单位：t/a

排放量\年份	1990 年	1991 年	1992 年	1993 年	1994 年	1995 年	1996 年	1997 年
摩尔多瓦	3.08	3.49	1.69	1.42	0.82	0.59	0.66	0.36

排放量\年份	1998 年	1999 年	2000 年	2001 年	2002 年	2003 年	2004 年	2005 年
摩尔多瓦	0.33	0.15	0.17	0.11	0.23	0.12	0.14	0.145

（2）镉污染物大气排放趋势

一般而言，工业化国家过去 15 年的大气镉排放量由于污染排放控制已经明显下降。图 9-11 显示了加拿大和欧洲 EMEP 国家的大气镉污染物排放趋势。欧洲 EMEP 国家 2003 年大气镉污染物排放量是 1990 年排放量的 1/2，而加拿大 2003 年大气镉污染物排放量是 1990 年排放量的 1/3。美国的大气镉污染物排放量从 1990 年的大约 182t 下降到 2002 年的 82t（下降约 55%）。

本研究报告没有获得发展中国家大气镉污染物排放量的趋势数据。缺乏发展中国家镉排放量趋势数据是我们了解镉污染物全球排放趋势的主要障碍。

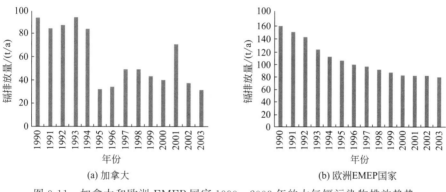

(a) 加拿大　　　　　　　　　　　　　　(b) 欧洲EMEP国家

图 9-11　加拿大和欧洲 EMEP 国家 1990～2003 年的大气镉污染物排放趋势

在欧洲大气污染物远距离传输监测与评估合作项目地区，其中 8 个欧洲国家奥地利、比利时、法国、荷兰、挪威、西班牙、瑞典和英国报告了 1990～2003 年各行业点源铅、镉和汞污染物排放最完整的数据。

表 9-15 列出了这 8 个国家 1990 年和 2003 年各行业的镉排放量计算结果。所有行业的大气镉污染物总排放量下降了 47%。各行业的下降幅度从道路交通下降 95% 到化工行业上升 23% 不等。主要是通过改进烟气除尘技术实现了大气污染物排放的明显下降。这项改进的一个结果就是粉煤灰和其他废渣中收集的镉污染物量增加，这实际上是把镉污染物的大气直接排放部分转化成废渣处置问题。

表 9-15　欧洲八国 1990 年和 2003 年各行业大气镉污染物排放趋势[①]

排放源	1990 年		2003 年		减排	
	排放量/t	百分比/%	排放量/t	百分比/%	排放量/t	百分比/%
道路交通	14.5	19.9	0.8	2.0	13.7	95

续表

排放源	1990 年		2003 年		减排	
	排放量/t	百分比/%	排放量/t	百分比/%	排放量/t	百分比/%
金属生产	12.3	16.8	10.0	25.9	2.3	19
废物焚烧	11.9	16.3	5.8	15.1	6.0	51
钢铁生产	10.1	13.8	4.6	11.9	5.5	54
电力和热力	4.9	6.7	3.3	8.7	1.6	32
有色金属生产	4.0	5.5	1.4	3.7	2.6	64
其他制造业和建筑业	3.7	5.1	3.8	9.8	−0.1	−1.4
化学工业	3.4	4.6	4.1	10.6	−0.8	−23
生活	1.6	2.3	1.4	3.6	0.2	15
其他行业	6.6	9.0	3.4	8.7	3.2	49
总排放量	73	100	39	100	34	47

①8 国指奥地利、比利时、法国、荷兰、挪威、西班牙、瑞典和英国。

荷兰编写的《欧洲重金属的排放、沉降、临界负荷和超标》报告提供了关于镉排放的额外数据资料。这份报告总结了关于重金属减排情景的知识及其沉降量和超标情况以及不同情景的比较。该报告的重点是汞、镉和铅以及其他重金属对人体健康和环境的影响评价。

根据《欧洲污染物排放注册制度》框架，匈牙利定期更新其镉污染物排放量和趋势数据。对公众开放的《欧洲污染物排放注册制度》提供主要工业活动的污染物排放量数据资料。它通过欧盟所有成员国必须提交报告的方式获取数据。在 2007 年后，《欧洲污染物排放注册制度》将被《欧洲污染物排放和转移注册制度》取代。表 9-16 列出了《欧洲污染物排放注册制度》中匈牙利镉污染物排放的详细数据总结。

表 9-16　匈牙利 2001 年和 2004 年四个设施的镉排放量

项目	2001 年大气镉污染物排放量/kg	2004 年大气镉污染物排放量/kg	增减趋势/kg
设施 1	51		数据不全
设施 2	57	113	56
设施 3	106		数据不全
设施 4		38	数据不全

捷克提出了燃烧过程以及金属、水泥和玻璃生产的镉污染物排放因子。如表 9-17 所列，燃烧排放因子数值取决于该设施的能力和所使用燃料的类型。对于金属、水泥和玻璃生产（见表 9-18），则按照生产每吨产品为单位给出排放因子。

表 9-17　燃烧过程的镉排放因子

设施能力/MW	燃料	镉排放因子/(mg/GJ)
>5	褐煤	0.04～1.10
	硬煤	0.01～0.52
	重油	3.00～9.62
	其他液体燃料	3.00～9.62

续表

设施能力/MW	燃料	镉排放因子/(mg/GJ)
0.2～5	褐煤	6.00
	硬煤	0.23
	焦炭	20.80
	液体燃料	126.00
<0.2	褐煤	6.00
	硬煤	0.23
	焦炭	20.80
	液体燃料	50.00

表 9-18　金属、水泥和玻璃生产的镉排放因子（Czech's submission，2009）

设施类型	镉排放因子/(mg/t)
烧结和球团厂	59.0
灰口铁铸造厂	4.0
再生铅生产厂	300.0
再生锌生产厂	14000.0
再生铜生产厂	2000.0
再生铝生产厂	7.0
水泥生产厂	8.0
玻璃生产厂	150.0
铅玻璃生产厂	150.0
焦炭生产厂	10.0
生铁浇铸厂	0.2
钢生产厂	173.2

9.2.2.2　废物和土壤的镉污染物排放

全球镉污染物向土壤和填埋场排放的唯一综合评估可追溯到 1983 年（见表 9-19）。根据该污染排放清单，每年排入土壤的镉污染物量有 5600～38000t，大气沉降是主要来源；另外每年有 4300～7400t 镉以生产废物和报废产品的形式直接进入土地填埋场和各种储存场所。表 9-19 中排入土壤的镉污染物和排入废物的镉污染物两者的区别并不十分明显，例如粉煤灰可能要排入土地填埋场而非土壤。

表 9-19　1983 年全世界排入土壤和废物中的镉

污染源类型	土壤排放量/(t/a)	占土地总排放量的百分比/%
农业和粮食废物	0～3000	6
动物废物、粪便	200～1200	3
森林砍伐和其他废木	0～2200	4
城市垃圾	880～7500	15
城市生活污水	20～340	0.7
包括粪便在内的有机废物	0～10	0.0
金属生产产生的固体废物	0～80	0.1

续表

污染源类型	土壤排放量/(t/a)	占土地总排放量的百分比/%
粉煤灰、底灰	1500～13000	26
肥料	30～250	0.5
泥炭(农业和燃料用途)	0～110	0.2
报废产品	780～1600	4
大气沉降	2200～8400	19
土壤排放量小计	5600～38000	
尾矿	2700～4100	12
冶炼厂废渣和废物	1600～3300	9
土壤总排放量	9900～45000	

直接排入土地填埋场的城市固体废物最主要的镉污染源就是镍镉电池。人们尚不清楚土地填埋场镉污染物蓄积的长期命运，它们未来可能是镉污染物排放到环境中的污染源。因此，欧盟镉及其化合物最终风险评估报告针对镍镉电池进行了全面风险评估，包括研究分析镍镉电池整个生命周期的环境影响。

应该注意，全球肥料的镉污染物年输入量为30～250t，这个数量很低，因为一个国家（澳大利亚）报告的年输入量就有32t，并且肥料过去的镉含量明显比现在高。根据瑞士土壤监测网（Swiss soil monitoring network）的数据，第一次计算结果表明，瑞士全国10%的表层土壤镉污染物含量超过指南中的标准。监测的人为活动产生的主要无机污染物是铅、铜、镉和锌。自然过程和人类活动导致的土壤动力学的结合以及监测方法可能会影响镉污染物的监测结果。针对25个农业现场，经过10年研究的结果表明，人们监测到了高水平的污染物动态特性。人们在偏远的高寒地区和初高寒地区监测到的镉污染物含量超过了指南标准，其主要原因是地球成因源或土壤低pH值。瑞士土壤监测网在1995～1999年间监测到的土壤镉污染物含量中值最低为0.147mg/kg，最高中值为0.350mg/kg；最低平均含量值为0.237mg/kg，最高平均含量值为0.503mg/kg。

表9-20列出了镉污染排放源的国家案例。大多数国家仅报告了工业污染源数据。研究人员对肯尼亚首都内罗毕丹多拉城市垃圾场进行了研究，垃圾场附近土壤样品的镉浓度是5.0mg/kg的8倍。表土和下层土壤都发现镉污染物浓度很高。根据国际化肥集团的计算结果，多哥佩梅磷酸盐处理厂向多哥水体排放大约350万吨采矿废物。这些废物的平均镉含量是14mg/kg。

化肥是澳大利亚和丹麦土壤镉污染的主要直接排放源。随化肥进入农田的镉污染物是许多国家关心的问题。在丹麦，使用白垩土引发的镉污染物输入农田与施用化肥导致的镉污染物输入农田处于同一个量级（见表9-20）。

表9-20 不同国家土壤和土地填埋场的镉污染排放源　　　单位：t/a

污染源类型	土壤和土地填埋场的镉污染源			
	澳大利亚 2003～2004年[①]	加拿大 1994年[②]	丹麦 1996年[③]	日本 2003年[④]
	工业排放			
金属矿采矿	0.14			

续表

污染源类型	土壤和土地填埋场的镉污染源			
	澳大利亚 2003~2004 年[①]	加拿大 1994 年[②]	丹麦 1996 年[③]	日本 2003 年[④]
其他矿山采矿	11			
有色非贵重金属生产	0.31	340[⑤]		114.1
其他工业源	0.15			32
产品				
化肥使用	32		1.2	
农业白垩土			0.6~1.2	
热浸镀锌产品腐蚀			0.1~0.5	
其他			<0.2	
废物处置				
土地使用、城市 固体垃圾堆肥			0.1~0.2	
废物焚烧废渣			8.7~18	
固体废物-土地填埋			3.3~6.1	
废水污泥—土地利用和土地填埋			0.21	
危险废物—土地填埋		0.1	0.4~0.5	
轮胎处置			0.01	
总计	33.7	340.1	14.2~28.5	146

①仅包括那些直接排入土地，没有运到土地填埋场和废物堆场的数量。
②由加拿大提供。其他污染源被归类为"没有确认数据或没有数据"。
③丹麦提交。
④包括排放到土地填埋场的总排放量。直接排放进土壤的镉污染物报告为零。
⑤参考材料中说明是非贵重金属冶炼厂和精炼厂排放的冶炼渣、固体废物或污泥。

　　表 9-21 列出了 2000 年欧盟废物处置镉污染源排放情况。土地填埋场和废物堆场的主要镉污染源是城市垃圾、镉加工、有色金属加工和水泥生产。工业污染物和城市垃圾都是土地填埋场镉污染物的主要来源（见表 9-21）。在一些人口密集国家，例如丹麦和荷兰，人们经常使用燃烧废渣，特别是炉渣修建道路和其他土建工程，因此增加了镉可能通过建设和未来的再建设活动排入环境的可能性。

表 9-21　2000 年[①]欧盟废物处置镉污染源排放情况

项目	排放量/(t/a)[②]	占总量的百分比/%
镉加工	400	16
煤灰	113	4
生活污水污泥	70	3
磷酸盐加工	60	2
钢铁加工	230	9
水泥生产	280	11
有色金属加工	419	17

项目	排放量/(t/a)[2]	占总量的百分比/%
工业源小计	1572	62
直接送往土地填埋场的城市垃圾或混合物	800	32
城市固体垃圾焚烧灰渣	150	6
城市垃圾或混合物总量	950	38
土地排放总量	2522	100

①报告表中指的是地理意义的欧洲；但根据报告内容，此处的数据仅指的是欧盟15国。

②仅给出平均值。这份报告仅对少数一些污染源包含了不稳定性范围，这说明总排放数据比本报告作者判断的还要准确。

　　镉及其化合物排放和转移的主要媒介分别是填埋场和废物。工业土地填埋行业内排放量是每年120～160t，占镉污染物排放总量的95%。工业镉污染物以废物形式向行业外转移数量每年是60～140t，这也是镉污染物转移的绝大多数部分。应该注意，镉污染物工业填埋量占总排放量的比例和镉污染物作为废物外排量占总转移量的比例分别是45%～66%和31%～53%，比例大约是2:1。

　　镉污染物土壤排放的主要问题是镉排入了农业土地。除了农业土地受到镉污染外，一些其他土地也遭受了镉污染。例如道路旁热浸镀锌部件腐蚀造成的污染，镉是锌金属中的污染物，但现有资料并没有表明这是一个重要问题。

9.2.2.3　水环境的镉污染物排放

　　1983年，不计算大气沉降量，人类活动引发的水环境镉污染物排放总量是1200～13400t。大气镉污染物每年沉降到水体的数量为900～3600t。主要污染源是生活污水、有色金属冶炼和精炼以及化学品和金属生产。表9-22列出了一些国家的现有资料。我们注意到已经包含了大多数工业源数据，但可能不包括一些扩散源和城市污水。不同国家可能采用不同的污染源类型，各国的数据还不能直接比较。

　　如上所述，研究人员估计岩石风化和土壤侵蚀导致每年有15000t镉排入水环境。

　　《保护波罗的海地区海洋环境的赫尔辛基公约（HELCOM）》确认以下是波罗的海地区镉污染物进入海洋环境的主要路径。

表 9-22　一些国家水环境的镉污染源案例　　　　　单位：t/a

污染源类型	水环境排放量				
	澳大利亚	加拿大1994年	日本	丹麦1996年	欧盟16国[2]
金属矿采矿	1.2				>1.1
其他矿物采矿	0.06				
有色金属生产	1.5	10[1]	1.2		10.9
钢铁生产		1	4.2		>15.6
镉电镀、电池生产和回收					0.3
磷酸盐加工					9.1
耗蚀性阳极				0.6	
石油/煤燃烧和交通					>0.1

污染源类型	水环境排放量				
	澳大利亚	加拿大 1994 年	日本	丹麦 1996 年	欧盟 16 国[②]
其他工业源	0.44	1	0.3		
城市废水和雨水				0.3~1.4	>1.2[③]
城市垃圾焚烧					0.5
填埋场和城市固体废物运输				<0.003	0.5

①作为非贵重金属冶炼厂和精炼厂排放的冶炼渣、固体废物或污泥。
②《欧盟 15 国和挪威镉风险评估报告》整理的资料（EBC，2005）。大部分基础数据都是 20 世纪 90 年代晚期的。
③城市污水和化学工业排放量数据仅来自两个国家。

① 大气沉降（来自工业源、燃料燃烧、废物焚烧、镍镉电池和其他含镉废物）。

② 工业和其他人类活动的直接排放；这一点得到了印度尼西亚和泰国举行的《"东亚海洋合作机构（Coordinating Body on the Seas of East Asia）"关于确认东亚海洋污染热点地区的区域研讨会报告》的支持。

③ 包括船舶在内的固定和移动钢结构、预防结构电化学腐蚀的耗蚀性阳极直接排入海洋环境。

④ 废物处置系统损失的可回收镍镉电池，导致镉污染物的环境排放。

⑤ 来自一些含镉污染物扩散源（例如镀锌排水管道）的径流。

⑥ 施用磷酸盐化肥农田的径流。

我们还有关于大气镉污染物沉降到海洋环境的额外资料。研究人员对法国利古里亚海（Ligurian Sea）降雨和大气干沉降的镉污染物进行了两年监测（1986 年和 1987 年）。总流量为 $174×10^{-3}kg/(km^2·a)$，对应的输入量为每年 9.2t。镉污染物的大气干沉降量仅有 2%。研究人员注意到，在地中海这个地区，大气镉输入量远远高于河流输入量。与此相反，在波罗的海地区，大约 80% 的镉污染物是通过水体（例如通过河流或直接排放）进入海洋环境的。

摩洛哥报告，该国四个热点地区——丹吉尔省（Tangier）、德土安省（Tétouan）、胡塞马（Al Hoceima）和纳祖尔省（Nador）的主要污染排放管排入海洋的镉污染物总量为每年 1.42t。

在多哥，传输到海洋环境的镉污染物主要通过海洋垃圾（东边更厉害）和激流（冲向大海的激流）迁移。这些激流把自然发生和人类活动引发的重金属沉降物远距离冲到海岸和大海里，这也是多哥及其邻国贝宁和尼日利亚等国海岸遭到磷酸盐采矿废物污染的原因。

9.2.3 过去人为排放镉污染物的再流动

过去人为排放镉污染物的再流动意味着以前环境中沉降或处置的镉又在环境中再次流动，并且有时在不同环境介质（陆地、水环境和大气环境）之间流动。这里简要总结一下镉的环境排放和物质流。环境中过去人为排放镉污染物的再流动包括以下几个不同现象。

① 通过风和降水，移动过去大气沉降的含镉灰尘颗粒物导致的镉（来自人类活动和自然过程排放的镉）的再次流动。这个现象的定量数据非常稀少。

② 通过自然或人类物理影响，导致原来沉积在河床、海岸地区和其他水环境中的镉污染物的再次流动。存在这个现象的一些定量研究案例。

　　③ 通过自然或人类物理影响（人类活动：城市化建设、挖掘；自然活动：长期气候变化），导致原来存放在一般废物、危险废物和工业废物填埋场以及非正规堆放场内镉污染物的再次流动。发达国家针对这个现象的某些方面进行了定量研究，但发展中国家非常缺乏这方面的数据。

　　④ 通过主动和有效控制的环境管理（废物管理和复垦）措施引起的过去堆存尾矿和废石中镉污染物的再次流动。大多数涉及镉提取的工业范围的生产经营都属于这类，这些生产经营导致的镉污染物再次流动都有效地确定了它们的数量（虽然这些数据并不总是对外公布）。然而，一些生产商仍然在技术和环境管理方面存在很大潜力。

　　⑤ 一些不经常发生但明显具有本地和区域影响的突发事件（由于自然现象或工程建筑事故）导致的过去堆存尾矿和废石中镉污染物的再次流动。

　　在存在酸性液体溢流或排放的情况下，产生废物（例如尾矿库和废石）的采矿活动就可能是金属污染源。1998 年 4 月 25 日西班牙西南部唐纳纳国家公园（Nonana National Park）以北 70km 的阿斯纳科利亚尔矿（Aznalcóllar mine）尾矿库垮坝就是一个明显的例子。事故发生后，溶解于酸性水（pH 值为 2）的 500 多万立方米的有毒泥浆冲入阿格里奥河（Agrio River）和瓜迪亚马尔河（Guadiamar River），包括镉在内的重金属给下游地区带来严重污染。事故发生后 4 个月，大部分泥浆被清除，但是 0.1%～5% 的尾矿与河床表层土壤混合。这次污染事故发生在内陆，但污染物被河流传输并且蓄积在土壤和沉积物中。

　　重金属，特别是镉污染的另外一个案例发生在罗马尼亚。两个尾矿库垮坝（2000 年 1 月和 3 月）导致 20 万立方米污染水和 4 万吨尾矿排入蒂萨河（Tisa River）支流，到达乌克兰和匈牙利边界，并流入多瑙河。

　　厄瓜多尔报告该国采矿向附近河流排放了包括镉在内的大量重金属。

　　关于处理过去人类活动排放后沉降或沉积的镉污染物，世界各国可能面临不同维度的同样问题。

9.2.4　农业土壤的镉污染问题

　　化肥和大气镉污染物沉降是农业土壤主要镉输入源。这些污染源可能提高了土壤镉含量，进而可能增加了人们粮食镉污染暴露的风险。

9.2.4.1　农业土壤的镉输入

　　表 9-23 列出了一些国家农业土壤镉输入的案例。主要镉输入源是大气沉降、施用磷酸盐化肥和牲畜粪便。不同国家的磷酸盐化肥镉污染物输入量是不同的，这可能是因为使用的化肥镉的含量不同。例如，芬兰使用的磷酸盐化肥镉含量较低，这些化肥输入土壤的镉污染物数量就少。《欧盟镉风险评估报告（EU Risk Assessment for Cadmium）》指出，欧盟 15 国加挪威磷酸盐化肥向农业土壤输入的总镉量估计为 231t，而污水处理厂污泥的输入量超过 13.6t。这些计算使用的数据主要是 20 世纪 90 年代的数据。欧盟磷酸盐的消费量一直稳步下降，从 80 年代初期的 600 万吨 P_2O_5 下降到 90 年代中期的 370 万吨，然后又下降到 2003～2004 年的 290 万吨。290 万吨 P_2O_5 给农业土壤输入的总镉量估计为 116t。

表 9-23　一些国家的农业土壤镉输入　　　　　　　单位：g/(hm² · a)

污染源	农业土壤的输入量				
	奥地利 1998 年	比利时 20 世纪 90 年代晚期	希腊 20 世纪 90 年代晚期	捷克 2000 年左右	芬兰 2004 年
大气沉降	2.1	9.8	0.031～0.045	1.3	0.19
磷酸盐化肥	0.8	1.0	0.44～1.14	0.71	<0.071
牲畜粪便	0.46	1.4	0.01～0.14	—	0.148
污水处理厂污泥	0.04	0	0	0.1	—
其他有机废物	0.04	0		0	
基地层风化				0.02	
农药	—	—	0.01		
农业白垩土	—	—	0.05～1.2		0.030
总计	3.2	12.21	0.6～1.3	2.2	<0.44

与欧洲许多国家的情况相反，澳大利亚农业土壤大部分镉污染物来自化肥。另外，与欧洲和北美洲相比，澳大利亚农田中天然镉含量很低。澳大利亚镉进口历史与磷肥使用的对比表明，两者一直到 20 世纪 70 年代都处于增加趋势，到 20 世纪 80 年代和 20 世纪 90 年代有明显的下降，1995 年的输入量是 56t 镉。这一下降是因为增加了进口低镉含量的磷酸盐化肥和磷酸盐矿石。可从《经济合作与发展组织化肥研讨会文集——作为镉污染源的化肥（OECD Proceedings of Fetilizer Workshop-Fertilizert as a Source of Cadmium）》获得经济合作与发展组织国家化肥镉污染源方面更详细的资料。

目前没有得到发展中国家农业土壤镉污染物输入量方面的资料。

（1）镉蓄积

连续施用磷酸盐化肥可能导致镉污染物在土壤内蓄积。欧洲几个国家进行的磷酸盐化肥风险评估都说明了农业表层土壤镉蓄积的重要性。表 9-24 给出了不同化肥镉含量施用情景的预测镉浓度。在欧洲一些国家，化肥平均镉浓度将导致表层土壤的镉浓度增加。为了追踪农业土壤的镉浓度趋势，一些国家（比如法国和瑞士）已经启动了土壤镉浓度监测项目。农业土壤中的镉通过植物吸收、喂养牲畜、牲畜粪便、牲畜粪便再用作肥料而得到循环。这个过程中牲畜吸收的镉可能增加动物暴露水平。

奥地利使用化肥当前的含镉量为 25mg/kgP$_2$O$_5$ 时，农田孔隙水平均镉浓度 100 年间增加了 43%；如果含镉量为 90mg/kgP$_2$O$_5$ 时，则农田孔隙水平均镉浓度 100 年间将增加 74%（见表 9-24）。

表 9-24　根据欧洲一些国家风险评估预测的农业土壤镉蓄积量以及报告的化肥镉含量和土壤平均镉浓度（Hutton and de Meeûs）

国家	化肥镉含量 /(mg/kg P$_2$O$_5$)	土壤蓄积的百分数/%		报告的化肥镉含量 /(mg/kg P$_2$O$_5$)	土壤平均镉含量 /(mg/kg 干重)
		60 年	100 年		
奥地利	25 90		43 74	25	0.24
比利时	32.6	−70～120		32	—

国家	化肥镉含量 /(mg/kg P$_2$O$_5$)	土壤蓄积的百分数/%		报告的化肥 镉含量 /(mg/kg P$_2$O$_5$)	土壤平均 镉含量 /(mg/kg 干重)
		60 年	100 年		
丹麦	15 45 60		8～28 40～54 53～125	15	0.18
芬兰	1 21 60		−31～9 5～43 40～125	1	0.21
希腊	18		7	18	0.29～0.41
冰岛	58.6		7	58	0.54
挪威	2.3 60		−20～0 15～127	—	0.24
瑞典	7 60		−75～11 10～50	7	0.23
英国	15 30.6 50 100		4 20 39 9	30(15)[①]	0.32

①据报道，英国化肥镉含量的加权平均可能小于 30 这个中值并且可能小于 20。因此，英国风险评估使用的数值为 15。

因为粮食贸易在很大程度上是国际贸易，因此，粮食镉暴露可能发生在远离粮食产地的地方，甚至在其他大陆。

（2）磷酸盐矿石中的镉

作为一种污染物，镉自然存在于所有磷酸盐或 P$_2$O$_5$ 岩石中，但是，其含量取决于材料的原产地。俄罗斯、芬兰、南非和南美洲发现的火成岩或磷灰石的镉含量较低（常常小于 1mg/kg P$_2$O$_5$）。沉积岩占全世界磷酸盐总产量的 85%～90%，其含镉量范围是 23～243mg/kg P$_2$O$_5$（见表 9-25）。

表 9-25　不同资料来源的商品磷酸盐矿石的镉含量

产地镉	含量/(mg/kg P$_2$O$_5$)
火成岩 科拉(俄罗斯) 帕拉博鲁瓦(南非)	<13 <13
沉积岩 佛罗里达(美国) 约旦	23 <30
胡里卜盖(摩洛哥)	46
叙利亚	52
阿尔及利亚	60
埃及	74
布克拉(摩洛哥)	100
纳哈尔辛(以色列)	100
优素菲耶(摩洛哥)	121
加夫萨(突尼斯)	137
多哥	162
南卡罗莱纳州(美国)	166
塔伊巴(塞内加尔)	203
瑙鲁	243

具有不同含镉量的磷酸盐矿石和磷酸盐化肥通过国际贸易在世界范围内流动。

（3）磷酸盐矿石开采的镉污染物排放

磷酸盐矿石加工可能也导致本地或区域土壤和水污染。例如在多哥，通过矿石筛分（把矿石中的磷酸盐成分从废石中分离出来）来加工磷酸盐。如表 9-25 所列，多哥磷酸盐矿石的镉含量为 162mg/kg P_2O_5。采矿废物大约占矿石总量的 40%，从 1963 年开始，每年有 350 万吨泥浆排入大海。大量镉随着磷酸盐采矿废物排入多哥和邻国（例如贝宁和尼日利亚）附近海域。研究表明，多哥和邻国海域沉积物和生物群落镉浓度增加。剩下的采矿废物（固体废物）排放到矿山附近。

国际化学品安全方案（IPCS）关于镉的专题论文报告指出，磷酸盐化肥生产导致了镉在磷酸产物和石膏废物中的再分配。在许多情况下，石膏排入海岸水域处置导致相当多数量的镉污染物输入。然而，一些国家回收石膏作为建筑材料，因此石膏中镉污染物的排放量微不足道。

9.2.4.2　农业土壤的镉浸滤

通过浸出和浸滤，土壤中的镉污染物最终将进入地表水或地下水。芬兰针对化肥中镉污染物进行了健康和环境影响评估，结果表明，所有计算情景下的水环境当前和未来都存在镉污染风险。在实际情况下，这意味着我们无法建立安全幅度，自然背景镉浓度的任何增加都可能给水环境造成风险。瑞典进行了类似评估，该评估报告表明，化肥中的镉目前没有给瑞典地表水体带来明显的不利影响，但化肥镉含量不同情景分析显示，在某些情况下，某些农田河流的镉含量可能受到影响。影响因素包括：a.镉污染物的高可溶解性，例如在低 pH 值情况下；b.高渗透性土壤；c.存在大量地表径流。丹麦的监测结果表明，与黏土地区的河流比较，该国西部沙质土壤地区河流镉含量明显较高。考虑到砂质土壤镉含量较高与土壤对化肥中和大气镉污染物吸收能力较强有关。

在匈牙利，如果满足 No.5/2001（Ⅳ.3.）Korm 号政府法令和污染排放许可证规定的条件，农田可使用污水处理厂污泥。根据管理当局的数据库，估计土壤镉输入量为 7.35acre53kg（1acre＝4046.86m²）（2004 年）、7.069acre 60kg（2005 年）和 6.406acre 45kg（2006 年）。

第10章

我国镉的供需与排放

10.1 镉的来源与排放

10.1.1 镉矿储量和资源量

全球镉资源比较稀缺，而且分布不均匀，主要资源国有中国、秘鲁、俄罗斯、墨西哥、印度、哈萨克斯坦、美国、加拿大、波兰等国家（见图10-1），这几个国家的镉矿储量占全球镉矿总储量的74%。根据美国地质调查局（USGS）资料显示，2013年全球的镉资源储量为50万吨，相比2011年镉资源全球储量64万吨有较大幅度下降。

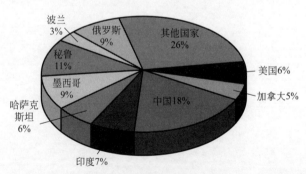

图 10-1　2013 年全球主要镉矿储量国家分布（数据来源：美国地质调查局）

2004～2007 年，我国镉资源储量都保持在 90000t 左右，2008 年和 2009 年镉资源储量均增长到 99000t，2010 年较 2009 年储量减少了 9000t，2011～2014 年镉资源储量基本稳定，保持在 92000t，预计未来几年我国镉资源储量将基本稳定在 92000t 左右。

我国已探明的镉矿分布在 23 个省、市、自治区。镉矿资源分布也相对集中，主要分布在我国中部、西南部和华东地区，这些地区的镉资源探明总量占到我国累计探明总储量的 88%。近年，随着我国地质勘探能力的不断提高，又发现一些大型镉矿。例如，贵州省都匀市牛角塘发现的大型独立镉矿床，矿石品位为 2000～8000g/t，目前为世界上品位最高的镉矿床。

根据国土资源部信息中心的统计结果，2001～2006 年我国镉矿储量和资源量如表 10-1 所列。

表 10-1　2001～2006 年我国的镉矿储量和资源量　　　　　　　　　单位：t

年份	矿区数/个	储量	基础储量	资源量	查明资源储量
2001	154	50430	94389	294122	388511
2002	154	50318	92862	289178	382040
2003	155	49872	98678	279202	377880
2005	153	50375	98899	257763	356662
2006	158	54588	103714	247398	351112

注：2004 年无统计数据。

从表 10-1 可以看出，我国镉矿资源的可利用度不高。2005 年，在约 35 万吨已查明的资源储量中，在当前技术条件下可经济采出的基础储量不足 10 万吨，其中扣除各种损失后可经济采出的储量仅有 5 万多吨。这种状况与镉在自然界中的赋存状态密切相关。如前文所述，镉在自然界中多与铅锌、铅铜锌矿伴生，多数矿品位较低，以杂质形式存在于其他可采矿物中，不具备开采价值，这也是有色金属矿选矿、开采、冶炼过程中镉污染严重的主要原因。

以 2006 年的统计数据为例（见表 10-2），储量在千吨以上的省份有云南、四川、甘肃、青海、广东、内蒙古、湖南和吉林，占全国总储量的 98%，其中云南、四川两省镉的储量最多，占全国总储量的 63%。

表 10-2　2006 年我国镉矿区及储量分布　　　　　　　　　　　单位：t

地区	矿区数/个	储量	基础储量	资源量	查明资源储量
全国	158	54587	103714	247398	351112
北京	1	—	—	139	139
河北	1	—	—	4197	4197
内蒙古	15	3280	3486	13214	16700
辽宁	1	—	—	300	300
吉林	3	1233	1541	95	1636
黑龙江	7	—	—	4235	4235
上海	1	—	—	278	278
江苏	2	—	—	24	24
浙江	7	—	—	6650	6650
福建	12	485	571	5311	5882
江西	4	—	6044	8257	14301

地区	矿区数/个	储量	基础储量	资源量	查明资源储量
山东	2	—	—	2321	2321
河南	3	—	—	1992	1992
湖北	4	—	—	1220	1220
湖南	16	2687	6008	13382	19390
广东	14	3490	4199	16919	21118
广西	14	27	48	18468	18516
海南	1			17	17
重庆	1			847	847
四川	6	8467	11221	11381	22602
贵州	4	537	1031	3403	4434
云南	20	25691	59010	113385	172395
陕西	4	31	44	3290	3334
甘肃	8	4347	5666	12237	17903
青海	6	4312	4845	4930	9775
新疆	1	—	—	907	907

10.1.2　镉的生产工艺概况

镉是锌铅生产的副产品，我国 95% 的镉来自锌冶炼废渣中的综合回收。根据锌冶炼方法，从含镉的烟尘或镉渣中回收镉。在火法炼锌过程中，由于金属镉比锌更易挥发，锌精矿中的镉经焙烧，比锌更早逸出，挥发进入烟尘；在湿法炼锌过程中，镉主要来源于硫酸锌溶液净化工序，在利用锌粉去除硫酸锌溶液中铜、镉的过程中，镉主要以金属状态存在于铜镉渣中。铜镉渣作为提镉的原料，采用火法、湿法或联合法工艺提取金属镉产品。目前，湿法炼镉是生产中较为成熟完善的方法。

湿法炼镉为中国多数工厂所采用，主要包括 5 个过程：铜镉渣浸出及分离、锌粉一次置换镉绵（含 Cd60%）、一次海绵镉溶解（造液）、锌粉二次置换镉绵（含 Cd85%）、二次镉绵自然沉降，然后直接压团、火法熔炼即得含 Cd 99% 以上的成品镉锭，如图 10-2 所示。

铜镉渣浸出过程第一步：在硫酸溶液中，锌、镉、铜等金属和氢离子的电势不同，因而可通过调节不同酸浓度、温度、搅拌方法及时间等反应条件，控制反应程度，从而获得不同金属含量的产物，如富含锌、镉的液体和铜镉锌富集渣等。在一定的酸度条件及不同活性物质参与的环境下，化学活性较差的铜等金属化合物被活性较强的锌、镉置换进入渣中富集，从而浸出活性较强的物质。控制合适的酸浸条件，可大量浸出锌、镉而较少浸出铜，从而达到锌、镉与铜分离的目的。

铜镉渣浸出过程第二步：采用空气强化搅拌氧化，因为在低酸条件下铜很少被氧化溶解，而镉却较易氧化溶解。常温下锌粉置换过程（25℃）中，Zn^{2+} 与 Cd^{2+} 的浓度均为 1mol/L 时，各自的电极电位分别为 $U_{Zn^{2+}/Zn}=-0.7628V$，$U_{Cd^{2+}/Cd}=-0.4026V$。所以，可利用镉和锌的电极电位差异，添加锌粉使溶液中的镉被置换出来形成镉绵，从而达到镉与锌分离的目的。

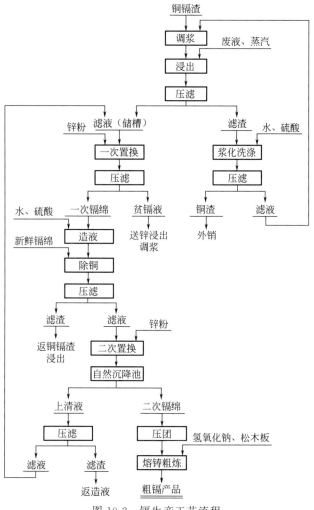

图 10-2　镉生产工艺流程

10.1.3　镉消费量

目前，全球近 86％的镉应用于制造镍镉电池，9％用于生产颜料，4％用于生产涂料，1％用于生产合金、太阳能电池板和稳定器。其中，中国、比利时、日本 3 国镉消费量占全球总量的 77％，其中中国占 33％、比利时占 32％、日本占 12％。就下游应用市场而言，镍镉电池占全球消费量的 1/2 多，其他按消费量递减的顺序为：颜料、涂料和电镀、塑料、有色合金及专门用途（包括光伏设备）。

我国镉消费量很大，主要用于制造镍镉电池。另外，镉还用于制作合金、颜料、涂层和电镀、塑料稳定剂、荧光笔等。但因为镉具有毒性，对环境污染较大，所以我国对镉的消费增长较缓慢。近年来，随着我国太阳能蓄电池产业的快速发展，镉应用领域又找到了一个新的增长点，碲化镉薄膜太阳能电池有光吸收率高、转换效率高、电池性能稳定等诸多优点，应用前景广阔，预计未来几年我国镉需求将呈稳定上升趋势。

2001～2007 年，我国镉的年产量为 2400～3000t，消费量为 5000～6000t。2010～2012

年，我国镉的年产量为6600～7400t，消费量约为5400t（因中国有色金属工业年鉴各年统计数据有差异，以最近年份数据为准）；2002～2007年，未锻轧镉及镉粉末的进口量最高为2006年的9347.071t，最低为2007年的4641.373t；出口量最高为2007年的371.907t，最低为2002年的54.347t（进出口量指海关编码81072000针对未锻轧镉及镉粉末的统计数量，源于中国海关统计数据库。）。因统计对象有差异且数据来源不同，镉产量、进出口量和消费量之间缺乏平衡性，尚需系统调研。但总体而言，镉的年产量远低于消费量，镉的年进口量远大于年出口量，符合供需平衡规律，且镉的年进口量大于年产量，说明近年来我国镉的消费和使用中进口占较大比例。

从镉矿资源的保有程度来看，2006年我国的镉产量约为3000t，镉矿储量为54587t，以该年度的生产规模推算，则镉矿储量的保证年限为15～20年。

2001～2007年，我国镉的年产量占世界总产量的14%～18%，总体呈小幅上升趋势；我国镉的消费量占世界总消费量的26%～36%，总体亦呈上升趋势。

10.1.4　大气镉排放

2008年中国人为源大气镉排放量约为879.2t，其中燃煤源和非燃煤源排放量分别为279.5t和617.7t。从行业贡献率来说，有色冶金行业是我国大气镉的主要排放源，排放量为531.7t，约占总排放量的60.5%，这一方面是由于矿石中的镉含量较高，另一方面是由于冶炼企业，尤其是规模较小的企业生产技术水平和污染控制措施相对落后，导致大气污染比较严重。燃煤源中工业燃煤和燃煤发电是大气镉的主要排放源，排放量为230.9t和23.4t，分别占总排放量的26.3%和2.7%。随着我国不断加大火力发电行业大气污染的控制力度，强制要求安装高效的除尘、脱硫和脱硝设施的机组比例不断提高，使得近年来电力行业的大气污染状况得到明显改善，而对于煤炭消费量巨大的工业行业来说，能耗较高和污染控制措施相对落后成为制约大气污染排放总量控制的重要因素。因此，为了控制和改善我国人为源大气镉排放污染状况，需要在现有大气污染控制力度的前提下，进一步加强对耗煤工业行业和有色冶金企业的产业升级和改造。

10.1.5　镉的产量及进出口贸易

10.1.5.1　镉产量

根据美国地质调查局资料显示，2004～2013年的十年内，世界镉矿产量在19000t左右，基本保持稳定，没有较大幅度变化。中国、日本、韩国、哈萨克斯坦、加拿大和墨西哥镉产量较大，约占全球镉总产量的74%。其中，日本、加拿大、墨西哥国家镉的产量有下降的趋势，而中国和韩国镉产量呈现逐年增加的趋势。原因可能是日本、加拿大和墨西哥等发达国家更加注重环境保护和开发新型可再生能源，而发展中国家为了促进经济的快速发展，还处于大量开采现有的不可再生矿物资源的阶段（见表10-3）。

表10-3　2004～2013年全球及主要国家镉的产量　　　　　　单位：t/a

国家	2004年	2005年	2006年	2007年	2008年	2009年	2010年	2011年	2012年	2013年
美国	550	550	700	—	777	700	637	600	—	—

国家	2004 年	2005 年	2006 年	2007 年	2008 年	2009 年	2010 年	2011 年	2012 年	2013 年
澳大利亚	350	460	400	390	330	330	350	380	380	380
加拿大	1888	1400	1710	2100	1300	1150	1300	1300	1100	800
中国	2800	3000	3000	3400	4300	4300	7200	7500	7300	7400
德国	640	420	640	640	400	400	400	400	—	—
印度	489	500	450	500	599	700	620	660	620	630
日本	2233	2400	2290	2100	2120	1990	2050	2000	1800	1900
哈萨克斯坦	1900	2300	2000	2000	2100	2100	1800	1800	1300	1400
韩国	2100	2200	3250	3600	2900	2300	2500	2500	3000	3900
墨西哥	1600	1600	1400	1600	1610	1580	1480	1500	1624	1630
秘鲁	532	600	420	420	371	275	400	400	684	685
俄罗斯	950	1050	1100	1210	800	800	—	—	700	850
其他国家	2650	1410	1370	1370	1040	1240	1250	1300	880	850
全球总量	18800	18000	19300	19900	19600	18800	21100	21500	20900	21800

注：1. 数据来源于美国地质调查局。
　　2. "—" 表示无数据。

我国是世界第一产镉大国，镉矿产量在 2004～2011 年基本是连年增长。特别是 2009～2010 年增幅较大，从 2009 年的 4300t 增长到 2010 年的 7200t，增长了约 67%，可能是因为我国电子产品对镉需求量增大引起的。2011～2013 年产量有所下滑，但下降幅度不大，总体上 2011～2013 年四年内镉的产量基本保持稳定。我国镉产量占全球镉总产量的比重逐年增加，近几年基本稳定在 35%（见图 10-3）。

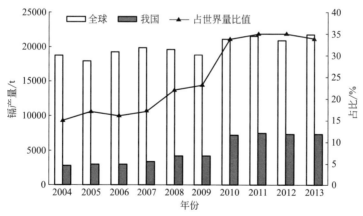

图 10-3　我国和世界镉产量及我国镉占世界镉产量比重趋势

（数据来源：美国地质调查局）

10.1.5.2　进出口贸易

我国与镉相关的产品进出口贸易主要包括未锻轧镉、粉末和镉废碎料。近年来，未锻轧镉、粉末以进口为主，少量出口。在 COMTRADE 数据库中，其海关编码为 81072000，进出口情况见表 10-4。

表 10-4　2002～2015 年我国未锻轧镉、粉末进出口情况

年份	出口量/t	金额/万美元	进口量/t	金额/万美元	再进口量/t	金额/万美元
2002	54.347	8.0479	4903.887	377.4427	18.988	1.0823
2003	121.740	18.9667	6495.872	674.6607	0.000	0.0000
2004	176.135	24.2672	6893.707	661.4461	0.000	0.0000
2005	289.244	99.4603	6801.901	1374.9100	25.000	6.8894
2006	65.484	20.2554	9347.071	2555.4130	0.000	0.0000
2007	371.907	263.3829	4641.373	2516.1620	0.000	0.0000
2008	71.019	55.4894	3351.685	1498.1810	0.000	0.0000
2009	39.504	15.5633	9722.904	2451.2840	0.000	0.0000
2010	288.255	119.9836	4763.210	1786.4620	0.000	0.0000
2011	47.463	25.0056	7322.454	2158.8980	0.060	0.0540
2012	35.385	21.1870	12628.810	2378.4680	0.450	0.1491
2013	157.657	41.5525	10519.950	1936.1990	0.000	0.0000
2014	170.433	58.8897	10029.020	1786.5250	0.230	0.0393
2015	201.115	282.0285	9910.442	1118.1260	0.000	0.0000

镉废碎料进出口贸易较少，仅在 2006 年、2008 年和 2009 年有极少量进口。根据 COMTRADE 数据库统计，镉废碎料为海关编码 81073000，其进出口情况见表 10-5。

表 10-5　近几年我国镉废碎料进出口情况

年份	进口/t	金额/万美元
2006	0.000	0.0173
2008	2.400	1.3920
2009	19.852	2.7573

10.2　有意用镉的主要产品和工艺

我国镉的主要应用领域有镍镉电池的生产、颜料和涂料生产、电镀行业和聚氯乙烯树脂生产等。此外，镉在半导体、荧光体、原子反应堆、航空、航海等方面也有广泛应用。

10.2.1　镍镉电池

镉是铅酸蓄电池中镍镉电池的主要生产原料。镍镉电池是指采用金属镉做负极活性物质，氢氧化镍做正极活性物质的碱性蓄电池。正、负极材料分别填充在穿孔的附镍钢带中，经拉浆、滚压、烧结、化成或涂膏、烘干、压片等方法制成极板；用聚酰胺非织布等材料作隔离层；用氢氧化钾水溶液作电解质溶液；电极经卷绕或叠合组装在塑料或镀镍钢壳内。镍镉电池具有使用温度范围宽、循环和储存寿命长、能以较大电流放电等特点。

镍镉电池的优点是寿命长，可充放电循环 500～1000 次；机械强度高；密封性能好；使用温度范围宽（－40～50℃）；使用方法简单；维护保养方便；安全可靠；能耐受大电流

（高于正常使用电流的几倍乃至十倍）的瞬时冲击而不损坏；在正常工作期间，能长时间地保持电压十分稳定。应用比较广泛，主要用于电动工具、电动剃须刀、对讲机、电动玩具、城市轨道车辆、应急照明、小型不间断电源、仪器仪表等。

10.2.1.1　镍镉蓄电池的结构分类

镍镉充电电池正极为氧化镍，负极为海绵状金属镉，电解液多为氢氧化钾、氢氧化钠碱性水溶液。

镍镉蓄电池是以 5h 放电的容量为额定容量 C_5，标称电压为 1.2V。镍镉蓄电池的种类较多，按外形分有圆柱形、矩形和扣式；按电池封口结构分有密封式和开口式；按工艺分有全烧结式、袋式、压成式；按电池输出功率分有低倍率电池、中倍率电池、高倍率电池、超高倍率电池。镍镉二次电池按照电池结构分类，可以分为有极板盒式、无极板盒式、双极性电极叠层式；按照电池封口结构可以分为开口式、密封式、全密封式。

镍镉电池是一种碱性电池，镍镉电池的比能量可达到 55W·h/kg，比功率可超过 225W/kg。极板强度高，工作电压平稳，能够带电充电，并可以快速充电。镍镉电池过充电和过放电性能好，有高倍率的放电特性，瞬时脉冲放电率很大，深度放电性能也好。采用全封闭外壳，可以在真空环境中正常工作。低温性能较好，能够长时间存放。

烧结式密封电池属于无极板盒式电池，依据制造不同分为烧结式、压成式和涂膏式三种。其中，以烧结式的电性能最好，应用也最广。烧结式电池要先制备多孔烧结基板，再分别经浸渍、化成得到正、负极板。隔膜一般采用尼龙布，外壳及电池盖采用尼龙外壳或不锈钢材料，在外表面再镀上一层镍。对于空间用电池组外壳，则要采用较轻的铝镁材料制成。

10.2.1.2　镍镉电池的构造原理和技术性能

镍镉电池的每个单体电池都是由正极板、负极板和装在正极板和负极板之间的隔板组成。将单体电池按不同的组合装置组合在不同塑料外壳中，可得到所需要的不同电压和不同容量的镍镉电池总成，在市场上有多种不同型号规格的镍镉电池总成可供选择。在灌装电解液，并经过充电后，就可以从电池的接线柱上引出电流。

镍镉密封碱性蓄电池，可在 -20~40℃ 的环境中使用，具备体积小、内阻小、寿命长、低温性能好等特点，尤其是在正确使用条件下，具有少维护（不需补加电解液）、无腐蚀、安全可靠等优点，适应于高倍率放电。该电池可作车辆、船舶及其他用电设备的启动、应急、备用直流电源。主要规格有 10~150AH。

镍镉电池正极板的活性物质是 $Ni(OH)_3$，有时混入片状纯镍，负极板活性物质是海绵状镉。电解液为化学纯净的氢氧化钾或氢氧化钠溶液。在镍镉电池充电和放电的化学反应过程中，电解液基本上不会被消耗。为了提高寿命和改善高温性能，通常在电解液中加入氧化锂。

近年来我国镍镉电池的产量、进出口量和消费量如表 10-6 所列，变化趋势见图 10-3（中国电池工业协会提供）。

统计表显示，1997~2008 年，镍镉电池的产量、进出口量、消费量均呈总体上升趋势。就镉的消耗量而言，因镍镉电池的种类和型号不同，单只电池镉的消耗量存在差别，仅从镍镉电池的总产量难以测算出镉的消耗总量，要获得科学合理的测算值，还需开展更深入的调研工作。但从镍镉电池的产量变化趋势可以推断出，镍镉电池生产中镉的消耗量亦呈总体上升趋势。

表 10-6　1997～2008 年我国镉镍电池消费量　　　　　　　　单位：亿只

年份	产量	进口量	出口量	消费量	重量/t
1997	3.71	2.05	2.97	2.79	6975.60
1998	3.86	2.16	3.09	2.93	7326.50
1999	5.27	2.72	4.22	3.77	9433.00
2000	5.72	3.88	4.58	5.02	12556.55
2001	4.98	4.03	3.98	5.03	12562.98
2002	6.23	5.36	4.98	6.60	16503.48
2003	8.12	5.46	6.50	7.08	17701.87
2004	10.33	7.37	8.26	9.44	23593.29
2005	10.07	6.98	8.05	9.00	22489.75
2006	9.01	5.78	7.21	7.58	18953.55
2007	9.24	6.16	7.39	8.01	20023.43
2008	7.44	4.67	5.95	6.16	15388.08

此外，我国电动自行车产业的发展增加了对铅酸蓄电池（包括镍镉电池）的需求。2001～2007 年我国电动自行车年产量及保有量见表 10-7。

表 10-7　2001～2007 年我国电动自行车年产量及保有量

年份	2001	2002	2003	2004	2005	2006	2007
当年产量/万辆	58	165	400	675.7	1209	1950	2138.2
电动车保有量/万辆	107.6	272.6	672.6	1348.3	2557.3	4507.3	6645.5
配套电池数量/万套	107.6	272.6	672.6	1348.3	2557.3	4507.3	6645.5

注：表中数据来自中国电池工业协会。

表中数据显示，近几年电动自行车产业规模和产销量逐年增长，2007 年电动车全年产量 2138.2 万辆，同比增长 9%，具有助力车生产许可证的企业有 2600 多家，电动自行车的社会保有量达到了 6645.5 万辆。而且，随着环保和节能减排成为大势所趋，能源替代成为当务之急，特别是石油价格不断上涨，电动节能交通工具将存在较大的发展空间。电动自行车用电池虽可用锂电池替代铅酸蓄电池，但其价位高出铅酸蓄电池 1 倍以上，一定时期内铅酸蓄电池在电动自行车领域仍将居主导地位。若无政策干预，预计我国电动自行车中镍镉电池的使用量有继续增长的趋势。

在我国，镍镉电池在电动自行车上的应用比例较高，电动自行车的铅酸蓄电池板栅约 95% 的产品含镉。据行业协会测算，2007 年仅电动自行车产业镉的消耗量即高达约 1200t，占全国镉消费总量的 20% 以上。

2013 年，我国镍镉电池产量为 3.47 亿只，比 2012 年下降了 10%，出口量 1.14 亿只，比 2012 年减少了 39.6%，主要原因是欧盟从 2016 年开始，禁止在电动工具和灯具等产品上使用小型密封镍镉电池，因此导致近年来出口欧美的镍镉电池快速减少，尽管轨道交通及飞机用镍镉电池的使用量仍保持相对稳定，但产量和出口量仍呈下降趋势。

10.2.2　颜料

在颜料和涂料生产中，镉用作镉黄色素，作为原料生产各种类型的镉颜料。镉颜料是一种以硫化镉为主要组分的无机颜料，其色谱范围很宽广，从浅黄到橘红、红，直到酱紫色。镉系颜料的合成已有几十年的历史。镉颜料可分为纯镉颜料和填充型镉颜料，纯镉黄的化学组成为硫化镉或硫化镉与硫化锌的固溶体。纯镉红的化学组成为硫化镉与硒化镉或硫化汞的固溶体。纯镉颜料与硫酸钡可以制成填充型镉颜料。硫化镉也可与碳酸镉组成橘黄混合物，但不是固溶体。镉系颜料可用煅烧法和沉淀-煅烧法制备。此类颜料色泽鲜艳，耐高温、耐热、耐光、耐候且有良好的遮盖力，主要用于塑料工业，其次为陶瓷、玻璃。

近年来，镉硒红色料在陶瓷行业的需求量有明显增加的趋势，2007 年，我国镉硒红系列包裹色料的产量已达 1000t。

由于镉颜料的优良性能，迄今还没有能够完全取代镉颜料的产品，因此，在一定历史阶段镉颜料还将继续生产。

目前湿法生产镉红的工艺流程基本如图 10-4 所示。

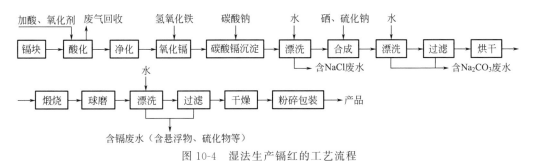

图 10-4　湿法生产镉红的工艺流程

生产中排放的废水呈橘红或淡红色，水质不稳定，间歇式排放。从工艺过程及监测得知，含镉废水主要来源于碳酸镉沉淀漂洗水、合成漂洗水、成品漂洗水及地面冲洗水。废水中主要污染物为镉的化合物（硫化镉、硫酸镉等）、硫化物等碱性废水。

含镉废水利用前工序中的碳酸钠漂洗水和合成含碱漂洗水作为沉淀剂，经自然沉淀固液分离，可回收约 97% 的镉化合物返回车间作生产原料，无二次污染，经济合理。欲排废水经离子交换处理后，可达标排放，工艺技术成熟可行。

10.2.3　电镀工业

镀镉工艺是镉应用的又一重要领域，其主要用途是将镉电镀在钢材表层，保护其不受腐蚀。在碱性环境下由于锌不耐用，对于某些特种钢往往要镀镉，其镀层厚度约 0.05mm。镀镉工艺中通常以镉板做电极，以氧化镉、硫化镉或氯化镉配置镀液。氰化镀液含氧化镉 25~35g/L；铵盐镀液中含硫酸镉 35~45g/L。

电镀是当今全球三大污染工业之一，随着科学技术的发展和电镀工业规模的发展，排放的废水量越来越大。一般电镀厂的含镉废水在处理前镉的浓度都远高于国家制定的标准，环境污染严重。

镀镉层在海洋气候环境条件的防护性能远优于镀锌层，而且镀镉层具有柔软、转矩张力低、较好的可焊性和低接触电阻、良好的防护性能及较小的电腐蚀倾向等优点。

镉的标准电极电位较低，可以用作铁、铝或铜等金属的牺牲阳极保护膜，防腐蚀作用相当显著，其在海洋性环境与高温高湿环境中耐蚀性能尤其优异且氢脆小、光泽性佳、附着力强。虽然我国对镀镉应用有一定的限制，但其在航空、航海以及电子工业产品中仍有广泛的应用，短期内不能取代。

无氰镀镉工艺流程为：

除油——→水洗——→干燥——→喷砂——→活化——→镀镉——→水洗——→干燥——→除氢——→出光——→水洗——→钝化——→水洗——→干燥。

10.2.4 聚氯乙烯制品生产

因聚氯乙烯树脂对光、热、紫外线不稳定，特别是在加工过程中受热分解出氯化氢，所以必须加入稳定剂，以阻缓或阻止聚合物的分解。无机铅盐稳定剂是最早的 PVC（聚氯乙烯）有效热稳定剂，因它们有廉价和有效的优点，至今仍占重要地位。但它有硫污（与硫生成黑色 PbS）、不透明和毒性的缺点，因而促进了有机锡稳定剂和具有协同效应的复合稳定剂的发展，出现了钡/镉稳定剂，而钡/镉和钡/镉/锌复合稳定剂是当前重要的一类稳定剂。稳定剂的用量为聚氯乙烯重量的 2%～5%。常用的稳定剂有亚磷酸铅、硬脂酸锌、硬脂酸镉 $[Cd(C_{17}H_{35}COO)_2]$、碱式硫酸铅（$3PbO \cdot PbSO_4 \cdot H_2O$）、碱式亚磷酸铅（$2PbO \cdot PbHPO_3 \cdot \frac{1}{2}H_2O$）等。例如，在丁腈橡胶/聚氯乙烯并用胶中常用硬脂酸镉与硬脂酸钡并用。硬脂酸镉用作聚氯乙烯树脂加工中的耐热光透明稳定剂，高级橡胶制品（如医用手套和薄膜）的光滑剂和透明软化剂，其镉含量为 16%～17.5%。

从品种结构来看，目前美国以钡/镉稳定剂为主（占 50%～55%），铅盐次之（30%～35%），有机锡占 8%～10%，钙/锌稳定剂占 3%～5%。日本则以铅盐为主（占 55%～60%），钡/镉稳定剂次之（20%），钙/锌稳定剂和有机锡各占 10%左右。

第11章

镉污染防控措施

本章总结了可减少或消除镉污染物排放的防治技术与我国现行的管控措施。控制镉污染物排放的方法主要分成以下 4 种：a.减少含镉杂质的原材料和产品的消费或使用低镉原材料；b.以无镉替代产品或技术代替（或淘汰）含镉产品或镉工艺和实践；c.通过低排放工艺技术和废气废水的管控控制镉污染物的排放；d.有效管理含镉废弃物。我国现行的管控措施包括了相关的环境管理政策、管制名录、行业准入条件以及行业标准等。

11.1　镉污染防控技术

11.1.1　低镉原材料的使用

向农田施撒磷肥会造成土壤镉污染。为削减化肥中的镉含量，可采用低镉磷盐矿石原料或在磷酸盐化肥的生产过程中去除镉污染物。目前去除磷酸盐矿石或磷肥中镉的相关工艺正处于试点阶段，可削减的镉含量的范围为 50%～90%，尚没有工业化实施。然而，使用低镉磷酸盐矿石是比较困难的，目前可用的替代原料并不充足，而且还会对当前向世界市场供应磷酸盐矿石的部分发展中国家造成严重的社会经济影响。

11.1.2　镉替代产品和技术

欧洲研究开发镉替代物的一个主要驱动因素是《报废汽车指令（End-of-Vehicle Directive）》和《关于在电子电气设备中限制使用某些有害物质指令》的发布，禁止了机动车和电子电器的部分用途使用镉。为了实施上述指令，相关替代物已在研究开发过程中。

表 11-1 列出了目前前景较好的镉替代物的开发和推广现状，包括当前的可替代程度、

替代物与镉的使用成本差异等。部分替代物的研发时间或市场供应期限等，主要取决于市场对这些替代物的需求。然而，有些镉的替代物也可能对环境和健康产生不利的影响。

表 11-1 镉替代物的开发和推广现状

用途	替代方案	相对于镉技术的价格[①]	替代技术的推广
电镀	取决于用途；替代物有锌、铝、锡、镍、银、金等	"?"无现成数据	根据 91/338/EEC 指令，从 1995 年起，除了航空、采矿、近岸活动和核活动，欧盟全面禁止电镀镉
焊料的银镉合金	存在几种可替代焊料，如锡-汞焊料	"+"镉在银镉合金中的用途部分地反映了当前镉在世界市场上的低价	含镉焊料已大部分淘汰
铜镉合金及其他合金	替代物取决于用途；铜镉合金可被纯铜取代，用作电缆外皮的铅镉合金；可被其他类型的电缆外皮取代，如 PE/XLPE 外皮、铝外皮或一般的铅外皮	"="合金中的镉含量通常在1%左右，市场上同时存在除了合金以外的其他材料	除了镉产品，市场上同时存在替代物。在丹麦生产的电缆外皮中，镉仅存在于供电专用扁平电缆中，镉含量低于 1‰
热元件/低熔点合金	替代物如铟锑合金和铋锡合金。但是或许不存在全能的替代物	"+/++"—铟很昂贵	镉合金和铅合金主导市场
镍镉电池	镍替代物有镍金属氢化物、锂离子聚合物等	"−/+"替代物虽然生产成本往往较高，但是具有环境效益和技术优势，如电池寿命较长，因为替代物没有所谓的记忆效应问题[②]	镍镉电池仍然是耗电用途如便携式电子工具的主要电源。对于其他用途，替代物逐渐占领市场
聚氯乙烯稳定剂	替代物取决于用途；对于室内用途，替代物一般为钙/锌化合物。对于室外用途及需求较高的其他用途，如电缆/电线，目前为止替代物为基于铅或有机锡化合物的稳定剂，但是目前正在研究开发基于钙/锌化合物的稳定剂	"?"可能更昂贵	到 2001 年 3 月为止，欧洲聚氯乙烯添加剂生产商不再在欧洲市场销售镉稳定剂
颜料	市场上存在许多替代物。最终的选择取决于成本、颜色及其他偏好特征，如耐久性、抗扭强度和亮度。如用于高用途要求的钒酸铋和锡锌钛酸	"−/++"低成本的其他颜色的颜料很容易找到。开发完美替代物的成本可能很高	已广泛使用其他颜料，例如，到 1990 年荷兰塑料生产基本停止使用镉颜料
玻璃陶瓷和珐琅中的有色玻璃和颜料	替代物基于金、铜或硒化钼或 $CaTaO_2N$ 和 $LaTaON_2$ 的颜料和玻璃成分	"?"可能成本更高	镉颜料是最常用的颜料，但市场上也有使用金和铜的颜料
大功率继电器中的银氧化镉	替代物有 $AgSnO_2$，$AgNi$	"+"	当前在市场销售
光敏半导体、红外探测器光敏二极管等	替代物有 GaAs、InGaAs、InSb、InAs 等	"="主要取决于当前的研究成果	当前经常使用碲镉汞

续表

用途	替代方案	相对于镉技术的价格[①]	替代技术的推广
太阳能电池	碲镉用于基于碲镉的现代薄膜电池中,而不是传统的晶体电池。其他的替代物为铜铟镓硒、二氧化钛等	"＝"主要取决于当前的研究成果	当前市场上主要是传统的晶体电池

①是指与镉技术相比,当前无镉替代物的总体使用者/消费者价格水平。价格决定因素因用途而异(购买、使用、维修费等)。然而,成本估算没有考虑废弃物处理成本或其他环境或职业健康成本,以及地方政府和中央政府的成本和收入。

注:"－"表示价格水平下降(替代物更低廉);"＝"表示大致同一价格水平;"＋"表示价格水平上升;"＋＋"表示更高的价格水平。"?"表示无现成数据或数据不准确。

②记忆效应是镍镉电池的一个特征。在每一个循环中,镍镉电池都应被充分放电和充电。否则,电池的电量会缓慢降低,因为电池仅记得实际使用的电量。许多消费者的经验证明,因为这个原因,镍镉电池的有效寿命明显地缩短。

镍镉电池最大的一个用途是用于无线电动工具。2003 年在北欧国家主导市场的是镍镉电池和镍氢电池,而第三类电池锂电池的市场份额较小,但呈现上升趋势。

北欧部长理事会开展了关于北欧国家无镉电池电动工具市场份额的一项调查,评估未来电动工具对镍镉电池的需求。研究数据表明,在北欧国家,镍氢电池在专业和个人消费市场所占市场份额都很高。表 11-2 是镍氢电池驱动的无线电动工具的市场份额估测一览表。瑞典和丹麦对镍镉电池包括电动工具电池征税,而冰岛、芬兰和挪威却不同。因此,瑞典和丹麦市场面临向镍氢电池转变的额外压力。

表 11-2　北欧国家 2003/2004 年镍氢电池驱动的无线电动工具的市场份额[13]

国家和产品	镍氢电池市场份额(占工具销售量的比例)/%	备注
丹麦		
专业电动工具	60%	2003 年,以 2004 年在丹麦开展的一项研究为基础;2004 年比例可能更大
自己动手安装使用的工具	30%～50%	根据本项研究的粗略估计
冰岛		
全部市场		根据本项研究的数据,2004 年镍氢电池可能只是一小部分份额
芬兰		
全部市场	30%	TKL 估测,芬兰,2004 年
挪威		
专业电动工具	50%～60%	根据本项研究的具体数据估算,2004 年
自己动手安装使用的工具		未知,但可能占重要份额(可能接近丹麦或瑞典的水平)
瑞典		
专业电动工具	90%	LEH 估算,瑞典,2004 年
自己动手安装使用的工具	35%	LEH 估算,瑞典,2004 年

欧盟多数消费品配备的镍镉电池都有现成的替代物,但是部分大型(开放式)工业镍镉蓄电池只能通过改变相关工艺(根据用途做出不同改变)来取代。用于大型用途、电动工具

的无镉替代物已得到进一步开发，市场份额也逐步提高。鉴于铅的毒性，不考虑将铅蓄电池作为替代物。2003 年欧盟镍镉电池替代情况如表 11-3 所列。

表 11-3　2003 年欧盟镍镉电池的替代情况

电池细分		用途	欧盟镍镉电池销量	2003 年从技术角度实现无镉电池之后的市场细分		
				存在改变性能和成本后的有效替代物	存在除了铅酸蓄电池以外的、改变性能和成本后的有效替代物	存在除了铅酸蓄电池以外的、没有经济或技术影响力的有效替代物
便携电池（＜1kg）	家用	移动电话 笔记本电脑 摄像机 数码照相机 遥控玩具 其他小型家电	3600	是	是	是
		无线电动工具	3950	是	是	否
	专用	无线电动工具	1800	是	是	否
		应急照明系统	3050	是	否	否
		医疗设备	200	—	—	—
工业用途（＞1kg）	固定	供电 备用电源	2600	是	否	否
	移动	铁路、飞机		是	否	否
	专业	空间和军事用途	200	—	—	—
电动汽车		野外车辆	600	是	否	否
		道路车辆		是	否	否
总计			16000	—		

11.1.3　镉污染排放控制

由于镉及其化合物均具有不同程度的毒性，镉一旦排放，无论采取何种方式处理，仅仅是改变其存在方式和转移其存在的位置，很难完全消除其毒性，因此，降低镉污染的最有效途径就是减少或消除镉的使用和排放。对已经产生的含镉"三废"，应实施有效的回收利用，而对已污染的土壤应进行有效的修复，尽可能减少镉对人类健康的影响程度。镉向环境排放的废物流如下。

① 大气中的镉排放包括：运到城市生活垃圾焚烧厂的可燃废弃物；运到污泥焚烧厂的污泥；在堆放场地、后院等以不可控的方式焚烧的可燃废弃物；为回收镉而处理的废旧镍镉电池中的镉。

② 水环境中的镉排放包括：工业和家庭向受纳水体的直接排放；通过废水处理系统的间接排放；向水体的排放和非正规陆地堆放的地表径流导致的镉排放；土地填埋场/堆放场地的渗滤液未经集中处理直接排放；回收利用活动的镉排放。

③ 陆地环境中的镉排放包括：废弃物不可控的土地堆存，包括废弃物不可控燃烧与回收利用活动产生的残渣土地堆存；把废水污泥或生物处理后的废弃物用作土壤肥料；把废弃物燃烧、煤炭燃烧等产生的固体废物用于建设工程，如修路；地质事件造成的土地填埋场和废物堆放场发生的土壤侵蚀。

从目前的镉污染防治技术研究现状来看，以防为主的减少镉使用和排放的措施研究不多，而针对含镉"三废"处理以及污染土壤修复的研究相对较多。"三废"处理方法中以废水处理研究最多，其主要采用的是物理化学方法，通过化学沉淀、电解、吸附、离子交换、膜分离等方法，将可溶性镉从废水中分离出来。

11.1.3.1　含镉废气处理

镉的主要矿物有硫镉矿，主要赋存于铜、铅、锌矿石中。高温处理矿物质，如燃烧化石燃料、焙烧与冶炼铁矿石、水泥窑作业以及废弃物焚烧都会向大气排放镉及其他一些挥发性痕量元素。镉在浮选时主要进入精矿，在冶炼、焙烧时主要富集于烟尘或炉渣中。据统计，世界上每年由冶炼厂和镉加工处理厂释放到大气中的镉大约为 1000t，约占排入大气中总镉量的 45%。随着镉和其伴生金属需求量的快速增加，镉烟尘污染越来越严重，因此减少镉污染排放、从烟尘中回收镉的研究就引起了科技人员的极大兴趣。

镉污染物可通过无组织排放源排放或烟气系统排放，减少镉污染排放的重点是附加技术和改变工艺（包括维修和操作控制）。减少排放的总体效率在很大程度上取决于集气器和集尘器的清除性能（如吸尘罩），实践已经证明捕获/收集效率可超过 99%。表 11-4 是根据联合国欧洲经济委员会《重金属议定书》，选择使用相关气体净化工艺后的典型粉尘浓度。各相关行业已经采用了其中大部分的除尘措施，最有效的设备是薄膜式的织物过滤器，其烟气清洁效率很高，除尘后每立方米的粉尘浓度低于 1mg。

表 11-4　除尘设备的性能（小时平均粉尘浓度）

除尘设备	除尘后粉尘浓度/(mg/m³)
织物过滤器(FF)	<10
织物过滤器,薄膜式	<1
干式静电除尘(干式 ESP)	<50
湿式静电除尘(湿式 ESP)	<50
高效洗涤器	<50

无组织排放是不可控的排放，是因原材料或副产品的排放、土地填埋和堆存而引起的。有色金属行业，特别是初级锌/镉冶炼厂有可能通过无组织排放源和烟气系统排放较高含量的镉污染物。无组织（暂时）排放可能是镉的职业暴露和当地环境排放的重要排放源。向大气无组织排放的镉污染物主要来自于储存、处理、预处理、火法熔炼和湿法冶炼等阶段。在镉和镉氧化物的生产过程中，熔炉、干馏、铸造和出渣、包装过程均排放镉污染物。镉熔炉和甑式炉是镉精炼厂的两类工艺排放源。可通过把上述活动转移到完全密封的建筑内，削减镉的无组织排放，同时可配备通风系统并加以适当控制。

《欧盟关于有色金属行业最佳可行技术的参考文件》所提供的数据证实，在许多工艺中，镉的无组织排放量是相当高的，可能远远超过捕获量和削减量。在这些情况下，可通过各级气体收集技术（材料存储和处理、反应装置或熔炉和物质转移点）削减其对环境的影响，这就要求在工艺设计开发的各个阶段考虑削减潜在的无组织排放量。各工艺阶段的气体收集技术的分级如下：工艺优化和排放量最低化；密闭的反应装置和熔炉、有针对性的烟气收集；屋顶位置的尾气收集；高耗能措施选择。

对于收集气体的净化，可利用织物过滤器或陶瓷过滤器实现高效除尘。然而织物过滤器在特定情况下容易堵塞，而且不耐火，因此是有局限性的。表 11-5 列出了欧洲冶炼行业的排放源、控制措施、除尘效率和成本，其中有些控制措施是可以综合使用的。其他行业例如废弃物焚烧、煤炭燃烧和水泥生产的粉尘排放控制措施和减排效率见表 11-6。减排效率数据来自实际运行经验，可以反映现有装置的能力。镉的减排效率一般都超过 90％，使用高效织物过滤器后可达到 99％的效率。

表 11-5　冶炼行业的排放源、控制措施、除尘效率和成本

排放源	控制措施[①]	除尘效率、控制投入的比例/%	报告的粉尘排放量/(mg/m³)	减排成本(总成本)	
				投资	运行成本
烧结厂	排放物优化烧结	约 50	—	—	—
	织物过滤器	>99	<20	5~15 欧元/(m³/h)	0.25~1.5 欧元/1000m³(1 欧元=7.4808 元人民币)
	洗涤器	>90	—	—	—
	传统 ESP		100~150	—	—
	高级 ESP	95~99	<50	5~7.5 欧元/(m³/h)	0.05~0.08 欧元/1000m³
	ESP+FF		10~20		
	旋风除尘器	60~80	300~600	0.5~0.75 欧元/(m³/h)	0.007~0.015 欧元/1000m³(0.02~0.04 欧元/t 烧结物)
	预除尘(如 ESP、旋风除尘器)+高性能湿洗涤系统	95 Cd,Pb:>90	<50 Cd:0.003 Pb:0.05	—	
球团厂	ESP+石灰反应装置+织物过滤器	>99			
	洗涤器	>95			
	研磨机的 ESP		<50	2000000 欧元(300000 m³/h)	0.03~0.05 欧元/t 球团(4t/a)
	机械集尘器/多旋风/洗涤器/FF/干燥和硬化区的 ESP	95~99	<20		
	气体悬浮吸收器	99.9	2		
高炉	FF/ESP	>99		ESP:0.24~1 美元/t 生铁(1 美元=6.3872 元人民币)	
	湿洗涤器	>99			
	湿式 ESP	>99			
	两段高炉气体净化系统		1~10 Pb:0.01~0.05		

排放源	控制措施 ①	除尘效率、控制投入的比例/%	报告的粉尘排放量/(mg/m³)	减排成本(总成本)	
				投资	运行成本
高炉	开口机和滑道除尘(如袋式过滤器)	99	(<10g/t生铁)	100万~230万欧元 (690000m³/h)	0.5~2.8欧元/t生铁(3Mt生铁/a)
	铸造过程中的烟气抑制		(12g/t生铁)		
碱性氧气炼钢炉(BOF)	一次除尘:湿分离器/ESP/FF	>99		干燥ESP:2.25美元/t钢	
	二次除尘:干燥ESP/FF	90~97	FF:5~15 ESP:20~30	1200万~2000万欧元	0.8~4欧元/t液钢
	一次除尘:不完全燃烧+文丘里管除尘器或干燥ESP;完全燃烧+文丘里管除尘器	—	5~50 (1g/t LS)	2400万~4000万欧元(10⁶t/a)	2~4欧元/t液钢
	生铁预处理(FF)	—	<10(1g/tLS)	1000万欧元	
无组织排放源	密闭传送带,封闭,湿储存原料,净化	80~99	—	—	
再生钢铁行业	ESP	>99			
	FF	>99.5	粉尘:<5	24欧元/t钢	
感应电炉	FF/干吸+FF	>99	<10		
冷风化铁炉	FF(AC/UC)	>98	<20		
	门上除尘:FF+预除尘	>97		8~12欧元/mg铁	
	FF+化学吸附	>99		45欧元/mg铁	
热风化铁炉	FF+预除尘	>99		23欧元/mg铁	
	文丘里管除尘器(UC)		36~41	—	—
	喷散式涤气机(UC)		5	—	—
	FF(AC/UC)		1.1~20	—	—
旋转炉	加力燃烧室(正常运行)		<30	—	—
	加力燃烧室(冶炼的固态阶段)		150~250	—	—
	FF		<15	—	—
短时排放	高炉密封,吸尘罩,密闭等,通过FF进行尾气净化	粉尘:>99		—	—

续表

排放源	控制措施[①]	除尘效率、控制投入的比例/%	报告的粉尘排放量/(mg/m³)	减排成本(总成本)	
				投资	运行成本
焙烧/烧结	上吸烧结:ESP+洗涤器(进入双触点硫酸车间前)+FF处理尾气	—		7~10美元/t H₂SO₄	
	FF	粉尘:>99.5		24美元/t钢	
再生有色金属行业					
铅生产	短旋转炉:出铁口吸尘罩+FF;管式冷凝器,燃气喷枪	粉尘99.9		45欧元/t铅	
锌生产	冶炼	粉尘:>95		14欧元/t锌	

①ESP:静电式沉淀器;FF:织物过滤器

表 11-6　化石燃料燃烧、水泥行业、玻璃行业、废弃物焚烧的排放源、控制措施和除尘效率与成本

排放源	控制措施[①]	除尘效率、控制投入的比例/%	减排成本(总成本)[②]		备注
			投资	运行成本	
化石燃料燃烧					
燃油燃烧	从燃油转向燃气	Pb、Cd:100	取决于具体情况		
煤炭燃烧	从煤炭向燃料转变,重金属排放量较低	粉尘70~100	取决于具体情况		
	ESP(冷侧)	Pb,Cd:>90 粉尘:>99.5	1.600 美元/(MW·h)	200 美元/[(MW·h)·a]	
	湿法烟气脱硫(FGD)	Pb,Cd:>90	15~30/mg废气		
	FF	Cd:>95 Pb:>99 粉尘>99.95	28.900 美元/(MW·h)	5.800 美元/[(MW·h)·a]	
水泥行业					
旋转炉直接排放	ESP	Pb,Cd:>95	(2.1~4.6)×10⁶欧元	0.1~0.2 欧元/t熟料	指粉尘排放降到10~50mg/m³,窑炉生产能力达到3000t/d熟料,初始排放量达到500g/m³粉尘
	FF	—	(2.1~4.3)×10⁶欧元	0.15~0.35 欧元/t熟料	
熟料冷却机直接排放	ESP	Pb,Cd:>95	(0.8~1.2)×10⁶欧元	0.09~0.18 欧元/t熟料	
	FF	—	(1.0~1.4)×10⁶欧元	0.1~0.15 欧元/t熟料	
水泥厂直接排放	ESP		(0.8~1.2)×10⁶欧元	0.09~0.18 欧元/t熟料	
	FF	Pb,Cd:>95	(0.3~0.5)×10⁶欧元	0.03~0.04 欧元/t熟料	

续表

排放源	控制措施[①]	除尘效率、控制投入的比例/%	减排成本（总成本）[②]		备注
			投资	运行成本	
碾碎机直接排放	FF	Pb,Cd：>95	—		指粉尘排放降到 10～50mg/m³，窑炉生产能力达到 3000t/d 熟料，初始排放量达到 500g/m³ 粉尘
	FF	Pb,Cd：>95	—		
干燥器直接排放	FF	Pb,Cd：>95	—		
玻璃行业					成本反映的企业范围从小型玻璃容器厂到大型浮法玻璃厂
直接排放	FF	粉尘：>98	(0.2～2.75)×10⁶ 欧元	(0.037～0.186)×10⁶ 欧元/a	
	ESP	粉尘：>90	(0.5～2.75)×10⁶ 欧元	(0.037～0.186)×10⁶ 欧元/a	
废弃物焚烧					
烟道气	高效洗涤器	Pb,Cd：>98	—		
	干法 ESP	Pb,Cd：80～90	5.73～6.06 欧元/t 废弃物		
	湿法 ESP	Pb,Cd：95～99	2.12～2.52 欧元/t 废弃物		
	织物过滤器	Pb,Cd：95～99	7.08～7.30 欧元/t 废弃物		

①ESP：静电沉淀器；FF：织物过滤器。
②参见关于成本计算解释的主要内容。

在高温工艺中，进料物质中的镉会发生许多化学变化，不同途径排放的镉的分布取决于不同的参数，包括工艺的温度、工艺内部的化学环境以及所使用的污染防治技术。在烟气穿过粉尘排放控制设备的温度下，烟气中的大部分镉将黏附在空气颗粒物上，镉的排放量取决于粒子的粒径和除尘设备的效率。由于除尘设备去除粉尘的效率很高，一般不再需要使用专门针对镉的污染防治设备。除尘之后，若将烟气引到酸性气体减排系统（如火电厂和废弃物焚烧厂安装的减排系统），可进一步削减烟气中的镉浓度。

有色金属冶炼过程中，从烟尘中回收镉与从镉渣中回收镉不同。研究表明，不同的烟尘含镉很低且差别大。从烟尘中回收镉需要反复烧结富集至镉含量达 10%～12%，然后在鼓风炉或反射炉中加入石英熔剂和焦屑进行富集熔炼。镉从炉内挥发出来，在单独的收尘器内收集，这种镉尘中镉含量可达 25%～30%，然后用硫酸浸出。而要使呈硫化物状态的镉转变为可溶形态，需要进行氧化焙烧或硫酸化焙烧。

我国正在进一步推进可持续发展战略，最大限度实现资源和"三废"的综合利用。对冶炼厂产出的废气加以回收利用，不仅能有效利用资源和保护环境，还可以开发高附加值精细化产品，从经济和环保角度都具有重要的意义。目前，从烟尘中湿法提镉为多数工厂采用，主要工序为镉烟尘的富集、镉渣浸出、置换沉淀海绵镉、海绵镉溶解、镉液净化、电解沉积和熔化铸锭、精馏法精炼等。我国从铜、铅、锌等有色金属冶炼烟尘回收镉的常用方法如下。

（1）从铜焙烧烟尘中回收镉

联合法提镉是中国铜冶炼厂常用的方法。含镉烟尘经焙烧脱杂、稀硫酸浸出、氧化水解脱去铁砷、碳酸锶脱铅、锌粉置换得到海绵镉，加压成团，在铸铁锅中于熔融烧碱保护下铸成粗镉锭，粗镉加入精馏塔内精馏提纯。Ghezzi 等用二甲基苯胺-2 氮-嘧啶作为萃取剂，十二烷基硫酸钠为表面活性剂的微胶束萃取方法进行了去除水溶液中 Cd^{2+} 的试验研究，同时利用超滤技术回收金属。研究表明，该工艺是从镉溶液中回收镉的有效手段。镉在弱酸性 NaCl 溶液中通过脱模作用可很容易地回收，回收率可达 84%。胶束萃取技术主要包括胶束相中金属的浓缩、通过超滤或其他技术从水相中分离胶束相、金属脱离胶束相等 3 步。在黏固过程中，利用元素电负性差异选择性地置换出镉。

（2）从铅烟尘中回收镉

铅熔炼厂烟尘中镉含量不高，常需烧结、熔炼加以富集，当烟尘中的镉含量积累到 3%～6% 后方可作为提镉的原料。美国的凯洛格工厂是将初步富集的含镉 5%～10% 的鼓风炉烟尘，在弱氧化气氛中和 SiO_2 熔剂一起熔炼，大部分镉随气体挥发，烟尘含镉达 35%～40%，该过程在氧化性气氛中进行，得到的产品含硫化物很少，适于用硫酸直接浸出。目前较先进的回收镉的方法是将含镉烟尘和浓硫酸混合冷制粒，然后在 300℃ 时进行硫酸化沸腾焙烧，结果大部分的镉变为硫酸镉，砷、氯和氟逸出，除锑外的其他稀有金属都留在硫酸化产品中，在适当的浸出条件下，镉的浸出率可达 96%。近来，萃取法和吸附法也应用于处理铅烟尘。萃取法尤其适用于分离与镉化学性质相近的铟和铊，在萃取完铊后，再用煤油稀释过的含碘的磷酸三丁酯溶液萃取镉和铊。萃取工艺的应用提高了原料的综合利用水平，同时 Saima 等研究了利用木屑去吸附水溶液中的镉，研究发现木屑有很好的吸附能力（8min 吸附率为 97%）。

（3）从锌焙烧烟尘中回收镉

在锌精矿焙烧过程中，所产的烟尘也含有大量的镉。我国某锌精矿焙烧厂烟尘成分为镉 5%～10%，锌 35%～40%，铅 15%～20%，砷 0.5%～1% 及少量的铟、铊等稀散金属。镉在烟尘中以氧化镉状态存在，其处理工艺通常如下。

① 浸出 常用稀硫酸两段浸出，在浸出温度和浸出酸度适宜的情况下，溢流返回中性浸出，酸性浸出渣含铅较高，送往炼铅。

② 净液 合适温度下，加入铁和高锰酸钾，使砷随氢氧化铁沉淀除去。

③ 置换 除砷后的溶液，用锌板置换镉，产出镉绵及少量杂质。

④ 精炼与铸锭 对含有杂质的粗镉用精馏法进一步精炼再铸锭。Gupta 等研究了酸浓度、金属离子浓度、提取剂和原液浓度等对镉提取量的影响，利用氰化醇 923 较好地分离和回收了镉。

11.1.3.2 含镉废水处理

20 世纪初发现镉以来，镉的工业产量逐年增加，但是废弃的镉通过废气、废水、废渣排入环境，造成污染。污染源主要是铅锌矿以及有色金属冶炼、电镀和用镉化合物作原料或催化剂的工厂。2005 年广东北江的镉污染事件、2006 年湖南湘江的镉污染事件、2012 年 1 月的广西龙江河镉污染事件以及 2013 年广西贺江的镉铊污染事件，均为含镉工业废水排放，使得沿岸及下游居民饮水安全遭到严重威胁的案例。含镉废水已成为对环境污染最严重和对人类危害最大的工业废水之一。

现今含镉废水的处理方法较多，归类可分为 3 种，分别是植物修复技术、生物去除技术以及物理化学处理技术，具体详见表 11-7。从表中可以看出，植物法和生物法作为很有前途的处理方法，具有耗能少、效率高、无二次污染、处理费用较低等优点。但是从自然界得到的菌种耐镉能力较差，仅能处理含镉浓度低的废水，无法实现工业化，应考虑进行生物强化。目前，生物强化技术在废水处理中的应用范围在逐渐扩大。

表 11-7　含镉废水处理方法的比较

比较方法	优点	缺点
中和沉淀法	中和剂价格低廉,工艺简单	沉渣量大,出水硬度高,反应速度较慢,且堆放的沉渣会造成二次污染
硫化物沉淀法	沉渣含水率低且不易返溶形成二次沉淀	费用较高,易产生二次污染
吸附法	去除效果良好	控制条件比较多,实际操作难
漂白粉氧化法	处理效果好	适用范围比较窄,仅适用于含氰、镉的电镀废水,且含镉废渣的处理也是有待研究的问题
铁氧化法	工艺过程简单,处理条件温和,治理效果明显	复合使用面较窄,一般用于处理特定的污水,且还有许多技术组合带来的问题
离子交换法	净化程度高,可以回收镉,无二次污染	成本较高
膜分离法	去除率高,能回收废水中的镉盐,工艺简单	膜的选择性比较高,不同的废水必须研究与之相匹配的膜,废水的成分也必须比较稳定才行,膜组件设计难,投资也比较高
电解法	镉去除率高,可回收利用,广泛应用于废水的治理	成本比较高,一般经浓缩后再电解经济效益较好,限制了电解法的应用推广
植物修复技术	成本低廉,效率高,没有二次污染	耐性植物种类及数量少
生物修复技术	成本低,效率高,容易操作,没有二次污染	具有专项降解能力的微生物在环境中的种类、数量较少,同时在种间竞争中处于劣势
生物强化技术	具有生物修复技术的优点,发展前景好	固定化载体成本高,使用寿命短

（1）植物修复技术

植物修复技术是利用植物自身的吸附净化功能，降低或去除水环境中的镉。这种方法的优点是成本低，潜在经济效益高，不会造成二次污染，简单方便可行性高，满足环保的要求。与植物修复土壤中的金属技术相比，水域的植物修复技术研究起步较晚，但也获得了很大的成功，目前去除水环境中镉的植物为水面漂浮植物，它吸附效果最好，使用价值高，成本低，并且在实际应用中取得了成功。由于需要修复水体本身的污染程度以及每种植物的自身特性不同，所以筛选合适的植物成了最关键也是最难的问题。

P. B. A. Nanda Kumar 和 V. Dushenkov 在试验中发现一个现象，当土壤中镉浓度为 $2\mu g/g$ 时，印第安芥的根部对重金属的吸附系数到达 52；当水体中镉浓度为 $2\mu g/g$ 时则变为 134，这说明植物在水体中吸附重金属镉的能力远远超过土壤。有研究表明，在引起环境污染的几种重金属中，灌木型柳树对镉的吸收积累能力最为突出，利用柳树的速生、生物量高及适应性强等特点，栽培柳树实施短轮伐林对镉污染土壤进行修复，已成为植物修复技术应用研究的热点。剑兰是一种很有潜力的可用于镉污染水体修复的耐性植物。而李华等也做了一些相关的研究，他们验证了剑兰、台湾水韭、尖叶皇冠 3 种水生植物对镉均表现出良好的能力。通过试验数据表明，在重金属含量相同的水中，剑兰对镉的吸附适应能力要高于其余两种植物，具有很好的研究应用价值。

（2）生物去除技术

生物去除技术是 20 世纪 70 年代开始研究的，到了 80 年代才开始应用于实际废水处理中，因为研究时间较短，目前还不够成熟，因此应用也不是很广泛。它的去除原理是利用那些对高浓度重金属离子有耐受性的微生物，如假单胞杆菌属、酵母菌和霉菌等，先将水中的重金属离子摄入细胞内然后再利用自身的新陈代谢作用将这些重金属离子去除，生物去除技术处理重金属废水的优点是选择吸附性强、处理效果好、成本低、可实现贵重金属回收、pH 值和温度范围宽、没有二次污染、简单方便。该方法的缺点是起步尚晚、工艺不完善，仍需假以时日。

目前国外，生物去除技术已经开始应用于工业生产中，类似于真菌、沙门菌、细菌这些菌类以及淡水藻、海藻等藻类物质，还有植物提取汁、马尾藻类海草、啤酒酵母菌株、稻草等，它们处理含重金属的废水，效果良好，有一定的研究价值和发展前景。尹平河、赵玲用几种大型海藻作吸附剂，对废水中的镉离子的吸附容量和吸附速率进行了研究，试验表明，海藻的最大吸附容量在 0.8~1.6mmol/g（干重）之间，吸附速率较快，在 10min 内，重金属从溶液中的去除率就可达 90%。生物吸附镉等重金属离子后需要脱附再生才可再次使用，同时脱附也是回收贵重金属的途径。表 11-8 提供了近期的一些范例。

表 11-8　水处理工艺中金属的生物吸附作用

水中金属污染物	生物	参考资料
镉、铅、汞	海洋抗汞细菌（BHRM） 产碱杆菌、短小杆菌、芽孢杆菌、绿脓杆菌、碘短杆菌	（Jaysankar De 等，2008）
镉、铅 镉、铅 镉、铅、铜、镍 镉、铅 镉、铅、铜、镍、锌 镉、铅、镍、锌	乳酸菌、长双歧杆菌 46 发酵乳杆菌 ME3、雷特氏 B 菌、BB12 囊叶藻 厌氧颗粒污泥（微生物聚集体） 嗜盐菌 海藻、马尾藻、团扇藻、浒苔、江篱属大型藻类 *Lyngbya taylorii*	（Halttunen 等，2007） （Lodeiro 等，2006） （Hawari 和 Mulligan，2006） （Massadeh 等，2005） （Sheng 等，2004） （Klimmek 等，2001）

（3）物理化学处理技术

目前国内对含重金属的废水的物理处理技术主要有吸附法、膜分离法。化学处理方法有铁氧化沉淀法、离子交换法、化学沉淀法等。

① 物理处理技术-吸附法　吸附法是用多孔或大孔的固体物质将水中的物质吸附在固体表面而达到去除效果的方法。对于废水中的镉，吸附性能较好的有膨润土、海泡石、活性炭、茶叶、活性炭纤维、黏土矿物、矿渣、活性氧化铝、淀粉、硅基磷块盐等。有研究表明，用蔗渣、农业废弃物生产活性炭来吸附废水中镉等重金属离子成本低、可行性高。粉煤灰用于吸附废水中的镉和镍，吸附镉 60min 和吸附镍 80min 时，两种金属的吸附率均可达到 90% 以上。矿物材料正越来越多地被当作吸附剂，用来进行吸附重金属离子的研究。天然沸石、高岭土和蒙脱石、改性膨润土、硅藻土等矿物材料被用来吸附重金属离子效果良好，这些矿物的主要成分基本相似，为硅酸盐或硅铝酸盐。

吸附剂的吸附机理不同，应用的场合也不同。如吸附剂的添加量、吸附剂的粒度、废水的成分、废水的含镉浓度等条件都会影响处理含镉废水的效果。吸附法处理的优点主要是操作简单方便，处理成本低，处理效果好，吸附剂种类多，适用范围比较宽，不会造成二次污染。缺点主要是吸附剂对镉离子的吸附选择性不是很高。

② 物理处理技术-膜分离法　膜分离法包括电渗、膜萃取、超滤、液膜、反渗透法、微滤等。电渗析是一种膜分离技术，它是在直流电场作用下，以电位差为推动力，利用离子交换膜的选择性，从溶液中把电解质分离出来，从而实现溶液的纯化、浓缩、淡化、精制等目的。镀镉漂洗水经电渗析处理后，浓缩液可返回电镀槽再用，脱盐水可以再用作漂洗水，这样既可回收镉盐，又可减少废水排放。膜分离法处理含镉废水具有污染物去除率高，能回收废水中的镉盐，工艺简单的优点，但膜在处理废水时的选择性比较高，不同的废水必须研究与之相匹配的膜，废水的成分也必须比较稳定才行，膜组件的设计也是一个难题，膜法处理废水的投资也比较高，这些影响了膜法的应用。

③ 化学处理方法-铁氧化沉淀法　该方法是根据湿法炼铁的原理得出的新型水处理方法，它通过使废水中的 Cd^{2+} 等多种重金属离子转化成铁氧体晶粒，然后再一起沉淀析出，使废水净化。其原理如下：

$$(3-x)Fe^{2+} + xCd^{2+} + 6OH^- \longrightarrow Fe_{(3-x)}Cd_x(OH)_6 \xrightarrow{O_2} Cd_xFe_{(3-x)}O_4 \quad (x=1 \text{ 或 } 2)$$

$$含镉废水 \xrightarrow[NaOH, pH \text{ 值} > 8]{FeSO_4} 黑色沉淀 \xrightarrow[加 O_2]{通气} 铁氧体 \xrightarrow[磁分离]{通气} 水可排放或回用, 铁氧体可利用$$

这种方法能一次脱除废水中的多种金属离子，形成大颗粒沉淀，不会再溶解，易分离，一般不会造成二次污染，同时该颗粒又是有用的材料，可以回收再利用。但是这种方法操作麻烦，需要高温加热，耗时耗力，反应需要能量和大量空气氧化。

④ 化学处理方法-漂白粉氧化法　该方法适用于处理氰法镀镉工厂中含氰、镉的废水，这种废水的主要成分是 $[Cd(CN)_4]^{2-}$、Cd^{2+} 和 CN^-，这些离子都有很大毒性，用漂白粉氧化法既可除去 Cd^{2+}，同时也可除去 CN^-。废水处理中的主要反应过程为漂白粉首先水解生成 $Cd(OH)_2$ 和 $HOCl$，即 OH^- 与 Cd^{2+} 生成 $Cd(OH)_2$ 沉淀，漂白粉水解生成的 $HOCl$ 具有强氧化性，将 CN^- 氧化生成 CO_3^{2-} 和 N_2，促进 $[Cd(CN)_4]^{2-}$ 的离解，最后 CO_3^{2-} 与 Ca^{2+} 在碱性条件下生成 $CaCO_3$ 沉淀。

⑤ 化学处理方法-离子交换法　离子交换法的原理是通过树脂中的粒子与镉发生交换反应，去除水中的镉。这种方法操作简单，无二次污染，水质净化程度较高，镉可以被回收再利用，但是它的处理成本高，由于树脂的自身特性，容易氧化失效，而且需要频繁再生，但是如果能改善树脂性能，这种方法的应用前景非常可观。

⑥ 化学处理方法-化学沉淀法　目前，化学沉淀法是去除水中镉离子的主要方法之一，它的原理就是加入硫化物、氢氧化物、石灰、聚合硫酸铁、磷酸盐、碳酸盐等物质，通过它们与镉离子发生氧化还原反应、离子置换反应以及络合反应，使镉离子变成沉淀，然后再通过吸附、凝聚、过滤、沉降等方法分离出镉的沉淀物。这种方法的工艺简单，经济适用，操作简便，适用于含镉浓度较高的水浴中。但是这种方法对水的 pH 值要求很高，而且一般工业废水的成分都比较复杂，加入的沉淀剂很容易使废水中别的阴离子与其形成络合物，影响沉降。并且这种方法不能将水中的镉回收利用，还容易造成二次污染。

在采用"硫化物沉淀法"治理镉（Cd^{2+}）污水时，若该污水中含有 Fe^{3+}，则先加入石灰，将镉（Cd^{2+}）污水 pH 值调至 3～4，使 Fe^{3+} 沉淀（pH=3.2 时，可认为 Fe^{3+} 沉淀完全）分离，之后再向镉（Cd^{2+}）污水中通入 H_2S 气体（加入适量絮凝剂，可促进 Cd^{2+} 沉淀，提高沉淀效率），将 Cd^{2+} 沉淀除去（$Cd^{2+}+H_2S\rule[0.5ex]{2em}{0.4pt}CdS\downarrow+2H^+$）。采用"离子交换法"（利用离子交换剂对物质的选择性交换能力来除去废水中的污染物的方法）治理镉污水，所选择的离子交换剂是阳离子交换树脂。阳离子交换树脂可用本身带有的 H^+ 和污水中的 Cd^{2+} 发生交换，这个作用过程为：

$$2（聚合物\text{-}SO_3H）+Cd^{2+}\longrightarrow（聚合物\text{-}SO_3）2Cd+2H^+$$

一定量的阳离子树脂，只能交换一定量的 Cd^{2+}。当阳离子交换树脂中的 Cd^{2+} 饱和时，要及时进行分离，然后用强酸（非氧化性）处理该分离物，使阳离子交换树脂再生，并回收 Cd^{2+}，这个作用过程为：

$$（聚合物\text{-}SO_3）_2Cd+2H^+\longrightarrow2（聚合物\text{-}SO_3H）+Cd^{2+}$$

硫化物沉淀法产生的沉渣含水率低且不易返溶形成二次沉淀，但硫化剂价格高，在酸性废水中易产生 H_2S 而污染周围的环境，所以此法的处理费用较高，易产生二次污染，在工业上难以广泛应用。

在采用中和沉淀法时，碱性条件下，镉生成难溶、稳定的沉淀物。碱石灰（CaO）、消石灰［$Ca(OH)_2$］、飞灰（石灰粉、CaO）、白云石（CaO·MgO）等石灰类中和剂价格低廉，可去除废水中的镉离子且工艺简单。但此法沉渣量大，出水硬度高。$Mg(OH)_2$ 经轻烧处理变成 MgO 后，仍可以处理含镉废水且可多次使用。中和沉淀法虽能除去废水中大部分镉离子，但反应速率较慢且堆放的沉渣会造成二次污染，这些问题还有待进一步解决。

广东北江的镉污染事件是利用化学沉淀法的典型代表，运用了化学沉淀与混凝联用技术对突发性水体镉污染事件进行了有效的治理。混凝沉淀主要通过以下两个方面去除镉离子：一是随浊度的去除，水中悬浮物胶体上的吸附态镉被去除；二是絮体表面的大量羟基（—OH）通过吸附和共沉淀，使水中溶解态镉离子得以去除。聚合氯化铝铁（PAFC）是由铝盐和铁盐混凝水解而成的一种无机高分子混凝剂，它集铝盐和铁盐各自的优点于一体，对铝离子和铁离子的形态都有明显改善，具有较高的稳定性且沉降速率快，残留铝含量低，聚合程度大为提高。

⑦ 化学处理方法-电沉积方法　相比吸附法、沉淀法、离子交换法，电沉积方法的优点有环保、易操作和安全，而且电沉积法处理重金属废水具有去除效率高，不会产生二次污染的特点，而且对于处理的重金属可以进行回收利用。电沉积方法主要是以具有较高能量的电子作为还原剂，一般都不添加或者很少添加化学试剂，而且反应器的结构及外围设备都相对简单，操作灵活，是一种理想的处理重金属废水的方法。

在电沉积过程中，一般阴极发生还原反应，阳极发生氧化反应，所以金属灰沉积到阴极表面或者沉入到溶液底部，沉积到溶液底部主要原因是沉积物在阴极表面比较蓬松，而且阴极极有可能发生析氢反应，导致气泡产生，从而使沉积物受到气泡影响而沉积到溶液底部。Y. Oztekin 等研究发现在电沉积某金属（M）废水时，阳极上一般可能发生如下的反应：

$$2H_2O\longrightarrow O_2+4H^++4e^- \qquad E_0=-1.229V \qquad\qquad (1)$$

$$H_2O\longrightarrow H^++OH^- \qquad E_0=-0.828V \qquad\qquad (2)$$

$$4OH^-\longrightarrow O_2+2H_2O+4e^- \qquad E_0=-0.401V \qquad\qquad (3)$$

$$2OH^-\longrightarrow H_2O_2+2e^- \qquad E_0=-0.547V \qquad\qquad (4)$$

$$H_2O_2\longrightarrow O_2+2H^++2e^- \qquad E_0=-0.682V \qquad\qquad (5)$$

而阴极上一般发生的反应如下：

$$O_2+2H_2O+4e^- \longrightarrow 4OH^- \qquad E_0=0.401V \qquad (6)$$

$$2H^++2e^- \longrightarrow H_2 \qquad E_0=0V \qquad (7)$$

$$2H_2O+2e^- \longrightarrow H_2+2OH^- \qquad E_0=-0.828V \qquad (8)$$

$$M^{n+}+ne^- \longrightarrow M \qquad (9)$$

最近几年，国内某厂工业废水电化学法处理系统工程对电化学设备结构进行了关键性的改进，并对进水方式进行了优化，采取连续性进水和处理的方式，大大提高了处理规模。该电化学法处理重金属废水系统的处理能力达 4100t/d，总投资 1390 万元，突破了中国电化学废水处理技术在处理规模上的瓶颈。在国外，2005 年 Y. Oztekin 和 Z. Yazicigil 等，在实验室里通过电沉积处理废水，找到一些还原金属的最适宜条件，比如 pH 值、电解质和添加阳离子交换膜等。2011 年，Pengpeng G 等通过自制的循环电解装置以较高电流效率回收铜、镍和镉。Segundo 等在 2012 年通过流动床电解槽从人工模拟废水中回收镉离子和铅离子，流动床电解槽可以促进传质，使电流效率增加，从而使镉和铅的回收率分别达到99.0% 和 94.0%。Cherifet 等通过阳离子交换膜和电化学组合的方式来去除废水中的镉，阳离子交换膜和流动床电解槽原理一样都是促进传质，但是阳离子交换膜还可以造成镉离子浓度差，使电流效率增加。Butter 等报道，通过旋转盘的阴极，利用电沉积处理回收镉，溶液中残留镉的浓度仅为 $10\mu g/L$。

11.1.3.3　含镉污泥处理

污泥的处置方式主要有填埋、焚烧、投海和再利用等。前三种方法的处置费用高且存在二次污染，已被越来越多的国家禁用。污泥中含有大量有机质和氮、磷等矿质元素，以改良退化土地、造林为主的污泥生态利用被认为是最具吸引力的、可持续的污泥处置方法。然而，污泥中所含重金属始终是污泥安全利用的限制因素。因此，降低或脱除污泥中的重金属显得非常重要和迫切。

目前，通过源头控制可有效降低污泥中的重金属含量，但对重金属含量超过农用标准的污泥，应将其中的重金属去除以达到农用的目的。目前，去除污泥中重金属的主要方法有化学法、生物淋滤法和植物吸收法等。研究表明，利用无机酸或有机络合剂如 H_2SO_4、HNO_3、HCl、EDTA 等处理污泥，通过溶解和浸提重金属的化学浸提法，虽能在短时间内大幅度脱除重金属，但耗酸量大、处理费用高、操作不便，难以付诸工程实际。

起源于微生物冶金的生物淋滤法（bioleaching）是利用自然界中一些微生物，例如氧化亚铁硫杆菌和氧化硫硫杆菌等的直接作用或其代谢产物的间接作用，通过氧化、还原、络合、吸附或溶解作用，将固相中某些不溶性成分分离浸提的一种技术。因其具有耗酸少或不耗酸、运行成本低、去除效率高、实用性强等优点，在城市污泥重金属的去除中日益受到关注。

目前，生物淋滤法去除重金属的影响因素的研究较多，但关于生物淋滤过程中氮、磷等养分和有机质含量的变化及其对污泥性质的影响的研究较少。20 世纪 90 年代初国际上开始利用微生物淋滤技术去除城市污泥中重金属的研究，并取得良好进展。目前，我国利用生物淋滤技术脱除污泥中的重金属尚处于起步阶段，污泥中镉的去除率在50.9%～91.5% 之间。

我国《固体废物污染环境防治法》中，确立了固体废物污染防治的"三化"（减量化、资源化、无害化）原则。按照"三化"原则，采用"水泥固化处理技术"来治理镉渣垃圾，即以普通硅酸盐水泥为固化剂将镉渣垃圾进行固化的一种处理方法。固化时，水泥与镉渣垃圾中的水或另外添加的水发生水化反应生成凝胶，将镉渣微粒包容起来，并逐步硬化成性质稳定的"水泥固化体"。"水泥固化处理技术"是目前治理镉渣垃圾最有效的方法。

11.1.4 含镉废物管理实践

固体废物的处理和处置存在许多选择方案，取决于废弃物的类型及特征。图 11-1 显示了从重金属到废弃物的整个流程，未显示出处理过程中镉的环境排放。在实践中，图中的每一步骤可能都包括几个次级步骤。

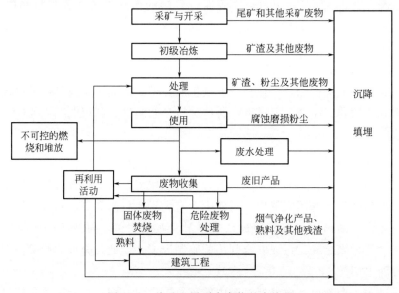

图 11-1 从重金属到废弃物整个流程

防治废物流排放的非技术措施通常被分为规范性/法定措施、经济措施、教育/信息措施。

(1) 规范性/法定措施

通过高效的废弃物收集服务，禁止产品废弃物中的镉直接排放到环境中；通过确保废弃物分类收集与处理，防止产品废弃物中的镉与整个废物流中危险性较低的废弃物混合；确定适用于农业及陆地环境其他部分的污泥和生物废弃物处理产品的镉的许可浓度限值；如果道路等建设工程无法确保长期控制，则限制固体焚烧残渣在筑路等建设工程方面的用途；禁止废弃物的非法堆放；禁止向普通排水沟或水处理系统中直接或间接地排放镉，禁止在水中处置镉；禁止或限制镉及其他危险废弃物的跨境转移；要求企业或商业活动现场存储的任何含镉废弃物或材料必须保存在防水容器中，企业或商业公司必须制定最终处置的书面计划和时间表；禁止在陆地上处置镉含量超过国际标准的任何污泥、化肥或其他材料；实施环境管理战略，其中包括负责任地监督和执行镉污染防治法规、追踪镉的所有流程（从原材料到工艺到产品再到废弃物）以及定期独立的控制。

（2）经济措施

确定镉废弃物处置税费，该税费应充分体现不负责处理危险废物对社会和环境造成的真实的长期成本。

（3）教育/信息措施

教育公众如何恰当处理含镉产品特别是镍镉电池；提供收集点，方便公众分类投放这些废物；设计几个重要指标，公开镉的负责任管理方面的进展。

技术措施通常包括要求土地填埋场具备所接受类型废弃物的许可证和设备，例如防止镉渗漏的薄膜、填埋场废水的收集和处理、地下水水质和大气污染物等的日常和长期测试；确保镉废弃物仅在配备最佳可行技术的排放控制设施中焚烧。

废弃物管理实践主要包括回收利用、焚烧、生物处理、堆放/土地填埋和废水处理。1995 年 10 月，在瑞典举行的经济合作与发展组织镉研讨会关于废弃物中镉的分会总结认为，镍镉电池是城市生活垃圾中镉的最重要来源，占镉输入量的 60%～70%，其次是塑料，再次是有机物及其他来源。目前全球镉消费量约有 17.5% 经过回收和再利用，其中主要是废旧镍镉电池。回收利用的终端产品将是合金和镀镉产品。此外，部分含镉颜料或稳定剂的塑料也回收再利用。对于那些镉含量不多，不足以回收利用的含镉产品，它们的镉最终会进入城市生活垃圾，通常直接进行土地填埋或焚烧。

11.1.4.1　回收再利用

解决镉污染的长期措施是阻止镉进入一般废物流。一旦进入一般废物流，就要求对焚烧炉进行污染排放控制、对焚烧炉残渣进行特殊处理、对填埋场渗滤液进行处理等，所有这些都会造成额外成本。我们可通过分类收集含镉废弃产品（如镍镉电池）或最大限度地减少镉的有意使用，阻止镉进入一般废物流。在实施镉替代政策的国家，后者是推动替代政策的主要动力。

（1）镉涂层和镉合金

含镉废金属露天堆存，金属表面会发生腐蚀，会造成土壤污染。此外，嵌入其他产品如消防警报系统中的小块合金不可能被单独收集和回收利用，小金属零部件在雨季会被埋在泥土中同样会造成环境污染。镉涂层和镉合金的再回收从技术角度讲是可行的，可同时回收利用其他高价金属（如银氧化镉电触头合金）。考虑到镉的价格较低和回收废弃材料含镉量低，人们普遍认为从涂层和合金中再回收镉在经济上是不合理的。然而，随着当前镉价格的提升，回收利用这些产品可能从经济角度考虑变得更加合理。对于电镀物品，当镉随着钢铁回收再利用时，镉的再利用可能涉及从电弧炉粉尘中回收镉。目前，有些国家能够做到从电弧炉粉尘中回收镉，而在有些国家这些粉尘最终会进行土地填埋。

（2）用于塑料颜料、稳定剂以及其他少量用途的镉

该类镉不可能进行任何有效的回收。塑料中的镉可能随着再利用的塑料材料流转，其中镉的最终处置可能会推迟数年。德里夫斯霍尔姆描述了丹麦涂有镉颜料的聚乙烯啤酒箱和软件箱的循环再利用制度的原则。这些箱子的有效寿命为 25～50 年，再利用方式是塑造成新箱子，直到箱子破损为止。

（3）废旧镍镉电池

在过去十几年中，尽管初级镉的供应量一直都在下降，但再生镉的供应量一直在稳步增加，因此供求达到适当的平衡。世界上有三大工业电池收集与再回收计划，即美国和加拿大的可充电电池再回收计划、日本的日本电池协会计划和欧洲的 RECHARGE 计划。根据这三大计划的记录，这三个地区的镍镉电池收集和再利用吨数持续上升，参与计划的再利用公司的再生镉产量也逐年增加。

除了生产过程，密封式镍镉电池在生命周期中一般会在废弃物处置/处理阶段出现最大量的镉排放。许多国家已实施镍镉电池分类收集制度，最大限度地减少一般废物流的镉污染。镍镉电池的收集效率取决于电池类型。

美国地质服务局的报告称"大型工业电池易于回收利用，且回收率约为 80%"，而"小型大众使用的镍镉电池经常被公众丢弃"。丹麦 2004 年利用费用支持，分类回收小型镍镉电池，回收率在 50% 左右。在计算这个百分比的时候，考虑了家庭搁置电池的影响（囤积效应），这种做法可使废旧电池的投放延后数年。美国和丹麦这两个国家的经验都表明，相当一部分电池将随生活垃圾一起进入土地填埋场。

在欧洲，多数或全部废旧镍镉电池都进行回收利用，作为金属再次销售。欧洲重点国家废旧镍镉电池收集率见表 11-9。根据这些国家镍镉电池销售量得到的象征性收集率介于 0.5%～59% 之间，其中有些国家已对电池分类收集制度进行了较大投资。通过比较某一年的收集量与销售量，仅能得出象征性收集率，因为收集的镍镉电池一般是几年前卖出的，那时的销售量或高或低一些。在可以进行这种计算的重点国家，"可收集的"便携式废旧镍镉电池的收集率为 46%～70%。镍镉电池销售量的象征性收集率同基于"可收集的"便携式废旧镍镉电池的收集率的区别在于后者考虑了上述提到的囤积效应。需要注意的是，基于"可收集的"便携式废旧镍镉电池的收集率，假设所有废弃的镍镉电池或者通过分类回收，或者通过城市固体垃圾都得到了回收，这个数据可能接近被评估国家的现实。但在许多发展中国家上述假设则不是有效的，因为这些国家大部分的一般废弃物可能都被随意堆放或焚烧。那些囤积的镍镉电池最终或者与废弃物一起收集（单独或与生活垃圾一起），或者排放到环境中，这表示根据镍镉电池累计销售量得到的收集率原则上应最终反映出镍镉电池实际的累计收集率。

表 11-9　欧洲重点国家报告的便携式废旧镍镉电池收集率　　单位：%

国家	2002 年收集率（占销售量的百分比）	收集率（占"可收集的"便携式废旧镍镉电池的百分比）
奥地利	44	70
比利时	59	—
法国	16	64
德国	39	67
荷兰	32	69
瑞典	55	—
西班牙	14	—
英国	0.5	—

行业协会"Recharge"评估了欧洲的生活垃圾在受控处理过程中短期镉排放的三大主要来源，即城市生活垃圾焚烧的镉污染物大气排放和水排放以及填埋场的渗滤液排放。城市生活垃圾焚烧后的大气排放仅占欧洲大气镉污染排放总量的 2.6%（石油和煤炭燃烧以及黑色

金属生产是主要的大气镉排放源）。土地填埋和生活垃圾焚烧产生的镉污染物贡献率也很少（占报告总排放量的 2.3%）。经过数据评估审查，发现镍镉电池贡献了所涉及国家城市生活垃圾镉含量的约 17%，这表示镍镉电池仅占欧盟镉大气和水污染物排放总量的大约 0.5%。这项研究数据反映了极高的电池分类回收率（相对于欧盟镍镉电池的销量以及经过囤积效应校正后的回收率），其实用性在全球背景下似乎是不可靠的。除了垃圾填埋场的渗滤液，这项研究并没有考虑到其他长期镉污染物排放。

厄瓜多尔在其提交的报告中指出电池中的镉约占全国废弃物中镉总量的 48%。马达加斯加在其提交的报告中指出，马达加斯加每年消费 1 亿粒电池（各类型电池），在缺乏电池收集制度情况下，该国废电池与生活垃圾混合在一起，未经分类便排放到自然环境中。特立尼达和多巴哥 2004～2008 年镉的主要排放源包括废旧锂/镉电池和电子废弃物。已确认的主要处理手段为焚烧、填埋和回收利用。

即使是那些努力实施镍镉电池与一般废物流分离制度的国家也难以实现令人满意的收集率，而且，分类收集与处理意味着需要额外的社会成本。因此，有些国家，如丹麦和瑞典，制定了最大限度减少镍镉电池消费的目标，采取的措施包括实施进口费制度，帮助社会承担分类收集处理废旧电池的成本等。特索普冈（Tetsopgang）和屈波奥（Kuepouo）（2008）开展的一项研究着重指出了喀麦隆雅温得（Yaoundé）废弃干电池的管理不善问题。该研究指出废弃干电池是环境中汞或镉等危险物质的来源。针对这一问题，该研究提出了适用于撒哈拉以南非洲其他国家的废弃干电池的良好管理制度，包括实施进口费制度、完善有关地方商标生命周期责任的法规和改善环保标识。

废旧镍镉电池处理技术主要包括火法冶金和湿法冶金，部分处理技术以其中的一种为主，如纯湿法或纯火法冶金。

1）湿法冶金　原理是基于废旧镍镉电池中的金属及其化合物能溶解于酸性、碱性溶液或某种溶剂，形成溶液，然后通过各种处理，如选择性浸出、化学沉淀、电解、溶剂萃取、置换等手段使其中的有价金属得到资源回收，从而减轻废旧镍镉电池对环境的污染。

① 置换反应　Kanfmann 等与 Pentek 等将电池直接用酸浸出含镍、镉的母液，然后利用金属活泼性的差异，将比镉、镍稍活泼的金属单质如铝或锌置于溶液当中，在适当的条件下将镉置换出，从而实现镍和镉的分离。此方法虽然操作简单，但是置换出的镉纯度比较低，使其实用性受到影响。

② 溶剂萃取　Reinhardt 等、Dobos Gabor 等利用萃取剂对镉、镍等离子的分离能力的差异，使镍离子和镉离子在一定条件下最大程度的分开。江丽等将镍镉电池废泡沫式镉极板用硫酸酸溶后所得到的含有镉镍的溶液用萃取剂 P_{204} 钠皂萃取 Cd^{2+}。由于萃取剂 P_{204} 对铜、镍有较大的分离系数，经过三级逆萃取操作后，镉的萃取率达到 97%。负镉有机项用硫酸反萃，反萃液加 Na_2CO_3，经沉淀后制成优等的 $CdCO_3$。于秀兰等选用有特殊选择性的络合剂，Ni^{2+} 与其形成稳定的络合物，而镉则以自由离子形式存在，然后在一定条件下加入沉淀剂析出镉，镉的回收率为 81%～85%，纯度为 98.9%，再在含镍溶液中加入解蔽剂和沉淀剂制成纯度为 97.8% 的硫化镍产品。该技术已于 1998 年 12 月通过天津市鉴定。此方法虽然能获得比较理想的镍、镉的回收率，但是成本较高，投资较大。

③ 电化学沉积法　此种方法是利用了镍与镉的电极电位差异，通过电解从溶液中直接回收镉，从而实现镉镍分离。此方法能获得高纯度的镉，纯度可达到 99% 以上。镍镉在酸

性溶液中的元素电位分别为 $-0.246V$ 和 $-0.403V$，二者虽有差异但是比较接近。所以为了防止镍的电沉积，必须将电流密度控制在较小的条件下电解镉。徐承坤等根据镍和镉的热力学行为，通过控制浸出条件，使镉浸出液中的 Ni^{2+}、Co^{2+}、Fe^{2+} 的浓度大大降低，从而实现镍和镉在浸出阶段分开并且使镍、钴、铁电沉积时的过电势增大。研究证明，在此条件下进行电解则可以提高电流密度，而得到的镉的纯度几乎不受影响。

④ 选择性浸出与化学沉淀　早在 1971 年，D. A. Wilson 等就利用 NH_4NO_3 选择性浸出镉，然后通入 CO_2 气体使镉成为 $CdCO_3$ 沉淀而析出。镉的浸出率可达到 94%，但是 CO_2 气体消耗量大。1973 年，Hamanasta 等对其进行了改进，在加热的条件下用 H_2SO_4 浸出废镍镉电池中的镍和镉后，在溶液的 pH 值为 $4.5\sim5$ 时加入沉淀剂 NH_4HCO_3 选择沉淀出 $CdCO_3$，然后在滤液中加入 NaOH 和 Na_2CO_3 沉淀析出 $Ni(OH)_2$。但是为了防止镍的共沉淀，需在其中加入 $(NH_4)_2SO_4$。研究人员除研究了利用电解法回收镉以外，还对利用化学沉淀法回收镉进行了研究。试验证明，浸出液中的 Ni^{2+} 浓度比较低，在以碳酸盐作为沉淀剂时不需要再加入 $(NH_4)_2SO_4$ 来防止 $Ni(OH)_2$ 的产生，镉的沉淀率为 99.3%，镍的沉淀率为 2.1%。于秀兰根据镍、镉、铁的溶度积的差别，控制适当的 pH 值，利用沉淀转换法分离镍与镉。但镉的回收率及纯度都不是很理想，一次回收率只有 68% 左右，纯度为 87.8%。如要提高回收率，则需重复操作。张志梅等将废电池粉碎煅烧后，再与醋酸反应，将铁、镍、镉转化成醋酸盐，除铁之后加入到 NaOH 溶液中，制成 $Ni(OH)_2$ 和 $Cd(OH)_2$ 的混合物，并由 X 射线衍射试验证实。将上述混合物分别添加到密封的镍镉电池的正负极中，检测正负极活性物质的利用率、放电电位、电流和 $-18℃$ 放电容量。结果表明，含有上述混合物质的电极与对比电极具有相同的性能。此种回收利用废旧镍镉电池方法的特点在于无需分离 Cd^{2+} 和 Ni^{2+} 即可实现再利用，从而缩短了电池回收处理的工艺流程。

2) 火法冶金　火法冶金是使废镍镉电池中的金属及其化合物氧化、还原、分解、挥发及冷凝的过程，包括常压冶金和真空冶金两种方法。废镍镉电池中回收金属的熔点和沸点见表 11-10，镉的沸点远远低于铁、钴、镍的沸点，可以将经过预处理的废镍镉电池在还原剂（氢气、焦炭等）存在的条件下，加热至 $900\sim1000℃$，使金属镉以蒸气的形式存在，然后镉蒸气（在喷淋水浴中、蒸馏器等设备中）经过冷凝来回收镉，铁和镍作为铁镍合金进行回收。日本某公司将废镍镉电池在 $900\sim1200℃$ 的条件下进行氧化焙烧，使之分离为镍烧渣和氧化镉的浓缩液，从而实现镉与镍、铁的资源回收。真空蒸馏法避免了湿法和常规火法冶金的弊端，此工艺流程短，对环境造成的污染小。朱建新等在实验室条件下，根据镍镉及铁在不同温度下的蒸汽压的不同，对镍镉电池的真空蒸馏基本规律进行了探索，分析了温度、压力和时间等工艺因素对镍镉分离效果的影响，对镍镉电池的真空蒸馏机理进行了研究，为废旧镍镉电池资源化提供了理论依据和试验数据。试验证明，在一定的温度和压力的情况下真空蒸馏可以达到回收镉的目的，镉的纯度可达到 99.85%。

表 11-10　废镍镉电池中回收金属的熔点和沸点　　　　　　　单位：℃

元素	Fe	Co	Ni	Cd
熔点	1535	1495	1453	321
沸点	2750	2870	2732	765

(4) 废旧锌锰电池

我国是世界上干电池生产和消费大国。据资料记载，20 世纪末我国干电池产量约 150

亿只，占世界总量的 50%，其中使用量最大的是锌锰电池。废旧锌锰电池中的汞和镉是剧毒污染物且是十分贵重的金属。目前对于锌锰电池的回收利用技术主要是湿法冶金和火法冶金。采用传统的冶金技术回收锌锰电池的汞和镉，都存在工艺流程复杂、能耗高、原材料消耗大且易产生二次污染等缺陷，在实际利用中有待改进。真空冶金法是冶金领域的新技术，相关的研究还比较少，与传统冶金相比，具有能耗和资源消耗少、金属回收率高、成本较低等优点，特别对于金属汞和镉的冶炼具有明显优势。

真空冶金法处理废旧电池是基于组成电池的各种物质在同一温度下具有不同的蒸气压，在真空中通过蒸发和冷凝，使各组分分别在不同的温度下相互分离，从而实现废旧干电池综合回收与利用。在蒸发过程中，蒸气压高的汞、镉、锌等组分进入蒸气，而锰、铁等蒸气压低的组分则留在残液或残渣中，实现了分离。蒸气相中汞、镉、锌等在不同温度下凝结为液体或固体，实现分步分离回收。

11.1.4.2　焚烧

许多国家都将含镉可燃废弃物直接送去焚烧，以减少废弃物量并回收其中的能源，通过现代技术利用这些能源来发电发热。镉在焚烧过程中不会被破坏，会被排放到环境中或进入焚烧过程产生的各类废弃物产品中。重金属焚烧后的最终命运取决于实际工艺，特别是烟气净化技术。

燃烧过程通常发生在大约 1000℃ 的温度，有机物质在这一温度下会燃烧变成无机物质。镉在这一温度下会熔化，大部分镉会蒸发并黏附到粉尘颗粒上，镉与过滤粉尘一起被收集，其中一小部分进入底灰中。在所有参数中，底灰和烟灰中的镉分布取决于工艺的温度。表 11-11 给出了欧洲部分国家和日本现代焚烧炉污染物排放口的镉的分布。由于采用了先进的减排技术，所以现代焚烧厂排放的大气镉污染物相对较少。

表 11-11　欧洲部分国家和日本现代焚烧炉污染物排放口的镉分布

项目	占排放总量的百分比/%				
	大气排放	静电过滤粉尘	烟气净化滤饼	废水	底灰、炉渣
奥地利 spittelau 城市生活垃圾焚烧厂①	<1	90	<1	<1	9
丹麦 amagerforbrænding 城市生活垃圾焚烧厂②	0.2	94		0.01	6
日本城市生活垃圾焚烧厂（一）③	7.4	82.3		—	10.3
日本城市生活垃圾焚烧厂（二）③	1.2	91.8		0.9	6.1

①静电过滤器烟气净化之后紧接着是烟气脱硫净化系统。
②通过布袋除尘器净化烟气，通过向烟气喷洒石灰浆来中和酸性气体。
③a：ESP 和注入熟石灰；b：ESP 和湿洗涤器来净化烟气。

焚烧厂炉渣中的镉含量范围一般为 0.3~70.5mg/kg。空气净化废渣必须直接进行土地填埋，但有些国家将炉渣用于建设工程如修路，以节约填埋场能力，并最大限度地降低砂子、砾石及类似建筑材料的消费量。利用焚烧废渣的建设工程在处置过程中导致一小部分残渣以粉尘形式排放到周边环境中。此外，建设工程稍后的变动如废渣的再处置可导致部分废渣以粉尘形式排放到环境中，被雨水冲走或与土壤或沙土砂砾等建筑材料混合在一起。

11.1.4.3　生物废弃物处理

主要成分是有机物质的废弃物，如食物废弃物或园林废弃物，可通过生物方法处理，例如堆肥或发酵。目的是把这些废物制造成土壤改良剂或化肥等废物产品，这主要取决于其养分含量。丹麦的经验表明，堆肥和生物废弃物处理产品中的镉含量为 0.25～0.7mg/kg（干物质）。废弃物中镉的来源没有经过详细调查，可能来自塑料碎片、碎锌、大气沉降以及经过处理过程浓缩的有机物质。在筛分过程中去除的废渣包括塑料、金属及不可降解的其他材料。

11.1.4.4　土地填埋

填埋是可用于所有类型废弃物的废弃物管理方案。在非经济合作与发展组织国家，填埋一般都是一个选择方案。在欧洲，多数废弃物目前也进行土地填埋。1999 年，西欧有 57% 的生活垃圾被填埋。

土地填埋场的范围包括没有采取任何渗滤液控制措施的非正规简单堆放场以及严格控制危险废物的填埋场。最大程度减少填埋场污染物排放的一般措施是提供顶部封盖、覆盖物和内衬，进行渗滤液处理后再排放废水。

目前，对垃圾填埋场渗滤液中的重金属已经进行了广泛研究和监测。与填埋场处置的重金属总量相比，渗滤液中的重金属含量相对较低，大部分重金属都保留在填埋场。生活垃圾卫生填埋场及类似储存场地中废弃物渗滤液排放的镉污染物，在经过处理后，前一百年内通常远低于所填埋镉总量的 1%。

渗滤液通常被收集起来进行废水处理，留在废水污泥中的镉污染物可能直接进入农田（若渗滤液与生活污水混合）、焚烧或再次土地填埋。这样就形成了一种循环，渗滤液中的全部或部分重金属随着时间会被排放到环境中。此外，预计土地填埋场渗滤液的收集持续时间一般不超过 50～100 年，此后，填埋场的渗滤液将自行进入环境。

现在的问题是，从长远来看，在何种程度上，土地填埋场可被认为是镉的永久封存场所。长远视角由于具有高度不确定性，往往不在评估的考虑范围之内。比如，填埋场的长期镉排放并未包括在《欧盟风险评估技术指南文件（Technical Guideline Document used for EU Risk Assessment）》中，生命周期评估大多数方法也没有考虑填埋场的长期镉排放。根据丹麦环保署开发的 EDIP 法，为了将此类排放纳入生命周期评估，汉森研究了送往填埋场的持久性危险物质（其中有镉）可能的长期命运。除了普通渗滤情况，洪水、地震等引起侵蚀的地质机制可能也产生重要影响，这取决于土地填埋场或废物堆放场的位置。人们认识到，存储在道路及其他土建工程中的镉污染物将来有可能排放到环境中。从长远角度看，人们可能认为废弃的填埋场实际上是环境中高度污染之地，这种情况下，区别土地填埋场与周边环境可能就没有意义。

11.1.4.5　不可控的燃烧和堆放

在许多国家，家庭（后院燃烧）、企业或土地填埋场以不可控的方式燃烧废弃物以减少废弃物数量是一种普遍做法。

不可控的燃烧不可避免地会导致向大气和土地排放镉污染物。由于燃烧温度比焚烧厂低，所以设想金属的蒸发不会达到焚烧厂的程度，但是不可控的燃烧仍然会导致含镉塑料及其他有机物质排放镉污染物。此外，考虑到不可控的燃烧不可能采取大气污染减排措施，那么单位废物的实际污染物排放量将明显超过焚烧厂。然而，目前并没有掌握不可控燃烧的镉排放量数据，也难以定量确定污染排放量。通过观察采取除尘措施之前从焚烧炉排放的烟气，可以大致得知污染物排放量。由于一般不可控燃烧的温度都低于焚烧厂，因此大多数情况下在后院焚烧的镍镉电池的焚烧程度也比不上焚烧炉，所以可能有大量镉通过不可控燃烧排放到大气中。

不可控燃烧的镉减排的主要措施是实施高效的废弃物收集制度以及通过土地填埋场填埋的方式防止镉污染物排放。世界上许多国家都存在废弃物的不可控燃烧和堆放现象，所处理的废物和导致的污染通常难以量化。不可控燃烧多发生在缺乏有效废弃物收集制度的国家，也可发生在有废弃物收集制度国家的农村地区。例如，格陵兰岛的经验表明，为减少废物数量而在堆放场所进行不可控废弃物燃烧所导致的镉排放量，可能相当于废弃物焚烧厂里有组织的废弃物焚烧产生的排放量。美国 20 世纪 90 年代早期，针对伊利诺伊州中部五个县居民的一项调查结果表明，在伊利诺伊州一个典型的农村县，约有 40％ 的居民都焚烧家庭垃圾。该调查还发现，大约 63％ 的家庭是利用垃圾桶焚烧他们的生活垃圾。新西兰在后院焚烧的家庭垃圾数量约占本国土地填埋生活垃圾总量的 1％。

11.1.4.6　废水处理

废水处理技术包括机械、生物和化学处理技术。通过污水处理去除镉通常取决于实际所用的技术。丹麦的经验表明，城市生活污水中的镉有 11％～59％（取决于污水处理厂类型）最终进入污泥中。从污水中去除的镉污染物将留存在污泥中，然后进入农地、焚烧厂或土地填埋场。

11.1.5　土壤镉污染修复技术

土壤修复方法中应用较多的是施用石灰调节土壤 pH 值、化学沉淀与吸附、翻耕、施用客土与换土、植物修复、黏土矿物修复，其宗旨是降低土壤中的镉含量，使之能恢复农业使用。

（1）土壤镉的背景值

土壤中元素的背景值是指土壤在未受到人为因素影响或影响较小的情况下，土壤中某元素的含量。镉是一种稀有分散金属，土壤镉的背景值取决于成土的母质，它在地壳中各类岩石的平均含量为 0.1～0.2mg/kg。其中，火成岩含镉范围为 0.001～1.8mg/kg，变质岩为 0.04～0.1mg/kg，沉积岩为 0.3～11.0mg/kg。全球土壤中镉含量范围为 0.01～2mg/kg，中值为 0.35mg/kg。中国的土壤类型众多，全国 41 个土类镉的背景值差异明显，镉含量变化范围在 0.017～0.332mg/kg。其中，石灰土镉背景值最高，达到 0.332mg/kg；绿洲土、水稻土和高山漠土镉背景值次之；再次是灰褐土和黑垆土等，其背景值均大于 0.100mg/kg。镉背景值较低的土类主要是栗钙土、灰色森林土、砖红壤、赤红壤和红壤，均在 0.060mg/kg 以下，其他各土壤类型镉的背景值接近于全国土壤镉背景的平均值，为 0.070～0.080mg/kg。此外，我国各区域间土壤镉的背景值呈现了一定的区域差异的规律性：西部地区＞中部地区＞东部地区；北方地区＞南方地区。从行政区域来看，土壤中镉背景值以贵州省最高，为 0.332mg/kg；而浙江、江苏、内蒙古、福建和广东等省区土壤镉背景值较低，均在 0.060mg/kg 以下。虽然各地区镉背景值有较大差异，但一般情况下土壤中自然存在的镉不至于对人类造成危害，造成危害的土壤镉大都是人为因素引入的。

（2）土壤镉污染的来源

土壤中的镉分为可溶性和非水溶性两大类，二者在一定条件下可相互转化。镉在土壤中的化学形态多样，和其他重金属元素相比，镉相对容易被植物吸收，其化学形态与其在植物体内迁移能力大小有关，其活性还与土壤的氧化还原环境有关。在通常情况下，自然条件背景值下土壤中的镉对人类的影响不大。但是受人类活动的影响，一些地区镉含量大量聚集，超过背景值的几十倍，甚至几百倍，在这种地区土壤中种植的作物对人类的健康具有很大的危害。镉的污染主要来源于废气、施肥及污水灌溉。

① 废气　工业废气中含有各种元素，特别是镉相关工业排放的废气中含有较高浓度的镉，这些镉经过降雨和自然沉降进入土壤中。在一些重工业城市，特别是冶炼厂和涉及含镉物料处理的企业，产生大量的含镉废物，经过风力、水力的输送，这些含镉的超细物料被扩散至厂界周围，它们中的一部分被植物给吸收，在果实和枝叶上大量积累，这就是引起"镉米"事件的原因。

② 施肥　农田中施用化肥和污泥也会增加土壤中的镉含量。现在的化肥中一般含有较多的镉，而污泥中除含有丰富的有机质及氮、磷、钾等营养物质外，也含有较高的镉。多年连续使用或者不合理施肥就会导致土壤中重金属富集，造成土壤镉污染。

③ 污水灌溉　污水灌溉是指以经过处理并达到灌溉水质标准的污水为水源所进行的灌溉。污水中含有较多氮、磷、钾等多种养分，主要为生活污水和工业废水，其中含有较多的重金属离子。我国许多地区从 20 世纪 60 年代就开始采用污水进行灌溉，污灌导致灌溉区土壤中的重金属含量增加。武汉市易家墩污水灌溉区，土壤中镉的含量为 $0.185 \sim 3.870 mg/kg$，在一些省市如河北、浙江、湖南、江西等部分地区由于长时间受污水灌溉影响，土壤中的镉含量高达 200mg/kg，在其上种植的小麦和稻米的镉含量也达到了 1.0mg/kg，严重地超过了国家标准。采用污水灌溉的植物果实中镉的含量也会比正常果实高好几倍。由于采用污灌而导致土壤受到严重镉污染的报道屡见不鲜。

（3）我国农业土壤镉污染现状

目前，我国工业企业年排放的未经处理的废水达 300 亿～400 亿吨，用这些工业废水灌溉农田的面积占污灌总面积的 45%，造成严重的重金属污染。据 2008 年国家环保部提供数据显示，我国受到 Cd、As、Pb 等重金属污染的耕地面积近 $2.0 \times 10^7 hm^2$（$1hm^2 = 10^4 m^2$），约占总耕地面积的 1/5，其中"工业三废"污染的耕地有 $1.0 \times 10^7 hm^2$，使用污水灌溉的农田有 $3.3 \times 10^6 hm^2$，每年被重金属污染的粮食多达 $1.2 \times 10^7 t$，造成的直接经济损失超过 200 亿元。

2001 年农业部对全国 24 个省市 320 个重点污染区 $5.48 \times 10^6 hm^2$ 农田进行调查监测，结果表明，全国污染区大田类产品中污染物超标面积占污染区农田总面积的 20%。其中，重金属是土壤与农产品中的主要污染物，占污染物超标农产品总面积和总产量的 80%，而镉污染农产品超标面积达 $2.786 \times 10^5 hm^2$。土壤镉污染造成我国水稻、蔬菜等农产品的质量下降，严重威胁人体健康，影响农业可持续发展。2000 年农业部环境监测系统对 14 个省会城市 2110 个样品的检测表明，蔬菜中重金属镉等污染超标率高达 23.5%；南京郊区 18 个检测点青菜叶样分析表明，镉含量全部超过食品卫生标准，最多超过 17 倍。

我国的土壤镉污染涉及 11 个省市的 25 个地区，每年生产镉米 $5.1 \times 10^9 kg$。有些地区的镉超标现象相当严重，如江西省某县多达 44％的耕地遭到污染，并形成 670hm^2 的"镉米"区；成都东郊污灌区生产的大米中镉含量高达 1.65mg/kg，超过 WHO/FAO 标准约 7 倍；沈阳市张士灌区因污水灌溉使 2533hm^2 农田遭受镉污染（土壤镉含量≥1.0mg/kg），其中严重污染面积（所产稻米的镉含量≥1.0mg/kg）占 13％。此外，陕西、河北、湖南、浙江、江西、广东等部分地区农田土壤镉污染情况均比较严重，有些地区土壤镉含量超过 200mg/kg，所产稻米、小麦的镉含量在 1.0mg/kg 以上。江西大余因污灌而造成的镉污染面积高达 5500hm^2，其中严重污染面积占 12％；广州郊区老污灌区土壤中镉的含量高达 228mg/kg；上海蚂蚁浜地区被镉污染的土壤平均镉含量达 21.48mg/kg，最高值为 130mg/kg；湖南株洲市清水塘地区农田土壤镉平均超标 25.7 倍，最高 135.3 倍；汞平均超过背景值 2.6 倍，最高达 8.4 倍。除污灌外，导致我国农业土壤镉污染的途径还有施用污泥等固体垃圾、磷肥等农用化学品以及大气沉降物等。

　　从这些研究报告来看，我国农田土壤镉污染不仅面积大，而且污染程度较重，部分污染区的农产品镉含量超过国家食品卫生标准几倍以上。说明土壤镉污染已经危及我国食品安全，开展对重金属污染土壤的治理已经到了刻不容缓的地步。

　　土壤修复是指利用物理、化学和生物的方法转移、吸收、降解和转化土壤中的污染物，使其浓度降低到可接受水平，或将有毒有害的污染物转化为无害的物质。当前世界各国十分重视对镉污染治理方法的研究，概括起来主要有工程治理、生物治理、化学治理、农业治理、土壤淋洗等。

11.1.5.1　工程治理方法

　　工程治理是指用物理或物理化学的原理来治理土壤镉污染，主要是指采用填埋、换土、焚烧等措施。

（1）填埋法

　　是在被污染的土壤表面均匀覆盖一层干净土壤，降低植物根系与污染土壤的接触面，从而达到减轻农作物对重金属的吸附的目的。

（2）换土法

　　是将被污染的土壤移走，换入干净的土壤。此方法对于小面积严重污染且污染物又易扩散、难分解的土壤是必须的，以防止扩大污染范围，危害人体健康。土壤中镉元素的形态是可逆的，随着酸性污水的侵袭，被固定的镉又被活化为交换态，因此对镉污染土壤最彻底的改良方法是铲除其表土，向污染土壤加入大量的干净土壤，覆盖在表层或混匀，使污染物浓度下降到临界危害浓度以下或减少污染物与根系的接触从而达到减轻危害的目的，这种方法叫做客土法。如沈阳张士灌区对土壤镉污染的改良方法，根据镉元素在土壤中的分布状况，铲除表土 5～10cm，即可使米镉下降 25％～30％；铲土 15～30cm，米镉下降 50％，但耗费大量的资金、人力、物力，排出的污染土壤又很容易引起污染，而且土壤肥力会有所下降，所以对换出的土壤应妥善处理，同时还应对土壤多施肥以补充土壤肥力。此外，还有翻土，就是深耕土壤，使聚积在表层的污染物分散到更深的层次，达到稀释的目的。

（3）焚烧法

　　是将被污染的土壤在焚烧炉中焚烧，使高分子有机物和重金属元素挥发，烟气经过除尘、冷却和净化处理后达标排放。

11.1.5.2　生物治理方法

生物治理是指利用特定的动、植物和微生物能够快速的吸收或降解土壤中的污染物这一特点来适应、抑制和改良镉污染，主要包括动物治理、植物治理等。生物治理措施的优点是实施较简便、投资较少和对环境破坏小，缺点是治理效果不显著。

(1) 动物治理

是利用土壤中的某些低等动物蚯蚓、鼠类等吸收土壤中的镉。微生物治理利用土壤中的某些微生物对镉产生吸收、沉淀、氧化和还原等作用，降低土壤中镉形成的难溶磷酸盐，其中，原核生物（细菌、放线菌）比真核生物（真菌）对镉更敏感，革兰氏阳性菌可吸收镉。

据研究，蚯蚓能够降解土壤中的农药，吸走土壤或污泥中的重金属。成杰民等研究了蚯蚓-菌根在植物修复镉污染土壤中的作用，结果表明，接种菌根不仅能促进黑麦草对镉的吸收，而且还能促进镉从植物的根部向地上部分转移。由于接种蚯蚓可以提高菌根的浸染率，所以二者具有促进镉向地上部分转移的协同作用。这对于重金属污染土壤的植物修复具有十分重要的意义。

目前国外研究的微生物处理污染土壤主要针对有机物。微生物能够通过改变土壤的物理化学属性或通过酶对土壤组分起催化作用影响金属氧化物的溶解度。Ewa Kurek 等研究了微生物对以不溶态形式释放到土壤的镉的影响。

(2) 植物治理

这是一种很有潜力、正在发展的清除环境污染的绿色技术，是目前研究的热点，利用某些植物能忍耐和超量积累某种重金属的特性来降低土壤中镉的含量和活性，然后对地上部分进行收割后集中处理，达到清除污染物，修复的目的。

与其他技术相比，植物修复具有如下特点：a.适用范围广，既可用于清除土壤中的重金属污染物，也可用于清除污染土壤周围的大气、水体中的污染物；b.实施原位修复，它是在不破坏土壤生态环境、保持土壤结构和微生物活性的状况下去除污染物，能增加土壤有机质含量，改善土壤结构，提高土地生产力，同时兼有保持水土、美化环境的作用；c.投入成本低。这些特点使其在重金属污染土壤修复实践中应用越来越广泛。但是，用植物吸收的方法净化污染土壤中的镉所需时间周期较长。

镉污染土壤的植物修复中所应用的特定植物物种多为镉的超积累植物。超积累植物筛选是重金属污染土壤植物提取修复的基础和核心问题，同时也是污染环境植物修复的难点及前沿。Baker 等提出了镉超积累植物的参考值，植物叶片或地上部分（干重）中镉含量达到 $100mg/kg$ 以上，并符合地上部分重金属含量高于土壤重金属含量（即富集系数 BCF>1），地上部分重金属含量高于根部重金属含量（即转运系数 TF>1），这些特征的植物称为镉超积累植物。目前，超积累植物已发现 400 多种，几种镉超积累植物的基本特征见表 11-12。然而，这些植物中符合 Baker 等的镉超积累植物参考值的并不多，包括芸薹属的油菜、遏蓝菜属的遏蓝菜、堇菜科堇菜属的宝山堇菜、景天科的东南景天、茄科的龙葵、商陆科的商陆、藜科的叶用红苋菜等。

表 11-12　几种镉超积累植物的基本特征

植物种类	地上部分的镉质量分数/(mg/kg)	富集系数(BCF)	转运系数(TF)
遏蓝菜	≤3000	>1	>1

续表

植物种类	地上部分的镉质量分数/(mg/kg)	富集系数(BCF)	转运系数(TF)
油菜	≤177.58	>1	>1
东南景天	叶≤5677;茎≤3274	>1	>1
龙葵	103.8~482.25	2.68	1.04~1.27
商陆	200~482.25	2.02~5.52	1.67~2.25
叶用红菾菜	≤159.79	7.99	1.64~4.96

学术界对世界各地的超积累植物开展了相关研究。Baker 在欧洲中西部发现了能富集镉高达 2130mg/kg 的十字花科植物天蓝褐蓝菜。Salt 发现印度芥菜对镉有一定的忍耐和积累能力，而且生物量较大，吸镉总量很高。对此，我国王激清等也进行了进一步的证实和研究。吴双桃等通过盆栽试验，研究了美人蕉在镉污染土壤中的生长特征及对镉的吸收规律和修复能力。美人蕉适合种植于低浓度污染土壤，在镉污染环境的修复方面具有良好的应用前景。李硕等水培试验显示了水葱（*Scirpus tabernaemontani*）用于植物修复镉污染土壤的潜力。苎麻[*B. nivea*(*L.*)Gaud]是我国重要的纤维作物，项雅玲等（1994）的试验证明，苎麻有较强的吸镉能力，建议作为净化植物加以利用。在石灰性土壤加入 CdCO$_3$ 的条件下，通过温室土培盆栽试验研究发现，印度芥菜和油菜互作时植株的吸镉量和对土壤的净化率均高于单作。魏树和、周启星等通过室外盆栽模拟试验及重金属污染区采样分析试验发现并证实，杂草龙葵（night shade）是一种镉超积累植物。另外，熊愈辉等研究发现，从水培条件下东南景天地上部分的镉含量来看，东南景天是一种镉超积累植物。刘威等通过野外调查和温室试验发现并证实，宝山堇菜（*Viola baoshanensis*）是一种镉超富集植物。张绵等通过镉污染地各种草坪草富集镉含量的结果表明，结缕草是对污染地中镉的摄取富集量最低的草坪品种，进行异地栽植，不会造成二次污染并改变土壤层中镉的浓度构成。刘云国以盆栽法研究了黄连（*Dendronthena morifolium Tzvel*）、地柏（*Sabina procumbens*）、黄花刺槐（*Osa chinensis Jacq*）等 10 种植物对土壤镉的吸收及其生物净化效应，结果表明，月季花、栀子、天门冬等有较强的抵抗镉污染能力和富集镉的作用，可作为土壤镉污染生物治理的植物。

超积累植物中，许多植物的生物量低，生物周期长。针对这种情况，研究者发现了采用基因工程和使用螯合剂来提高植物的生物量。Lai H Y 等对石竹和香根草镉、铅、锌的富集进行了研究，试验表明，在加入 EDTA 溶液后石竹和香根草对土壤中的镉、铅的富集有了明显增强。Vyslouzilova M 等对柳树镉和锌的富集进行了探索，他们发现柳树富集的镉和锌分别有 83% 和 71% 富集在柳树的叶子上，经过对柳树两个生长周期的试验，他们发现柳树可从被镉和锌污染的土壤中分别富集 20% 的镉和 4% 的锌。

虽然有些植物的镉积累能力未达到超积累植物的标准，但是对镉的植物修复仍有特殊的意义。与超积累植物相比，这类植物对土壤中的镉具有一定的积累能力，同时还具有较大的生物量，可以弥补超积累植物植株矮小、生长缓慢、生物量低等不足，镉积累的总量较多，这类植物称为耐性植物。如禾本科小麦属的冬小麦茎中可积累 26mg/kg 的镉，荨麻科苎麻属的苎麻对镉的转移系数最高达到了 9.95；禾本科芦竹属的芦竹对镉污染土壤有很好的耐受力和吸收积累镉的能力；Beaupre 发现在法国北部镉污染区生长的白杨镉含量高达

209mg/kg，是森林树种中的耐性植物。

植物修复技术主要包括植物提取、植物稳定、转基因修复、植物促进修复、协同修复等。

① 超积累植物的提取修复　植物提取是一种集永久性和广域性于一体的植物修复途径，已被证实为去除环境重金属和有机物污染的重要方法。用于植物提取技术的理想植物应具备：能够超量积累重金属，最好是地上部分积累；对重金属积累浓度有较高的耐受力；生长快，有高生物量；易收割。匍匐翦股颖等草坪植物对镉胁迫具有较强的适应能力，通过在污染土壤上种植绿化草坪植物达到园林绿化与污染防治的双重功效。黑麦草对锌、镉蓄积较强，同时，黑麦草再生能力强、易于种植、生物量较大、抗病虫害能力较强，存在作为土壤重金属锌、镉污染植物修复材料的潜力，尤其对土壤锌、镉复合污染的修复效果可能更强。

② 重金属排异植物的稳定修复　在重金属含量高的地段，由于重金属的毒性影响或者在堆积污染土时的机械破坏等原因，填土区的天然植被比较稀少，需要在这些地方种植一些耐重金属类植物，建立植物覆盖。耐重金属类植物枝叶分解物、根系分泌物对重金属有固定作用，腐殖质对金属离子有螯合作用。这些功能通过保护土壤不受侵蚀，减少土壤渗漏来防止污染物的流失，并通过在根部累积和沉淀，或通过根系吸收重金属来增加对污染物的固定。

通过香根草和豆科植物对重金属的植物稳定修复研究证明，香根草的株高和根系都可达1.5~2m，甚至更高更长，可以有效控制和防止土壤侵蚀和滑坡。这种植物对土壤盐度、钠、酸性、铝、锰和重金属（砷、镉、铬、镍、铅、锌、汞、硒和铜）也有很高的耐受力，适合用于被重金属污染土壤的修复。豆科特别是一些具有茎瘤和根瘤的一年生豆科植物，生长速率快，能耐受有毒金属，也是理想的修复植物。其根际分泌物在根际环境中具有降低镉的有效性，减少植物对镉吸收的作用。因此，与超积累植物相反，筛选以体外抗性为主导机制的重金属排异植物，特别是农作物，减少其向可食用部位转移、积累，降低其在食物链中的数量，对于提高生物产品的安全性具有重要意义。

③ 转基因植物修复　应用分子生物学和基因工程技术，把能使超积累植物个体长大、生物量增高、生长速率加快和生长周期缩短的基因，传导到该类植物中并得到相应的表达，使其不仅能克服自身的生物学缺陷，而且能保持原有的超积累特性，大大提高植物修复重金属污染土壤的能力。在国外，转基因超积累植物已开始应用于治理镉污染土壤。据报道，日本电力中央研究所开发出了一种转基因烟草，能够从土壤中大量吸纳对人体有害的镉，可在不使用人力的情况下去除镉污染，而且费用可以控制在以往土壤净化方法的1/10左右。回收在受镉污染的土地上种植的烟草，并将其燃烧，就能够有效地去除镉，燃烧时产生的热量还可以用来发电。

④ 植物促进修复　表面活性剂对土壤重金属具有解吸作用。有人认为，表面活性剂的作用机制是其先吸附在土壤表面与重金属的结合物上，然后将重金属从土壤颗粒上分离，进入土壤溶液，进而进入表面活性剂胶束中。研究表明，向土壤中施加人工合成的螯合剂乙二胺四乙酸（EDTA）、二乙烯三胺五乙酸（DTPA）、乙二醇双（2-氨基乙醚）四乙酸（EGTA）、柠檬酸等，能够活化土壤中的重金属，提高重金属的生物有效性，促进植物吸收。表面活性剂与EDTA复合使用后，降低了土壤对镉的吸附，增加了土壤对镉的解吸率，进而促使镉向植物迁移，有利于强化镉污染土壤的植物修复。

骆永明发现，向镉污染土壤中加入EDTA等螯合剂，植物吸收的镉量明显增加，并且不同的螯合剂对于重金属还表现出一定的特异性，对于印度芥菜施用 EGTA 效果最好。另有研究表明，EDTA 和柠檬酸能提高土壤溶液中镉含量，促进向日葵对镉的吸收。但也有研究结果表明，EDTA 施入土壤后降低了镉的有效性，抑制了植物对镉的吸收。由此看来，螯合剂对植物镉吸收的影响可能因土壤条件和植物种类而异，不能一概而论。

⑤ 植物-微生物及动物的协同修复　镉污染土壤中添加透光球囊酶菌根菌，可显著降低玉米地上部分对镉的吸收，与未添加透光球囊酶菌根菌的土壤相比，玉米地上部分镉含量可降低 53.92%。主要是由于菌丝侵染，使植物将过量的重金属滞留在根部，抑制了重金属向地上部分的转移，从而增加了植物对过量重金属的抗性。接种透光球囊酶菌根菌有助于抑制重金属在植株体内的传输。

11.1.5.3　化学治理方法

化学治理就是向污染土壤投入改良剂、抑制剂，增加土壤有机质、阳离子代换量和黏粒的含量，改变 pH 值、E_h 和电导等理化性质，使土壤镉发生氧化、还原、沉淀、吸附、抑制和拮抗等作用，以降低镉的生物有效性。优点是治理效果和费用都适中，缺点是容易再度活化。

目前常用的无机改良剂有石灰、合成沸石、碳酸钙、磷酸盐、硅酸盐等。李支援、李明德等研究证实海泡石作为镉污染土壤的改良剂具有较好的改良效果。曹仁林等通过田间小区试验研究了锌肥、石灰、硅肥、钙镁磷肥、铬渣钙镁磷肥、石膏、牛粪、粉煤灰等 8 种改良剂在 pH 值为 5.27～5.63 的酸性镉污染土壤上抑制水稻吸收镉的效果，不仅可显著提高土壤的 pH 值，降低土壤中植物有效态镉含量和水稻米镉含量，而且可提高稻谷产量。李瑞美等通过田间定位试验也得出同样的结果。说明通过调节土壤 pH 值改变土壤重金属活性是有机-中性化改良技术的主要机理。屠乃美等于 1999 年进行试验研究了不同改良剂处理对土壤中镉含量的影响，并分析了土壤镉的形态变化，结果表明，施用改良剂对土壤镉形态变化的影响突出表现为交换态含量下降及碳酸盐态和专性吸附态含量增加。廖敏等研究了土壤施加石灰后对镉的形态转化和迁移的影响。汪洪、周卫研究了将碳酸钙作为土壤改良剂，结果显示，添加碳酸钙可降低土壤-植物体系的镉毒害。陈玉成等将表面活性剂与 EDTA 复合使用后，降低了紫色土对镉的吸附（降低顺序为 EDTA/DBSS、EDTA/TX-10000、EDTA/CTAB、EDTA、DBSS、TX-100、CTAB），增加了土壤对镉的解吸率，进而促使镉向植物迁移，有利于强化镉污染土壤的植物修复。Barbamgworek 用膨润土合成沸石等硅铝酸盐作为添加剂钝化土壤中的重金属，显著地降低了受镉污染土壤中镉的作用浓度。法国农科院波尔多试验站的研究结果表明，在污染土壤上施加铁丰富的物质，如铁渣、废铁矿等，能明显降低植物中镉、锌的含量。

在镉污染土壤中增施有机肥也是一种十分有效的治理方法。张亚丽等研究表明，向镉污染土壤中加入有机肥，由于有机肥中大量的官能团和比表面积的存在，可促进土壤中的重金属离子与其形成重金属有机络合物，增加土壤对重金属的吸附能力，提高土壤对重金属的缓冲性，从而减少植物对重金属的吸收，阻碍重金属进入食物链。张亚丽等还通过培养试验研究了猪粪和稻草对镉污染黄泥土生物活性的影响。施用有机肥料后，土壤有效态镉含量降低，降幅约为 40%；微生物量、C、N、P 含量和脱氢酶、过氧化氢酶的活性增高；增幅为 30%～100%，其中微生物量、C、N 含量与土壤有效态 Cd 含量之间有显著的负相关关系，可作为污染土壤的生物指标。但是，余贵芬等研究发现，利用有机肥改良镉污染土壤存在一定的风险，主要是由于有机肥在矿化过程中分解出的低分子量的有机酸和腐殖酸组分对土壤中的镉起到了活化作用，关键取决于腐殖酸组分和土壤环境条件，如果能够系统地研究不同 pH 值、E_h、质地等土壤条件下，腐殖酸组分对镉的移动性和生物有效性的影响，合理施用有机肥，就可以对农田镉污染起到了净化的作用，也可以克服传统治理方法中既需消耗大量资金又造成营养元素流失、二次污染等问题。

改变根际的 Eh 特征也是一种治理方法。陈涛（1980 年）的水稻盆栽试验结果表明，在抽穗后进行落干，籽实的含镉量比正常灌水的高出 12 倍。郑绍建等研究了受铜冶炼厂"三废"污染的土壤，小麦——水稻——小麦的过程中土壤镉形态的转化，结果表明，淹水后交换态镉所占比例明显下降，下降幅度与土壤氧化铁活化度呈极显著负相关，所下降的部分向着活性较低的紧结合有机态、晶形氧化铁结合态及石灰性土壤的碳酸盐结合态转化；回旱后，各形态基本上恢复到淹水前，但其中的紧结合有机态普遍高于淹水前。说明淹水使紧结合有机态增加，其中有小部分是不可逆的，即淹水增加了有机质结合镉的能力。可见，通过调节土壤水分可以控制重金属在土壤-植物系统中的迁移，旱田改水田可降低土壤的氧化还原电位，能够降低重金属镉的活性，减小对植物的危害。

沉淀法就是指土壤溶液中金属阳离子在介质发生改变（pH 值、OH^-、SO_4^{2-} 等）时，形成金属的沉淀物而降低土壤镉的污染。在土壤中加入化学试剂（固定剂）改变土壤的性质，使土壤中的重金属元素被吸附或者共沉淀而改变其在土壤中的存在形态，从而降低其生物有效性和迁移性。S. H. Lee 等在土壤中添加赤泥来固定土壤中的重金属，试验中发现，添加赤泥的土壤种植的生菜中的镉、铅、锌浓度明显比未添加的土壤中减少 86%、58%、73%。N. T. Basta 研究发现，在以磷酸二铵为固定剂且浓度为 10g/kg 的条件下，相比石灰石和磷矿石矿物效果是最好的，镉、铅、锌在迁移过程中分别减少 94.6%、98.9%、95.8%。李佳华等开展了硅肥、钙镁磷矿、石灰和骨炭粉等多种材料对镉污染土壤的固定修复研究，结果表明，施用这几种固定剂有效地抑制了玉米对镉的吸收，其中在 0.5% 的骨炭粉和石灰的施用量下，效果最好，这两种固定剂可以使玉米果实中镉含量降低到安全限量标准水平。

11.1.5.4 农业治理方法

农业治理是因地制宜的改变一些耕作管理制度减轻镉的危害，在污染土壤种植不进入食物链的植物。主要途径有控制土壤水分来调节其氧化还原电位（E_h），达到降低镉污染的目的；在不影响土壤供肥的情况下，选择最能降低土壤镉污染的化肥；增施有机肥固定土壤中镉的化合物以降低土壤镉的污染；选择抗污染的植物和不在镉污染土壤种植进入食物链的植物，例如在含镉 100mg/kg 的土壤上改种苎麻，5 年后，土壤的镉含量平均降低 27.6%；因地制宜地种植玉米、水稻、大豆、小麦等作物，水稻根系吸收镉的含量占整个作物吸收量的 58%～99%，玉米茎叶吸收镉的含量占整个作物吸收量的 20%～40%，玉米籽实吸收量最少，镉在作物体内分配规律是根＞茎叶＞籽实。

农业治理措施的优点是易操作、费用较低，缺点是周期长、效果不显著。

11.1.5.5 土壤淋洗方法

土壤淋洗的原理是利用试剂与土壤中的重金属结合形成溶解性的金属络合物或重金属离子转移到液相中，然后用清水清洗土壤中的试剂后归还原位再利用，富含重金属的废液进一步处理。淋洗法只适用于小面积重污染土壤治理，而且也易引起二次污染，导致土壤的营养成分的流失。

该方法的关键是寻找一种能提取重金属又不破坏土壤结构的淋洗液。目前，常用的淋洗液有 EDTA、柠檬酸、乙酸、DEPA 等。N. M. Catherine 等发现采用 0.5％的鼠李糖脂溶液与产生的泡沫，成功地将沙质土壤中的 73.2％的镉和 68.1％的镍去除。吴烈善等采用不同的浓度的 EDTA 溶液对重金属复合污染的土壤进行淋洗修复试验，在淋洗浓度为 0.1mol/L、淋洗速率为 1mL/min、淋洗时间为 24h 的条件下，对铜、铅、锌的去除率分别达到 57.01％、47.5％、61.6％。

土壤淋洗法按处理土壤的位置是否改变分为原位法和异位法。土壤淋洗原位修复主要是根据污染物分布的深浅，让淋洗液在重力或外力的作用下流过污染土壤，并利用回收井或采用挖沟的办法收集和清除淋洗液。尤其是地下水也受到了污染时，此法更有针对性。土壤淋洗异位修复则包括如下步骤：污染土壤的挖掘、污染土壤的淋洗修复处理、污染物的固液分离、残余物质的处理和处置、最终土壤的处置。在处理之前应先分选出粒径＞5cm 的土壤和瓦砾，然后土壤进入清洗处理。由于污染物不能强烈地吸附于砂质土上，所以砂质土只需要初步淋洗；而污染物容易吸附于土壤的细质地部分，所以壤土和黏土通常需要进一步修复处理。然后是固液分离过程及淋洗液的处理过程，在这个过程中，污染物或被降解破坏，或被分离，最后把处理后土壤置于恰当的位置。

土壤淋洗法按淋洗液分类可以分为清水淋洗、无机溶液淋洗、有机溶液淋洗和有机溶剂淋洗等四种。据周加祥报道，美国俄勒冈州一个电镀厂的工作人员使用清水淋洗，使地下水中镉的平均浓度从 1923mg/L 下降到 65mg/L。无机溶液主要是用来清洗污染土壤中的重金属，这些无机溶液可以溶解重金属离子，或是与重金属发生络合反应，增加重金属在溶液中的溶解性。近年来，有机淋洗污染土壤的研究主要围绕用表面活性剂溶液作为淋洗液而开展，表面活性剂能增加有机物的水溶性，提高了污染物的去除率。

土壤淋洗法按运行方式分为单级淋洗和多级淋洗。单级淋洗中主要原理是物质分配平衡规律，即在稳态淋洗过程中从土壤中去除的污染物质的量应等于积累于淋洗液中污染物质的量。单级淋洗又可分为单级平衡淋洗和单级非平衡淋洗。当淋洗浓度受平衡控制时，淋洗只有达到平衡状态才可能实现最大去除率，这是达到平衡状态的淋洗。污染物的去除不受平衡条件限制时，淋洗速率就成了一个重要因子，这种条件下的淋洗称为单级非平衡淋洗。当淋洗受平衡条件限制时，通常需要采用多级淋洗的方式来提高淋洗效率，多级淋洗主要有两种运行方式：反向流淋洗和交叉流淋洗。

综上所述，国内外对土壤镉污染现状与治理的研究取得了一定的成绩，也存在一些理论上和技术上的问题，如土壤中镉与土壤中其他矿物之间的吸附与解吸、固定与释放的平衡关系，土壤中镉的形态特征、转化与迁移规律，土壤中二次污染物的及时处理等，有待于更深入的研究。

11.2 我国现行管控措施

11.2.1 我国镉环境管理政策

国家环境保护总局与发展改革委、建设、科学技术部、商务部五部委联合发布《废电池污染防治技术政策》，于 2003 年 10 月 9 日实施，该政策提出通过制定有关电池中镉、铅的最高含量标准，限制镉、铅等有害物质在有关电池中的使用。鼓励发展锂离子和金属氢化物镍电池（简称氢镍电池）等可充电电池的生产，替代镍镉可充电电池，减少镍镉电池的生产和使用，最终在民用市场淘汰镍镉电池。

为应对欧盟的 WEEE 和 RoHS 指令，信息产业部、发展改革委、商务部、海关总署、工商总局、质检总局、环保总局七部委于 2006 年 2 月 28 日联合出台的《电子信息产品污染控制管理办法》，对铅、镉等有害物质做出了类似 RoHS 指令的设定，于 2007 年 3 月 1 日起实施。该办法目的是控制和减少电子信息产品废弃后对环境造成的污染，同时制定并实施了与该办法配套的《电子信息产品中有毒有害物质的限量要求》（SJ/T 11363—2006），规定电子信息产品中镉的最大允许浓度为 0.01%。

中国环境标志产品陶瓷砖及卫生陶瓷共同的指标对铅、镉的溶出量有所要求。陶瓷砖生产过程中可能使用添加了铅和镉的釉料和色料，考虑到废陶瓷中的铅和镉对土壤的污染会造成对植物和人体的危害，要求铅的含量低于 3mg/kg，镉的含量低于 0.3mg/kg。

11.2.2　管制名录

11.2.2.1　产业结构调整指导目录

《产业结构调整指导目录（2011 年本）（修正）》《部分工业行业淘汰落后生产工艺装备和产品指导目录》（2010 年本）相关要求如下。

(1) 鼓励类

① 电池生产制造业　锂二硫化铁、锂亚硫酰氯等新型锂原电池；锂离子电池、氢镍电池、新型结构（卷绕式、管式等）密封铅蓄电池等动力电池；储能用锂离子电池和新型大容量密封铅蓄电池；超级电池和超级电容器。

② 化学原料及化学制品制造业　零极距、氧阴极等离子膜烧碱电解槽节能技术；分子筛固汞、无汞等新型高效、环保催化剂和助剂；生产、使用、施工及后处理过程中对环境不造成污染或对环境质量有所改善的环保型涂料生产。

③ 再生金属冶炼行业　高效、节能、低污染、规模化再生资源回收与综合利用；再生资源回收利用产业化；废旧铅酸蓄电池资源化无害化回收，年回收能力 5 万吨以上再生铅工艺装备系统制造。

④ 其他　高效节能电光源（高、低气压放电灯和固态照明产品）技术开发、产品生产及固汞生产工艺应用；废旧灯管回收再利用。

(2) 限制类

① 重金属采选、冶炼业　新建、扩建钨、钼、锡、锑开采、冶炼项目，稀土开采、选矿、冶炼、分离项目以及氧化锑、铅锡焊料生产项目；单系列 10 万吨/年规模以下粗铜冶炼项目；铅冶炼项目（单系列 5 万吨/年规模及以上，不新增产能的技改和环保改造项目除外）；单系列 10 万吨/年规模以下锌冶炼项目（直接浸出除外）。

② 电池生产制造业　糊式锌锰电池、镍镉电池。

③ 化学原料及化学制品制造业　新建纯碱、烧碱、常压法及综合法硝酸、电石（以大型先进工艺设备进行等量替换的除外）、单线产能 5 万吨/年规模以下氢氧化钾生产装置；新

建硫酸法钛白粉、铅铬黄、1 万吨/年规模以下氧化铁系颜料、溶剂型涂料（不包括鼓励类的涂料品种和生产工艺）生产项目。

④ 再生金属冶炼行业　新建单系列生产能力 5 万吨/年规模及以下、改扩建单系列生产能力 2 万吨/年规模及以下、以及资源利用、能源消耗、环境保护等指标达不到行业准入条件要求的再生铅项目。

⑤ 其他　充汞式玻璃体温计、血压计生产，牙科汞合金。

（3）淘汰类

① 重金属采选、冶炼业　密闭鼓风炉、电炉、反射炉炼铜工艺及设备；采用烧结锅、烧结盘、简易高炉等落后方式炼铅工艺及设备；未配套制酸及尾气吸收系统的烧结机炼铅工艺；烧结-鼓风炉炼铅工艺（2012 年）；采用马弗炉、马槽炉、横罐、小竖罐（单日单罐产量 8t 规模以下）等进行焙烧、简易冷凝设施进行收尘等落后方式炼锌或生产氧化锌制品；采用地坑炉、坩埚炉、赫氏炉等落后方式炼锑；采用铁锅和土灶、蒸馏罐、坩埚炉及简易冷凝收尘设备等落后方式炼汞；采用土坑炉或坩埚炉焙烧、简易冷凝设施收尘等落后方式炼制氧化砷或金属砷制品；混汞提金工艺；有色金属矿物选矿使用重铬酸盐或氰化物等剧毒药剂的分离工艺；辉钼矿和镍钼矿反射炉焙烧工艺。

② 电池生产制造业　汞电池（氧化汞原电池及电池组、锌汞电池）；开口式普通铅酸电池；含汞高于 0.0001％的圆柱形碱锰电池；含汞高于 0.0005％的扣式碱锰电池（2015 年）；含镉高于 0.002％的铅酸蓄电池（2013 年）。

③ 电镀行业　含有毒有害氰化物的电镀工艺［氰化金钾电镀金及氰化亚金钾镀金（2014 年）］；银、铜基合金及预镀铜打底工艺（暂缓淘汰）。

④ 化学原料及化学制品制造业　汞法烧碱、石墨阳极隔膜法烧碱、未采用节能措施（扩张阳极、改性隔膜等）的普通金属阳极隔膜法烧碱生产装置；高汞催化剂（氯化汞含量 6.5％以上）和使用高汞催化剂的乙炔法聚氯乙烯生产装置；有钙焙烧铬化合物生产装置；0.5 万吨/年规模及以下的电炉法生产黄磷装置；锌钡白生产。

⑤ 再生金属冶炼行业　无烟气治理措施的再生铜焚烧工艺及设备；坩埚炉再生铝合金、再生铅生产工艺及设备（2011 年）；直接燃煤反射炉再生铝、再生铅、再生铜生产工艺及设备（2011 年）；50t 规模以下传统固定式反射炉再生铜生产工艺及设备（2012 年）。

⑥ 其他　含汞开关和继电器、所有砷制剂、汞制剂、铅制剂类高毒农药和含汞量超标的涂料产品。

11.2.2.2　环境保护综合名录

《环境保护综合名录（2013 年版）》中将镍镉电池、铅酸蓄电池零部件、管式铅蓄电池等产品列为高污染产品；聚氨基甲酸乙酯含汞催化剂生产工艺、混汞法提金工艺、管式铅蓄电池和灌粉式管式极板（铅蓄电池零件）灌粉工艺等列为重污染工艺。

11.2.3　行业准入条件

《铜行业准入条件（2006 年）》修订为《铜冶炼行业规范条件（2014 年）》。规范条件从企业布局、生产规模、质量、工艺和装备、能源消耗、资源综合利用、环境保护等方面提出了要求。条件提出，新建和改建利用铜精矿和含铜二次资源的铜冶炼企业，冶炼能力需在

10 万吨/年及以上；现有利用含铜二次资源为原料的铜冶炼企业生产规模不得低于 5 万吨/年。

《锡行业准入条件（2006 年）》要求，新建、改扩建以矿产原料为主的锡冶炼项目年产锡锭（或粗锡）不得低于 8000t，锡金属综合回收率≥95％。

《锑行业准入条件（2006 年）》要求，新建、改扩建项目精锑（锑锭）或锑白（三氧化二锑）年生产能力不得低于 5000t。

《铅锌行业准入条件（2007 年）》修订为《铅锌行业规范条件》（征求意见稿）。意见稿提出，新建小型铅锌矿山规模不得低于单体矿 10 万吨/年（300t/d），服务年限需在 10 年以上，中型矿山单体矿规模应大于 30 万吨/年（1000t/d）。新建和改建单独处理锌氧化矿或者含锌二次资源的项目，规模须达到 3 万吨/年以上。

《氯碱（烧碱、聚氯乙烯）行业准入条件（2007 年）》要求，新建、改扩建聚氯乙烯装置起始规模必须达到 30 万吨/年及以上。

《铅蓄电池行业准入条件（2012 年）》包括布局与规模、产品质量、工艺与装备、能源消耗、资源综合利用、环境保护、安全生产和社会责任 7 个方面。准入条件要求，新建、改扩建铅蓄电池生产企业年生产能力不应低于 $50 \times 10^4 kV \cdot A \cdot h$，现有铅蓄电池生产企业年生产能力不应低于 $20 \times 10^4 kV \cdot A \cdot h$；现有商品极板生产企业年极板生产能力不应低于 $100 \times 10^4 kV \cdot A \cdot h$。

《再生铅行业准入条件（2012 年）》在生产规模、工艺和设备方面要求，新建再生铅项目必须在 5 万吨/年规模以上，鼓励企业实施 5 万吨/年规模以上改扩建再生铅项目，淘汰 3 万吨/年规模以下的再生铅项目，以及坩埚熔炼、直接燃煤的反射炉等工艺及设备。再生铅企业必须整只回收废铅酸蓄电池。铅的总回收率＞98％。

《铬盐行业环境准入条件（试行）》（环办〔2013〕27 号）对产业规划及布局、规模与工艺技术、清洁生产、污染防治、环境管理等方面做出规定。该准入条件适用于新建、改建和扩建铬盐生产建设项目。该准入条件的实施，将进一步遏制铬盐行业环境事件频发，防止低水平重复建设，规范铬盐行业健康发展，减少环境污染，降低环境风险，促进铬盐行业的可持续发展。

《制革行业规范条件（2014 年）》从工艺技术与装备、环境保护、职业安全卫生等方面提出了相关要求，提高了行业准入门槛。条件要求，新建、改扩建生产成品革的制革企业，年加工能力不低于 30 万标准张牛皮，与 2009 年《制革行业结构调整指导意见》提出的"严格限制投资新建年加工 10 万标张以下的制革项目"相比，提高了 20 万标张。

《废铜再生利用行业准入条件》（征求意见稿）提出，新建废铜再生利用（杂铜生产阳极铜）冶炼项目生产能力应在 10 万吨/年以上。鼓励企业实施 10 万吨/年规模以上改扩建废铜再生利用项目，到 2015 年年底以前淘汰 5 万吨/年规模以下的废铜再生利用（杂铜生产阳极铜）生产能力；新建废铜再生利用（黄杂铜/紫杂铜直接利用）熔炼项目生产能力应在 5 万吨/年以上。鼓励企业实施 5 万吨/年规模以上改扩建废铜再生利用项目，到 2013 年年底以前淘汰 2 万吨/年规模以下的废铜再生利用（黄杂铜/紫杂铜直接利用）生产项目。

浙江省、重庆市等部分省市制定了电镀产业环境准入指导意见，全国范围内尚没有统一的准入条件。

11.2.4　清洁生产标准

已制定的清洁生产技术推行方案包括《铜冶炼行业清洁生产技术推行方案》《铅锌冶炼行业清洁生产技术推行方案》《电镀行业清洁生产技术推行方案》《电池行业清洁生产实施方案》《聚氯乙烯清洁生产技术推行方案》《荧光灯清洁生产技术推行方案》和《铬盐清洁生产技术推行方案》等。

已制定的清洁生产评价指标体系包括《铅锌采选业清洁生产评价指标体系（2014）》（征求意见稿）、《电池行业清洁生产评价指标体系（试行）》《电镀行业清洁生产评价指标体系（2014）》（征求意见稿）、《制革行业清洁生产评价指标体系（试行）》和《电石行业清洁生产评价指标体系（试行）》《纯碱行业清洁生产评价指标体系（试行）》和《铬盐行业清洁生产评价指标体系（试行）》等。

此外，《锑行业清洁生产评价指标体系》《镍钴行业清洁生产评价指标体系》《锌冶炼行业清洁生产评价指标体系》《再生铅冶炼行业清洁生产评价指标体系》已列入 2014 年制修订计划。

11.2.5　环保技术规范政策

《废铅酸蓄电池处理污染控制技术规范》（HJ 519—2009）要求从事废铅酸蓄电池收集、储存、利用的单位应按照《危险废物经营许可证管理办法》的规定获得经营许可证；现有再生铅企业的生产规模大于 1 万吨/年，改扩建企业再生铅企业的生产规模大于 2 万吨/年，新建企业生产规模应大于 5 万吨/年。现有铅回收企业铅回收率应大于 95%，新建铅回收企业铅回收率应大于 97%。

《关于加强重金属污染防治工作的指导意见》于 2009 年出台，提出重点防控的重金属污染物是铅、汞、镉、铬和类金属砷。"重点防控企业"是指具有潜在环境危害风险的重金属排放企业。鼓励发展产污强度低、能耗低、清洁生产水平先进的工艺。进一步扩大重点防控行业落后产能和工艺设备的淘汰范围。严格限制排放重金属污染物的外资项目。鼓励对电镀等表面处理（精饰）、皮革等行业实施集中管理等。

《电镀废水治理工程技术规范》（HJ 2002—2010）提出，含镉废水中的镉以离子形式存在时，可采用氢氧化物沉淀处理技术。处理时，应满足以下技术条件和要求：a.废水中镉离子浓度不宜大于 50mg/L；b.可采用聚合硫酸铁为絮凝剂，聚丙烯酰胺或硫化铁为助凝剂。絮凝剂的投加量宜为 40mg/L；c.反应池宜设搅拌，混合反应时，废水 pH 值宜控制在 9 左右；反应时间宜为 10~15min；d.沉淀时间应大于 30min。

《铅锌冶炼工业污染防治技术政策》公告（2012 年第 18 号）提出，为防范环境风险，对每一批矿物原料均应进行全成分分析，严格控制原料中汞、砷、镉、铊、铍等有害元素含量。无汞回收装置的冶炼厂，不应使用汞含量高于 0.01% 的原料。含汞的废渣作为铅锌冶炼配料使用时，应先回收汞，再进行铅锌冶炼。《铅冶炼废气治理工程技术规范》已在征求意见。

此外，环境保护部（现生态环境部）制定了《汞污染防治技术政策》《砷污染防治技术政策》《铅酸蓄电池生产及再生污染防治技术政策》《再生汞污染防治技术指南》《再生铅污染防治技术指南》等技术指导性文件。

11.2.6　行业标准及食品卫生标准

11.2.6.1　污染物排放标准

《污水综合排放标准》（GB 8978—1996）按照污水排放去向，分年限规定了 69 种水污染物最高允许排放浓度及部分行业最高允许排水量。标准规定第一类污染物镉的最高允许排放浓度为 0.1mg/L。

《大气污染物综合排放标准》（GB 16297—1996）规定了 33 种大气污染物的排放限值，其指标体系为最高允许排放浓度、最高允许排放速率和无组织排放监控浓度限值。标准规定现有污染源大气、新污染源中镉及其化合物的最高允许排放浓度分别为 1.0mg/m³、0.85mg/m³；现有污染源大气镉及其化合物最高允许排放速率分别为 0.060～2.5kg/h（二级）、0.090～3.7（三级），新污染源大气最高允许排放速率分别为 0.050～2.1kg/h（二级）、0.080～3.2（三级）；现有污染源大气、新污染源无组织排放镉及其化合物的监控浓度限值分别为 0.040mg/m³、0.050mg/m³。

城镇污水处理厂污染物排放执行《城镇污水处理厂污染物排放标准》（GB 18918—2002）。标准规定了城镇污水处理厂出水、废气排放和污泥处置（控制）的污染物限值。标准规定基本控制项目中总镉的最高允许排放浓度为 0.01mg/L（日均值），污泥农用时污染物控制标准限值总镉为 5mg/kg（在酸性土壤上 pH<6.5）、20mg/kg（在中性和碱性土壤上 pH≥6.5）。

煤炭行业污染物排放执行《煤炭工业污染物排放标准》（GB 20426—2006）。标准规定了原煤开采、选煤水污染物排放限值，煤炭地面生产系统大气污染物排放限值，以及煤炭采选企业所属煤矸石堆置场、煤炭储存、装卸场所污染物控制技术要求。标准规定煤炭工业废水中总镉的日最高允许排放浓度为 0.1mg/L。

电镀行业污染物排放执行《电镀污染物排放标准》（GB 21900—2008）。标准设定了废水中总铬、六价铬、总镍、总镉、总银、总铅、总汞、总铜、总锌、总铁和总铝排放限值、特别排放限值以及基准排水量，设定了废气铬酸雾排放限值为 0.05mg/m³。

铅、锌工业污染物排放执行《铅、锌工业污染物排放标准》（GB 25466—2010）。标准设定了废水中总铅、总镉、总汞、总砷、总镍、总铬排放限值、特别排放限值以及基准排水量，设定了废气铅及其化合物、汞及其化合物的排放浓度限值，以及企业边界大气污染物最高浓度限值。标准规定自 2011 年 1 月 1 日起至 2011 年 12 月 31 日止，现有企业水污染物中总镉的排放限值（直接排放和间接排放）为 1.0mg/L；自 2012 年 1 月 1 日起现有企业以及自 2010 年 10 月 1 日起新建企业的水污染物总镉排放限值（直接排放和间接排放）为 0.05mg/L；在国土开发密度已经较高、环境承载能力开始减弱，或环境容量较小、生态环境脆弱，容易发生严重环境污染等问题而需要特别采取保护措施的地区，企业需执行水污染特别排放限值，其中总镉限值（直接排放和间接排放）为 0.02mg/L。

铜、镍、钴工业污染物排放执行《铜、镍、钴工业污染物排放标准》（GB 25467—2010）。标准设定了废水中总铅、总镉、总镍、总砷、总汞、总钴排放限值、特别排放限值以及基准排水量，设定了冶炼和烟气制酸排放废气中镍及其化合物、铅及其化合物、汞及其化合物的排放浓度限值，设定了镍及其化合物、铅及其化合物、汞及其化合物的企业边界大气污染物最高浓度限值。标准规定自 2011 年 1 月 1 日起至 2011 年 12 月 31 日止，现有企业水污染物中总镉的排放限值（直接排放和间接排放）为 0.1mg/L；自 2012 年 1 月 1 日起现有企业以及自 2010 年 10 月 1 日起新建企业的水污染物总镉排放限值（直接排放和间接排放）为 0.1mg/L；在国土开发密度已经较高、环境承载能力开始减弱，或环境容量较小、生态环境脆弱，容易发生严重环境污染等问题而需要特别采取保护措施的地区，企业需执行水污染特别排放限值，其中总镉限值（直接排放和间接排放）为 0.02mg/L。

铅酸蓄电池污染物排放执行《电池工业污染物排放标准》（GB 30484—2013）。标准严格限定了废水总铅、总镉排放限值、特别排放限值以及基准排水量，严格限定了废气铅及其化合物排放限值。标准规定自 2014 年 7 月 1 日起至 2015 年 12 月 31 日止，现有铅酸蓄电池企业水污染物中总镉的直接排放限值为 0.05mg/L，现有镍镉、氢镍电池企业直接排放限值为 0.1mg/L；自 2016 年 1 月 1 日起现有铅酸蓄电池企业以及自 2014 年 3 月 1 日起新建铅酸蓄电池企业的水污染物总镉直接排放限值为 0.02mg/L，镍镉、氢镍电池企业为 0.05mg/L；在国土开发密度已经较高、环境承载能力开始减弱，或环境容量较小、生态环境脆弱，容易发生严重环境污染等问题而需要特别采取保护措施的地区，铅酸蓄电池和镍镉、氢镍电池企业需执行水污染特别排放限值，其中总镉直接排放限值均为 0.01mg/L。

废铅酸蓄电池铅回收采用火法冶金工艺的，大气排放执行《工业炉窑大气污染物排放标准》（GB 9078—1996），其中没有规定镉排放浓度限值；采用湿法冶金工艺的大气排放执行《大气污染物综合排放标准》；废水执行《城镇污水处理厂污染物排放标准》（GB 8978—2002），总镉的最高允许排放浓度为 0.01mg/L（日均值）。

锡、锑、汞工业污染物排放执行《锡、锑、汞工业污染物排放标准》（GB 30770—2014）。标准设定了废水中总铜、总锌、总锡（锡、锑工业）、总锑、总汞、总镉、总铅、总砷、六价铬排放限值、特别排放限值以及基准排水量，分别设定了锡冶炼、锑冶炼、汞冶炼、烟气制酸废气中锡及其化合物、锑及其化合物、汞及其化合物、镉及其化合物、铅及其化合物、砷及其化合物的排放浓度限值，以及企业边界大气污染物最高浓度限值。标准规定自 2015 年 1 月 1 日起至 2015 年 12 月 31 日止，现有企业水污染物中总镉的排放限值（直接排放和间接排放）为 0.1mg/L；自 2016 年 1 月 1 日起现有企业以及自 2014 年 7 月 1 日起新建企业的水污染物总镉排放限值（直接排放和间接排放）为 0.02mg/L；在国土开发密度已经较高、环境承载能力开始减弱，或环境容量较小、生态环境脆弱，容易发生严重环境污染等问题而需要特别采取保护措施的地区，企业需执行水污染特别排放限值，其中总镉限值（直接排放和间接排放）为 0.02mg/L。

稀土行业污染物排放执行《稀土工业污染物排放标准》（GB 26451—2011）。标准规定了稀土工业企业或生产设施水污染物和大气污染物排放限值、监测和监控要求，以及标准的实施与监督等相关规定。标准规定自 2012 年 1 月 1 日起至 2013 年 12 月 31 日止，现有企业水污染物中总镉的排放限值（直接排放和间接排放）为 0.08mg/L；自 2014 年 1 月 1 日起现有企业以及自 2011 年 10 月 1 日起新建企业的水污染物总镉排放限值（直接排放和间接排放）为 0.05mg/L；在国土开发密度已经较高、环境承载能力开始减弱，或环境容量较小、生态环境脆弱，容易发生严重环境污染等问题而需要特别采取保护措施的地区，企业需执行水污染特别排放限值，其中总镉限值（直接排放和间接排放）为0.05mg/L。

11.2.6.2 环境质量标准

《工业企业设计卫生标准》（GB2 1—2010）规定氧化镉的最高允许浓度为5mg/m³。

《渔业水质标准》（GB 11607—1989）规定渔业水质中镉的浓度最高允许值为0.005mg/L。

《地下水质量标准》（GB/T 14848—2017）规定地下水Ⅰ～Ⅴ类的镉浓度分别为≤0.0001mg/L、≤0.001mg/L、≤0.05mg/L、≤0.01mg/L、＞0.01mg/L。

《土壤环境质量标准》（GB 15618—1995）规定一级土壤（自然背景）中镉浓度≤0.2mg/kg；二级土壤（pH＜6.5）中镉浓度≤0.3mg/kg、二级土壤（pH值为6.5～7.5）中镉浓度≤0.3mg/kg、二级土壤（pH＞7.5）中镉浓度≤0.6mg/kg；三级土壤（pH＞7.5）中镉浓度≤1mg/kg。

《污水综合排放标准》（GB 8978—1996）规定第一类污染物总镉的最高允许排放浓度为0.1mg/L。

《海水水质标准》（GB 3097—1997）规定第一类至第四类海水水质中镉的浓度分别为≤0.001mg/L、≤0.005mg/L、≤0.010mg/L、≤0.010mg/L。

《生活垃圾焚烧污染控制标准》（GB 18485—2014）规定焚烧炉大气污染物排放限值为0.1mg/m³（测定均值）。

《地表水环境质量标准》 （GB 3838—2002）规定Ⅰ～Ⅴ类水中的镉含量分别为≤0.001mg/L、≤0.005mg/L、≤0.005mg/L、≤0.005mg/L、≤0.01mg/L。

《农田灌溉水质标准》（GB 5084—2005）规定农田灌溉水质中（水作、旱作、蔬菜）镉含量必须低于0.01mg/L。

《生活饮用水卫生标准》（GB 5749—2006）规定镉的标准限值为0.005mg/L。

《危险废弃物鉴别标准 浸出毒性鉴别》（GB 5085.3—2007）规定浸出液中镉（以总镉计）的浓度限值为1mg/L。

《工业企业设计卫生标准》（GBZ 1—2010）规定地表水镉最高容许浓度为0.05mg/L。

《污水排入城镇下水道水质标准》（GB 31692—2015）规定污水排入城镇下水道A～C等级水质中镉的最高允许排放浓度均为0.5mg/L。

11.2.6.3 产品标准及食品卫生标准

（1）产品标准

我国国家标准对家具产品中所用的色漆、清漆、硝基漆或类似物质中可溶性重金属的限量为镉＜75mg/kg。

（2）食品卫生标准

"十二五"期间，新发布涉及重金属的标准《食品用洗涤剂试验方法 重金属的测定》（GB/T 30799—2014）、《食品国家安全标准 食品中污染物限量》（GB 2762—2017）等，其中《食品国家安全标准 食品中污染物限量》标准12项指标中包括了7个重金属污染物指标。食品中镉限量标准见表11-13。

表 11-13　食品中镉限量标准

食品类别（名称）	限量（以 Cd 计）/（mg/kg）
谷物及其制品	
谷物（稻谷除外）	0.1
谷物碾磨加工品（糙米、大米除外）	0.1
稻谷、糙米、大米	0.2
蔬菜及其制品	
新鲜蔬菜（叶菜蔬菜、豆类蔬菜、块根和块茎蔬菜、茎类蔬菜、黄花菜除外）	0.05
叶菜蔬菜	0.2
豆类蔬菜、块根和块茎蔬菜、茎类蔬菜（芹菜除外）	0.1
芹菜、黄花菜	0.2
水果及其制品	
新鲜水果	0.05
食用菌及其制品	
新鲜食用菌（香菇和姬松茸除外）	0.2
香菇	0.5
食用菌制品（姬松茸制品除外）	0.5
豆类及其制品	
豆类	0.2
坚果及籽类	
花生	0.5
肉及肉制品	
肉类（畜禽内脏除外）	0.1
畜禽肝脏	0.5
畜禽肾脏	1.0
肉制品（肝脏制品、肾脏制品除外）	0.1
肝脏制品	0.5
肾脏制品	1.0
水产动物及其制品	
鲜、冻水产动物	
鱼类	0.1
甲壳类	0.5
双壳类、腹足类、头足类、棘皮类	2.0（去除内脏）
水产制品	
鱼类罐头（凤尾鱼、旗鱼罐头除外）	0.2
凤尾鱼、旗鱼罐头	0.3
其他鱼类制品（凤尾鱼、旗鱼制品除外）	0.1
凤尾鱼、旗鱼制品	0.3
蛋及蛋制品	0.05
调味品	
食用盐	0.5
鱼类调味品	0.1
饮料类	
包装饮用水（矿泉水除外）	0.005mg/L
矿泉水	0.003mg/L

注：稻谷以糙米计。

11.2.7　其他政策

《国家鼓励的有毒有害原料（产品）替代品目录（2012 年版）》（工信部联节〔2012〕620 号）涉及重金属替代品 22 项，鼓励企业开发、使用低毒、低害和无毒无害原料，减少产品中有毒有害物质含量。其中，含镉铅蓄电池的替代产品为铅钙等新型合金铅蓄电池（应用类）；镍镉电池的替代品为氢镍电池（推广类）。

《淘汰落后产能中央财政奖励资金管理办法》奖励范围涵盖铜冶炼、铅冶炼、锌冶炼、制革以及铅蓄电池等涉及重金属的行业。

《国家鼓励发展的重大环保技术装备目录（2014 年版）》（征求意见稿），涉及重金属 9 类研发类、5 类推广类技术装备。其中，重金属及含砷废水处理及资源回收微生物反应器属于开发类，主要技术指标为对含镉（1000mg/L 以下）、含铅（3000mg/L 以下）的重金属土壤实现固定效率≥80％等，适用含重金属的废水、土壤处理及资源回收。

《关于联合组织实施高风险污染物削减行动计划的通知》（工信部联节〔2014〕168 号），通过清洁生产专项资金奖励制度，实施汞、铅和高毒农药等高风险污染物削减清洁生产工程，减少高风险污染物的使用和排放。

第四篇

汞污染及控制

第12章

原生汞生产及污染控制

12.1 原生汞行业现状

我国现为世界上主要的原生汞生产国。2012 年原生汞产量近 700t，生产企业仅 9 家，分布在贵州和陕西，工业总产值约 4.5 亿元，从业人数 1000 多人，其中 5 家企业停产，仅 4 家企业有实际生产，合计可采储量 12256t。近年来我国汞矿探明储量逐年下降，截至 2012 年年底，我国汞金属探明储量仅 0.77 万吨，比 2011 年下降 6％，2011 年比 2010 年下降 24％。随着我国对用汞行业管理趋于严格，加之汞矿山开采已到末期，我国原生汞产量整体呈下降趋势，据有色金属工业协会调研数据显示，2013 年和 2014 年我国原生汞产量分别为 817t 和 664t。

按照我国目前矿业权管理规定，汞矿探矿权和采矿权由省级国土资源主管部门负责审批登记。截至 2013 年 4 月底，我国汞矿采矿权 35 个，年设计生产规模 70 万吨（矿石量），分布于贵州、陕西、重庆、湖南四省市，其中贵州 23 个，占总数的 2/3；探矿权 10 个，分布在四川、广西、重庆、陕西、甘肃五省市。相比 2012 年，采矿权减少 2 个，探矿权减少 5 个。

12.2 政策管理措施

我国汞矿的开采执行《中华人民共和国矿产资源法》。该法确立了我国矿产资源管理的基本法律制度，主要有矿产资源归国家所有、矿产资源集中统一管理和分级管理、矿产资源规划、矿产资源勘查开采审批登记管理、探矿权采矿权有偿取得、矿产资源有偿开采、矿产资源储量管理、矿产资源勘查开采监督管理等制度。为实施《矿产资源法》，国务院相继出台了一系列配套的行政法规，如《矿产资源开采登记管理办法》《探矿权采矿权转让管理办法》《矿产资源补偿费征收管理规定》《矿产资源监督管理暂行办法》《地质灾害防治条例》等。

根据我国的法律，国家鼓励矿产的勘探和开采，合法的探矿权和采矿权是受国家法律保护的。按照《矿产资源法》和相关法律法规，我国汞矿勘探和开采需分别获得探矿权和采矿权，探矿权人在结束勘查工作后，可以优先取得采矿权，即如果探矿权人符合采矿权人申请条件，可直接获得采矿权；如探矿权人不符合采矿权人申请条件，可与符合采矿权人申请条件的公司合作取得采矿权，或转让探矿权获得投资回报。探矿权正常时限为 9 年，但符合条件的可以申请延期，最长的探矿权时限已超过 20 年。目前，我国的汞矿探矿权和采矿权由省级国土资源主管部门负责审批登记。我国汞矿属于小型矿山，根据《矿产资源开采登记管理办法》小型矿山的采矿许可证有效期最长为 10 年。

原生汞生产污染物排放执行《锡、锑、汞工业污染物排放标准》（GB 30770—2014），规定的新建企业污染物排放限值接近发达国家的标准要求，特别排放限值达到国际领先或先进水平。

我国的回收汞主要来源于电石法聚氯乙烯行业，该行业每年废弃的含汞催化剂超过15000t，其中含汞几百吨，具有较高的回收和再利用价值，且废含汞催化剂回收处置在我国已形成了较为成熟的产业。我国发布的《国家危险废物名录（2016 年版）》将废弃的含汞催化剂列为危险废物。工信部发布的《关于印发电石法聚氯乙烯行业汞污染综合防治方案的通知》（工信部节〔2010〕261 号）中规定，到 2015 年废低汞催化剂回收率达到 100%。此外，有色金属冶炼、荧光灯等行业也有少量回收汞可供使用。

在汞贸易方面，2017 年 12 月 20 日，环境保护部、商务部、海关总署联合发布了《中国严格限制的有毒化学品名录》（2018 年）（公告 2017 年第 74 号），公告要求凡进口或出口名录所列有毒化学品的，应按本公告及附件规定向环境保护部申请办理有毒化学品进（出）口环境管理放行通知单。名录中包含了化学品"汞"，"汞"是指元素汞[Hg(0)]，包含汞含量按重量计至少占 95% 的汞与其他物质的混合物，其中包括汞的合金。公告附件 2 中"《有毒化学品进口环境管理放行通知单》办理说明"和附件 3 "《有毒化学品出口环境管理放行通知单》办理说明"中，说明了办理汞进口、出口的登记条件、申请材料、受理单位、有效期、登记时限、结果公示和后期监管。同日，环境保护部发布了《关于印发有毒化学品进出口环境管理放行通知单申请表格的通知》（环办土壤函〔2017〕1984 号）。通知要求，自 2018 年 1 月 1 日起，凡申请办理有毒化学品进（出）口环境管理放行通知单的企业，应填报新的申请表格，且《关于调整有毒化学品进出口环境管理登记证及相关申请表格的通知》（环办函〔2010〕15 号）同时废止，并针对进口汞设计了专门的《进口汞的用途信息表格及填表说明》和《进口汞的来源信息表格及填表说明》。

第13章

添汞产品生产及替代技术

13.1　添汞产品行业现状

目前，在我国仍大量生产、销售和使用的体温计、血压计、电光源、电池产品中，用汞量最大的是体温计和血压计，其次是电光源和电池。

含汞电池主要有五类，分别为糊式锌锰电池、纸板锌锰电池、扣式碱锰电池、氧化银电池和锌-空气电池。2012 年，我国含汞电池及其上游行业含汞锌粉和浆层纸生产企业共 19家，含汞电池产量约 40.9 亿只，出口量 20.3 亿只，糊式锌锰电池和扣式碱锰电池用汞量分别占电池生产用汞总量的 50% 和 40%。

含汞电光源包括荧光灯、HID 灯和紫外线灯。2012 年，我国含汞电光源以及上游固汞生产企业合计共 464 家，含汞荧光灯产量近 50 亿支，从业人员约 12 万人。

体温计和血压计生产企业数量和行业用汞量均在减少，替代品的使用范围在逐渐扩大。水银体温计生产企业 14 家，产量约 0.8 亿支，从业人员约 2000 人；水银血压计生产企业共6 家，产量约 270 万台，从业人员约 3700 人。

13.2　添汞产品的替代产品

13.2.1　电池

电池行业使用的汞几乎全部进入到电池产品中，由于废弃电池回收处置难度较大，因此无汞化成为电池行业汞污染控制的必然选择。近年来，无汞电池技术陆续研制成功并应用，无汞电池替代含汞电池已成必然之势。

（1）无汞糊式锌锰电池

目前无汞糊式锌锰电池仅有广州市某电池厂和重庆市某电池厂生产，分别拥有技术专利。目前已经完成研究开发，形成小批量（几万只规模）试产。该技术的关键是采用氯化铋或氯化铟替代氯化汞作为缓蚀剂。

重庆市某电池厂生产的无汞糊式锌锰电池，将十二烷基苯磺酸钠层、十六烷基三甲基溴化铵层和三氯化铋层嵌入浆糊层中，从而完全替代氯化汞。该技术新材料缓蚀效果好，性能与原有含汞电池效果持平，无需改变原有电池生产工艺与装备。

广州市某电池厂生产的无汞糊式锌锰电池，电解液是 $MgCl_2$、NH_4Cl 和 $ZnCl_2$，并加入 PVA 和 $B(OH)_3$ 为主体的缓蚀剂，另外根据不同的正极材料，选择加入不同的无汞材料。一种是以电解 MnO_2 粉为正极，在上述配好的电解液中加入 16 碳或 18 碳三甲基氯化铵；一种是以天然 MnO_2 粉为正极，在上述配好的电解液中加入 $InCl_3$ 或 $BiCl_3$，该技术无内外电解液的区分，浆料不发生自然糊化现象。以 $InCl_3$ 或 $BiCl_3$ 为缓蚀剂的电池与传统电池的生产工艺基本相同，基本达到现有含汞产品使用效果。

（2）无汞纸板锌锰电池

无汞纸板锌锰电池工艺主要是采用无汞浆层纸，在浆层纸涂料中采用氯化铋取代氯化汞。无汞浆层纸的制作方法是将聚丙烯酰胺、聚乙烯醇、氯化锌、改性淀粉、辛烷基苯酚聚氧乙烯醚和适量的水搅拌，然后加入氯化铋，调节浆液黏度过滤。浆液配制后按照传统的含汞浆层纸的生产方法做成成品。与含汞电池相比，无汞纸板锌锰电池生产流程大致相同，且国内纸板电池无汞化技术已经比较成熟，通过多年技术交流及转让，该技术已经普及（无汞纸板锌锰电池占同类产品产量的 45%～50%），部分纸板锌锰电池生产企业的产品全部达到无汞化。

（3）无汞扣式碱性锌锰电池

无汞扣式碱性锌锰电池的工艺要点是采用铟合金锌粉和特殊的负极片结构与电镀工艺。其负极片的电镀方法有两种：一种是将金属片（铁片或不锈钢片）制成负极片，经电镀镍或铜后，再用滚镀的方法镀上铟或锡；另一种是将金属片以卷状先镀上镍或铜等，再将铟或锡镀在金属片其中的一面，然后制成负极片。

制作电池过程中，需将镀铟或锡的一面与负极锌膏接触，其他的生产工艺与传统产品工艺一致。所生产的无汞扣式电池汞含量低于 5mg/kg，符合欧盟及北美地区对扣式碱性锌锰电池汞含量标准的要求。采用新技术生产的无汞扣式电池成本较普通扣式锌锰电池的成本略高。目前广州市某电池生产企业拥有无汞扣式碱性锌锰电池技术专利，技术成熟、可行，可在全行业内推广。

（4）其他无汞电池

目前日本已有无汞氧化银电池技术专利，美国已研制出无汞锌-空气电池，但目前我国缺乏此类技术的研究。

13.2.2　电光源

半导体发光二极管灯（LED）可作为含汞电光源的替代产品。半导体发光二极管灯是利用半导体二极管的原理做成的灯，可以把电能转化成光能。发光二极管与普通二极管一样是由一个 PN 结（在一块单晶半导体中，一部分掺有受主杂质是 P 型半导体，另一部分掺有施主杂质是 N 型半导体时，P 型半导体和 N 型半导体交界面附近的过渡区称为 PN 结）组成，也具有单向导电性。当给发光二极管加上正向电压后，从 P 区注入 N 区的空穴和由 N 区注入 P 区的电子，在 PN 结附近数微米内分别与 N 区的电子和 P 区的空穴复合，产生自发辐射的荧光。不同的半导体材料中电子和空穴所处的能量状态不同。电子和空穴复合时释放出的能量有多有少，释放出的能量越多，发出的光波波长越短。常用的有发红光、绿光、黄光的二极管。

LED 照明具有耗电量少、寿命长、色彩丰富、耐振动、可控性强等特点。《关于汞的水俣公约》管控的紧凑型荧光灯、直管荧光灯、高压汞灯、冷阴极荧光灯和外置电极荧光灯均可被 LED 替代，且技术逐步成熟。相比节能灯，生产 LED 的门槛较低。在我国 LED 照明生产厂商众多，竞争激烈，导致产品价格大幅下降，截至 2015 年 6 月，LED 灯价格成本与同瓦数的荧光灯成本相当。根据国家统计局数据显示，2014 年，我国荧光灯全年累计产量 43.74 亿只，同比下降 7.01%；LED 灯累计产量 3098.65 亿只，同比增长 34.47%。2015 年 1~5 月，荧光灯累计产量 15.75 亿只，同比下降 4.93%；我国 LED 灯累计产量 1070.69 亿只，同比增长 36.41%。从两种照明产品产量的增减变化中可以看出，LED 照明正逐渐成为主流照明光源。

目前我国的荧光灯在逐步被 LED 灯取代，尽管 LED 灯生产和使用过程仍然会对人体和环境产生不良影响，还需进一步开展环境影响分析和风险评估等工作，但 LED 灯在性能和价格成本等方面是含汞荧光灯的优良替代品，加之国家发布强有力的产业政策和经济推广政策，加速了含汞荧光灯的淘汰。

13.2.3 体温计

目前，国内生产和销售的水银体温计替代产品主要有镓铟锡体温计和电子体温计，少量进口临床用变色体温计。其中，电子体温计按测量方式可分为接触式和非接触式。根据我国国家标准等有关技术规范，一般将接触式体温计称为医用电子体温计，非接触式体温计称为医用红外体温计。

(1) 镓铟锡体温计

镓铟锡体温计采用镓、铟、锡、钾、钠、锂等合金替代水银，外形与水银体温计相近，具有相同的稳定性、准确性。在用户习惯和产品消毒方面基本不存在障碍，但使用环境温度受到限制，要求使用时的环境温度不低于 10℃。该技术最早在德国研制成功，并在欧盟等国家普及。我国企业也研制成功了该种体温计，并取得了医疗器械注册证且已在医院使用。

在生产方面，镓铟锡体温计中金属原料要求纯度高，成本增加，生产难度增加，产品合格率低于水银体温计，批量生产所需投资较大。3 家镓铟锡体温计生产企业调研显示，镓铟锡体温计设备改造投资从 1.0~10.0 元/支不等。

水银体温计的产品成本在 1.0~1.7 元/支不等，销售价格在 1.2~2.3 元/支不等，平均销售价格 1.63 元/支，成本在 1.36 元/支。镓铟锡体温计受合金价格影响，产品成本在 6.0~10.0 元/支不等，销售价格在 7.1~16.0 元/支不等，平均销售价格 10.5 元/支，成本在 7.5 元/支。与水银产品相比，价格增加了约 6.5 倍。

(2) 电子体温计

医用电子体温计利用温度传感器输出电信号，直接输出数字或者再将电流信号（模拟信号）转换成能够被内部集成的电路识别的数字信号，然后通过显示器显示数字形式的温度，能记录、读取被测温度的最高值。电子体温计由感温头、量温棒、显示屏、开关、按键、温度传感器以及电池盖构成，其核心元件是感知温度的 NTC 温度传感器。传感器的分辨率可达±0.01℃，精确度可达±0.02℃，反应时间＜2.8s，电阻年漂移率≤0.1%（相当于＜0.025℃）。

医用红外体温计是根据人体辐射原理，通过测量人体辐射的红外线来测量温度。它所用的红外传感器只吸收人体辐射的红外线而不向人体发射任何射线，采用被动式且非接触式的测量方式，因此红外体温计不会对人体产生辐射伤害。根据测试位置不同，红外体温计分为耳腔式体温计（简称耳温计）、体表温度计和红外筛检仪，其计量精确度依次降低。

电子体温计在国外已得到普及，国内属于发展起步阶段，产品生产技术成熟。与传统水银体温计相比，电子体温计优点在于读数方便，测量时间短，测量精度高，误差一般不超过±0.1℃，读数和携带均方便。国家先后出台了医用电子体温计的国家标准及医用电子体温计校准规范，为规范企业生产和检验电子体温计提供了标准。从国家标准规定的性能指标和示范企业实际生产的经验来看，电子体温计（耳温计除外）的主要性能指标——允许测量误差±0.1℃完全可以达到，可满足家庭保健及医生疾病诊断的要求，但电子体温计的稳定性、重复性、一致性及寿命等指标受多方面因素影响，如元器件筛选、加工工艺、贴片绑定、焊接等，这些都直接决定了电子体温计的稳定性，也就直接影响了电子体温计的推广。

电子体温计主要存在的问题表现在 4 个方面：a. 电子体温计对环境温度的要求比较严，容易出现测量结果不稳定的现象；b. 价格远高于水银体温计；c. 电子体温计耐受药液消毒和清洗的能力较差；d. 电子体温计内有大量电子元件和电池，时间长了容易腐蚀，易造成数据不准确。

电子体温计芯片的生产制造技术不在国内。目前现有电子体温计生产企业大多从德国、日本、中国台湾地区购买电子芯片，从事组装生产。两家电子体温计生产企业提供的设备改造投资费用分别为 0.5 元/支和 6 元/支。

据不完全统计，截至 2013 年年底，我国电子体温计制造企业近百家，技术水平参差不齐，规模大小不一，主要分布在山东、浙江、广东、天津、辽宁等省市。产品包括接触式电子体温计和耳腔式体温计，年产量 6.7 亿支，约 80% 产品出口。

电子体温计根据型号不同，单支成本 8～25 元，市场售价 16～50 元。据某网站销售产品统计，电子体温计的市场销售价格在 11.5～98 元/支范围内，红外体温计在 98～660 元/支范围内，价格高于水银体温计。

（3）临床用变色体温计

临床用变色体温计是利用化学材料的某种状态变化与温度之间存在确定关系的特性来测量指示温度的。由美国艾美国际医疗技术有限公司（AMI）发明生产。我国于 1998 年开始进口，用于临床诊断和个人保健，由于其体积小、携带方便，报废销毁污染比较小，适合对传染病病人的诊断和体温监测，所以逐渐得到国内医疗机构的认可和重视，进口量逐步增加，达到几十万支。

13.2.4　血压计

水银血压计的无汞替代产品主要有电子血压计和无液体血压计。

电子血压计是采用示波法测量血压的工具，主要由伺服加压气泵、电子控制排气阀、气压压力传感器构成。示波法是根据袖带在减压过程中，其压力振荡波的振幅变化包络线来判定血压的。

无液体血压计是采用听诊法测量血流量。一个无液体血压计由一个读数范围在 0～3mmHg（1mmHg＝133.28Pa）的刻度盘和一根能够反映压力变化的细铜波纹管组成。

（1）电子血压计

对于电子血压计的测量准确性，行业内存在不同意见。从电子血压计的临床试验和对比分析来看，电子血压计与传统的汞柱式血压计的测量结果有 5mmHg 的偏差，人体的血压随时间在一定范围内变化，无论用哪一种血压计来测量，结果都有变化，因此，5mmHg 的偏差不会影响测量结果的定性，并且电子血压计在发达国家已经普及，应用于家庭保健和医生的诊断也是可行的。但电子血压计有一定的局限性，不适用于部分特殊病人，如心律失常和超胖的病人。

国内电子血压计经过近年的发展，在技术上得到了较大提高，但电子血压计的核心部件芯片尚无完全自主知识产权，主要依赖进口。在使用维护方面，与水银血压计一样，电子血压计、无液体血压计均需要定期校准，电子血压计需使用和更换电池。

目前国内的电子血压计产能和产量已经非常巨大，并呈增长趋势。据不完全统计，2010年电子血压计生产量已达 1000 万台以上，占国际市场份额的 90％以上。由于电子血压计使用安全、读数简单，已在一些医院和家庭得到应用。

（2）无液体血压计

无液体血压计技术成熟，已经大量生产并出口国外。但由于无液体血压计也需要定期校准，医院不愿使用，个人使用也不方便，通常只作为辅助使用。

13.3 政策管理措施

发改委发布的《产业结构调整指导目录（2011 年本）（修正）》，将"高效节能电光源技术开发、产品生产及固汞生产工艺应用、废旧灯管回收再利用、含汞废物的汞回收处理技术、含汞产品的替代品开发与应用"列为鼓励类；将"糊式锌锰电池、充汞式玻璃体温计、血压计生产、牙科汞合金、高压汞灯列为"限制类；将"汞电池（氧化汞原电池及电池组、锌汞电池）、含汞高于 0.0001％的圆柱形碱锰电池、含汞高于 0.0005％的扣式碱锰电池（2015 年）、含汞开关和继电器、汞制剂类高毒农药，以及有害物质含量超标准的内墙、溶剂型木器、玩具、汽车、外墙涂料"列为淘汰类。

环保部会同发改委、工信部和财政部于 2013 年联合发布了《关于加强主要添汞产品及相关添汞原料生产行业汞污染防治工作的通知》（环发〔2013〕119 号）（以下简称《通知》）。该《通知》要求自 2013 年 12 月 17 日起，新、改扩建含汞类扣式碱锰电池、糊式锌锰电池必须使用无汞原材料。2015 年 12 月 31 日前，电池生产企业必须采用无汞原材料生产扣式碱锰电池和糊式锌锰电池；新、改扩建荧光灯项目必须使用固汞，并采用圆排机等自动化和密闭化注汞技术；禁止新、改扩建高压汞灯生产项目。《通知》还要求建立汞污染防治信息动态更新及汞流向报告机制，跟踪管理添汞产品的生产以及汞使用和排放情况。

工业和信息化部和财政部 2014 年发布了《关于联合组织实施高风险污染物削减行动计划的通知》（工信部联节〔2014〕168 号），旨在利用资金鼓励的方式，促进添汞产品生产企业实施无汞化改造。

对于电光源生产行业，除行业标准和清洁生产技术要求外，工业和信息化部、科学技术部和环境保护部于 2013 年 2 月 18 日联合制定了《中国逐步降低荧光灯含汞量路线图》，提出：淘汰液汞工艺；逐步降低荧光灯含汞量，对国内生产功率不超过 60W 的普通照明用荧光灯，分三个阶段逐步降低其含汞量，力争实现 50% 以上的产品含汞量不超过同阶段目标值。到 2015 年，单只荧光灯产品平均含汞量比 2010 年减少约 80%，1/2 以上荧光灯含汞量低于 1mg。

对于电池和电光源，也出台了相应的产品标准，如《碱性及非碱性锌-二氧化锰电池中汞、镉、铅含量的限制要求》（GB 24427—2009）、《锌-氧化银、锌-空气、锌-二氧化锰扣式电池中汞含量的限制要求》（GB 24428—2009）、《照明电器产品中有毒有害物质的限量要求》（QB/T 2940—2008），规定了产品中汞的含量限值。

针对含汞电池生产，财政部发布了《关于对电池涂料征收消费税的通知》（财税〔2015〕16 号），规定自 2015 年 2 月 1 日起，对含汞电池在生产、委托加工和进口环节征收 4% 的消费税，以引领电池行业向无汞的方向发展。

关于排放标准，除了电池生产执行《电池工业污染物排放标准》（GB 30484—2013）外，荧光灯、体温计和血压计生产均执行《污水综合排放标准》（GB 8978—1996）、《大气污染物综合排放标准》（GB 16297—1996）。

第14章

用汞工艺及污染控制

14.1 用汞行业现状

目前，我国主要涉及的用汞工艺是氯乙烯单体的生产、汞法氯碱生产、使用汞或汞化合物催化剂的乙醛生产、使用含汞催化剂的聚氨酯生产，手工和小规模采金已经淘汰，使用汞的甲醇钠或钾、乙醇钠或钾的生产虽未明令淘汰但已基本不存在。

我国尚存在的用汞工艺主要是电石法 PVC 生产。2014 年全国电石法 PVC 生产企业共76 家，产能 1989 万吨，产量 1340 万吨，开工率 67.4%。PVC 产能规模 10 万吨/年以下的比例由 2010 年的 9.4% 下降到了 2014 年的 6.6%，产能 40 万吨/年以上（含 40 万吨/年）规模企业数量由 2010 年的 15 家增加到 22 家，产能占比由 25.6% 提高到 35.8%。

2010～2014 年，我国电石法 PVC 生产的产量逐年上升，用汞量保持在 800～1000t，低汞催化剂应用比例逐年增长。

14.2 汞污染控制技术

电石法 PVC 生产行业的汞污染控制技术分为源头控制、过程控制、末端治理三方面。

14.2.1 源头控制技术

（1）低汞催化剂技术

低汞催化剂是采用特殊要求的活性炭经多次吸附氯化汞及多元络合助剂将氯化汞固定在活性炭有效孔隙中的一种新型催化剂，其氯化汞含量在 6% 左右，为高汞催化剂的 1/2 左右。表 14-1 是高汞催化剂与低汞催化剂的特性对比。研究表明，低汞催化剂可以提高汞的利用效率和催化剂的活性，降低汞升华的速率，且使用寿命不低于传统的高汞催化剂，从而减少汞的消耗量和排放量，是我国电石法 PVC 行业大力推广的应用技术。

表 14-1　高汞催化剂与低汞催化剂特性对比

名称	高汞催化剂	低汞催化剂
活性炭吸水率/%	>40	>50
氯化汞含量/%	10.5~12	4~6.5
对氯化汞的纯度要求/%	99.5	99.9
对活性炭的要求	普通	优质,并经过特殊处理
生产方法	简单	复杂(多次)
工艺过程	简单	复杂
环境评价	污染严重	污染轻

(2) 分子筛固汞催化剂技术

分子筛固汞催化剂为超低汞催化剂，是以分子筛代替活性炭为载体，利用分子筛的多孔结构及离子交换性能，使氯化汞取代分子筛中的钠离子，从而进入分子筛的骨架内。分子筛具有均匀的微孔结构，比表面积为 $200~900m^2/g$，孔容 50% 左右。分子筛具有酸稳定性、热稳定性强的特点，高硅分子筛对烃类的裂解和转化催化具有较高的活性。分子筛固汞催化剂在使用过程中，氯化汞不随温度升高而升华，汞在载体中的热稳定性高，不易流失，更换后不需养护，催化能力强，使用寿命长。

现有 PVC 反应器的传热条件不能满足分子筛固汞催化剂技术的要求，因此在积极研发分子筛固汞催化剂的同时，还要加快开发与分子筛固汞催化剂相配套的新型固定床和大型流化床，使分子筛固汞催化剂技术能尽快应用。目前此项技术处于研发阶段，技术成熟后可在行业推广应用，可在低汞催化剂的基础上进一步降低行业的用汞量。

14.2.2　过程控制技术

(1) 流化床反应器

流化床反应器也叫沸腾床反应器，气体与催化剂在容器中呈沸腾状态，是乙炔和氯化氢进行反应生成氯乙烯的大型反应装置。优点是气固接触面积大、反应速度快、传热效率高、换热效果好、生产能力大等，可以有效控制在催化剂合成氯乙烯时不同床层中的温度，提高氯乙烯的转化率，减少因含汞催化剂升华、破碎造成的损失，降低汞消耗；同时，流化床不需要人工翻倒，与固定床反应器相比，可减少催化剂翻倒过程中的汞流失。

目前该项技术已有企业试用，工艺全程已经打通，但催化剂与固定床催化剂所需要的性能完全不一样，需要进一步研发与流化床反应器配套的高强度催化剂。

(2) 高效气相汞回收技术

高效气相汞回收技术是指可以将升华到氯乙烯中的氯化汞高效回收的设备与技术，整套设备包括冷却器、特殊结构的脱汞器及新型汞吸收剂。在氯乙烯的生产过程中，由于反应温度较高使氯化汞升华而随氯乙烯气体流失到下道工序，通过采用高效吸附技术可回收这部分氯化汞，从而进一步减少氯化汞的流失。

(3) 盐酸脱吸技术

在电石法 PVC 生产过程中，转化器出来的气体中含有 $4\%\sim10\%$ 的氯化氢气体，氯化氢气体是不能进入聚合反应的，因此从转化器出来的气体经除汞器后必须用水对氯化氢气体进行吸收，在吸收到的废盐酸中含有大量的汞，环境危害较大，有很多企业把回收到的废酸直接出售，等于是将危害极大的汞转嫁于第三方排放，因此必须将含汞废酸进行处理。目前主要的处理方法有中和法、盐酸脱吸法等，因中和法耗碱量较大，同时氯化氢得不到回用，因此推荐采用盐酸脱吸法处理。

盐酸脱吸技术是利用氯化氢在水中的溶解度随温度升高而降低的原理，将生产 PVC 时产生的废盐酸中的氯化氢气体解吸出来，氯化氢循环利用或制成盐酸出售，含汞的酸性废水用作冷凝水或进入废水处理环节进行脱汞后达标排放。目前行业内有 65% 的电石法 PVC 生产企业应用此技术。

(4) 抽换催化剂过程汞减排技术

转化器内的催化剂在使用一段时间之后活性下降需翻倒、更换，生产过程中主要是利用水环真空泵在催化剂储罐与转化器之间形成压差抽换催化剂，使转化器列管内的催化剂进入储罐。抽换过程中产生的含汞废气经旋风分离器分离，分离气体带出的催化剂颗粒和小尘粒，再进入袋式除尘器，进一步分离空气中的催化剂粉尘，催化剂颗粒卸入废催化剂桶中。从水环真空泵排出的气体引入废气洗涤装置，用水作为吸收液，由循环泵打入吸收装置循环使用，当吸收液达到一定浓度后送入含汞废水处理装置处理。翻倒含汞催化剂时的废水及废气处理主要工艺流程见图 14-1。目前已有部分企业采用此项汞减排技术。

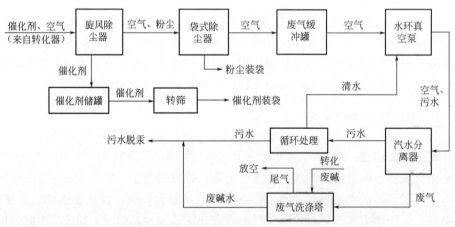

图 14-1 翻倒含汞催化剂时的废水及废气处理主要工艺流程

14.2.3 末端治理技术

硫氢化钠处理含汞废水技术利用硫化汞溶度积小的优点处理电石法 PVC 生产中废酸、废水中的 Hg^{2+}。随着氯化汞在系统中的积累，在盐酸脱吸后会有少量的高浓度含汞废盐酸排出，与后步碱洗过程产生的废碱液中和后用硫氢化钠处理，产生的硫化汞进行安全填埋，同时也可以采用硫氢化钠直接处理碱洗过程产生的废碱液，使废碱液达到排放标准。

含汞废水处理工艺流程见图 14-2。部分含汞废碱液进入调节池，加入盐酸中和作为缓

冲水使用，再经废水调节泵输送到反应罐内。其余含汞废碱液进入反应罐内，加入盐酸调节
pH 值至合格，再加入试剂通过空气搅拌，反应生成相应的汞化物，再加入絮凝剂，沉降汞
化物。反应后的废液送入锯末过滤器除去其中的汞化物沉淀，废水进入缓冲池，分析合格后
达标排放；不合格废水进入活性炭过滤器去除汞化物，达标后送界外回用。

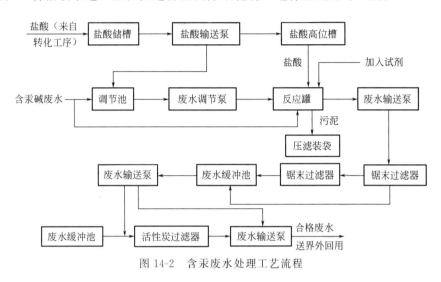

图 14-2　含汞废水处理工艺流程

14.3　政策管理措施

为加强电石法 PVC 生产行业汞污染防治，我国相继完善制定了一系列的政策。

(1) 产业结构方面

发改委发布了《产业结构调整指导目录（2011 年本）（修正）》，将“20 万吨/年规模以
下的电石法 PVC、起始规模小于 30 万吨/年的乙烯氧氯化法聚氯乙烯”列为限制类，将
“高汞催化剂（氯化汞含量 6.5％以上）和使用高汞催化剂的乙炔法聚氯乙烯生产装置
（2015 年）”列为淘汰类；将“分子筛固汞、无汞等新型高效、环保催化剂和助剂”列为鼓
励类。

(2) 行业准入方面

发改委发布了《氯碱（烧碱、聚氯乙烯）行业准入条件》，从产业布局，规模、工艺与
装备，能源消耗，安全、健康、环境保护四个方面进行了规定。

(3) 清洁生产方面

发改委发布建立了《烧碱/聚氯乙烯行业清洁生产评价指标体系》，环保部发布了《氯碱
工业（聚氯乙烯）清洁生产标准》，以推行清洁生产技术，为该领域开展清洁生产奠定了
基础。

(4) 在环保技术政策方面

工信部和环保部相继完善制定了《关于印发电石法聚氯乙烯行业汞污染综合防治方案的
通知》《关于加强电石法生产聚氯乙烯及相关行业汞污染防治工作的通知》《关于开展电石法
聚氯乙烯生产企业高汞催化剂淘汰情况检查的通知》等政策。对生产过程中的汞使用和排放

采取全过程管理和控制措施，主要体现在以下 4 个方面。

① 鼓励研发无汞催化剂　解决电石法 PVC 生产行业汞污染问题的根本方法是采用无汞催化剂，鼓励开发气固相和气液相催化反应工艺，使用非汞络合物催化剂、非汞系列催化剂替代传统活性炭负载的氯化汞催化剂。

② 推广应用低汞催化剂，淘汰高汞催化剂的使用　禁止新建、改建、扩建的电石法聚氯乙烯生产项目使用高汞催化剂；淘汰高汞催化剂（氯化汞含量 6.5％以上）和使用高汞催化剂的乙炔法聚氯乙烯生产装置；2015 年年底低汞催化剂普及率达到 100％。

③ 推广应用清洁生产技术，减少汞污染物的产生和排放　我国目前正在研发和推广的清洁生产技术包括盐酸脱吸技术、高效气相汞回收技术、分子筛固汞催化剂技术和氯乙烯流化床反应器技术等。工信部和环保部已发布相关政策，到 2012 年和 2015 年，盐酸深度脱吸技术普及率分别达到 50％和 90％以上；到 2015 年，硫氢化钠处理含汞废水（包括废盐酸、废碱液等）的普及率达 100％，建立大型氯乙烯流化床反应器工业化生产装置，建立分子筛固汞催化剂生产及回收示范装置，加快采用低汞催化剂应用配套氯化汞高效回收一体化技术，使氯乙烯合成气相汞高效回收技术实现工业化。

④ 加强对含汞废物的回收处置　电石法 PVC 产生的主要污染物是含汞废物，包括废汞催化剂、含汞废活性炭、含汞废盐酸、废碱液等，加强含汞废物的回收处置是有效控制和减少汞排放的有效途径。环保部、工信部等均已发布相关政策，要求全行业全部合理回收废汞催化剂；加快低汞催化剂生产配套控氧干馏法回收废低汞催化剂中的氯化汞与活性炭一体化项目的建设；抓紧组织制订适用于废汞催化剂利用处置企业汞污染防治的污染物排放（控制）标准，制定污染防治技术政策及清洁生产审核技术指南等相关技术文件，组织制（修）订《当前国家鼓励发展环保产业设备（产品）目录》《国家先进污染防治技术示范名录》和《国家鼓励发展的环境保护技术目录》，将废汞催化剂回收处置、含汞废酸、废碱液和废水回收处理等新技术和设备纳入目录中。

氯化汞催化剂产品执行《氯乙烯合成用低汞触媒》（GB/T 31530—2015）标准，聚氯乙烯树脂产品执行《悬浮法通用聚氯乙烯树脂》（GB/T 5761—2006）标准，电石法 PVC 生产废水排放执行《烧碱、聚氯乙烯工业污染物排放标准》（GB 15581—2016）。

总体来看，目前我国对电石法 PVC 生产产业结构、工艺装备、行业准入、清洁生产、环保技术及污染物排放等方面均有管控要求，采取的措施主要是淘汰高汞催化剂（氯化汞含量 6.5％以上）和使用高汞催化剂的乙炔法聚氯乙烯生产装置、推广应用低汞催化剂（氯化汞含量 4％～6.5％）、鼓励研发氯化汞含量低于 4％的含汞催化剂或无汞催化剂、限制建设低产能电石法 PVC 项目等。

第15章

大气汞排放控制

15.1 排放汞行业现状

　　大气汞无意排放包括燃煤电厂、工业锅炉、铅锌冶炼、铜冶炼、工业黄金冶炼、废物焚烧和水泥生产七类排放源。清华大学对上述排放源中除工业黄金冶炼以外的大气汞排放量进行了估算，结果显示，2010 年我国无意排放领域合计汞排放量约 532t，其中，排在前五位的是工业锅炉、燃煤电厂、水泥生产、锌冶炼和铅冶炼，汞排放量分别为 119.7t、100.0t、98.3t、62.9t 和 31.0t。近年来，我国燃煤消耗量、有色金属产量、水泥产量基本上呈上升趋势，各类排放源具体情况如下。

　　① 我国是煤炭消耗大国。2010 年我国工业锅炉总台数为 60.73 万台，总容量为 3.5129×10^6 MW，耗煤量为 4.8×10^8 t，其中低于 10t/h 的锅炉占总台数的 67%，占耗煤量的 23%。2010 年全国电力用煤消耗原煤 15.9×10^8 t，2012 年耗原煤 17.2×10^8 t，燃煤发电消耗原煤量逐年增加。

　　② 水泥生产的汞排放来自原料和煤，其中原料中的汞是主要来源，占 80%～90%，煤中汞的输入占 10%～20%。2012 年全国水泥产量 21.84×10^8 t，2000～2012 年年均增长率达 11.03%。

　　③ 我国是有色金属生产大国。2014 年精锌产量 5.83×10^6 t，精铅产量 4.22×10^6 t，精炼铜产量 7.96×10^6 t，黄金产量 451.8t，其中矿产金产量 368.4t，副产金 83.4t。与 2012 年相比，锌、铜和黄金产量增加，铅产量略有降低。含汞金矿常与汞矿富集带相关，主要分布在贵州、陕西、四川、湖南、青海、甘肃、云南。

　　④ 我国生活垃圾焚烧处理能力逐年增加，2012 年环境无害化处理率已达到 84.8%。截至 2012 年年底，我国生活垃圾环境无害化处理设施共 701 座，焚烧处理设施 138 座，焚烧

243

处置能力 $12.3 \times 10^5 \, t/d$。

15.2 汞排放控制技术

15.2.1 燃煤电厂和工业锅炉

我国燃煤大气汞污染控制工作还处于起步阶段，大多数燃煤电厂都没有配置专门的汞污染控制设施。目前，燃煤电厂已大规模应用的电除尘器、布袋除尘器、干法脱硫装置、湿法脱硫装置等对烟尘、二氧化硫有效控制的同时，对汞也具有一定的协同控制作用。根据国外的经验，燃煤大气汞排放控制措施主要包括燃烧前脱汞（如洗煤或增加其他燃料）、燃烧中脱汞（如提高燃烧控制技术）、燃烧后脱汞（如烟气协同脱汞）等。

(1) 洗煤

洗煤是减少汞排放简单而有效的方法。传统的洗煤方法可洗去不燃性矿物原料中的一部分汞，但是不能洗去与煤中有机碳结合的汞。这样只能是将煤中的汞转移到了洗煤废物中，但这对减少烟气中的汞还是有积极意义的。在洗煤过程中，平均 51% 的汞可以被脱除。由于洗煤技术是费用相对较低的能够去除汞的技术，应该通过提高全国原煤入洗率来进一步去除汞。目前，发达国家原煤入洗率为 40%～100%，而我国只有 22%。

(2) 改进锅炉燃烧条件

流化床燃烧技术可增加颗粒物在炉内的滞留时间，进而提高其对汞的吸附效率；另外，流化床炉内相对较低的温度提高了烟气中 Hg^{2+} 含量，有利于提高后续净化设备的脱汞效率。低氮燃烧技术在氮氧化物减排的同时，其相对较低的炉膛温度可在一定程度上提高烟气中的 Hg^{2+} 含量，有利于提高后续净化设备的脱汞效率。

(3) 烟气协同脱汞

通过对烟气进行除尘、脱硝、脱硫等，可协同脱除烟气中的汞。静电除尘器（ESP）和布袋除尘器（FF）能有效地捕获烟气中的颗粒物，从而高效地去除颗粒态汞。但一般认为，以颗粒形式存在的汞占煤燃烧中汞排放总量的比例小于 5%（在炉内高温下，这个比例还要小得多），且这部分汞大多存在于亚微米颗粒中，而一般电除尘器对这部分粒径范围的颗粒脱除效率很低，所以电除尘器的除汞能力有限。选择性催化还原（SCR）脱硝装置在还原 NO_x 的同时，能够将 80%～90% 的 Hg^0 氧化成 Hg^{2+}，从而促进脱硫过程的协同脱汞效率。脱硫技术当中，半干法烟气脱硫技术比湿法烟气脱硫技术的单位汞去除成本低，且去除率相对较高。

15.2.2 有色金属冶炼行业

有色金属冶炼行业大气汞排放主要采取协同控制方式，专门的除汞技术主要针对锌冶炼行业。

(1) 铅冶炼大气汞排放控制措施

铅冶炼过程释放的汞主要来自于铅精矿。在熔炼过程中，铅精矿中的汞绝大部分都会进入熔炼烟气中，进入熔炼烟气中的汞，在后续的烟气处理过程中又会进入到收尘、污酸和硫酸等介质中。少量汞伴随着烟气和无组织排放源等排出，大约占铅冶炼总汞排放量的 3%。

（2）锌冶炼大气汞排放控制措施

锌冶炼过程释放的汞主要来自于锌精矿。在高温焙烧过程中，锌精矿中的汞绝大部分都会进入烟气中，进入烟气中的汞，在后续的烟气处理过程中又会进入到收尘、污酸和硫酸等介质中。少量汞伴随着烟气和无组织排放源等排出，大约占锌冶炼总汞排放量的 1.4%。

当前我国锌冶炼行业的原料主要是硫化矿，出于产品标准和环境保护的需求，冶炼厂需要对焙烧烟气进行除尘、洗涤和脱硫。锌冶炼行业脱硫普遍采用双转双吸的制酸系统，由于环保要求的加严，有越来越多的企业采用制酸＋脱硫塔的方式进行联合脱硫。在除尘、脱硫的过程中，烟气中的汞可被协同脱除。此外，部分企业出于减少硫酸产品和烟气汞浓度的考虑（通常硫酸中的汞浓度要求 $<0.1mg/L$，即要求烟气中的汞浓度 $<0.02mg/m^3$），在制酸前进行汞回收。国际上锌冶炼使用的脱汞技术包括波立登（Boliden-Norzink）脱汞技术、碘化钾技术、碳过滤器、硒过滤器、硒洗涤器、Outokumpu 技术、Bolkem 技术、DOWA 技术。我国锌冶炼有工程案例的脱汞技术仅为 Boliden-Norzink 脱汞技术、直接冷凝技术、氯化-络合技术和碘化钾技术。

（3）铜冶炼大气汞排放控制措施

铜冶炼过程释放的汞主要来自于铜精矿。在熔炼过程中，铜精矿中的汞绝大部分都会进入渣选尾矿和熔炼烟气中，进入熔炼烟气中的汞，在后续的烟气处理过程中又会进入到吸尘、污酸和硫酸等介质中，少量汞伴随着烟气和无组织排放源等排出，大约占铜冶炼总汞排放量的 1.6%。

（4）黄金冶炼大气汞排放控制措施

自然界中汞与金的关系十分密切，几乎在所有类型的金矿石中都有汞与金伴生。混汞提金法工艺已被列为落后工艺予以淘汰，由此排放的汞不再突出而很少被关注。目前，汞的排放问题主要集中在焙烧预处理及金粉高温铸锭等加热过程。但是，目前仍缺乏汞排放相关的数据。我国黄金冶炼目前没有专门的除汞设施，现行的黄金冶炼烟气大气汞排放控制主要是依靠烟气除尘装置及脱硫（硫酸生产）装置协同脱汞。

15.2.3 水泥生产

我国水泥生产方法按照生料制备的方法可分为湿法和干法；按当前我国使用的煅烧熟料窑结构可分为湿法回转窑生产、立窑生产、普通干法回转窑生产和新型干法水泥生产。目前，以新型干法水泥生产工艺为主。

水泥工业主要大气污染物有颗粒物、NO_x、CO_2、SO_2、氟化物和汞。其中，水泥生产的烟粉尘排放量占建材工业烟粉尘排放量的 80%。控制水泥行业大气汞排放的措施主要包括：源头减少汞输入，可通过选择低汞常规燃料、使用低汞替代燃料、降低高汞替代燃料投加速率等方式实现；采用协同或专门脱汞技术减少水泥窑内汞的循环累积和窑烟气中汞的冷凝和吸附等，如窑灰外排、窑灰脱汞、降低水泥窑排烟温度、吸附剂脱汞、活性炭喷射等。

15.2.4　废物焚烧

15.2.4.1　生活垃圾

目前，我国的生活垃圾焚烧厂主要以炉排炉和循环流化床为主，其余为热解炉。前两种炉型共占到95％以上，其中炉排炉略占优势。相比较而言，炉排炉运行的稳定性、可靠性和对垃圾的适应性等方面均比流化床和热解炉好，近几年发展较快，也将成为未来焚烧炉的主流炉型。生活垃圾焚烧大气汞的去除主要是协同控制方式，具体措施如下。

(1) 除尘

颗粒物的去除主要采用布袋除尘器。目前，常用的除尘设备有布袋除尘器和静电除尘器，袋式除尘器对粒径小于 $1\mu m$ 的颗粒也有很高的捕集效率，且对吸附在颗粒物上的重金属、二噁英等也有很好的脱除作用。

活性炭具有极大的比表面积，对重金属和二噁英等具有极强的吸附力。通常，活性炭喷射与袋式除尘器配套使用，活性炭喷嘴布置在袋式除尘器的进口端（尽量靠前），这样活性炭与烟气强烈混合并吸附一定数量的污染物，即使其未达到饱和，还可以吸附在袋式除尘器滤袋上与通过的烟气再次接触，增加对污染物的吸附净化，使之达到最低排放。

(2) 脱酸

垃圾焚烧中产生的酸性气体主要是 HCl、SO_x，脱除酸性气体的方法概括起来可分为湿法、半干法、干法3种。它们对 HCl 的去除效率分别约为98％、90％、80％，对 SO_2 的去除效率分别为95％左右、80％～90％、75％左右。

湿法净化工艺集除尘和去除其他污染物于一体，可以不用其他高效除尘器，污染物净化效率最高，故在国外经济发达的国家应用较多，其工艺所用吸收剂为 $Ca(OH)_2$ 或 NaOH（不宜结垢，宜采用），但净化过程中产生大量的洗涤污水，制约了湿法烟气净化工艺在垃圾焚烧发电厂的应用。

半干法净化工艺采用浓度为10％～15％的 $Ca(OH)_2$ 浆液作为吸收剂，与后续的袋式除尘器相连，构成了半干法净化工艺系统，是目前国内外普遍采用的一种垃圾焚烧烟气净化工艺，其缺点是对操作水平及喷嘴的要求较高。

干法净化烟气技术主要采用 $Ca(OH)_2$ 粉末作为吸收剂，与后续的高效除尘器相连，构成干法净化工艺系统。其优点是工艺简单，投资和运行费用较低等，缺点是对污染物的去除效率较低，吸收剂的消耗量较大。

(3) 脱硝

上述几种工艺对酸性气体、颗粒物等具有很高的净化效率，同时对重金属、二噁英与呋喃等也有较高的去除率，但对 NO_x 没有明显的去除效果。国内目前没有专门的脱硝装置，所用方法为选择性非催化还原法（SNCR）。SNCR 是通过向垃圾焚烧炉第二燃烧区喷入还原剂来还原 NO_x，净化效率可达30％～50％。此外，国外部分企业采用选择性催化还原法（SCR），此法是在催化剂存在的条件下，NO_x 被还原剂还原成对环境无害的 N_2，此方法可将 NO_x 排放控制在 $50mg/m^3$ 以下。

15.2.4.2　危险废物

危险废物（含医疗废物）焚烧主要采用回转窑焚烧炉和热解焚烧炉两种形式。其中，回转窑是危险废物焚烧的主流炉型。

危险废物焚烧与生活垃圾焚烧过程中产生烟气的主要污染物基本一致，主要包括颗粒物、酸性气体（HCl、SO$_x$、NO$_x$ 等）、有机类污染物（如二噁英类）、重金属（Cd、Cr、Hg、Pb、Sb、As 等）。危险废物焚烧与生活垃圾焚烧烟气污染物控制所采用的工艺种类也相同，因焚烧原料不同，产生的烟气中污染物含量差异较大，为达到污染控制标准，所采用的组合工艺不同。

危险废物焚烧烟气处理系统没有专门的除汞设施，主要是通过协同处置进行除汞。目前，国内主要的烟气净化组合工艺有 3 种，采用最多的是"半干法脱酸＋活性炭吸附＋布袋除尘器"组合。

15.3　政策管理措施

"十二五"以来，我国政府高度重视大气汞污染防治工作。将燃煤、有色金属冶炼、水泥生产作为重点行业列入《重金属污染综合防治"十二五"规划》。2014 年发布的《大气污染防治行动计划》中，对燃煤和水泥生产行业提出了具体的要求。

除了黄金冶炼行业没有专门的污染物排放标准外，火电厂、燃煤锅炉、铅锌铜冶炼、水泥生产、生活垃圾焚烧、危险废物焚烧等均有专门的大气污染物排放标准。其中，《火电厂大气污染物排放标准》（GB 13223—2011），明确规定火力发电锅炉及燃气轮机组大气污染物中汞及其化合物的排放限值为 0.03mg/m³；《锅炉大气污染物排放标准》（GB 13271—2014），首次对烟气汞浓度设定了限值，规定燃煤锅炉烟囱或烟道中汞及其化合物的浓度限值为 0.05mg/m³；《铅、锌工业污染物排放标准》（GB 25466—2010），规定现有企业和新建企业废水中汞的排放限值分别为 0.05mg/L 和 0.03mg/L；《铜、镍、钴工业污染物排放标准》（GB 25467—2010），规定现有和新建铜冶炼企业铜冶炼过程和烟气制酸过程中排放的大气污染物中汞及其化合物的浓度限值为 0.012mg/m³；现有的黄金冶炼行业应执行《工业炉窑污染物排放标准》（GB 9078—1996），大气汞的最高允许排放浓度为 0.01mg/m³；《水泥工业大气污染物排放标准》（GB 4915—2013），首次明确了大气汞及其化合物的排放限值为 0.05mg/m³；《生活垃圾焚烧污染控制标准》（GB 18485—2014）明确了排放烟气中汞及其化合物的标准限值为 0.05mg/m³；《危险废物焚烧污染控制标准》（GB 18484—2001）明确了危险废物焚烧炉大气污染物中汞及其化合物（以 Hg 计）最高允许排放限值为 0.1mg/m³。

第16章

含汞废物处理处置

16.1　管理政策

16.1.1　相关规划

工信部印发的《有色金属工业"十二五"发展规划》中规定，到"十二五"末，仅保留一家原生汞冶炼企业，取缔其他原生汞冶炼企业。含汞催化剂回收企业应配套有汞蒸气回收装置，除贵州万山地区外，严格控制其他地区新建的含汞催化剂回收企业。

在国务院批复的《重金属污染综合防治"十二五"规划》中，第一类规划对象以铅、汞、镉、铬和类金属砷等生物毒性强且污染严重的重金属元素为主，第二类防控的金属污染物为铊、锰、铋、镍、锌、锡、铜、钼等。

环境保护部、国家发改委等四部委联合发布的《"十二五"危险废物污染防治规划》主要任务"（五）加强涉重金属危险废物无害化利用处置"提出，在西北部地区建设电石法聚氯乙烯行业低汞催化剂生产与废汞催化剂回收一体化试点示范企业。以贵州、湖南、河南为重点，坚决取缔土法炼汞非法行为，推动含汞废物利用处置基地建设；任务（七）提出开展废弃荧光灯分类回收和处理工作；结合"绿色照明工程"，督促荧光灯使用大户将废弃荧光灯交由有资质企业回收处理；研究建立以旧换新、有偿收购等激励机制，鼓励消费者将废弃荧光灯交由指定分类回收点回收。探索实施生产者责任延伸制，推动有条件的生产企业依托销售网点回收其废弃产品，建设处理设施自行处理或者委托有资质的企业处理。

《重点区域大气污染防治"十二五"规划》已明确要求实施有色金属行业烟气除汞技术示范工程，编制有色金属行业大气汞排放清单，研究制定控制对策。

16.1.2　政策法规

我国已出台的关于危险废物回收处置相关的政策法规、部门规章及标准主要有《固体废物污染环境防治法》《危险废物污染防治技术政策》《危险废物经营许可证管理办法》《危险废物转移联单管理办法》等。《固体废物污染环境防治法》的第四章对危险废物污染防治作了特别规定。从事废弃荧光灯管这类危险废物相关的收集、运输、储存、处置以及必要的环境监督管理活动时，均必须遵守《固体废物污染环境防治法》。

为加强对危险废物收集、储存和处置经营活动的监督管理，加强对危险废物转移的有效监督，防治危险废物污染环境，《固体废物污染环境防治法》《危险废物经营许可证管理办法》和《危险废物转移联单管理办法》相继出台，并以此制定了危险废物申报登记制度、转移联单制度和许可证制度，从法规的层面进一步细化了对危险废物相关活动的监督管理。如《危险废物污染防治技术政策》的 9.6.1 条提出"各级政府应制定技术、经济政策调整产品结构，淘汰高污染日光灯管，鼓励建立废日光灯管的收集体系和资金机制"和 9.6.2 条提出"加强废日光灯管产生、收集和处理处置的管理，鼓励重点城市建设区域性的废日光灯管回收处理设施，为该区域的废日光灯管的回收处理提供服务"。

国家发改委《产业结构调整指导目录（2011 年本）》（2013 年修正）中，含汞废物的汞回收处理技术属于鼓励类。环境保护部《国家危险废物名录》中，废氯化汞催化剂属于 HW29 含汞废物中 900-022-29 废弃的含汞催化剂，主要来源于乙炔法 PVC 生产所需催化剂；明确规定将"生产、销售及使用过程中产生的废含汞荧光灯管"归结为第 29 类危险废物，即含汞废物（HW29），其危险特性为 T（毒性）。

2014 年 2 月环境保护部发布《废氯化汞触媒危险废物经营许可证审查指南》（公告 2014 年第 11 号），适用于环境保护行政主管部门对从事废氯化汞催化剂利用单位申请危险废物经营许可证（包括新申请、重新申请领取和换证）的审查。该指南鼓励低汞催化剂生产与废氯化汞催化剂回收利用一体化，其中，低汞催化剂生产应符合国家相关产业政策，各项目的废氯化汞催化剂回收利用规模应优先保证自己销售的低汞催化剂产品废弃后得到回收利用。废氯化汞催化剂利用的新建、改建、扩建项目应在工业园区内建设，且符合工业园区规划要求和满足区域环境承载力及环境风险防范要求；所有新建、改建、扩建废氯化汞催化剂利用项目必须有明确的重金属污染物排放总量来源，并符合国家及省级重金属污染防治规划要求；禁止在重金属污染防控重点区域内新建、改建、扩建废氯化汞催化剂利用项目。

工信部发布的《中国逐步降低荧光灯含汞量路线图》要求逐步降低荧光灯含汞量，对功率不超过 60W、国内生产的普通照明用荧光灯产品，分三个阶段逐步降低其含汞量。

环境保护部在 2012 年实施的《铅锌冶炼工业污染防治技术政策》（公告 2012 年第 18 号）中要求：为防范环境风险，对每一批矿物原料均应进行全成分分析，严格控制原料中汞、砷、镉、铊、铍等有害元素含量；无汞回收装置的冶炼厂，不应使用汞含量高于 0.01% 的原料；含汞的废渣作为铅锌冶炼配料使用时，应先回收汞，再进行铅锌冶炼；烟气稀酸洗涤产生的含铅、砷等重金属的酸泥，应回收有价金属；含汞污泥应及时回收汞；生产区下水道污泥、收集池沉渣以及废水处理污泥等不可回收的废物，应密闭储存，在稳定化和固化后，安全填埋处置。

16.1.3　相关标准

含汞废物相关标准见表16-1。环境保护部2014年9月对《含汞废物处理处置污染防治可行技术指南》征求意见，指南中针对各种含汞废物提出了处理处置的可行技术。

表16-1　含汞废物相关标准汇总

标准名称	标准号	相关内容
《危险废物鉴别标准 浸出毒性鉴别》	GB 5085.3—2007	烷基汞：不得检出(甲基汞＜10ng/L,乙基汞＜20ng/L)；汞(以总汞计)限值为 0.1mg/L
《危险废物焚烧污染控制标准》	GB 18484—2001	危险废物焚烧炉大气污染物中汞及其化合物(以 Hg 计)最高允许排放限值为 0.1mg/m^3
《危险废物填埋污染控制标准》	GB 18598—2001	允许进入填埋区的控制限值(稳定化控制限值)：有机汞：0.001mg/L；汞及其化合物(以总汞计)：0.25mg/L
《生活垃圾焚烧污染控制标准》	GB 18485—2014	排放烟气中汞及其化合物的标准限值为 0.05mg/m^3

16.2　管理现状

16.2.1　含汞废物包装、储存、运输及处置要求

(1) 含汞废物的包装与储存

含汞危险废物包装需采用具有一定强度和防水性能的材料密封包装，防止散落和挥发。

含汞废物需具有专门用于储存的场地，并符合《危险废物贮存污染控制标准》(GB 18597)的要求；每批次含汞废物应分区存放，按批次记录含汞废物产生单位、数量、接收时间和汞含量等相关信息。存放时间不超过一年，并且配有换气设施和应急处理设施。

(2) 含汞废物的运输

运输含汞废物单位应具有交通主管部门颁发的允许从事危险货物道路运输许可证或经营许可证。无危险货物运输资质的申请单位应提供与相关持有危险货物道路运输经营许可证的单位签订的运输协议或合同。

(3) 含汞废物的转移

含汞固体废物的转移需报环保部门批准，含汞危险废物转移需执行《危险废物转移联单管理办法》填写五联单，并交由相关环保部门监管。

(4) 含汞废物的处置

① 原生汞冶炼废渣　原生汞冶炼废渣主要安全储存在尾矿库及渣场，按照国家安监总局及国家环境保护总局等发布的《尾矿库安全监督管理规定》《防治尾矿污染环境管理规定》《尾矿库安全技术规程》《金属非金属矿山弃土弃渣场安全生产规则》，由安监、国土、环保等部门共同进行监督管理。

国家安全监管总局、国家发改委、工信部、国土资源部、环境保护部联合下发《关于进

一步加强尾矿库监督管理工作的指导意见》，对尾矿库进行专项整治活动，严格执行环评、"三同时"制度，加强尾矿库排污申报管理，督促企业开展隐患排查和整治，编制应急预案并定期演练，建立联合执法机制和应急救援机制，研究制定《尾矿库环境风险评价技术方法》《尾矿库环境应急管理工作指南》。

② 废氯化汞催化剂及铅锌冶炼含汞废物　废氯化汞催化剂处置回收利用项目应当符合国家产业政策、重金属污染防治规划及危险废物污染防治规划的相关要求，且必须纳入地方环境保护或固体废物处置相关规划中。废氯化汞催化剂利用项目应通过建设项目环境保护竣工验收，并具有独立法人资格，持有《企业法人营业执照》和《组织机构代码证》等。所有新建、改建、扩建废氯化汞催化剂利用项目的处理能力应达到 3000t/a 及以上，厂区面积（建筑面积）不低于 20000m^2。所有接触废汞催化剂的生产单元、生产设备和库房以及转移通道，必须防雨、防风、防晒。

建立汞污染物排放日监测制度，按照环保部门要求开展自行监测，逐步安装包括汞在内的尾气排放在线监测装置，并与环保部门联网；建立环境信息披露制度，按时发布自行监测结果，每年向社会发布企业年度环境报告，公布汞污染物排放和环境管理等情况；厂区应配有备用电源，可以满足厂区内废氯化汞催化剂预处理和利用设施、污染防治设施以及现场监控设备等 24h 正常运行。

③ 废含汞荧光灯管　要求在密闭负压环境下进行废含汞灯管的破碎分离，对荧光粉、玻璃中汞进行蒸馏回收或进行无害化处置后稳定固化填埋。

16.2.2　信息收集管理现状

（1）含汞废物出口信息

我国是《控制危险废物越境转移及其处置巴塞尔公约》（以下简称《巴塞尔公约》）的缔约国，危险废物的越境转移遵照《巴塞尔公约》的管理规定，每年向公约秘书处提交危险废物出口总结报告，包括危险废物出口数量、种类、特性、目的地、过境国以及处置方式。其中，符合《国家危险废物管理名录》或经《危险废物鉴别标准》鉴定为含汞危险废物，或《巴塞尔公约》规定的含汞废物，或出口国、过境国规定的含汞危险废物等情况中任意一种，需按照《巴塞尔公约》越境转移相关管理规定，每年将出口总结报告上报公约秘书处。

（2）含汞废物进口信息

根据我国《固体废物进口管理办法》，禁止进口列入《禁止进口目录》的固体废物。《进口废物管理目录》将含汞混合物、残渣及化合物，废电池、废弃荧光灯管等照明设备等列为禁止进口类废物。其他未列明固体废物即未列入《进口废物管理名录》的固体废物属于禁止类，海关、质检及环保不得审批通过。根据《中华人民共和国固体废物污染环境防治法》，禁止经中华人民共和国过境转移危险废物。综上所述，我国不允许进口含汞废物。

（3）含汞废物产生登记及转移信息

我国一般工业固体废物（包括含汞废物）依照《排放污染物申报登记管理规定》，填报《固体废物申报登记表》，并按要求提供必要的资料。含汞固体废物转移出省需要转出地和转入地环保部门批准，未经批准的，不得转移。对于危险废物（包括含汞危险废物）已建立起转移联单、经营许可、台账及上报等管理制度。含汞危险废物产生企业及接收处置企业需按照《危险废物转移联单管理办法》进行五联单登记管理，其中两联提交给转出和转入地环保局备案及监管。

（4）含汞废物渣场、暂存库信息

对于历史遗留及新产生的原生汞冶炼含汞废渣、开采废矿石等，必须安全储存在具备防水土流失、防洪、防渗漏的尾矿库及渣场，并由安监局、国土局及环保局共同监管。

（5）含汞废物运输信息

含汞危险废物的运输按照《道路危险货物运输管理规定》，由交通运输主管部门进行监管。

（6）含汞废物处置信息

危险废物经营单位（包括含汞危险废物经营单位）需按照《危险废物经营许可证管理办法》申请经营资质。接收、处置、转移的含汞废物情况需按照《危险废物经营单位记录和报告经营情况指南》要求，编制企业内部管理台账，并向当地环保部门上报每年经营情况。当地环保部门及我国六大片区督查中心，每年分别按照《"十二五"我国危险废物规范化管理督查考核工作方案》和《危险废物规范化管理指标体系》对危险废物（包括含汞危险废物）产生及处置企业进行检查及抽查，核对台账和实际经营情况信息，进行打分并将最终结果上报环保部，对得分低的区域及企业进行原因调查及整改。

（7）含汞废物监督性监测信息

含汞危险废物处置单位需按季度进行监督性监测，并将监测结果上报许可证发放环保部门。原环境保护部陆续出台了针对重点行业的监督管理指南。与含汞废物密切相关的有《电石法聚氯乙烯生产行业危险废物监管指南》，要求所有 PVC 生产企业安装废水在线监测设备，实时监控废水中汞的浓度；《废氯化汞触媒危险废物经营许可证审查指南》，要求安装包括汞在内的尾气在线监测装置，并与环保部门联网。

附录一

规范性文件

1.1 国家危险废物名录（2016 年版）（摘录）

废物类别	行业来源	废物代码	危险废物	危险特性
HW12 染料、涂料废物	涂料、油墨、颜料及类似产品制造	264-009-12	使用含铬、铅的稳定剂配制油墨过程中，设备清洗产生的洗涤废液和废水处理污泥	T
HW15 爆炸性废物	炸药、火工及焰火产品制造	267-003-15	生产、配制和装填铅基起爆药剂过程中，产生的废水处理污泥	T、R
HW31 含铅废物	玻璃制造	304-002-31	使用铅盐和铅氧化物进行显像管玻璃熔炼过程中产生的废渣	T
	电子元件制造	397-052-31	线路板制造过程中，电镀铅锡合金产生的废液	T
	炼钢	312-001-31	电炉炼钢过程中，集（除）尘装置收集的粉尘和废水处理污泥	T
	电池制造	384-004-31	铅蓄电池生产过程中产生的废渣、集（除）尘装置收集的粉尘和废水处理污泥	T
	工艺美术品制造	243-001-31	使用铅箔进行烤钵试金法工艺产生的废烤钵	T
	废弃资源综合利用	421-001-31	废铅蓄电池拆解过程中产生的废铅板、废铅膏和酸液	T
	非特定行业	900-025-31	使用硬脂酸铅进行抗黏涂层加工过程中，产生的废物	T
HW48 有色金属冶炼废物	常用有色金属冶炼	321-004-48	铅锌冶炼过程中，锌焙烧矿常规浸出法产生的浸出渣	T

废物类别	行业来源	废物代码	危险废物	危险特性
HW48 有色金属 冶炼废物	常用有色金属 冶炼	321-005-48	铅锌冶炼过程中,锌焙烧矿热酸浸出黄钾铁矾法产生的铁矾渣	T
		321-007-48	铅锌冶炼过程中,锌焙烧矿热酸浸出针铁矿法产生的针铁矿渣	T
		321-008-48	铅锌冶炼过程中,锌浸出液净化产生的净化渣,包括锌粉-黄药法、砷盐法、反向锑盐法、铅锑合金锌粉法等工艺除铜、锑、镉、钴、镍等杂质过程中产生的废渣	T
		321-009-48	铅锌冶炼过程中,阴极锌熔铸产生的熔铸浮渣	T
		321-010-48	铅锌冶炼过程中,氧化锌浸出处理产生的氧化锌浸出渣	T
		321-011-48	铅锌冶炼过程中,鼓风炉炼锌锌蒸气冷凝分离系统产生的鼓风炉浮渣	T
		321-012-48	铅锌冶炼过程中,锌精馏炉产生的锌渣	T
		321-013-48	铅锌冶炼过程中,提取金、银、铋、镉、钴、铟、锗、铊、碲等金属过程中产生的废渣	T
		321-014-48	铅锌冶炼过程中,集(除)尘装置收集的粉尘	T
		321-016-48	粗铅精炼过程中产生的浮渣和底渣	T
		321-017-48	铅锌冶炼过程中,炼铅鼓风炉产生的黄渣	T
		321-018-48	铅锌冶炼过程中,粗铅火法精炼产生的精炼渣	T
		321-019-48	铅锌冶炼过程中,铅电解产生的阳极泥及阳极泥处理后产生的含铅废渣和废水处理污泥	T
		321-020-48	铅锌冶炼过程中,阴极铅精炼产生的氧化铅渣及碱渣	T
		321-021-48	铅锌冶炼过程中,锌焙烧矿热酸浸出黄钾铁矾法、热酸浸出针铁矿法产生的铅银渣	T
		321-022-48	铅锌冶炼过程中产生的废水处理污泥	T
		321-023-48	电解铝过程中,电解槽维修及废弃产生的废渣	T
		321-024-48	铝火法冶炼过程中产生的初炼炉渣	T
		321-025-48	电解铝过程中产生的盐渣、浮渣	T
		321-026-48	铝火法冶炼过程中产生的易燃性撇渣	T
		321-027-48	铜再生过程中,集(除)尘装置收集的粉尘和废水处理污泥	T
		321-028-48	锌再生过程中,集(除)尘装置收集的粉尘和废水处理污泥	T
		321-029-48	铅再生过程中,集(除)尘装置收集的粉尘和废水处理污泥	T
		321-030-48	汞再生过程中,集(除)尘装置收集的粉尘和废水处理污泥	T

废物类别	行业来源	废物代码	危险废物	危险特性
HW29 含汞废物	天然原油和天然气开采	072-002-29	天然气除汞净化过程中产生的含汞废物	T
	常用有色金属矿采选	091-003-29	汞矿采选过程中产生的尾砂和集(除)尘装置收集的粉尘	T
	贵重金属矿采选	092-002-29	混汞法提金工艺产生的含汞粉尘、残渣	T
	印刷	231-007-29	使用显影剂、汞化合物进行影像加厚(物理沉淀)以及使用显影剂、氨氯化汞进行影像加厚(氧化)产生的废液及残渣	T
	基础化学原料制造	261-051-29	水银电解槽法生产氯气过程中,盐水精制产生的盐水提纯污泥	T
		261-052-29	水银电解槽法生产氯气过程中产生的废水处理污泥	T
		261-053-29	水银电解槽法生产氯气过程中产生的废活性炭	T
		261-054-29	卤素和卤素化学品生产过程中产生的含汞硫酸钡污泥	T
	合成材料制造	265-001-29	氯乙烯生产过程中,含汞废水处理产生的废活性炭	T,C
		265-002-29	氯乙烯生产过程中,吸附汞产生的废活性炭	T,C
		265-003-29	电石乙炔法聚氯乙烯生产过程中产生的废酸	T,C
		265-004-29	电石乙炔法生产氯乙烯单体过程中产生的废水处理污泥	T
	常用有色金属冶炼	321-103-29	铜、锌、铅冶炼过程中,烟气制酸产生的废甘汞,烟气净化产生的废酸及废酸处理污泥	T
	电池制造	384-003-29	含汞电池生产过程中产生的含汞废浆层纸、含汞废锌膏、含汞废活性炭和废水处理污泥	T
	照明器具制造	387-001-29	含汞电光源生产过程中产生的废荧光粉和废活性炭	T
	通用仪器仪表制造	401-001-29	含汞温度计生产过程中产生的废渣	T
	非特定行业	900-022-29	废弃的含汞催化剂	T
		900-023-29	生产、销售及使用过程中产生的废含汞荧光灯管及其他废含汞电光源	T
		900-024-29	生产、销售及使用过程中产生的废含汞温度计、废含汞血压计、废含汞真空表和废含汞压力计	T
		900-452-29	含汞废水处理过程中产生的废树脂、废活性炭和污泥	T
HW49 其他废物	非特定行业	900-044-49	废弃的铅蓄电池、镍镉电池、氧化汞电池、汞开关、荧光粉和阴极射线管	T

注：1.C代表腐蚀性（corrosivity）；2.T代表毒性（toxicity）；3.R代表反应性（reactivity）。

1.2 环境保护综合名录（2015 年版）（摘录）

环办函［2015］2139 号

"高污染、高环境风险"产品名录（2015 年版）

序号	特性	名称		行业	
		产品名称	产品代码	行业名称	行业代码
61	GHF	硒化铅	26010204	无机盐制造	2613
62	GHF	硒化镉	26010204		
82	GHW/GHF	一氧化铅	2601081001		
83	GHF	四氧化(三)铅	2601081099		
88	GHF	硫酸铅	2601100314		
93	GHF	硝酸铅	2601110108		
95	GHW/GHF	硝酸汞	2601110199		
96	GHW/GHF	铬酸铅	2601120202		
121	GHF	砷酸铅	2601129900		
132	GHF	亚砷酸铅	2601129900		
137	GHF	氟化铅	2601140199		
138	GHF	四氟化铅	2601140199		
139	GHF	氟化镉	2601140199		
150	GHF	溴化汞	2601170199		
164	GHF	氰化镉	2601190199		
165	GHF	氰化铅	2601190199		
184	GHF	硅酸铅	2601200205		
187	GHW/GHF	氟硼酸镉	2601210399		
188	GHW/GHF	氟硼酸铅	2601210399		
199	GHF	碲化镉			
203	GHW/GHF	环烷酸铅	2601081099	有机化学原料制造	2614
204	GHW/GHF	辛酸铅	2601081099		
205	GHW/GHF	异辛酸铅	2601081099		
206	GHW/GHF	硬脂酸铅	2601081099		
207	GHW	醋酸铅	2601081099		
386	GHW/GHF	聚氨基甲酸乙酯(无汞催化剂生产工艺除外)	2619020201		
388	GHW/GHF	四甲基铅	2701180212		
389	GHW/GHF	四乙基铅			
446	GHW/GHF	含汞农药	2606019900	化学农药制造	2631

序号	特性	名称		行业	
		产品名称	产品代码	行业名称	行业代码
451	GHW/GHF	含铅、铬的阴极电泳涂料	2608010106 2608010107	涂料制造	2641
464	GHW	松香铅皂	2608040100		
488	GHW/GHF	含汞油漆	2608xxxx		
496	GHW/GHF	铅铬黄	2610010900	颜料制造	2643
499	GHW	镉黄	2610019900		
501	GHW	镉红	2610019900		
502	GHF	朱砂	26100302		
727	GHW/GHF	氯化汞催化剂	2614020514	化学试剂和助剂制造	2661
735	GHW/GHF	以铅化合物为基本成分的抗震剂	2615020201		
746	GHW/GHF	含汞消毒剂(杀菌剂、防腐剂、生物杀灭剂)	2606020000	化学药品原料药制造	2710
780	GHW/GHF	银汞齐齿科材料	2708020102	卫生材料及医药用品制造	2770
795	GHW/GHF	铅	331202xx	铅锌冶炼	3212
796	GHW	(不规范回收)再生铅	3312020200		
805	GHW/GHF	含汞锌粉	3338020200	其他有色金属压延加工	3269
807	GHW/GHF	充汞式玻璃体温计	3646010101	医疗诊断、监护及治疗设备制造	3581
808	GHW/GHF	充汞式血压计	3646010401		
809	GHW/GHF	含汞开关和继电器	390804xx	其他输配电及控制设备制造	3829
810	GHW	氧化汞原电池及电池组、锌汞电池	391301xx	其他电池制造	3849
811	GHW	含汞圆柱形碱锰电池	3913010101		
812	GHW/GHF	含汞量高于0.0005%的纸板锌锰电池	3913010101		
813	GHW/GHF	含汞量高于0.01%的糊式锌锰电池	3913010101		
814	GHW/GHF	含汞量高于0.0005%的锌-氧气电池	3913010201		
815	GHW/GHF	含汞量高于0.0005%的锌-空气电池	39130103		
816	GHW/GHF	含汞量高于0.0005%的扣式碱性锌锰电池	3913020100		
817	GHW	极板含镉类铅酸蓄电池	39130301		
818	GHW	开口式普通铅酸蓄电池	39130301		
819	GHW	管式铅蓄电池(灌浆或挤膏工艺除外)	3913030199		

序号	特性	名称		行业	
		产品名称	产品代码	行业名称	行业代码
820	GHW	镍镉电池	3913030201	其他电池制造	3849
821	GHW	铅酸蓄电池零部件	3913060301		
822	GHW	灌粉式管式极板（灌浆或挤膏工艺除外）	3913069900		
823	GHW/GHF	含汞浆层纸	3913069900		
824	GHW/GHF	紧凑型荧光灯（功率≤30W）（低汞生产工艺除外）	392302xx	电光源制造	3871
825	GHW/GHF	高压汞灯	39230501		
827	GHW/GHF	含汞高温计	41020101	绘图、计算及测量仪器制造	4013
828	GHW/GHF	含汞非医用温度计	41020101		
829	GHW/GHF	含汞压力表	4102020301		
830	GHW/GHF	含汞流量计	41020301		
831	GHW/GHF	含汞干湿计/湿度表	4105091100	试验分析仪器制造	4014
832	GHW/GHF	含汞晴雨表	411101xx	导航、气象及海洋专用仪器制造	4023

注：1. GHW 代表高污染产品；2. GHF 代表高环境风险产品。

1.3　汞污染防治技术政策

环境保护部公告

公告　2015 年　第 90 号

一、总则

（一）为贯彻《中华人民共和国环境保护法》等法律法规，履行《关于汞的水俣公约》，防治环境污染，保障生态安全和人体健康，规范污染治理和管理行为，引领涉汞行业清洁生产和污染防治技术进步，促进行业的绿色循环低碳发展，制定本技术政策。

（二）本技术政策所称的涉汞行业主要指原生汞生产，用汞工艺（主要指电石法聚氯乙烯生产），添汞产品生产（主要指含汞电光源、含汞电池、含汞体温计、含汞血压计、含汞化学试剂），以及燃煤电厂与燃煤工业锅炉、铜铅锌及黄金冶炼、钢铁冶炼、水泥生产、殡葬、废物焚烧与含汞废物处理处置等无意汞排放工业过程。

（三）本技术政策为指导性文件，主要包括涉汞行业的一般要求、过程控制、大气污染防治、水污染防治、固体废物处理处置与综合利用、二次污染防治、鼓励研发的新技术等内容，为涉汞行业相关规划、污染物排放标准、环境影响评价、总量控制、排污许可等环境管理和企业污染防治工作提供技术指导。

（四）涉汞行业应优化产业结构和产品结构，合理规划产业布局，加强技术引导和调控，鼓励采用先进的生产工艺和设备，淘汰高能耗、高污染、低效率的落后工艺和设备。

（五）涉汞行业污染防治应遵循清洁生产与末端治理相结合的全过程污染控制原则，采用先进、成熟的污染防治技术，加强精细化管理，推进含汞废物的减量化、资源化和无害化，减少汞污染物排放。

（六）应按国家相关要求，健全涉汞行业环境风险防控体系和环境应急管理制度，定期开展环境风险排查评估，完善防控措施和环境应急预案，贮备必要的环境应急物资，积极防范并妥善应对突发环境事件。鼓励研发汞等重金属快速及在线监测技术和设备。

二、一般要求

（七）含汞物料的运输、贮存和备料等过程应采取密闭、防雨、防渗或其他防漏撒措施。

（八）除原生汞生产以外的其他涉汞行业应使用低汞、固汞、无汞原辅材料，并逐步替代高汞及含汞原辅材料的使用。

（九）涉汞行业应对原辅材料中的汞进行检测和控制，加强汞元素的物料平衡管理，保持生产过程稳定。

（十）用汞工艺和添汞产品生产过程应采用负压或密闭措施，加强管理和控制，减少汞污染物的产生和排放。

（十一）涉汞企业生产及含汞废物处置过程中，对于初期雨水及生产性废水应采取分质分类处理，确保处理后达标排放或循环利用。

（十二）废弃含汞产品及含汞废料等应收集、回收利用或安全处理处置。

三、原生汞生产行业汞污染防治

（十三）原生汞生产应对汞及其他有价成分进行高效资源回收，加强生产过程中汞等重金属元素的物料控制，减少中间产品和各生产工序中汞等重金属的排放。

（十四）汞矿采选应采用重选、浮选单一或联合技术和工艺，严格控制尾矿渣中的汞含量。

（十五）按国家相关规定，淘汰铁锅和土灶、蒸馏罐、坩埚炉及简易冷凝收尘设施等落后炼汞设备。

（十六）汞矿采选过程产生的含汞粉尘应采用袋式除尘等高效除尘技术；冶炼过程产生的废气应采用硫酸软锰矿净化法、漂白粉净化法、多硫化钠净化法、碘络合法及酸洗脱汞法等污染控制技术。

（十七）汞矿采选与冶炼过程产生的含汞废水宜采用硫化法、中和沉淀法和活性炭吸附法等技术进行处理，处理后的废水应优先循环利用。

（十八）汞矿采选过程产生的废石和选矿渣应优先进行资源综合利用或矿坑回填的处理处置方式。

（十九）鼓励研发的新技术：（1）提高汞尾矿利用率的新技术；（2）尾矿、废石及废渣无害化处置技术；（3）尾矿库复垦修复、矿山生态恢复及汞污染土壤修复技术。

四、电石法聚氯乙烯生产行业汞污染防治

（二十）电石法聚氯乙烯生产应采用符合国家标准的低汞催化剂，降低单位产品的汞消耗量。应采用高效汞污染控制技术，提高汞回收效率，减少汞排放。

（二十一）氯乙烯合成转化工序应配备独立的含汞废水收集和处理设施，含汞废水应采用硫化法、吸附法等工艺进行处理；氯离子浓度较高的含汞废水鼓励采用膜法、离子交换树脂法等处理技术。

（二十二）氯乙烯合成工序不达标的含汞废酸应采用盐酸深度脱析技术回收氯化氢，

脱析后产生的含汞废液与含汞废碱液应送往独立的含汞废水处理系统进行处理；废汞催化剂、含汞废活性炭和含汞废水处理污泥等含汞废物应按危险废物管理要求进行回收和安全处置。

（二十三）鼓励研发的新技术：（1）高效低汞催化剂（汞含量低于4%）和无汞催化剂；（2）无汞催化技术及工艺设备；（3）大型氯乙烯流化床反应器及配套分子筛固汞催化剂；（4）高效汞回收技术；（5）高效低成本含汞废水综合治理技术。

五、添汞产品生产行业汞污染防治

（二十四）含汞电光源生产过程中产生的含汞废气宜采用活性炭吸附、催化吸附-高锰酸钾溶液吸收等处理技术；含汞废水宜采用化学沉淀法、吸附法等处理技术。

（二十五）含汞电池生产过程中产生的含汞废气宜采用活性炭吸附等处理技术；含汞废水宜采用电解法、沉淀法或微电解-混凝沉淀法等处理技术。

（二十六）含汞体温计、含汞血压计和含汞化学试剂生产过程中产生的含汞废气宜采用活性炭吸附等处理技术，含汞废水宜采用化学沉淀法、吸附法等处理技术。

（二十七）注汞后破碎的灯管、封口或高温加热时截断的废玻璃管和不合格产品、含汞废水和含汞废气处理时产生的泥渣或含汞活性炭等，宜采用焙烧、冷凝等技术进行回收处理，或交具有相应能力的持危险废物经营许可证单位进行处置。

（二十八）鼓励研发的新技术：（1）低汞、无汞及汞回收利用技术；（2）固汞替代液汞技术；（3）全自动注汞技术及装备。

六、燃煤电厂与燃煤工业锅炉汞污染防治

（二十九）燃煤电厂与燃煤工业锅炉应使用低汞燃料煤，或采用洗煤、配煤等脱汞预处理技术，减少燃料中的汞含量。采用煤炭改性以及使用煤炭添加剂，合理提高氯、溴等卤素元素含量，提高燃烧过程中汞的转化效率。

（三十）燃煤电厂与燃煤工业锅炉应采用高效燃烧技术，实施燃烧过程控制，减少汞污染排放。

（三十一）应采用脱硫、除尘、脱硝协同脱汞技术。应对脱汞副产物进行稳定化、无害化处理，对粉煤灰和脱硫石膏进行安全处置。

（三十二）鼓励研发的新技术：（1）汞吸附剂、煤中添加卤化物喷入技术；（2）低温等离子体除汞技术；（3）硫、硝、汞协同脱除多功能催化剂；（4）硫、硝、汞等多种污染物一体化高效脱除技术及装备；（5）汞等重金属快速及在线监测技术和设备；（6）高效汞污染物脱除技术。

七、铜铅锌及黄金冶炼行业汞污染防治

（三十三）铜铅锌冶炼过程产生的含汞废气宜采用波立顿脱汞法、碘络合-电解法、硫化钠-氯络合法和直接冷凝法等烟气脱汞工艺。宜采用袋式除尘、电袋复合除尘和湿法脱硫、制酸等烟气净化协同脱汞技术。

（三十四）金矿焙烧过程应加强对高温静电除尘器等烟气处理设施的运行管理，提高协同脱汞效果。

（三十五）烟气净化过程产生的废水、冷凝器密封用水和工艺冷却水宜采用化学沉淀法、吸附法和膜分离法等组合处理工艺。

（三十六）冶炼渣和烟气除尘灰应采用密闭蒸馏或高温焙烧等方法回收汞，烟气净化处理后的残余物属于危险废物的应交具有相应能力的持危险废物经营许可证单位进行处置。

（三十七）降低硫酸中的汞含量宜采用硫化物除汞、硫代硫酸钠除汞及热浓硫酸除汞等技术。

（三十八）严格执行副产品硫酸含汞量的限值标准，加强对进入硫酸蒸气以及其他含汞废物中汞的跟踪管理。

（三十九）鼓励研发的新技术：（1）硫酸洗涤法、硒过滤器等脱汞工艺；（2）脱汞功能材料及脱汞工艺；（3）含汞等重金属废水深度及协同处理技术；（4）含汞废水膜分离、树脂分离或生物分离的成套技术和组合装置；（5）铜铅锌及黄金冶炼过程汞污染自动控制技术与装置；（6）污酸体系渣梯级利用与安全稳定化技术。

八、钢铁冶炼行业汞污染防治

（四十）含汞废气应采用袋式除尘、电除尘或电袋复合除尘技术和脱硫技术协同脱除烟气中的汞。

（四十一）含汞废水宜采用化学沉淀法、吸附法、电化学法和膜分离法等组合处理工艺。

（四十二）鼓励研发的新技术：（1）硫、硝、汞等污染物协同脱除技术；（2）冶炼烟尘、冶炼渣和含汞污泥的资源化利用技术；（3）活性炭等功能材料吸附除汞技术。

九、水泥生产行业汞污染防治

（四十三）新型干法水泥生产工艺应提高水泥回转窑窑尾废气与生料粉磨烘干的同步运转率，并加强生料磨停运时汞排放控制技术措施，减少水泥窑废气汞排放。

（四十四）鼓励采用低汞原燃料替代、低汞混合材料掺用等技术的应用。

（四十五）应采用袋式除尘、电袋复合除尘等高效除尘协同脱汞技术。

（四十六）应加强对水泥窑协同处置固体废物运行的动态管理，依据固体废物组分及汞含量采取合理的处置速率，保证汞等重金属排放达标。

（四十七）鼓励研发的新技术：水泥窑废气汞等污染物协同脱除技术。

十、殡葬行业汞污染防治

（四十八）殡葬行业宜采用活性炭喷射等技术去除烟气中的汞。

（四十九）鼓励研发的新技术：（1）烟气中汞、二噁英等污染物高效协同净化技术；（2）新型多功能汞吸附材料。

十一、废物焚烧与含汞废物处理处置过程汞污染防治

（五十）含汞废物应委托有危险废物经营许可资质的单位进行无害化处理处置。

（五十一）危险废物（含医疗废物）、生活垃圾等废物焚烧应采用高效袋式除尘和活性炭吸附脱汞等技术。

（五十二）废汞催化剂宜采用火法冶炼、化学活化或控氧干馏等技术进行回收处理。

（五十三）废荧光灯应采用高温气化法、湿法等技术进行回收处理。

（五十四）含汞废电池处理处置宜采用火法处理、湿法处理、火法湿法联合处理、真空热处理或安全填埋等技术。

（五十五）鼓励烟气除尘灰及废水处理产生的含汞污泥采用氧化溶出法或氯化-硫化-焙烧法等汞回收处理技术。处理后的残渣和飞灰宜加入汞固定剂和水泥砂浆固化处理后安全填埋。

（五十六）鼓励研发的新技术：（1）含汞废物高效汞回收技术及装备；（2）低温等离子体、新型功能材料等含汞废气净化及资源回收技术；（3）含汞废物安全收集、贮存、运输的技术及装备。

1.4　废电池污染防治技术政策

国家环境保护总局文件

环发〔2003〕163 号

一、总则

（一）为贯彻《中华人民共和国环境保护法》《中华人民共和国固体废物污染环境防治法》等有关法律法规，防治环境污染，保障生态安全和人体健康，指导环境管理与科学治污，引领污染防治技术进步，促进废电池利用，制定本技术政策。

（二）本技术政策适用于各种电池在生产、运输、销售、贮存、使用、维修、利用、再制造等过程中产生的混合废料、不合格产品、报废产品和过期产品的污染防治。重点控制的废电池包括废的铅蓄电池、锂离子电池、氢镍电池、镉镍电池和含汞扣式电池。

（三）本技术政策为指导性文件，主要包括废电池收集、运输、贮存、利用与处置过程的污染防治技术和鼓励研发的新技术等内容，为废电池的环境管理与污染防治提供技术指导。

（四）废电池污染防治应遵循闭环与绿色回收、资源利用优先、合理安全处置的综合防治原则。

（五）逐步建立废铅蓄电池、废新能源汽车动力蓄电池等的收集、运输、贮存、利用、处置过程的信息化监管体系，鼓励采用信息化技术建设废电池的全过程监管体系。

（六）列入国家危险废物名录或者根据国家规定的危险废物鉴别标准和鉴别方法认定为危险废物的废电池按照危险废物管理。

二、收集

（一）在具备资源化利用条件的地区，鼓励分类收集废原电池。

（二）鼓励电池生产企业、废电池收集企业及利用企业等建设废电池收集体系。鼓励电池生产企业履行生产者延伸责任。

（三）鼓励废电池收集企业应用"物联网＋"等信息化技术建立废电池收集体系，并通过信息公开等手段促进废电池的高效回收。

（四）废电池收集企业应设立具有显著标识的废电池分类收集设施。鼓励消费者将废电池送到相应的废电池收集网点装置中。

（五）收集过程中应保持废电池的结构和外形完整，严禁私自破损废电池，已破损的废电池应单独存放。

三、运输

（一）废电池应采取有效的包装措施，防止运输过程中有毒有害物质泄漏造成污染。

（二）废锂离子电池运输前应采取预放电、独立包装等措施，防止因撞击或短路发生爆炸等引起的环境风险。

（三）禁止在运输过程中擅自倾倒和丢弃废电池。

四、贮存

（一）废电池应分类贮存，禁止露天堆放。破损的废电池应单独贮存。贮存场所应定期清理、清运。

（二）废铅蓄电池的贮存场所应防止电解液泄漏。废铅蓄电池的贮存应避免遭受雨淋水浸。

（三）废锂离子电池贮存前应进行安全性检测，避光贮存，应控制贮存场所的环境温度，避免因高温自燃等引起的环境风险。

五、利用

（一）禁止人工、露天拆解和破碎废电池。

（二）应根据废电池特性选择干法冶炼、湿法冶金等技术利用废电池。干法冶炼应在负压设施中进行，严格控制处理工序中的废气无组织排放。

（三）废锂离子电池利用前应进行放电处理，宜在低温条件下拆解以防止电解液挥发。鼓励采用酸碱溶解-沉淀、高效萃取、分步沉淀等技术回收有价金属。对利用过程中产生的高浓度氨氮废水，鼓励采用精馏、膜处理等技术处理并回用。

（四）废含汞电池利用时，鼓励采用分段控制的真空蒸馏等技术回收汞。

（五）废锌锰电池和废镉镍电池应在密闭装置中破碎。

（六）干法冶炼应采用吸附、布袋除尘等技术处理废气。

（七）湿法冶金提取有价金属产生的废水宜采用膜分离法、功能材料吸附法等处理技术。

（八）废铅蓄电池利用企业的废水、废气排放应执行《再生铜、铝、铅、锌工业污染物排放标准》（GB 31574）。其他废电池干法利用企业的废气排放应参照执行《危险废物焚烧污染控制标准》（GB 18484），废水排放应当满足《污水综合排放标准》（GB 8978）和其他相应标准的要求。

（九）废铅蓄电池利用的污染防治技术政策由《铅蓄电池生产及再生污染防治技术政策》规定。

六、处置

（一）应避免废电池进入生活垃圾焚烧装置或堆肥发酵装置。

（二）对于已经收集的、目前还没有经济有效手段进行利用的废电池，宜分区分类填埋，以便于将来利用。

（三）在对废电池进行填埋处置前和处置过程中，不应将废电池进行拆解、碾压及其他破碎操作，保证废电池的外壳完整，减少并防止有害物质渗出。

七、鼓励研发的新技术

（一）废电池高附加值和全组分利用技术。

（二）智能化的废电池拆解、破碎、分选等技术。

（三）自动化、高效率和高安全性的废新能源汽车动力蓄电池的模组分离、定向循环利用和逆向拆解技术。

（四）废锂离子电池隔膜、电极材料的利用技术和电解液的膜分离技术。

1.5 铅蓄电池生产及再生污染防治技术政策

一、总则

（一）为贯彻《中华人民共和国环境保护法》等法律法规，防治环境污染，保障生态安全和人体健康，规范污染治理和管理行为，引领铅蓄电池行业污染防治技术进步，促进行业的绿色循环低碳发展，制定本技术政策。

（二）本技术政策适用于铅蓄电池生产及再生过程，其中铅蓄电池生产包括铅粉制造、极板制造、涂板、化成、组装等工艺过程，铅蓄电池再生包括破碎分选、脱硫、熔炼等工艺过程。铅蓄电池在收集、运输和贮存等环节的技术管理要求由《废电池污染防治技术政策》规定。

（三）本技术政策为指导性文件，主要包括源头控制和生产过程污染防控、大气污染防治、水污染防治、固体废物利用与处置、鼓励研发的新技术等内容，为铅蓄电池行业环境保护相关规划、环境影响评价等环境管理和企业污染防治工作提供技术指导。

（四）铅蓄电池生产及再生应加大产业结构调整和产品优化升级力度，合理规划产业布局，进一步提高产业集中度和规模化水平。

（五）铅蓄电池生产及再生应遵循全过程污染控制原则，以重金属污染物减排为核心，以污染预防为重点，积极推进源头减量替代，突出生产过程控制，规范资源再生利用，健全环境风险防控体系，强制清洁生产审核，推进环境信息公开。

（六）铅蓄电池行业应对含铅废气、含铅废水、含铅废渣及硫酸雾等进行重点防治，防止累积性污染，鼓励铅蓄电池企业达到一级清洁生产水平。

二、源头控制与生产过程污染防控

（一）铅蓄电池企业原料的运输、贮存和备料等过程应采取措施，防止物料扬撒，不应露天堆放原料及中间产品。

（二）优化铅蓄电池产品的生态设计，逐步减少或淘汰铅蓄电池中镉、砷等有毒有害物质的使用。

（三）铅蓄电池生产过程中的熔铅、铸板及铅零件工序应在封闭车间内进行，产生烟尘的部位应设局部负压设施，收集的废气进入废气处理设施。根据产品类型的不同，应采用连铸连轧、连冲、拉网、压铸或者集中供铅（指采用一台熔铅炉为两台以上铸板机供铅）的重力浇铸板栅制造技术。铅合金配制与熔铅过程鼓励使用铅减渣剂，以减少铅渣的产生量。

（四）铅粉制造工序应采用全自动密封式铅粉机；和膏工序（包括加料）应使用自动化设备，在密闭状态下生产；涂板及极板传送工序应配备废液自动收集系统；生产管式极板应使用自动挤膏机或封闭式全自动负压灌粉机。

（五）分板、刷板（耳）工序应设在封闭的车间内，采用机械化分板、刷板（耳）设备，保持在局部负压条件下生产；包板、称板、装配、焊接工序鼓励采用自动化设备，并保持在局部负压条件下生产，鼓励采用无铅焊料。

（六）供酸工序应采用自动配酸、密闭式酸液输送和自动灌酸；应配备废液自动收集系统并进行回收或处置。

（七）化成工序鼓励采用内化成工艺，该工序应设在封闭车间内，并配备硫酸雾收集处理装置。新建企业应采用内化成工艺。

（八）废铅蓄电池拆解应采用机械破碎分选的工艺、技术和设备，鼓励采用全自动破碎分选技术与装备，加强对原料场及各生产工序无组织排放的控制。分选出的塑料、橡胶等应清洗和分离干净，减少对环境的污染。

（九）再生铅企业应对带壳废铅蓄电池进行预处理，废铅膏与铅栅应分别熔炼；对分选出的铅膏应进行脱硫处理；熔炼工序应采用密闭熔炼、低温连续熔炼、多室熔炼炉熔炼等技术，并在负压条件下生产，防止废气逸出；铸锭工序应采用机械化铸锭技术。

（十）废铅蓄电池的废酸应回收利用，鼓励采用离子交换或离子膜反渗透等处理技术；废塑料、废隔板纸和废橡胶的分选、清洗、破碎和干燥等工艺应遵循先进、稳定、无二次污染的原则，采用节水、节能、高效、低污染的技术和设备，鼓励采用自动化作业。

三、大气污染防治

（一）鼓励采用袋式除尘、静电除尘或袋式除尘与湿式除尘（如水幕除尘、旋风除尘）等组合工艺处理铅烟；鼓励采用袋式除尘、静电除尘、滤筒除尘等组合工艺技术处理铅尘。鼓励采用高密度小孔径滤袋、微孔膜复合滤料等新型滤料的袋式除尘器及其他高效除尘设备。应采取严格措施控制废气无组织排放。

（二）再生铅熔炼过程中，应控制原料中氯含量，鼓励采用烟气急冷、功能材料吸附、催化氧化等技术控制二噁英等污染物的排放。

（三）再生铅熔炼过程产生的硫酸雾应采用冷凝回流或物理捕捉加逆流碱液洗涤等技术进行处理。

四、水污染防治

（一）废水收集输送应雨污分流，生产区内的初期雨水应进行单独收集并处理。生产区地面冲洗水、厂区内洗衣废水和淋浴水应按含铅废水处理，收集后汇入含铅废水处理设施，处理后达标排放或循环利用，不得与生活污水混合处理。

（二）含重金属（铅、镉、砷等）生产废水，应在其产生车间或生产设施进行分质处理或回用，经处理后实现车间、处理设施和总排口的一类污染物的稳定达标；其他污染物在厂区总排放口应达到法定要求排放；鼓励生产废水全部循环利用。

（三）含重金属（铅、镉、砷等）废水，按照其水质及排放要求，可采用化学沉淀法、生物制剂法、吸附法、电化学法、膜分离法、离子交换法等组合工艺进行处理。

五、固体废物利用与处置

（一）再生铅熔炼产生的熔炼浮渣、合金配制过程中产生的合金渣应返回熔炼工序；除尘工艺收集的不含砷、镉的烟（粉）尘应密闭返回熔炼配料系统或直接采用湿法提取有价金属。

（二）鼓励废铅蓄电池再生企业推进技术升级，提高再生铅熔炼各工序中铅、锑、砷、镉等元素的回收率，严格控制重金属排放量。

（三）废铅蓄电池再生过程中产生的铅尘、废活性炭、废水处理污泥、含铅废旧劳保用品（废口罩、手套、工作服等）、带铅尘包装物等含铅废物应送有危险废物经营许可证的单位进行处理。

六、鼓励研发的新技术

（一）减铅、无镉、无砷铅蓄电池生产技术。

（二）自动化电池组装、快速内化成等铅蓄电池生产技术。

（三）卷绕式、管式等新型结构密封动力电池、新型大容量密封铅蓄电池等生产技术。

（四）新型板栅材料、电解沉积板栅制造技术及铅膏配方。

（五）干、湿法熔炼回收铅膏、直接制备氧化铅技术及熔炼渣无害化综合利用技术。

（六）废气、废水及废渣中重金属高效去除及回收技术。

（七）废气、废水中铅、镉、砷等污染物快速检测与在线监测技术。

1.6　国家鼓励的有毒有害原料（产品）替代品目录（2016年版）（摘录）

序号	替代品名称	被替代品名称	替代品主要成分	适用范围
一、研发类				
（一）重金属替代				
1	无汞催化剂	含汞催化剂	贵重金属/非贵重金属	乙炔法氯乙烯合成
2	三价铬硬铬电镀工作液	六价铬电镀液	三价铬	汽车减震器，液压部件等
4	环保稀土颜料	铅基和镉基颜料	硫化铈等稀土硫化物	塑料、陶瓷、油漆、尼龙以及化学品等领域
二、应用类				
（一）重金属替代				
9	无铅防锈颜料	含铅防锈颜料	亚磷酸钙	防锈、防腐涂料
（二）有机污染物替代				
13	水性木器涂料	溶剂型木器涂料	丙烯酸、聚氨酯	木器家具、家庭装修
三、推广类				
（一）重金属替代				
24	无铅易切削黄铜	含铅易切削黄铜	铜、锌、铋、硅、锑、锡、钙、镁等	电子接插件和五金卫浴产品
25	无铬耐火砖	含铬耐火砖	氧化镁、氧化铁或氧化铝	水泥、钢铁、有色等行业的高温窑炉
26	钨基合金镀层	铬镀层	铁、钴、钨	石油开采领域
27	高覆盖能力的硫酸盐三价黑铬电镀液	六价铬电镀液	硫酸盐体系、发黑剂	军工领域
28	三价铬电镀液	六价铬电镀液	三价铬	汽车、电子、机械、仪器仪表
29	彩色三价铬常温钝化液	高浓度六价铬彩色钝化液	三价铬	镀锌钝化
30	铝合金锆钛系无铬钝化剂	铝合金六价铬钝化剂	氟锆酸及高分子化合物	汽车零部件、建材、卷材等行业

序号	替代品名称	被替代品名称	替代品主要成分	适用范围
31	无铬达克罗涂液	达克罗涂液	锌、铝、钛	汽车零部件抗腐蚀应用
32	电解锰无铬钝化剂	电解锰重铬酸钾钝化剂	复合碳酸盐、磷化合物	电解锰行业钝化工艺
33	无铅电子浆料	含铅电子浆料	氧化锌、氧化硼、二氧化硅等	混合电路、热敏电阻、太阳能电池
34	锂离子电池	铅蓄电池	锂	电动自行车、通信备用电源、光伏发电等储能系统
35	无汞扣式碱性锌锰电池	含汞扣式碱性锌锰电池	锌、锰(不含重金属汞)	便携式仪表
36	氢镍电池、锂离子电池	镍镉电池	镍、稀土元素、锂(不含重金属镉)	电动工具、便携式电器、电池
37	钙基复合稳定剂	铅盐稳定剂	硬脂酸锌、多羟基钙、水滑石、抗氧剂等	PVC塑料门窗异型材专用
38	钙锌复合稳定剂	铅盐稳定剂	硬脂酸钙、硬脂酸锌等	PVC管材
39	稀土稳定剂	铅盐稳定剂	镧、铈元素的有机或无机盐类	PVC制品
41	低汞催化剂(氯化汞含量为4%~6.5%)	含汞催化剂(氯化汞含量为10%~12.5%)	氯化汞含量4%~6.5%	乙炔法氯乙烯合成
42	多元复合稀土钨电极	放射性钍钨电极	镧、铈、钇稀土氧化物	焊接、切割、冶金等

(二)有机污染物替代

序号	替代品名称	被替代品名称	替代品主要成分	适用范围
45	无烷基酚聚氧乙烯醚类(APEO)的建筑涂料乳液	含烷基酚聚氧乙烯醚类(APEO)的建筑涂料乳液	烷基聚氧乙烯醚	建筑物内外墙涂料
46	水性高弹性防水涂料	溶剂型聚氨酯防水涂料	丙烯酸酯乳液、填料、助剂	建筑物和钢筋水泥构件的防水
47	水性环氧树脂涂料	溶剂型环氧树脂涂料	水性环氧乳液、水性环氧固化剂	防腐涂料中的主要成膜物
48	水性塑料涂料	溶剂型塑料涂料	丙烯酸、聚氨酯	塑料制品涂装
49	水性或无溶剂型紫外光(UV)固化涂料	溶剂型涂料	紫光引发剂外光固化树脂、功能性单体	木器家具、塑料、纸品、汽车及粉末涂料涂装
50	水性醇酸树脂	溶剂型醇酸树脂	多元醇、多元酸、植物油(酸)或其他脂肪酸、有机胺、醇醚类	涂料

续表

序号	替代品名称	被替代品名称	替代品主要成分	适用范围
59	松脂基油溶剂	甲苯、二甲苯溶剂	松脂油提取物、萜烯类、脂肪酸单烷基酯类	乳油加工
61	不含异氰脲酸三缩水甘油酯（TGIC）的粉末涂料	含异氰脲酸三缩水甘油酯（TGIC）的粉末涂料	环氧树脂、羟烷基酰胺等	家用电器、金属构件的表面涂装

1.7　高风险污染物削减行动计划

工信部联节〔2014〕168号

为落实《国务院关于加快发展节能环保产业的意见》（国发〔2013〕30号），加快实施汞削减、铅削减和高毒农药替代清洁生产重点工程，从源头削减汞、铅和高毒农药等高风险污染物排放，最大程度降低对食品安全和生态环境安全的影响，保障人体健康，制定本行动计划。

一、计划实施的必要性

汞、铅和高毒农药等污染物毒性大，一旦排放到环境中，既可以通过大气、水、土壤等生态环境直接危害人体健康，也可以通过食物链传导对人体健康造成危害，具有较高的环境风险。如二十世纪在日本发生的由汞污染引起的水俣病，近几年在我国多地发生的由铅污染引起的儿童血铅超标事件、由高毒农药引起的"毒生姜""毒韭菜"等问题。

工业领域汞污染主要集中在汞使用量较大的电石法聚氯乙烯、荧光灯、干电池、体温计生产等领域，占汞总使用量的95%以上。铅污染主要集中在铅冶炼、再生铅行业，以及铅使用量达80%的铅酸蓄电池行业。农药行业主要问题是高毒农药品种仍有杀扑磷等12个品种[1]，产量占农药总产量的2.5%左右；此外，还有约30万吨的有害有机溶剂在农药制剂中应用。

我国已经成为世界上最大的汞、铅和农药生产和消费国，加强对涉汞、铅行业和农药行业的污染防治迫在眉睫。汞、铅和高毒农药造成的污染，通过末端治理难度大、成本高，只有通过采用先进适用的清洁生产技术进行改造，从源头实施替代、从生产过程进行减量，才能最大程度消除汞、铅和高毒农药等高风险污染物对环境和人体健康的危害。

二、总体思路和主要目标

（一）总体思路

以技术进步为主线，坚持源头预防、过程控制和资源化利用的理念，发挥企业主体作用，加强政策支持引导，推动企业实施清洁生产技术改造，从源头减少汞、铅和高毒农药等高风险污染物产生，提升清洁生产水平，在达标排放的基础上进一步削减污染物的产生和排放，促进行业绿色转型升级。

（二）主要目标

到2017年，通过实施汞削减、铅削减和高毒农药替代清洁工程，减少汞使用量[2]181吨/年，减少废水中汞排放量0.3吨/年；减少废水中总铅排放量2.3吨/年，减少废气中铅及铅化合物排放量 8 吨/年；替代高毒农药产品产能 5 万吨/年；减少苯、甲苯、二甲苯等有害溶剂使用量 33 万吨/年。

三、主要任务

（一）实施汞削减清洁生产工程

电石法聚氯乙烯行业全面推广使用低汞催化剂，优化原料气脱水及净化、氯乙烯合成转化器等技术和装备。鼓励采用高效脱汞器回收气相流失的汞、盐酸脱析技术对含汞废酸进行处理、离子交换等含汞废水深度处理技术回收废水中的汞。

荧光灯行业全面推广低汞生产工艺，采用低含量固态汞材料进行生产，推广纳米氧化铝悬浮液作为保护膜，降低荧光灯中的汞含量。

纸板锌锰电池、糊式锌锰电池、扣式氧化银电池、锌-空气电池行业，加快提高电解二氧化锰、锌粉、浆层纸、电解液等材料性能，并实施工艺装备的技术改造，实现无汞化生产。

非电子类体温计生产采用稼钢锡等新材料替代汞，实现产品无汞化。

（二）实施铅削减清洁生产工程

在铅冶炼行业重点推广氧气底吹-液态高铅渣直接还原铅冶炼、铅锌冶炼废水分质回用集成等技术。

在再生铅行业重点推广预处理破碎分选、铅膏预脱硫、低温连续熔炼，废铅酸蓄电池全循环高效利用，非冶炼废铅酸电池全循环再生等技术。

在铅酸蓄电池行业重点推广卷绕式、挤膏式铅酸蓄电池生产、铅粉制造冷切削造粒、扩展式（拉网式、冲孔式、连铸连轧式）板栅制造工艺与装备、极板分片打磨与包片自动化装备、电池组装自动铸焊、铅酸蓄电池内化成工艺与酸雾凝集回收利用、铅炭电池、含铅废酸与废水回收利用等技术。

（三）实施高毒农药替代清洁生产工程

实现一批高毒农药品种的替代。支持农药企业采用高效、安全、环境友好的农药新品种，对 12 个高毒农药产品实施替代。

推进农药剂型的优化升级。实施水基化剂型（水乳剂、悬浮剂、水分散颗粒剂等）替代粉剂等落后剂型；加快淘汰烷基酚类等有害助剂在农药中的使用；尽量减少有害有机溶剂的使用量。

四、实施的具体步骤

（一）地方工业主管部门（中央企业）组织推动企业实施清洁生产技术改造

一是制定本辖区清洁生产水平提升计划。省级工业主管部门（中央企业）要按照本行动计划要求，加强调查研究，结合本辖区企业清洁生产现状，重点对调研中发现的突出问题，组织制定有针对性清洁生产水平提升计划，并报送工业和信息化部。

二是加强项目实施的指导、督促。地方工业主管部门（中央企业）要协调相关部门，简化项目审批程序，加快项目实施进度，及时跟踪项目进展情况。

三是组织实施效果评估。省级工业主管部门（中央企业）要委托有资质的专业机构，对完成清洁生产技术改造的项目实施效果进行评估，出具实施效果评估报告。

四是组织申请中央财政奖励资金。对在 2013～2017 年完成且满足中央财政清洁生产专项资金奖励要求的清洁生产技术改造项目，省级工业主管部门会同财政部门向工业和信息化部、财政部提出资金奖励申请（中央企业直接上报）。

（二）有关企业抓紧实施清洁生产技术改造项目

一是制定清洁生产技术改造项目计划。涉汞、铅和高毒农药的生产企业要对本企业清洁生产关键工艺和薄弱环节进行评估，制定采用先进适用技术改造项目计划，包括实施改造的产能、时间表、采用的技术、预期效果、预计投资等内容，并将计划报送企业所在地工业主管部门。

二是实施清洁生产技术改造项目。企业要积极筹措资金，组织人力物力，加快清洁生产技术改造项目的实施，并建立清洁生产组织管理制度，确保生产达到预期实施效果。

三是提出实施效果评估申请。企业完成清洁生产技术改造项目并稳定运行后，要准备项目运行效果相关证明材料，并向所在工业主管部门提出实施效果评估申请。

（三）中央财政清洁生产专项资金对实施效果显著的项目予以奖励

工业和信息化部会同财政部，通过抽查、公示等方式，对省级工业主管部门提出的清洁生产技术改造奖励资金申请进行核实，按照《中央财政清洁生产专项资金管理暂行办法》，对 2013—2015 年年底前完成并通过核实的，给予不超过实际投资额 15％的资金奖励；对 2016—2017 年年底前完成并通过核实的，给予不超过实际投资额 10％的资金奖励。

（四）有关行业组织充分发挥支撑作用

相关行业协会、科研院所和咨询机构要充分发挥自身优势，做好技术引导、技术支持、技术服务和信息咨询等工作，帮助企业选用先进适用清洁生产技术实施改造，实现削减高风险污染物的产生和排放。

说明：［1］12 个高毒农药品种指杀扑磷、甲拌磷、甲基异柳磷、克百威、灭多威、灭线磷、涕灭威、磷化铝、氧乐果、水胺硫磷、溴甲烷、硫丹。

［2］按 2012 年产品产量核算，下同。

1.8　《关于汞的水俣公约》生效公告

环境保护部

外　交　部

发展改革委

科学技术部

工业和信息化部

财　政　部

国土资源部

住房城乡建设部

农　业　部

商　务　部

卫生计生委

海关总署

质检总局

安全监管总局
食品药品监管总局
统　计　局
能　源　局　公告
公告 2017 年第 38 号

2016 年 4 月 28 日，第十二届全国人民代表大会常务委员会第二十次会议批准《关于汞的水俣公约》（以下简称《汞公约》）。《汞公约》将自 2017 年 8 月 16 日起对我国正式生效。

为贯彻落实《汞公约》，现就有关事项公告如下。

一、自 2017 年 8 月 16 日起，禁止开采新的原生汞矿，各地国土资源主管部门停止颁发新的汞矿勘查许可证和采矿许可证。2032 年 8 月 16 日起，全面禁止原生汞矿开采。

二、自 2017 年 8 月 16 日起，禁止新建的乙醛、氯乙烯单体、聚氨酯的生产工艺使用汞、汞化合物作为催化剂或使用含汞催化剂；禁止新建的甲醇钠、甲醇钾、乙醇钠、乙醇钾的生产工艺使用汞或汞化合物。2020 年氯乙烯单体生产工艺单位产品用汞量较 2010 年减少 50％。

三、禁止使用汞或汞化合物生产氯碱（特指烧碱）。自 2019 年 1 月 1 日起，禁止使用汞或汞化合物作为催化剂生产乙醛。自 2027 年 8 月 16 日起，禁止使用含汞催化剂生产聚氨酯，禁止使用汞或汞化合物生产甲醇钠、甲醇钾、乙醇钠、乙醇钾。

四、禁止生产含汞开关和继电器。自 2021 年 1 月 1 日起，禁止进出口含汞开关和继电器（不包括每个电桥、开关或继电器的最高含汞量为 20 毫克的极高精确度电容和损耗测量电桥及用于监控仪器的高频射频开关和继电器）。

五、禁止生产汞制剂（高毒农药产品），含汞电池（氧化汞原电池及电池组、锌汞电池、含汞量高于 0.0001％ 的圆柱形碱锰电池、含汞量高于 0.0005％ 的扣式碱锰电池）。自 2021 年 1 月 1 日起，禁止生产和进出口附件中所列含汞产品（含汞体温计和含汞血压计的生产除外）。自 2026 年 1 月 1 日起，禁止生产含汞体温计和含汞血压计。

六、有关含汞产品将由商务部会同有关部门纳入禁止进出口商品目录，并依法公布。

七、自 2017 年 8 月 16 日起，进口、出口汞应符合《汞公约》及我国有毒化学品进出口有关管理要求。

八、各级环境保护、发展改革、工业和信息化、国土资源、住房城乡建设、农业、商务、卫生计生、海关、质检、安全监管、食品药品监管、能源等部门，应按照国家有关法律法规规定，加强对汞的生产、使用、进出口、排放和释放等的监督管理，并按照《汞公约》履约时间进度要求开展核查，一旦发现违反本公告的行为，将依法查处。

附件：添汞（含汞）产品目录

环境保护部
外交部
发展改革委
科技部
工业和信息化部
财政部
国土资源部

住房城乡建设部

农业部

商务部

卫生计生委

海关总署

质检总局

安全监管总局

食品药品监管总局

统计局

能源局

2017 年 8 月 15 日

附件：

添汞（含汞）产品目录

一、电池，不包括含汞量低于 2％的扣式锌氧化银电池以及含汞量低于 2％的扣式锌空气电池［氧化汞原电池及电池组、锌汞电池、含汞量高于 0.0001％的圆柱型碱锰电池、含汞量高于 0.0005％的扣式碱锰电池按照《产业结构调整指导目录（2011 年本）（2013 年修正）》要求淘汰］。

二、开关和继电器，不包括每个电桥、开关或继电器的最高含汞量为 20 毫克的极高精确度电容和损耗测量电桥及用于监控仪器的高频射频开关和继电器［按照《产业结构调整指导目录（2011 年本）（2013 年修正）》要求淘汰］。

三、用于普通照明用途的不超过 30 瓦且单支含汞量超过 5 毫克的紧凑型荧光灯。

四、下列用于普通照明用途的直管型荧光灯：

（一）低于 60 瓦且单支含汞量超过 5 毫克的直管型荧光灯（使用三基色荧光粉）；

（二）低于 40 瓦（含 40 瓦）且单支含汞量超过 10 毫克的直管型荧光灯（使用卤磷酸盐荧光粉）。

五、用于普通照明用途的高压汞灯。

六、用于电子显示的冷阴极荧光灯和外置电极荧光灯：

（一）长度较短（≤500 毫米）且单支含汞量超过 3.5 毫克；

（二）中等长度（＞500 毫米且≤1500 毫米）且单支含汞量超过 5 毫克；

（三）长度较长（＞1500 毫米）且单支含汞量超过 13 毫克。

七、化妆品（含汞量超过百万分之一），包括亮肤肥皂和乳霜，不包括以汞为防腐剂且无有效安全替代防腐剂的眼部化妆品。

八、农药、生物杀虫剂和局部抗菌剂［汞制剂（高毒农药产品）按照《产业结构调整指导目录（2011 年本）（2013 年修正）》和《关于打击违法制售禁限用高毒农药规范农药使用行为的通知》（农农发〔2010〕2 号）要求淘汰］。

九、气压计、湿度计、压力表、温度计和血压计等非电子测量仪器，不包括在无法获得适当无汞替代品的情况下，安装在大型设备中或用于高精度测量的非电子测量设备。

注：

本目录不涵盖下列产品：

1. 民事保护和军事用途所必需的产品；

2. 用于研究、仪器校准或用于参照标准的产品；

3. 在无法获得可行的无汞替代品的情况下，开关和继电器、用于电子显示的冷阴极荧光灯和外置电极荧光灯以及测量仪器；

4. 传统或宗教所用产品；

5. 以硫柳汞作为防腐剂的疫苗。

1.9 铅锌冶炼工业污染防治技术政策

环境保护部公告
公告 2012 年第 18 号

一、总则

（一）为贯彻《中华人民共和国环境保护法》等法律法规，防治环境污染，保障生态安全和人体健康，促进铅锌冶炼工业生产工艺和污染治理技术的进步，制定本技术政策。

（二）本技术政策为指导性文件，供各有关单位在建设项目和现有企业的管理、设计、建设、生产、科研等工作中参照采用；本技术政策适用于铅锌冶炼工业，包括以铅锌原生矿为原料的冶炼业和以废旧金属为原料的铅锌再生业。

（三）铅锌冶炼业应加大产业结构调整和产品优化升级的力度，合理规划产业布局，进一步提高产业集中度和规模化水平，加快淘汰低水平落后产能，实行产能等量或减量置换。

（四）在水源保护区、基本农田区、蔬菜基地、自然保护区、重要生态功能区、重要养殖基地、城镇人口密集区等环境敏感区及其防护区内，要严格限制新（改、扩）建铅锌冶炼和再生项目；区域内存在现有企业的，应适时调整规划，促使其治理、转产或迁出。

（五）铅锌冶炼业新建、扩建项目应优先采用一级标准或更先进的清洁生产工艺，改建项目的生产工艺不宜低于二级清洁生产标准。企业排放污染物应稳定达标，重点区域内企业排放的废气和废水中铅、砷、镉等重金属量应明显减少，到 2015 年，固体废物综合利用（或无害化处置）率要达到 100%。

（六）铅锌冶炼业重金属污染防治工作，要坚持"减量化、资源化、无害化"的原则，实行以清洁生产为核心、以重金属污染物减排为重点、以可行有效的污染防治技术为支撑、以风险防范为保障的综合防治技术路线。

（七）鼓励企业按照循环经济和生态工业的要求，采取铅锌联合冶炼、配套综合回收、产品关联延伸等措施，提高资源利用率，减少废物的产生量。

（八）废铅酸蓄电池的拆解，应按照《废电池污染防治技术政策》的要求进行。

（九）要采取有效措施，切实防范铅锌冶炼业企业生产过程中的环境和健康风险。对新建、改建、扩建企业和现有企业，应根据企业所在地的自然条件和环境敏感区域的方位，科学地设置防护距离。

二、清洁生产

（一）为防范环境风险，对每一批矿物原料均应进行全成分分析，严格控制原料中汞、砷、镉、铊、铍等有害元素含量。无汞回收装置的冶炼厂，不应使用汞含量高于 0.01% 的原料。含汞的废渣作为铅锌冶炼配料使用时，应先回收汞，再进行铅锌冶炼。

（二）在矿物原料的运输、储存和备料等过程中，应采取密闭等措施，防止物料扬撒。原料、中间产品和成品不宜露天堆放。

（三）鼓励采用符合一、二级清洁生产标准的铅短流程富氧熔炼工艺，要在3—5年内淘汰不符合清洁生产标准的铅锌冶炼工艺、设备。

（四）应提高铅锌冶炼各工序中铅、汞、砷、镉、铊、铍和硫等元素的回收率，最大限度地减少排放量。

（五）铅产品及含铅组件上应有成分和再利用标志；废铅产品及含铅、锌、砷、汞、镉、铊等有害元素的物料，应就地回收，按固体废物管理的有关规定进行鉴别、处理。

（六）应采用湿法工艺，对铅、锌电解产生的阳极泥进行处理，回收金、银、锑、铋、铅、铜等金属，残渣应按固体废物管理要求妥善处理。

（七）采用废旧金属进行再生铅锌冶炼，应控制原料中的氯元素含量，烟气应采用急冷、活性炭吸附、布袋除尘等净化技术，严格控制二噁英的产生和排放。

三、大气污染防治

（一）铅锌冶炼的烟气应采取负压工况收集、处理。对无法完全密闭的排放点，采用集气装置严格控制废气无组织排放。根据气象条件，采用重点区域洒水等措施，防止扬尘污染。

（二）鼓励采用微孔膜复合滤料等新型织物材料的布袋除尘器及其他高效除尘器，处理含铅、锌等重金属颗粒物的烟气。

（三）冶炼烟气中的二氧化硫应进行回收，生产硫酸或其他产品。鼓励采用绝热蒸发稀酸净化、双接触法等制酸技术。制酸尾气应采取除酸雾等净化措施后，达标排放。

（四）鼓励采用氯化法、碘化法等先进、高效的汞回收及烟气脱汞技术处理含汞烟气。

（五）铅电解及湿法炼锌时，电解槽酸雾应收集净化处理；锌浸出槽和净化槽均应配套废气收集、气液分离或除雾装置。

（六）对散发危害人体健康气体的工序，应采取抑制、有组织收集与净化等措施，改善作业区和厂区的环境空气质量。

四、固体废物处置与综合利用

（一）应按照法律法规的规定，开展固体废物管理和危险废物鉴别工作。不可再利用的铅锌冶炼废渣经鉴定为危险废物的，应稳定化处理后进行安全填埋处置。渣场应采取防渗和清污分流措施，设立防渗污水收集池，防止渗滤液污染土壤、地表水和地下水。

（二）鼓励以无害的熔炼水淬渣为原料，生产建材原料、制品、路基材料等，以减少占地、提高废旧资源综合利用率。

（三）铅冶炼过程中产生的炉渣、黄渣、氧化铅渣、铅再生渣等宜采用富氧熔炼或选矿方法回收铅、锌、铜、锑等金属。

（四）湿法炼锌浸出渣，宜采用富氧熔炼及烟化炉等工艺先回收锌、铅、铜等金属后再利用，或通过直接炼铅工艺搭配处理。热酸浸出渣宜送铅冶炼系统或委托有资质的单位回收铅、银等有价金属后再利用。

（五）冶炼烟气中收集的烟（粉）尘，除了含汞、砷、镉的外，应密闭返回冶炼配料系统，或直接采用湿法提取有价金属。

（六）烟气稀酸洗涤产生的含铅、砷等重金属的酸泥，应回收有价金属，含汞污泥应及时回收汞。生产区下水道污泥、收集池沉渣以及废水处理污泥等不可回收的废物，应密闭储存，在稳定化和固化后，安全填埋处置。

五、水污染防治

（一）铅锌冶炼和再生过程排放的废水应循环利用，水循环率应达到90％以上，鼓励生产废水全部循环利用。

（二）含铅、汞、镉、砷、镍、铬等重金属的生产废水，应按照国家排放标准的规定，在其产生的车间或生产设施进行分质处理或回用，不得将含不同类的重金属成分或浓度差别大的废水混合稀释。

（三）生产区初期雨水、地面冲洗水、渣场渗滤液和生活污水应收集处理，循环利用或达标排放。

（四）含重金属的生产废水，可按照其水质及处理要求，分别采用化学沉淀法、生物（剂）法、吸附法、电化学法和膜分离法等单一或组合工艺进行处理。

（五）对储存和使用有毒物质的车间和存在泄漏风险的装置，应设置防渗的事故废水收集池；初期雨水的收集池应采取防渗措施。

六、鼓励研发的新技术

鼓励研究、开发、推广以下技术。

（一）环境友好的铅富氧闪速熔炼和短流程连续熔炼新工艺，液态高铅渣直接还原等技术；锌直接浸出和大极板、长周期电解产业化技术；铅锌再生、综合回收的新工艺和设备。

（二）烟气高效收集装置，深度脱除烟气中铅、汞、铊等重金属的技术与设备，小粒径重金属烟尘高效去除技术与装置。

（三）湿法烟气制酸技术，低浓度二氧化硫烟气制酸和脱硫回收的新技术；制酸尾气除雾、洗涤污酸净化循环利用等技术和装备。

（四）从固体废物中回收铅、锌、镉、汞、砷、硒等有价成分的技术，利用固体废物制备高附加值产品技术，湿法炼锌中铁渣减排及铁资源利用、锌浸出渣熔炼技术与装备。

（五）高效去除含铅、锌、镉、汞、砷等废水的深度处理技术，膜、生物及电解等高效分离、回用的成套技术和装置等。

（六）具有自主知识产权的铅锌冶炼与污染物处理工艺及污染物排放全过程检测的自动控制技术、新型仪器与装置。

（七）重金属污染水体与土壤的环境修复技术，重点是铅锌冶炼厂废水排放口、渣场下游水体和土壤的修复。

七、污染防治管理与监督

（一）应按照有关法律法规及国家和地方排放标准的规定，对企业排污情况进行监督和监测，设置在线监测装置并与环保部门的监控系统联网；定期对企业周围空气、水、土壤的环境质量状况进行监测，了解企业生产对环境和健康的影响程度。

（二）企业应增强社会责任意识，加强环境风险管理，制定环境风险管理制度和重金属污染事故应急预案并定期演练。

（三）企业应保证铅锌冶炼的污染治理设施与生产设施同时配套建设并正常运行。发生紧急事故或故障造成重金属污染治理设施停运时，应按应急预案立即采取补救措施。

（四）应按照有关规定，开展清洁生产工作，提高污染防治技术水平，确保环境安全。

（五）企业搬迁或关闭后，拟对场地进行再次开发利用时，应根据用途进行风险评价，并按规定采取相关措施。

1.10　铅蓄电池行业准入条件

工业和信息化部　环境保护部　公告
公告 2012 年第 18 号

为促进我国铅蓄电池及其含铅零部件生产行业持续、健康、协调发展，规范行业投资行为，依据《中华人民共和国环境保护法》《重金属污染综合防治"十二五"规划》和《产业结构调整指导目录（2011 年本）》等国家有关法律、法规和产业政策，按照合理布局、控制总量、优化存量、保护环境、有序发展的原则，制定铅蓄电池行业准入条件。

一、企业布局

（一）新建项目应在依法批准设立的县级以上工业园区内的相应功能区建设，符合《铅蓄电池厂卫生防护距离标准》（GB 11659）的要求。有条件的地区应将现有生产企业逐步迁入工业园区。重金属污染防控重点区域禁止新建铅蓄电池及其含铅零部件生产项目。所有新建、改扩建项目必须有所在地省级以上环境保护主管部门确定的重金属污染物排放总量来源。

（二）《建设项目环境影响评价分类管理名录》（环境保护部令第 2 号）第三条规定的各级各类自然保护区、文化保护地等环境敏感区内，以及土地利用总体规划确定的耕地和基本农田保护范围内，禁止新建、改扩建铅蓄电池及其含铅零部件生产项目。

二、生产能力

（一）新建、改扩建铅蓄电池生产企业（项目），建成后同一厂区年生产能力不应低于50 万千伏安时（按单班 8 小时计算，下同）。

（二）现有铅蓄电池生产企业（项目）同一厂区年生产能力不应低于 20 万千伏安时；现有商品极板（指以电池配件形式对外销售的铅蓄电池用极板）生产企业（项目），同一厂区年极板生产能力不应低于 100 万千伏安时。

（三）卷绕式、双极性、铅碳电池（超级电池）等新型铅蓄电池，或采用扩展式（拉网、冲孔、连铸连轧等）板栅制造工艺的生产项目，不受生产能力限制。

三、不符合准入条件的建设项目

（一）开口式普通铅蓄电池（指采用酸雾未经过滤的直排式结构，内部与外部压力一致的铅蓄电池）生产项目。现有开口式普通铅蓄电池生产能力应予以淘汰。

（二）新建、改扩建商品极板生产项目。

（三）新建、改扩建外购商品极板组装铅蓄电池的生产项目。

（四）新建、改扩建干式荷电铅蓄电池（内部不含电解质，极板为干态且处于荷电状态的铅蓄电池）生产项目。

（五）新建、改扩建镉含量高于 0.002%（电池质量百分比，下同）或砷含量高于 0.1%的铅蓄电池及其含铅零部件生产项目。

（六）现有镉含量高于 0.002% 或砷含量高于 0.1% 的铅蓄电池及其含铅零部件生产能力应于 2013 年 12 月 31 日前予以淘汰。

四、工艺与装备

新建、改扩建企业（项目）及现有企业，工艺装备及相关配套设施必须达到下列要求：

（一）项目应按照生产规模配备符合相关管理要求及技术规范的工艺装备和具备相应处理能力的节能环保设施。节能环保设施应定期进行保养、维护，并做好日常运行维护记录。新建、改扩建项目的工程设计和工艺布局设计应由具有国家批准工程设计行业资质的单位承担。

（二）熔铅、铸板及铅零件工序应设在封闭的车间内，熔铅锅、铸板机中产生烟尘的部位，应保持在局部负压环境下生产，并与废气处理设施连接。熔铅锅应保持封闭，并采用自动温控措施，加料口不加料时应处于关闭状态。禁止采用开放式熔铅锅和手工铸板工艺。新建、改扩建项目如采用重力浇铸板栅工艺，应实现集中供铅（指采用一台熔铅炉为两台以上铸板机供铅），现有项目采用重力浇铸板栅工艺的，应于 2013 年 12 月 31 日前实现集中供铅。

（三）铅粉制造工序应采用全自动密封式铅粉机。铅粉系统（包括贮粉、输粉）应密封，系统排放口应与废气处理设施连接。禁止使用开口式铅粉机和人工输粉工艺。

（四）和膏工序（包括加料）应使用自动化设备，在密封状态下生产，并与废气处理设施连接。禁止使用开口式和膏机。

（五）涂板及极板传送工序应配备废液自动收集系统，并与废水管线连通，禁止采用手工涂板工艺。生产管式极板应当使用自动挤膏机或封闭式全自动负压灌粉机，禁止采用手工操作干式灌粉工艺。

（六）分板刷板（耳）工序应设在封闭的车间内，采用机械化分板刷板（耳）设备，做到整体密封，保持在局部负压环境下生产，并与废气处理设施连接，禁止采用手工操作工艺。现有手工操作工艺应于 2012 年 12 月 31 日前停止使用。

（七）供酸工序应采用自动配酸系统、密闭式酸液输送系统和自动灌酸设备，禁止采用人工配酸和灌酸工艺。

（八）化成工序应设在封闭的车间内，配备硫酸雾收集装置并与相应处理设施连接；采用外化成工艺的，化成槽应封闭，并保持在局部负压环境下生产，禁止采用手工焊接外化成工艺。2012 年 12 月 31 日后新建、改扩建的项目，禁止采用外化成工艺，且化成充电机放电能量必须回馈利用，不得用电阻消耗。

（九）包板、称板、装配焊接等工序，所有工位应配备烟尘收集装置，根据烟、尘特点采用符合设计规范的吸气方式，保持合适的吸气压力，并与废气处理设施连接，确保工位在局部负压环境下。

（十）淋酸、洗板、浸渍、灌酸、电池清洗工序应配备废液自动收集系统，通过废水管线送至相应处理装置进行处理。

（十一）新建、改扩建项目的包板、称板工序必须采用机械化包板、称板设备。

（十二）新建、改扩建项目的焊接工序必须使用自动烧焊机或自动铸焊机等自动化生产设备。

（十三）新建、改扩建项目的电池清洗工序必须使用自动清洗机。

五、环境保护

组织开展铅蓄电池企业环保核查，重点核查以下内容：依法执行建设项目（包括新建、改扩建项目）环境影响评价审批和环保设施"三同时"竣工验收制度；严格执行排污申报、排污缴费与排污许可证制度；主要污染物排放达到总量控制指标要求；主要污染物和特征污染物稳定达标排放；实施强制性清洁生产审核并通过评估验收等。

六、职业卫生与安全生产

（一）项目应符合《职业病防治法》《安全生产法》等有关法律、法规、标准要求，具备相应的职业病危害防治和安全生产条件，并建立健全安全生产责任制。

（二）新建、改扩建项目应进行职业病危害预评价和职业病防护设施设计，经批准后方可开工建设；职业病防护设施应与主体工程同时设计、同时施工、同时投入生产和使用；应在试运行 12 个月内进行职业病危害控制效果评价；职业病防护设施经验收合格后，方可投入正式生产和使用。

（三）生产作业环境必须满足《工业企业设计卫生标准》（GBZ 1）和《铅作业安全卫生规程》（GB 13746）的要求。

（四）企业应建立有效的职业卫生管理制度，实施有专人负责的职业病危害因素日常监测，并定期对工作场所进行职业病危害因素检测、评价，确保职工的职业健康。应设置专用更衣室、淋浴房、洗衣房等辅助用房，场所建设、生产设备应符合职业病防治的相关要求。员工生活区与生产区域应严格分开，加强管理，禁止穿着工作服离开生产区域；员工休息室设在厂区内的，禁止员工家属和儿童等非生产人员居住；员工下班前，应督促其洗手和洗澡。应为员工提供有效的个人防护用品，在员工离开生产区域前，应收回手套、口罩、工作服、帽子等，进行统一处理，不得带出生产区域；应对每班次使用过的工作服等进行统一清洗。

（五）熔铅、铸板及铅零件、铅粉制造、分板刷板（耳）、装配焊接、废极板处理等产生严重职业病危害的作业岗位应设置警示标识和中文警示说明；应安装集中通风系统，其换气量应满足稀释铅烟、铅尘的需要，通风系统进风口应设在室外空气洁净处，不得设在车间内；禁止使用工业电风扇代替集中通风系统或进行降温。

（六）企业应当依法与劳动者订立劳动合同，如实向劳动者告知工作过程中可能产生的职业病危害及其后果、职业病防护措施、待遇及参加工伤保险等情况，并在劳动合同中写明；应建立职业健康监护档案，根据《职业健康监护管理办法》（卫生部令第 23 号）和有关标准的规定，组织上岗前、在岗期间、离岗时职业健康检查，并将检查结果如实告知劳动者。普通员工每年至少应进行一次体检；对工作在产生严重职业病危害作业岗位的员工，应采取预防铅污染措施，每半年至少进行一次血铅检测，经诊断为血铅超标者，应按照《职业性慢性铅中毒的诊断》（GBZ 37）进行驱铅治疗。

（七）企业应通过 GB/T 28001（OHSAS 18001）《职业健康安全管理体系要求》认证。

七、节能与回收利用

（一）企业生产设备、工艺能耗和产品应符合国家各项节能法律法规和标准的要求。

（二）铅蓄电池生产企业应积极履行生产者责任延伸制，利用销售渠道建立废旧铅蓄电池回收系统，或委托持有危险废物经营许可证的再生铅企业等相关单位对废旧铅蓄电池进行有效回收利用。企业不得采购不符合环保要求的再生铅企业生产的产品作为原料。鼓励铅蓄电池生产企业利用销售渠道建立废旧铅蓄电池回收机制，并与符合有关产业政策要求的再生铅企业共同建立废旧电池回收处理系统。

八、监督管理

（一）新建、改扩建铅蓄电池及其含铅零部件生产项目应符合本准入条件的要求，项目的投资管理、土地供应、节能评估、职业病危害预评价等手续应按照本准入条件中的规定进行审核，并履行相关报批手续。未通过建设项目环境影响评价审批的，一律不准开工建设；未经环境影响评价审批的在建项目或者未经环保"三同时"（建设项目的环保设施与主体工程同时设计、同时施工、同时投产使用）验收的项目，一律停止建设和生产。

（二）各地人民政府及工业和信息化、环境保护主管部门应对本地区铅蓄电池及其含铅零部件生产行业统一规划，严格控制新建项目，并使其符合本地区资源能源、生态环境和土地利用等总体规划的要求；对现有铅蓄电池企业，在其卫生防护距离之内不应规划建设居住区、医院、学校、食品加工企业等环境敏感项目；应引导现有企业主动实施兼并重组，有效整合现有产能，着力提升产业集中度，加大先进适用的清洁生产技术应用力度，提高产品质量，改善环境污染状况。

（三）环境保护部牵头组织开展铅蓄电池企业环境保护核查，对经核查符合环保规定的企业予以公告。未列入符合环保规定公告名单的企业，不予通过铅蓄电池行业准入审查。企业如造成污染物排放超标，应依法责令限期治理并停产，逾期未完成治理任务的，应依法责令关闭。

（四）现有铅蓄电池及其含铅零部件生产企业应达到《电池行业清洁生产评价指标体系（试行）》（发展改革委公告 2006 年第 87 号）中规定的"清洁生产企业"水平，新建、改扩建项目应达到"清洁生产先进企业"水平。

（五）对不符合本准入条件的铅蓄电池及其含铅零部件生产项目，投资管理部门不予备案（核准）；国土资源部门不予办理用地有关手续；金融机构不提供任何形式的新增授信支持；城乡规划和建设、消防、卫生、质检、安全监督等部门不予办理相关手续。对经审查符合本准入条件的企业名单，工业和信息化部、环境保护部将向有关部门进行通报。

（六）搬迁项目应执行本准入条件中关于新建项目的有关规定。

（七）生产商品极板的企业，应向省级工业和信息化、环境保护主管部门申报极板销售记录，不得将极板销售给不符合本准入条件的企业。

（八）所有铅蓄电池及其含铅零部件生产企业，应在本准入条件公布后，对本企业符合准入条件的情况进行自查，并将自查情况报省级工业和信息化主管部门进行核查。

（九）工业和信息化部、环境保护部将按照本准入条件做好相关管理工作。现有铅蓄电池及其含铅零部件生产项目，均应于 2013 年 12 月 31 日前达到本准入条件的要求（如前述条款中已规定具体时间的，以前述条款的规定为准）。对于已达到本准入条件的企业，工业和信息化部、环境保护部将联合公告，实行社会监督和动态管理，有关管理办法将另行发布。

（十）行业协会应组织企业加强行业自律，协助政府有关部门做好准入条件的实施和跟踪监督工作。

九、附则

（一）本准入条件中涉及的企业和项目，包括中华人民共和国境内所有新建、改扩建和现有铅蓄电池及其含铅零部件生产企业及其生产项目。

（二）本准入条件中所涉及的国家法律、法规、标准及产业政策若进行修订，则按修订后的最新版本执行。

（三）本准入条件自 2012 年 7 月 1 日起实施，由工业和信息化部、环境保护部负责解释。

1.11 再生铅行业规范条件

工业和信息化部公告

公告 2016 年 第 60 号

为落实《中国制造2025》，规范、引导再生铅行业绿色发展，制定《再生铅行业规范条件》。本规范条件适用于中华人民共和国境内（台湾、香港、澳门地区除外）以废铅蓄电池为主要原料的再生铅企业。

一、项目建设条件和企业布局

（一）新建、改建、扩建再生铅项目应符合国家产业政策和本地区城乡建设规划、土地利用总体规划、主体功能区规划、相应的环境保护规划（行动计划）、强制性国家标准等要求，限制盲目扩张。

（二）严禁在禁止开发区、重点生态功能区、生态环境敏感区、脆弱区、饮用水水源保护区等重要生态区域、非工业规划建设区、大气污染防治重点控制区、因铅污染导致环境质量不能稳定达标区域和其他需要特别保护的区域内新建、改建、扩建再生铅项目。新建再生铅项目应布局于依法设立、功能定位相符、环境保护基础设施齐全并经规划环评的产业园区内。现有再生铅企业应逐步进入产业园区内。建设再生铅项目时，厂址与危险废物集中贮存设施与周围人群和敏感区域的距离，应按照环境影响评价结论确定，且不少于1公里；含有铅蓄电池生产项目的，应符合国家相关标准规定要求。

二、生产规模、质量、工艺和装备

（一）废铅蓄电池预处理项目规模应在 10 万吨/年以上，预处理-熔炼项目再生铅规模应在 6 万吨/年以上。

（二）再生铅企业应建有完备的产品质量管理体系，再生铅及铅合金锭产品必须符合国家发布的相关标准规定。

（三）对于含酸液的废铅蓄电池，再生铅企业应整只含酸液收购；再生铅企业收购的废铅蓄电池破损率不能超过5％。再生铅企业应严格执行《危险废物贮存污染控制标准》（GB 18597—2001）中的有关要求，应采用自动化破碎分选工艺和装备处置废铅蓄电池，禁止对废铅蓄电池进行人工拆解、露天环境下破碎作业，严禁直接排放废铅蓄电池中的废酸液。企业预处理车间地面必须采取防渗漏处理，必须具备废酸液回收处置、废气有效收集和净化、废水循环使用等配套环保设施和技术。

（四）从废铅蓄电池中分选出的铅膏、铅板栅、重质塑料、轻质塑料等应分类利用。预处理企业产生的铅膏需送规范的再生铅企业或矿铅冶炼企业协同处理。预处理-熔炼企业的铅膏需脱硫处理或熔炼尾气脱硫，并对脱硫过程中产生的废物进行无害化处置，确保环保达标。

（五）再生铅企业应采用生产效率高、能耗低的先进工艺及装备，鼓励采用先进适用的清洁生产技术工艺，不得采用国家明令禁止和淘汰的落后工艺及设备。废铅蓄电池预处理及熔炼设备必须配套负压装置。不得直接熔炼带壳废铅蓄电池，不得利用直接燃煤或喷煤式反射炉熔炼含铅物料。

三、能源消耗及资源综合利用

再生铅企业必须具备健全的能源管理体系，能源计量器具应符合《用能单位能源计量器具配备和管理通则》（GB 17167—2006）的有关要求，符合《再生铅单位产品能源消耗限额》（GB 25323—2010）标准要求。预处理-熔炼企业熔炼工艺能耗应低于 125 千克标煤/吨铅，精炼工序能耗应低于 22 千克标煤/吨铅，铅总回收率大于 98%，熔炼废渣中铅含量小于 2%；废铅蓄电池预处理工艺综合能耗应低于 5 千克标煤/吨含酸废电池。

四、环境保护

（一）再生铅项目符合《环境影响评价法》《建设项目环境保护管理条例》等要求。

（二）再生铅企业应达到《再生铅行业清洁生产评价指标体系》（发展改革委、环境保护部、工业和信息化部 2016 年公告第 36 号）规定的"清洁生产企业"水平。

（三）再生铅企业应按照《危险废物经营许可证管理办法》有关规定依法申请领取危险废物经营许可证，并符合《废铅酸蓄电池处理污染控制技术规范》（HJ 519—2009）的相关要求。破碎分选废铅蓄电池后的塑料应经过清洗并满足《废塑料回收与再生利用污染控制技术规范》（试行）（HJ/T 364—2007）相关要求后方可再生使用。

（四）再生铅企业在收购废铅蓄电池时，应严格执行危险废物转移联单制度、建立危险废物经营情况记录簿。生产过程中产生的污染物的处理工艺技术可行，处理设施运行维护记录齐全，与主体生产设施同步运转。企业应规范物料堆放场、废渣场、排污口的管理。

（五）再生铅企业废水应雨污分流、清污分流、分质处理，清水循环利用，污水深度处理，第一类污染物车间排放口达标排放。有组织排放废气中铅烟、铅尘应采用自动清灰的布袋除尘技术、静电除尘技术等进行处理，酸雾应采取收集冷凝回流或物理捕捉加碱液吸收的逆流洗涤等技术进行收集或处理。车间内的铅烟、铅尘和硫酸雾应收集处理，防止铅烟、铅尘和酸雾逸出，减少铅烟、铅尘和酸雾无组织排放。污染物排放应满足《再生铜、铝、铅、锌工业污染物排放标准》（GB 31574—2015）的要求。

（六）再生铅企业产生的危险废物必须按照《危险废物经营许可证管理办法》《危险废物污染防治技术政策》等相关要求进行处理处置。对于没有处置能力的再生铅企业产生的危险废物必须委托持有相关危险废物经营许可证的单位进行处置。企业生产过程中的废弃劳动保护用品应按照危险废物进行管理。

（七）再生铅企业应有健全的企业环境管理机构，应制定完善的环保管理规章制度和重金属环境污染应急预案，具备相应的应急设施和装备，定期开展环境应急培训、演练和环境风险隐患排查。企业必须按照《环境保护法》相关要求开展自行监测，建立环境信息披露制度，公开环境保护相关信息，接受社会监督。

（八）再生铅企业应按规定办理《排污许可证》后，方可进行再生铅生产，持证排污，达标排放。

（九）再生铅企业应在申报规范公告前的两年内没有因环境违法行为受到处罚，没有发生环境污染事故。

（十）对于在环境行政处罚案件办理信息系统、环保专项行动违法企业明细表和国家重点监控企业污染源监督性监测信息系统等中存在违法信息的企业，应当完成整改，并提供相关整改材料，方可申请列入符合规范条件企业名单。

五、安全生产与职业卫生

（一）再生铅企业建设项目须遵守《安全生产法》《职业病防治法》等法律法规，执行保障安全生产和职业卫生的国家标准和行业标准；项目安全设施和职业病防护设施必须严格履行"三同时"手续。企业应开展安全生产标准化建设工作，强化安全生产基础建设，必须配备泄漏报警、应急事故池和故障急停等装置。企业作业环境必须满足《工业企业设计卫生标准》（GBZ 1—2010）和《工作场所有害因素职业接触限值》（GBZ 2—2007）的要求。

（二）再生铅企业应具备健全的职业健康安全管理体系，建立完善职业病危害检测与评价、职业健康监护、职业病危害警示与告知、培训、检查等职业卫生管理制度。

（三）再生铅企业启动试生产前，应对关键生产环节、环保设备操作、特种设备操作、安全健康环境管理、危险废物管理等关键岗位进行（行业）职业技能培训。

（四）作业场所醒目位置应设置公告栏，公布有关职业病防治的规章制度、操作规程以及职业病危害因素检测结果等。在容易产生职业病危害的岗位，应按照《工作场所职业病危害警示标识》（GBZ 158）设置明显的警示标识。

（五）加强对劳动者的职业安全健康培训，向劳动者提供符合标准要求的个体防护用品，依法组织劳动者进行岗前、岗中和离岗职业健康检查，为劳动者建立职业健康监护档案。车间工人的工作服应定期收集，统一洗涤，洗涤废水按工艺废水统一处理。

六、规范管理

（一）再生铅行业规范条件的申请、审核及公告

1.企业按照自愿原则申请《再生铅行业规范条件》。

2.工业和信息化部负责全国再生铅行业规范管理工作，以公告形式发布符合《再生铅行业规范条件》的企业名单。各省、自治区、直辖市及计划单列市工业和信息化主管部门（以下统称省级工业和信息化主管部门）依据《再生铅行业规范条件》以及有关法律、法规和产业政策规定，负责本地区再生铅企业规范管理工作。

3.再生铅行业规范条件申请主体为具备独立法人资格的企业，集团公司下属具有独立法人资格的子公司需单独申请。

4.申请企业需编制《再生铅行业规范条件申请书》，并按要求提供相关证明材料，省级工业和信息化主管部门依据《再生铅行业规范条件》，组织专家对申请材料进行审查和现场核查，提出审核意见。

5.省级工业和信息化主管部门就环境保护相关内容征求同级环境保护主管部门意见后，按要求将符合《再生铅行业规范条件》的企业名单及相关申请材料报送工业和信息化部。

6.工业和信息化部依据规范条件，组织专家进行材料审核、现场审核等，公示符合规范条件的企业名单，并征求环境保护部意见，无异议的予以公告。公示期间有异议的，及时核实处理。

（二）公告企业名单实行动态管理

工业和信息化部负责对公告企业名单进行动态管理。地方各级工业和信息化主管部门负

责对本地区公告企业进行督查，工业和信息化部对公告企业进行抽查。社会各界对公告企业进行监督。公告企业有下列情况的将撤销其公告：

1.填报相关资料有弄虚作假行为的；

2.拒绝接受监督检查的；

3.不能保持规范条件要求的；

4.发生生产安全事故或突发环境事件，造成较大社会影响的。

工业和信息化部拟撤销公告前，应告知相关企业和地方相关部门，听取企业的陈述和申辩并向社会公示。

（三）符合本规范条件并予以公告的企业，作为相关政策支持的基础性依据。

七、附则

（一）本规范条件涉及的国家标准如遇修订，按修订后的标准执行。

（二）本规范条件自 2017 年 1 月 1 日起施行，《再生铅行业准入条件（2012）》（工业和信息化部、环境保护部 2012 年第 38 号公告）及《再生铅行业准入公告管理暂行办法》（工信联节〔2013〕210 号）同时废止。

（三）本规范条件由工业和信息化部负责解释，并根据法律法规、行业发展和产业政策调整情况适时进行修订。

（四）名词解释

1.本规范条件所适用的再生铅企业是指以废铅蓄电池（不低于 80%）及其他含铅废料为原料，生产粗铅锭、精炼铅锭、电解铅锭和铅合金锭的企业。再生铅企业包括两类，一类是对废铅蓄电池进行破碎、分选等预处理的企业；另一类是采用预处理-熔炼-精炼生产铅及铅合金的企业。

2.铅膏主要成分是含铅化合物，如硫酸铅、氧化铅等。

3.铅总回收率是指在整个再生铅生产过程中，所得产品金属铅总量占所用原料中铅总量的百分率。

4.能耗指标定义以《再生铅单位产品能源消耗限额》（GB 25323）为准。

附录二

标准

2.1 环境质量标准

标准名称	标准号	汞限值	铅限值	镉限值
环境空气质量标准	GB 3095—2012 2016.1.1 施行	浓度(通量)限值年平均 一级 0.05μg/m³ 二级 0.05μg/m³	(1)浓度限值年平均 一级 0.5μg/m³ 二级 0.5μg/m³ (2)浓度限值季平均 一级 1μg/m³ 二级 1μg/m³	浓度(通量)限值年平均 一级 0.05μg/m³ 二级 0.05μg/m³
地表水环境质量标准	GB 3838—2002	Ⅰ类 0.00005mg/L；Ⅱ类 0.00005mg/L；Ⅲ类 0.0001mg/L；Ⅳ类 0.001mg/L；Ⅴ类 0.001mg/L 集中式生活饮用水地表水源地特定项目标准限值:甲基汞 $1.0×10^{-6}$mg/L	Ⅰ类 0.01mg/L；Ⅱ类 0.01mg/L；Ⅲ类 0.05mg/L；Ⅳ类 0.05mg/L；Ⅴ类 0.1mg/L	Ⅰ类 0.001mg/L；Ⅱ类 0.005mg/L；Ⅲ类 0.005mg/L；Ⅳ类 0.005mg/L；Ⅴ类 0.01mg/L
地下水质量标准	GB/T 14848—1993	Ⅰ类 ≤0.00005mg/L；Ⅱ类≤0.0005mg/L；Ⅲ-Ⅳ类≤0.001mg/L；Ⅴ类>0.001mg/L	Ⅰ类≤0.005mg/L；Ⅱ类:≤0.01mg/L；Ⅲ类:≤0.05mg/L；Ⅳ类:≤mg/L；Ⅴ类:>0.1mg/L	Ⅰ类≤0.0001mg/L；Ⅱ类≤0.001mg/L；Ⅲ类≤0.01mg/L；Ⅳ类≤0.01mg/L；Ⅴ类>0.01mg/L
海水水质标准	GB 3097—1997	第一类 0.00005mg/L；第二类 0.0002mg/L；第三类 0.0002mg/L；第四类 0.0005mg/L	第一类 0.001mg/L；第二类 0.005mg/L；第三类 0.010mg/L；第四类 0.050mg/L	第一类 0.001mg/L；第二类 0.005mg/L；第三类 0.010mg/L；第四类 0.010mg/L
渔业水质标准	GB 11607—1989	≤0.0005mg/L	≤0.05mg/L	≤0.005mg/L

标准名称	标准号	汞限值	铅限值	镉限值
农田灌溉水质标准	GB 5084—2005	0.001mg/L	0.1mg/L（水作、旱作、蔬菜）	农田灌溉水质中（水作、旱作、蔬菜）镉含量必须低于0.01mg/L
土壤环境质量标准	GB 15618—1995	一级 0.15mg/kg；二级 0.3～1.0mg/kg；三级 1.5mg/kg	一级 35mg/kg；二级 250～350mg/kg；三级 500mg/kg	一级 0.2mg/kg；二级 0.3～0.6mg/kg；三级 1.0mg/kg

2.2 污染物排放标准

标准名称	标准号	相关内容
污水海洋处置工程污染控制标准	GB 18486—2001	污水海洋处置工程主要水污染物排放浓度限值： 总汞≤0.05mg/L；总铅≤1.0mg/L；总镉≤0.1mg/L
医疗废物焚烧炉技术要求（试行）	GB 19218—2003	医疗废物焚烧炉污水排放限值：汞 0.05mg/L；镉 1.0mg/m³；铅 0.5mg/m³
		医疗废物焚烧炉大气污染物排放限值：汞及其化合物（以汞计）0.1mg/m³；铅及其化合物（以铅计）1.0mg/m³；镉及其化合物（以镉计）0.1mg/m³
危险废物焚烧污染控制标准	GB 18484—2001	危险废物焚烧炉大气污染物排放限值：汞及其化合物（以汞计）0.1mg/m³；铅及其化合物（以铅计）1.0mg/m³；镉及其化合物（以镉计）0.1mg/m³
生活垃圾焚烧污染控制标准	GB 18485—2014	焚烧炉大气污染物排放限值：汞及其化合物（以 Hg 计）0.05mg/m³（测定均值）锑、砷、铅、铬、钴、铜、锰、镍及其化合物（以 Sb＋As＋Pb＋Cr＋Co＋Cu＋Mn＋Ni 计）1mg/m³（测定均值）
生活垃圾焚烧大气污染物排放标准	DB 11/502—2008	北京市生活垃圾焚烧炉大气污染物排放限值：汞最高允许排放浓度限值 0.2mg/m³；铅最高允许排放浓度限值 1.6mg/m³；镉最高允许排放浓度限值 0.1mg/m³
危险废物焚烧大气污染物排放标准	DB 11/503—2007	北京危险废物焚烧炉大气污染物排放限值：汞及其化合物（以 Hg 计）（测定均值）最高允许排放浓度限值 0.1mg/m³；镉及其化合物（以 Cd 计）（测定均值）最高允许排放浓度限值 0.1mg/m³；铅及其化合物（以 Pb 计）（测定均值）最高允许排放浓度限值 1.0mg/m³
火电厂大气污染物排放标准	GB 13223—2011	增设汞及其化合物排放限值（污染物排放监控位置：烟囱或烟道） (1)火力发电锅炉及燃气轮机组大气污染物排放浓度限值： 燃煤锅炉新建火力发电锅炉执行汞及其化合物限值 0.03mg/m³，2015.1.1 起执行； (2)重点地区执行大气污染物特别排放限值： 燃煤锅炉汞及其化合物限值 0.03mg/m³ （重点地区指根据环境保护工作的要求，在国土开发密度较高，环境承载能力开始减弱，或大气环境容量较小、生态环境脆弱，容易发生严重大气环境污染问题而需要严格控制大气污染物排放的地区。执行特别排放限值的具体地域范围、实施时间，由国务院环境保护行政主管部门规定）
危险废物鉴别标准浸出毒性鉴别标准值	GB 5085.3—2007	烷基汞：不得检出（指甲基汞＜10ng/L，乙基汞＜20ng/L）；汞（以总汞计）：0.1mg/L；铅（以总铅计）：5mg/L；镉（以总镉计）：1mg/L
危险废物填埋污染控制标准	GB 18598—2001	允许进入填埋区的控制限值（稳定化控制限值）：有机汞 0.001mg/L；汞及其化合物（以总汞计）：0.25mg/L；铅（以总铅计）5mg/L；镉（以总镉计）0.5mg/L
城镇垃圾农用控制标准	GB 8172—1987	总汞（以 Hg 计）5mg/L；总铅（以 Pb 计）100mg/L；总镉（以 Cd 计）3mg/L

标准名称	标准号	相关内容
农用污泥中污染物控制标准	GB 4284—1984	在酸性土壤上(pH<6.5):汞及其化合物(以 Hg 计)最高允许排放限值 5mg/kg 干污泥;铅及其化合物(以 Pb 计)最高允许排放限值 00mg/L;镉及其化合物(以 Cd 计)最高允许排放限值 5mg/L 在中性和碱性土壤上(pH≥6.5):汞及其化合物(以 Hg 计)最高允许排放限值 15mg/kg 干污泥; 铅及其化合物(以 Pb 计)最高允许排放限值 1000mg/L;镉及其化合物(以 Cd 计)最高允许排放限值 5mg/L
城镇污水处理厂污染物排放标准	GB 18918—2002	水污染物最高允许排放浓度(日均值):总汞 0.001mg/L;烷基汞不得检出;总铅 0.1mg/L;总镉 0.01mg/L
		污泥农用时污染物控制标准限值:在酸性土壤上(pH<6.5),总汞 5mg/kg 干污泥;总铅 300mg/kg 干污泥;总镉 5mg/kg 干污泥;在中性和碱性土壤上(pH≥6.5),总汞 ≤15mg/kg 干污泥;总铅 1000mg/kg 干污泥;总镉 20mg/kg 干污泥
煤炭工业污染物排放标准	GB 20426—2006	煤炭工业(包括现有及新、改扩建煤矿、选煤厂)废水总汞日最高允许排放质量浓度:总汞 0.05mg/L;总铅 0.5mg/L;总镉 0.1mg/L
工业炉窑大气污染物排放标准	GB 9078—1996	金属熔炼 汞: 1997 年 1 月 1 日前安装的工业炉窑,一级标准 0.05mg/m³;二级标准 3.0mg/m³;三级标准 5.0mg/m³; 1997 年 1 月 1 日起新、改扩建的工业炉窑,一级标准禁排;二级标准 1.0mg/m³;三级标准 3.0mg/m³; 铅: 1997 年 1 月 1 日前安装的工业炉窑,一级标准 5mg/m³;二级标准 30mg/m³;三级标准 45mg/m³; 1997 年 1 月 1 日起新、改扩建的工业炉窑,一级标准禁排;二级标准 10mg/m³;三级标准 35mg/m³; 其他 汞 1997 年 1 月 1 日前安装的工业炉窑,一级标准 0.008mg/m³;二级标准 0.010mg/m³;三级标准 0.020mg/m³; 1997 年 1 月 1 日起新、改扩建的工业炉窑,一级标准禁排;二级标准 0.010mg/m³;三级标准 0.010mg/m³; 铅: 1997 年 1 月 1 日前安装的工业炉窑,一级标准 0.5mg/m³;二级标准 0.1mg/m³;三级标准 0.2mg/m³; 1997 年 1 月 1 日起新、改扩建的工业炉窑,一级标准禁排;二级标准 0.1mg/m³;三级标准 0.1mg/m³
烧碱、聚氯乙烯工业污染物排放标准	GB 15581—2016	2016 年 9 月 1 日起新建企业及 2018 年 7 月 1 日起现有企业,水污染物汞浓度排放限值 0.003mg/L,吨产品排水量 5m³/t;大气污染物汞及其化合物排放限值 0.01mg/m³;汞污染物的特别排放浓度限值与一般排放浓度限值一致
化学合成类制药工业水污染物排放标准	GB 21904—2008	现有企业(自 2010 年 7 月 1 日)、新建企业(自 2008 年 8 月 1 日)和在容易发生严重水环境污染问题而需要采取特别保护措施的地区的企业执行水污染物排放限值,污染物排放监控位置为车间或生产设施废水排放口。总汞 0.05mg/L;烷基汞不得检出(检出限 10ng/L);总铅 0mg/L;总镉 0.1mg/L
中药类制药工业水污染物排放标准	GB 21906—2008	(1)现有企业(自 2010 年 7 月 1 日)和新建企业(自 2008 年 8 月 1 日)执行水污染物排放限值,总汞 0.05mg/L;污染物排放监控位置为车间或生产设施废水排放口; (2)对于在容易发生严重水环境污染问题而需要采取特别保护措施的地区的企业执行水污染物特别排放限值,总汞 0.01mg/L(污染物排放监控位置为车间或生产设施废水排放口);急性毒性(HgCl₂ 毒性当量)0.07mg/L(污染物排放监控位置为企业废水总排放口)

标准名称	标准号	相关内容
油墨工业水污染物排放标准	GB 25463—2010	(1)现有企业和新建企业水污染物排放浓度限值,总汞 0.002mg/L;烷基汞不得检出。总铅 0.1mg/L;总镉 0.1mg/L(污染物排放监控位置:车间或生产设施废水排放口); (2)对于在容易发生严重水环境污染问题而需要采取特别保护措施的地区的企业执行水污染物特别排放限值,总汞 0.001mg/L;烷基汞不得检出(污染物排放监控位置为车间或生产设施废水排放口)
涂料工业水污染物排放标准(二次征求意见稿)	环办函[2010]1243 号	(1)现有企业和新建企业水污染物排放浓度限值,总汞 0.002mg/L;烷基汞不得检出;总铅 0.1mg/L;总镉 0.1mg/L(污染物排放监控位置为车间或生产设施废水排放口); (2)对于在容易发生严重水环境污染问题而需要采取特别保护措施的地区的企业执行水污染物特别排放限值,总汞 0.001mg/L;烷基汞不得检出;总铅 0.1mg/L;总镉 0.01mg/L(污染物排放监控位置为车间或生产设施废水排放口)
锡、锑、汞工业污染物排放标准	GB 30770—2014	(1)水污染物排放控制要求(污染物排放监控位置为车间或生产装置排放口) ①2015 年 1 月 1 日至 2015 年 12 月 31 日,现有企业水污染物排放浓度限值,总汞≤0.05mg/L;总铅 1.0mg/L;总镉 0.1mg/L; ②自 2016 年 1 月 1 日起,现有企业和自 2014 年 7 月 1 日起新建企业的水污染物排放浓度限值,总汞≤0.005mg/L;总铅 0.2mg/L;总镉 0.02mg/L; ③现有企业和新建企业的水污染物特别排放限值,总汞≤0.05mg/L;总铅 0.2mg/L;总镉 0.02mg/L。 根据环境保护工作的要求,在国土开发密度已经较高、环境承载能力开始减弱,或环境容量较小、生态环境脆弱,容易发生严重环境污染等问题而需要采取特别保护措施的地区,应严格控制企业的污染物排放行为,在上述地区的企业执行水污染物特别排放限值。执行水污染物特别排放限值的地域范围、时间,由国务院环境保护行政主管部门或省级人民政府规定。 (2)大气污染物排放控制要求(污染物排放监控位置:污染物净化设施排放口) ①2015 年 1 月 1 日至 2015 年 12 月 31 日,现有企业大气污染物排放浓度限值,汞及其化合物:锡冶炼、锑冶炼、汞冶炼、烟气制酸等 0.015mg/m³;铅及其化合物:锡冶炼 8mg/m³、锑冶炼 0.7mg/m³(以脆硫锑矿为原料的锑冶炼企业 8mg/m³)、汞冶炼 0.7mg/m³、烟气制酸 0.05mg/m³;镉及其化合物:锡冶炼 0.05mg/m³、锑冶炼 0.05mg/m³(以脆硫锑铅矿为原料的锑冶炼企业 8mg/m³)、烟气制酸 0.05mg/m³; ②自 2016 年 1 月 1 日起现有企业和自 2014 年 7 月 1 日起新建企业的大气污染物排放浓度限值,汞及其化合物:锡冶炼、锑冶炼、汞冶炼、烟气制酸等 0.01mg/m³;铅及其化合物:锡冶炼 2mg/m³、锑冶炼 0.5mg/m³(以脆硫锑铅矿为原料的锑冶炼企业 2mg/m³)、汞冶炼 0.5mg/m³、烟气制酸 0.5mg/m³;镉及其化合物:锡冶炼 0.05mg/m³、锑冶炼 0.05mg/m³(以脆硫锑铅矿为原料的锑冶炼企业 8mg/m³)、烟气制酸 0.05mg/m³; ③现有企业和新建企业的大气污染物特别排放限值:汞及其化合物:锡冶炼、锑冶炼、汞冶炼、烟气制酸等 0.01mg/m³;铅及其化合物:锡冶炼 2mg/m³、锑冶炼 0.5mg/m³(以脆硫锑铅矿为原料的锑冶炼企业 2mg/m³)、汞冶炼 0.5mg/m³、烟气制酸 0.5mg/m³;镉及其化合物:锡冶炼 0.05mg/m³、锑冶炼 0.05mg/m³(以脆硫锑铅矿为原料的锑冶炼企业 8mg/m³)、烟气制酸 0.05mg/m³。 根据环境保护工作的要求,在国土开发密度已经较高、环境承载能力开始减弱,或环境容量较小、生态环境脆弱,容易发生严重大气环境污染等问题而需要采取特别保护措施的地区,应严格控制企业的污染物排放行为,在上述地区的企业执行大气污染物特别排放限值。执行大气污染物特别排放限值的地域范围、时间,由国务院环境保护行政主管部门或省级人民政府规定
铅、锌工业污染物排放标准	GB 25466—2010	自本标准实施之日起,铅、锌工业企业水和大气污染物排放执行本标准,不再执行《污水综合排放标准》(GB 8978—1996)、《大气污染物综合排放标准》(GB 16297—1996)和《工业炉窑大气污染物排放标准》(GB 9078—1996)中的相关规定。 (1)水污染物排放控制要求(污染物排放监控位置为车间或生产设施废水排放口,排水量计量位置与污染物排放监控位置一致)

标准名称	标准号	相关内容
铅、锌工业污染物排放标准	GB 25466—2010	①2011年1月1日至2011年12月31日,现有企业水污染物排放浓度限值:总汞≤0.05mg/L;总铅≤1.0mg/L;总镉≤0.1mg/L;单位产品基准排水量,选矿(m³/t原矿)≤3.5;冶炼(m³/t产品)≤15; ②自2012年1月1日起现有企业和自2010年10月1日起新建企业的水污染物排放浓度限值,总汞≤0.03mg/L;总铅≤0.5mg/L;总镉≤0.05mg/L;单位产品基准排水量,选矿(m³/t原矿)≤2.5;冶炼(m³/t产品)≤8; ③水污染物特别排放限值,总汞≤0.01mg/L;总铅≤0.2mg/L;总镉≤0.02mg/L;单位产品基准排水量,选矿(m³/t原矿)≤1.5;冶炼(m³/t产品)≤4; 根据环境保护工作的要求,在国土开发密度已经较高、环境承载能力开始减弱,或环境容量较小、生态环境脆弱,容易发生严重环境污染等问题而需要采取特别保护措施的地区,应严格控制企业的污染物排放行为,在上述地区的企业执行水污染物特别排放限值。执行水污染物特别排放限值的地域范围、时间,由国务院环境保护行政主管部门或省级人民政府规定。 (2)大气污染物排放控制要求(污染物排放监控位置为污染物净化设施排放口) ①2011年1月1日至2011年12月31日,现有企业大气污染物排放浓度限值,汞及其化合物(烧结、熔炼)1.0mg/m³;铅及其化合物(熔炼)10mg/m³; ②自2012年1月1日起现有企业和自2010年10月1日起新建企业的大气污染物排放浓度限值,汞及其化合物(烧结、熔炼)0.05mg/m³;铅及其化合物(熔炼)8mg/m³; ③现有和新建企业边界大气污染物浓度限值(任何1h平均浓度),(汞及其化合物)0.0003mg/m³;铅及其化合物(熔炼)0.0003mg/m³
铜、镍、钴工业污染物排放标准	GB 25467—2010	自本标准实施之日起,铜、镍、钴工业企业水和大气污染物排放执行本标准,不再执行《污水综合排放标准》(GB 8978—1996)、《大气污染物综合排放标准》(GB 16297—1996)和《工业炉窑大气污染物排放标准》(GB 9078—1996)中的相关规定。 (1)水污染物排放控制要求(污染物排放监控位置为生产车间或设施废水排放口,排水量计量位置与污染物排放监控位置一致) ①2011年1月1日至2011年12月31日,现有企业水污染物排放浓度限值,总汞≤0.05mg/L;单位产品基准排水量,选矿(m³/t原矿)≤1.65;铜冶炼(m³/t铜)≤25;镍冶炼(m³/t镍)≤35;钴冶炼(m³/t钴)≤70; ②自2012年1月1日起现有企业和自2010年10月1日起新建企业的水污染物排放浓度限值,总汞≤0.05mg/L;单位产品基准排水量,选矿(m³/t原矿)≤1.0;铜冶炼(m³/t铜)≤10;镍冶炼(m³/t镍)≤15;钴冶炼(m³/t钴)≤30; ③水污染物特别排放限值,总汞≤0.01mg/L;单位产品基准排水量,选矿(m³/t原矿)≤0.8;铜冶炼(m³/t铜)≤8;镍冶炼(m³/t镍)≤12;钴冶炼(m³/t钴)≤16; 根据环境保护工作的要求,在国土开发密度已经较高、环境承载能力开始减弱,或环境容量较小、生态环境脆弱,容易发生严重环境污染等问题而需要采取特别保护措施的地区,应严格控制企业的污染物排放行为,在上述地区的企业执行水污染物特别排放限值。执行水污染物特别排放限值的地域范围、时间,由国务院环境保护行政主管部门或省级人民政府规定。 (2)大气污染物排放控制要求(污染物排放监控位置为污染物净化设施排放口) ①2011年1月1日至2011年12月31日,现有企业大气污染物排放浓度限值,汞及其化合物0.012mg/m³(铜冶炼、镍、钴冶炼、烟气制酸);单位产品基准排气量,铜冶炼(m³/t铜)24000;镍冶炼(m³/t镍)40000; ②自2012年1月1日起现有企业和自2010年10月1日起新建企业的大气污染物排放浓度限值,汞及其化合物0.012mg/m³(铜冶炼、镍、钴冶炼、烟气制酸);单位产品基准排气量,铜冶炼(m³/t铜)21000;镍冶炼(m³/t镍)36000; ③现有和新建企业边界大气污染物浓度限值(任何1h平均浓度),(汞及其化合物)0.0012mg/m³

参 考 文 献

[1] Zurichm G，Eskes C，Honegger P. Maturation-dependent neurotoxicity of lead acetate in vitro：implication of glial reactions. J Neurosci Res，2002，70 (1)：108-116.

[2] Canfield R L，Hendersonc R Jr，Cory-Slechtad A，et al. Intellectual impairment in children with blood lead concentrations below10μg per deciliter. NEngl J Med，2003，348 (16)：1517-1526.

[3] Needlemanhl，Riess J A，Tobinmj，et al. Bonelead levels and delinquent behavior. J AmMed Assoc，1996，275 (22)：363-369.

[4] Meyer-Baron M，Seeber A. A meta-analysis for neurobehavioural results due to occupational lead exposure with blood lead concentrations ＜70 microg 100mL. Arch Toxicol，2000，73 (10-11)：510-518.

[5] Krieg E F，Chislip D W，Crespo C J，et al. The relationship between blood lead levels and neurobehavioral test performance in NHANES Ⅲ and related occupational studies. Public Health Rep，2005，120：240-251.

[6] Shih R A，Huh，Weisskopfmg，et al. Cumulative lead dose and cognitive function in adults：a review of studies that measured both blood lead and bone lead. Environ Health Perspect，2007，115：483-492.

[7] Navas-Aciena，Guallar E，Silbergeld E K，et al. Lead exposure and cardiovascular disease—a systematic review. Environ Health Perspect，2007，115：472-482.

[8] Usepa. Air quality criteria for lead. Environmental Protection Agency，2006.

[9] Menke A，Muntner P，Batuman V，et al. Blood lead below 0. 48 micromol L (10microg dL) and mortality among US adults. Circ，2006，114：1388-1394.

[10] Muntner P，Menke A，Desalvo K B，et al. Continued decline in blood lead levels among adults in the United States：the national health and nutrition examination surveys. Arch Intern Med，2005，165：2155-2161.

[11] Jainnb，Potulav，Schwartz J，et al. Lead levels and ischemic heart disease in a prospective study of middle-aged and elderly men：the VA normative aging study. Environ Health Perspect，2007，115：871-875.

[12] Ekong E B，Jaar B G，Weaver V M. Lead-related nephrotoxicity：a review of the epidemiologic evidence. Kidney Int，2006，70：2074-2084.

[13] Coyle P，Kosnettm J，Hipkins K L. Severe lead poisoning in the plastics industry：a report of three cases. Am J Ind Med，2005，47：172-175.

[14] Weaver V M，Lee B K，Ahnkd，et al. Associations of lead biomarkers with renal function in Korean lead workers. Occup Environ Med，2003，60：551-562.

[15] Muntner P，Vupputuri S，Coresh J，et al. Blood lead and chronic kidney disease in the general United States population：results from NHANES Ⅲ. Kidney Int，2003，63：104-150.

[16] Kosnettm J，Wedeed R P，Rothenberg S J. Recommendations for medical management of adult lead exposure. Environ Health Perspect，2007，115：463-471.

[17] Sokol R A. Hormonal effect of lead acetate in the male rats mechanism of action. Biol Reprod，1987，37：1135-1138.

[18] Pantn，Upadhyayg，Pandey S，et al. Lead and cadmium concentration in the seminal plasma of men in the general population：correlation with sperm quality. Reprod Toxicol，2003，17 (4)：447-450.

[19] Borja-Aburto V H，Hertz-Picciotto I，Lopez M R，et al. Blood lead levels measured prospectively and risk of spontaneous abortion. Am J Epidemiol，1999，150：590-597.

[20] Gonzalez-Cossio T，Peterson K E，Sanin L H，et al. Decrease in birthweight in relation to maternal bone lead burden. Pediatr，1997，100：856-862.

[21] Dietertr R，Piepenbrink M S. Lead and immune function. Crit Rev Toxicol，2006，36：359-385.

[22] Karmaus W，Brooks K R，Nebe T，et al. Immune function biomarkers in children exposed to lead and organochlorine compounds：a cross-sectional study. Environ Health，2005 (4)：5.

[23] Miller T E，Golemboski K A，Ha R S，et al. Developmental exposure to lead causes persistent immunotoxicity in Fischer344 rats. Toxicol Sci，1998，42：129-135.

[24] Van Wijngaarden E，Dosemeci M. Brain cancer mortality and potential occupational exposure to lead：findings from

the national longitudinal mortality study，1979—1989. Int J Cancer，2006，119：1136-1144.

[25] Steenland K，Boffetta P. Lead and cancer in humans：where are we now?. Am J Ind Med，2000，38（3）：295-299.

[26] Silbergeld E K. Facilitative mechanisms of lead as a carcinogen. Mut Res，2003，533：121-33.

[27] Alshuaib W B，Cherian S P，Hasan M Y，et al. Drug effects on calcium homeostasis in mouse CA1hippocampal neurons. Int J Neurosci，2003，113（10）：1317-1332.

[28] Kim K A，Chakraborti T，Goldstin G，et al. Exposure to lead elevates induction of zif268 and ArcmRNA in rats after electroconvulsive shock the involvement of protein kinase C［J］. J Neurosci Res，2002，69：268-277.

[29] Xus Z，Shan C J，Bullock L，et al. Pb^{2+} reduces PKCs and NF-κB in vitro. Cell Biol Toxicol，2006，22：189-198.

[30] Suszkiw J B. Presynaptic disruption of transmitter release by lead. Neurotoxicol，2004，25：599-604.

[31] Chen L，Yang X，Jiaoh，et al. Tea catechins protect against lead-induced ROS formation，mitochondrial dysfunction and calcium dysregulation in PC12 cells. Chem Res Toxicol，2003，16（9）：1155-1161.

[32] 胡锦东，高秋华，余灯广，等.牛磺酸对铅脂质过氧化损伤的拮抗作用.中国职业医学，2004，31（2）：38-40.

[33] 梁建成，汪春红，张妍，等.醋酸铅染毒小鼠 DNA 损伤及体内抗氧化酶变化.中国公共卫生，2006，22（4）：457-458.

[34] 安兰敏，牛玉杰，徐兵，等.铅对大鼠脑细胞凋亡的诱发作用及对 fos、jun、p53 基因和一氧化氮合酶表达的影响.癌变·畸变·突变，2006，18（5）：359-362.

[35] Danadevi K，Rozati R，Saleha Banu B，et al. DNA damage inworkers exposed to lead using comet assay. Toxicol，2003，187（2-3）：183-193.

[36] Xin M G，Deng X M. Protein phosphatase—aenhances the proapoptotic function of bax through dephosphorylation. J Biol Chem，2006，281：18859-18867.

[37] Sharifi A M，Baniasadi S，Jorjani M，et al. Investigation of acute lead poisoning on apoptosis in rat hippocampus in vivo. Neurosci Lett，2002，329：45-48.

[38] He L，Poblenz A T，Medrano C J，et al. Lead and calcium produce rod photoreceptor cell apoptosis by opening the mitochondrial permeability transition pore. J Biol Chem，2000，275：12175-12184.

[39] 巩建福.铅的危害.广东微量元素，2001，8（9）：29.

[40] 金季，李文.铅的吸收.广东微量元素，2002，9（2）：54.

[41] 朱宝立，杜晨杨，陈敏，等.铅降低机体抗病毒能力的实验研究.中国工业医学，2000，13（6）：329-331.

[42] 于淑兰，邓一夫，王悦，等.锰铅联合染毒对小鼠肝脏内部分生化指标的影响.卫生毒理学，2000，14（4）：228-229.

[43] 陈敏，谢吉民，高小饮，等.铅对小鼠脏器脂质过氧化作用的影响.中国公共卫生，2000，16（12）：1107-1108.

[44] 丁虹，彭仁.铅对孕鼠及胎鼠肝微粒体药酶活性的影响.卫生研究，2000，28（6）：333-334.

[45] 孔杏云，廖丽民，雷德亮，等.铅对大鼠肠道神经元和血管平滑肌细胞 NOS 的影响［J］.湖南医科大学学报，2000，25（2）：135-137.

[46] 孙鹏，赵正言.铅暴露对机体免疫功能的影响.浙江预防医学，2001，13（6）：60-61.

[47] 王刚垛，黄芙蓉，林瑞存，等.铅对作业工人免疫功能影响的研究.中国实验临床免疫学，1994，6（3）：28-31.

[48] 叶路，韩景里，闫玉仙，等.长期低铅染毒对小鼠红细胞免疫功能的影响.职业与健康，2000，16（2）：1-3.

[49] 蒋云生.铅性肾病的流行病学分析.中华劳动卫生与职业病，1994，12（2）：76-78.

[50] 魏肖莹.铅染毒对大鼠肾组织病理学观察.中国工业医学，1996，9（4）：208.

[51] 杨杏芬.铅对肾上腺皮质激素生物合成毒作用的初步研究.中国公共卫生学报，1995，314（2）：103.

[52] 朱彩菊，张霞，倪蕴娥，等.长期铅作业工人的肾功能损害探讨.劳动医学，1999，16（4）：226-228.

[53] 李淑华，袁宏伟，谷红梅，等.发育期慢性染铅大鼠脑组织中 NO、SOD、MDA 的变化及其相互关系.全科医疗临床研究，2003，6（11）：898-899.

[54] 高万珍，李竹，王振刚，等.儿童铅暴露对脑干听觉诱发电位的影响.中华预防医学，1999，33（6）：357-359.

[55] Xue Z L，Rui P H，Hong X，et al. The occurrence mechanism of light on retinal injury in rats. Chinese Journal of Clinical Rehabilitation，2004，8（5）：998-1000.

[56] 廖瑞庆，黄曙海.铅对甲状腺功能的影响.中国职业医学，2001，28（5）：48-49.

[57] 朱建华.铅对小鼠睾丸脂质过氧化作用的研究.中国公共卫生学报，1998，17（3）：166.

[58] 沉维干，陈彦，李朝军，等.6种金属元素对小鼠卵母细胞成熟和体外受精的影响.卫生研究，2000，29（4）：202-204.

[59] 齐庆青.铅对女性生殖功能及子代发育的影响.工业卫生与职业病，2004，30（1）：61-63.

[60] 熊亚.环境铅接触对健康的影响.广东微量元素，2002，9（9）：49-53.

[61] 何凤生，王世俊，任引津，等.中华职业医学.人民卫生出版社，1999：218-219.

[62] 段永寿，邹成钢.铅对红细胞膜蛋白和变形性的影响.中华预防医学，1999，33（2）：114.

[63] 沈晓盟.儿童铅中毒.人民卫生出版社，1996：12.

[64] 刘君澜.环境铅暴露对大鼠海马CA1区长时程增强的影响.中国公共卫生学报，1998，17（4）：221.

[65] 郭纳新.不同发育期铅暴露对大鼠空间认知能力的影响.中国公共卫生学报，1999，18（1）：31.

[66] 高代全，张书岭.低浓度铅对儿童健康的影响.微量元素与健康研究，2001，18（1）：76.

[67] 杜炎.铅对脑发育影响及智力关系分析.广东微量元素科学，2001，8（9）：56-57.

[68] 马君贤.重金属镉的环境污染化学.当代化工，2007，36（2）：192-194.

[69] 万冰华，杨军等.无氰镀镉工艺开发研究与应用.电镀与精饰，2014，36（3）.

[70] 余良才.几种高危电镀工艺的改进.涂装与电镀，2009（6）.

[71] 沈华.颜料工业含镉废水治理研究.精细化工中间体，2001，31（1）.

[72] 余湘屏.镉系颜料的新进展.湖南化工，1988（2）.

[73] 李婷.电动车的碱性镍镉蓄电池及其应用.技术应用，2010（10）.

[74] 刘竞先.镍镉电池及其使用.影视技术，2004（2）.

[75] 余德彪，王建平，徐乐，等.中国镉资源现状分析及可持续发展建议.中国矿业，2015，24（4）：1-14.

[76] 罗正明，贾雷坡，刘秀丽，等.水环境镉对水生动物毒性的研究进展.食品工业科技，2015（15）.

[77] 龚倩.海水滩涂贝类中重金属镉的检测及富集规律的研究.中国海洋大学，2011.

[78] 陈贵良，姚林，张艳淑.镉对鲫鱼主要脏器中锌、铜含量的影响.环境与职业医学，2004，21（4）：332-333.

[79] 马文丽，王兰，何永吉.镉诱导华溪蟹不同组织金属硫蛋白表达及镉蓄积的研究.环境科学学报，2008，28（6）：1192-1197.

[80] 王茜，王兰，席玉英.镉对长江华溪蟹的急性毒性与积累.山西大学学报（自然科学版）2003，26（2）：176-178.

[81] 朱玉芳，崔勇华，戈志强，等.重金属元素在克氏原螯虾体内的生物富集作用.水利渔业，2003，23（1）：11-12.

[82] Liu Dongmei，Yang Jian，Wang Lan. Cadmium induces ultrastructural changes in the hepatopancreas of the freshwater crab Sinopotamonhenanense. Micron，2013，47：24-32.

[83] 柏世军.水环境镉对罗非鱼的毒性作用和机理探讨.浙江大学，2006.

[84] 田鹏.水体中镉暴露对草鱼的氧化胁迫研究.西南大学，2013.

[85] 柏世军，许梓荣.镉对黄颡鱼鳃线粒体结构和能量代谢的影响.应用生态学报，2006，17（7）：1213-1217.

[86] 马丹旦，雷雯雯，吴昊，等.急性镉染毒对河南华溪蟹精子质量的影响.环境科学学报，2013，33（7）：2044-2049.

[87] Lei Wenwen，Wang Lan，Liu Dongmei. Histopathological and biochemical alternations of the heart induced by acute cadmium exposure in the freshwater crab，Sinopotamon yangtsekiense. Chemosphere，2011，84：689-694.

[88] 张翠，翟毓秀，宁劲松.镉在水生动物体内的研究概况.水产科学，2007，26（8）：465-470.

[89] 刘育红.土壤镉污染的产生及治理方法.青海大学学报（自然科学版），2006，26（2）.

[90] 宁兵，瞿丽雅，董泽琴，等.农田生态系统中镉的形态与迁移转化研究进展.贵州农业科学，2009，37（10）：192-194.

[91] 王丽娟，吴成业.水产品中镉的形态分析及其危害.福建水产，2014，36（1）.

[92] 吴丰昌，孟伟，曹宇静.镉的淡水水生生物水质基准研究.环境科学研究，2011，24（2）.

[93] 党卫红.镉的毒性及镉损害的营养干预.郑州轻工业学院学报（自然科学版），2008，23（4）.

[94] 李光先，余日安.镉毒性作用干预方法及其机制研究进展.中国职业医学，2014，41（2）.

[95] 杜丽娜，余若祯，王海燕，等.重金属镉污染及其毒性研究进展.环境与健康，2013，30（2）.

[96] 周琳，曾英，倪师军，等.成都经济生态区大气降尘中镉赋存形态的研究.广东微量元素科学，2006，13（2）.

参考文献

[97] J. Alcamo, J. Bartnicki, K. Olendrzynski, et al. Computing heavy metals in Europe's atmosphere-I. Model development and testing. Atmospheric Environment, 1992, 26A: 3355-3369.

[98] J. P. Candelone S. Hong. Post-industrial revolution changes in large-scale atmospheric pollution of the northernhemisphere by heavy metals as documented in central Greenland snow and ice. Journal of Geophysical Research, 1995, 100 (8): 16605-16616.

[99] S. C. Hsu, S. C. Liu, W. L. Jeng. et al. Variations of Cd/Pb andZn/Pb ratios in Taipei aerosols reflecting long-range transport or local pollution emissions. Science of the Total Environment, 2005, 347: 111-121.

[100] V. Shevchenko, A. Lisitzin, A. Vinogradova, et al. Heavy metals in aerosol over the seas of the Russian Arctic. Science of the Total Environment, 2003, 306: 11-25.

[101] A. J. Véron, T. M. Church. Use of stable lead isotopes and trace metals to characterize air mass sources into the eastern North Atlantic. Journal of Geophysical Research, 1997, 102 (23): 28049-28058.

[102] G. Mercier, C. Gariepy, L. A. Barrie. et al. Source discrimination of atmospheric aerosols at Alert, Arctic Canada during 1994-1995 using a year-long record of lead-isotopic and trace-element data. 9th Annual Goldschmidt Conference. Harvard University, August 1999, U. S. A. pp. 197-198 (as cited in AMAP, 2005).

[103] A. Bollhöfer, K. J. R. Rosman. Isotopic source signatures for atmospheric lead: The Northern Hemisphere [J]. Geochimica et Cosmochimica Acta, 2001, 65: 1727-1740.

[104] F. E. Grousset. P. E. Biscaye. Tracing dust sources and transport patterns using Sr, Nd and Pb isotopes. Chemical Geology, 2005, 222: 149-167.

[105] F. E. Grousset P. E. Biscaye. Tracing dust sources and transport patterns using Sr, Nd and Pb isotopes. Chemical Geology, 2005, 222: 149-167.

[106] J. B. Milford, C. I. Davidson. The sizes of particulate trace elements in the atmosphere-a review. Journal of Air Pollution Control Association, 1985, 35: 1249-1260.

[107] A. G. Allen, E. Nemitz, J. P. Shi, et al. Size distributions of trace metals in atmospheric aerosols in the United Kingdom. Atmospheric Environment, 2001, 35: 4581-4591.

[108] 罗先香, 樊玉清, 潘进芬, 等. 海洋沉积物中的镉及不同形态镉的生物有效性李永富 [J]. 生态环境, 2008, 17 (3): 909-913.

[109] 倪新, 张艺兵, 胡萌, 等. 食品和土壤中重金属镉污染及治理对策 [J]. 山东农业大学学报 (自然科学版), 2008, 39 (3): 419-423.

[110] 宁兵, 瞿丽雅, 董泽琴, 等. 农田生态系统中镉的形态与迁移转化研究进展 [J]. 贵州农业科学, 2009, 37 (10): 192-194.

[111] 菅小东. 汞污染防治技术与对策. 冶金工业出版社, 2013.

[112] 菅小东, 刘景洋. 汞生产和使用行业最佳环境实践. 中国环境出版社, 2013.

[113] P. Szefer, M. Domagala-Wieloszeska, J. Warzocha. et al. Distribution and relationships of mercury, lead, cadmium, copper and zinc in perch (Perca fluviatilis) from the Pomeranian Bay and Szczecin Lagoon, southern Baltic. Food Chemistry, 2003, 81: 73-83.

[114] K. Takeda, K. Marumoto, T. Minamikawa, et al. Three-year determination of trace metals and the lead isotope ratio in rain and snow depositions collected in Higashi-Hiroshima, Japan. Atmospheric Environment, 2000, 34: 4525-4535.

[115] S. Taljaard, P. M. S. Monteiro, W. A. M. Botes. A structured ecosystem-scale approach to marine water quality management. Water SA, 2006, 32: 535-542.

[116] D. C. Tanner, M. M. Lipsky. Effect of lead acetate on N- (4′-fluoro-4-biphenyl) acetamide-induced renal carcinogenesis in the rat. Carcinogenesis, 1984, 5 (9): 1109-1113.

[117] TCPD: Assignment 2: a consultancy service to collect environmental baseline data. Component of the Business Expansion and Industrial Restructuring (BEIRL) project. Submitted to the Country Planning Devision, Ministry of Planning and Development, Trinidad and Tobago, 2000.

[118] S. Telisman, P. Cvitkovic, J. Jurasovic, et al. Semen quality and reproductive endocrine function in relation to bio-

markers of lead, cadmium, zinc, and copper in men. Environ Health Perspect, 2000, 108 (1): 45-53.

[119]   S. Tetsopgang, G. Kuepuou, C. Nzolang. Evaluation of the quantity of lead from used lead acid batteries in Cameroon between 1992 and 2005. Centre de Recherches et d'Education pour le Développement (CREPD), Yaoundé, Cameroun, 2007.

[120]   G. D. Thurston, J. D. Spengler, A quantitative assessment of source contributions to inhalable particulate matter pollution in metropolitan Boston. Atmospheric Environment, 1985, 19: 9-25.

[121]   J. R. Toggweiler, R. M. Key. Thermohaline circulation. In: Encyclopedia of Ocean Sciences, 2003, www. sciencedirect. com, Elsevier.

[122]   Togo's submission: Direction de l'environnement, Ministère de l'Environnement et des Resources Forestières. Torfs, K. and van Grieken, R. (1997): Chemical relations between atmospheric aerosols, deposition and stone decay layers on historic buildings at the Mediterranean coast. Atmospheric Environment 2007, 31: 2179-2192.

[123]   C. D. Toscano, T. R. Guilarte. Lead neurotoxicity: from exposure to molecular effects. Brain research review, 2005, 49: 529-554.

[124]   O. Travnikov. Hemispheric model of airborne pollutant transport. MSC-E Technical Note 8/2001. Meteorological Synthesizing Centre-East of EMEP, Moscow, Russia. Available at: http: //www. msceast. org/ publications. html.

[125]   O. Travnikov. Contribution of the intercontinental transport to mercury pollution in the Northern Hemisphere. Atmospheric Environment, 2005, 39: 7541-7548.

[126]   O. Travnikov, I. Ilyin. Regional Model MSCE-HM of Heavy Metal Transboundary Air Pollution in Europe. EMEP/ MSC-E Technical Report 6/2005. Meteorological Synthesizing Centre-East of EMEP, Moscow, Russia. Available at: http: //www. msceast. org/publications. html.

[127]   G. C. Trivalto (2006): Os (des) caminhos e riscos do chumbo no Brasil [The lead (mis) flows and risks in Brazil]. PhD Thesis, Universidade Federal de Minas Gerais, Belo Horizonte (MG), (in Brazilian).

[128]   A. M. Coggins, S. G. Jennings, R. Ebinghaus. Accumulation rates of the heavy metals lead, mercury and cadmium in ombrotrophic peatlands in the west of Ireland. *Atmospheric Environment*, 2006, 40 (2): 260-278.

[129]   Correia, A., Freydier, R., Delmas, R. J., Simoes, J. C., Taupin, J. -D., Dupre, B. and Artaxo, P. Trace elements in South America aerosol during 20th century inferred from a Nevado Illimani ice core, Eastern Bolivian Andes (6350masl). *Atmospheric Chemistry and Physics*, 2003, 3: 1337 – 1352.

[130]   CSTEE: Opinion on the results of the Risk Assessment of: CADMIUM METAL, HUMAN HEALTH; CADMIUM OXIDE, HUMAN HEALTH. Scientific, 2004. Committee on Toxicity, Ecotoxicity and the Environment. (CSTEE). Adopted by the CSTEE during the 41st plenary meeting of 8 January 2004.

[131]   Czech's submission: Submission of additional on cadmium releases and levels, Ministry of Environment, Czech Republic, 2010.

[132]   R. W. Dabeka, A. D. McKenzie. (1995): Survey of lead, cadmium, fluoride, nickel, and cobalt in food composites and estimation of dietary intakes of these elements by Canadians in 1986 – 88. *JAOAC Int.*, 78, 897-909. (as cited by WHO, 2004a)

[133]   F. Dang, W. X. Wang. (2009): Assessment of tissue-specific accumulation and effects of cadmium in a marine fish fed contaminated commercially produced diet. *Aquatic Toxicology* 95, 248-255.

[134]   Danish EPA (2000): Cadmium in fertilizers. Risks from cadmium accumulation in agricultural soils due to the use of fertilizers containing cadmium. Model estimations. Danish Environmental Protection Agency, Copenhagen, Denmark.

[135]   Danish EPA (2003): Statutory Order on the use of waste products for agricultural purposes. Statuary Order No. 623 of 20. January 2003. Ministry of Environment and Energy, Copenhagen.

[136]   A. Davister, (1996): Studies and Research on Processes for the Elimination of Cadmium from Phosphoric Acid. In: OECD (1996). Fertilizers as a source of cadmium. Organisation for Economic Co-operation and Development, Par-

is, France, p. 21-30. (as cited by Oosterhuis *et al.*, 2000)

[137] M. P. C. De Vries, K. G. Tiller. (1978): Sewage sludge as a soil amendment with special reference to Cd, Cu, Mn, Ni, Pb and Zn-comparison of results from experiments conducted inside and outside a glasshouse. Environ. Pollut., 16A: 231-240. (As cited by IPCS, 1992b).

[138] S. Delmotte, F. J. R. Meysman, et al. Cadmium transport in sediments by tubificid bioturbation: An assessment of model complexity. Geochimica Et Cosmochimica Acta, 2007, 71 (4): 844-862.

[139] I. Demandt. The World phosphate fertilizer industry. Research Project "Environmental Regulation, Globalization of Production and Technological Change", Background Report No. 10. The United Nations University, Institute for New Technologies, Maastricht, the Netherlands. (as cited by Oosterhuis et al. 2000)

[140] H. A. C. Dernier van der Gon, M. vanhet Bolscher, A. J. H. Visschedijk, et al. Study to the effectiveness of the UNECE Heavy Metals Protocol and costs of possible additional measures. TNO, Apeldoorn, the Netherlands, 2005.

[141] Y. Dohi, K. Sugimoto, T. Yoshikawa, et al. Effect of cadmium on osteogenesis within diffusion chambers by bone marrow cells: biochemical evidence of decreased bone formation capacity. Toxicol Appl Pharmacol, 1993, 120 (2): 274-280.

[142] G. Ducoffre, F. Claeys, F. Sartor. Decrease in blood cadmium levels over time in Belgium. Arch. Environ. Health, 1992, 47: 354-356.

[143] EC (2001): Ambient Air Pollution by As, Cd and Ni Compounds. Position paper. Working Group on Arsenic, Cadmium and Nickel Compounds. European Commission, Directorate-General Environment.

[144] ECB (2005): Risk Assessment: Cadmium metal/Cadmium oxide. Final, but not adopted version of Dec 2005. European Chemicals Bureau, Ispra, Italy.

[145] Ecuador's submission (2005): Information plomo y cadmio Ecuador. Ministerio del ambiente, Republic del Equador.

[146] ECVM (2006): PVC-recycling today. The European Council of Vinyl Manufacturers (ECVM), Brussels, Belgium. http: //www. ecvm. org/code/page. cfm? id _ page=151.

[147] EEA (1998): Environment in the European Union at the turn of the century. Chapter 3. 7. Waste generation and management. European Environment Agency, Copenhagen.

[148] M. Hutton, C. de Meeus. Analysis and Conclusions from Member States' Assessment of the Risk to Health and the Environment from Cadmium in Fertilizers. European Commission-Enterprise DG, Brussels, Belgium, 2001.

[149] P. Goodman, P. Strudwick. Substitution of 'hazardous substances' in future electronic equipment. ERA Technology, Surrey, United Kingdom, 2002.

[150] OECD (2002): Limits on cadmium in plastics and PVC. OECD Global Forum on Trade. Workshop on Environmental Requirements and Market Access: Addressing Developing Country Concerns in co-operation with the Government of India, November 2002, New Delhi (http: //webdomino1. oecd. org/comnet/ech/tradeandenv. nsf/viewHtml/index/ $ FILE/cadmium. pdf, May 2005)

[151] J. E. Koot. Replacing cadmium pigments and stabilisers in plastic. Issue paper presented at the OECD Cadmium Workshop in Sweden in October 1995 by Mr. J. E. Koot, Netherlands Federation for Plastics. Included in "Sources of cadmium in the environment", OECD Proceedings, OECD, Paris, 1996.

[152] M. Jansen, H. P. Letschert. Inorganic yellow-red pigments without toxic metals. Nature 27, 2000, 404: 980-982.

[153] T. Bring, B. Jonson, Selenium-molybdenum coloration of alkali silicate glasses. International Commission of Glass. Campos de Jordao, 2003.

[154] D. M. Issitt, Substances Used in the Making of Coloured Glass, 2003.

[155] Y. C. Chan. Alternative materials available for RoHS. , 2005.

[156] Goodsky. Lead free relays and sockets by Good Sky. http: //www. goodsky. com. tw/enews. html, May 2005.

[157] EOS (2004): Information available on the web-site (http: //www. eosystems. com/, May 2005).

[158] J. Maag S. Skaarup. Cordless Power Tools in the Nordic Countries. TemaNord report No. 2005: 535, The Nordic

Council of Ministers，Copenhagen，2005.

[159] Bio Intellegence（2003）：Impact assessment on selected policy options for revision of the battery directive. Bio Intellegence for the European Commission，Directorate General Environment，Brussels，Belgium. Accessed August 2006 at http：//ec. europa. eu/environment/waste/batteries/pdf/eia _ batteries _ final. pdf

[160] 张忠辉，兰尧中，陈锋. 从烟尘中回收镉的工艺研究现状 [J]. 现代矿业，2010（9）：91-92.

[161] UNECE（1979）：Convention on Long-range Transboundary Air Pollution. Accessed August 2006 at http：//www. unece. org/env/lrtap/full%20text/1979. CLRTAP. e. pdf

[162] U. S. EPA（1993）：Locating and estimating air emissions from sources of cadmium and cadmium compounds. U. S. Environmental Protection Agency，Office of Air and Radiation，Office of Air Quality Planning and Standards，Research Triangle Park，U. S. A.

[163] European Commission（2001）：Reference Document on Best Available Techniques in the Non-Ferrous Metals Industries. The Integrated Pollution Prevention and Control Bureau，Seville.

[164] O. Rentz，S. Wenzel，R. Deprost，et al. Materials for consideration in the discussion concerning the Protocol on Heavy Metals to the Convention on Long-range Transboundary Air Pollution. 2nd Draft Report（revised）25 Mar. 2004 French-German Institute for Environmental Research（DFIU-IFARE）Universität Karlsruhe（TH）on behalf of the German Federal Environmental Agency Förderkennzeichen（UFOPLAN）203 43 257/14 . Karlsruhe，Germany.

[165] 魏筱星. 含镉酸洗废液的治理研究. 有色金属设计，2006（1）：54-58.

[166] 湿法冶金新工艺详解与新技术开发及创新应用手册 [M]. 中国知识出版社，2005，10.

[167] 沈萍，朱国伟. 含镉废水处理方法的比较. 污染防治技术，2010，23（6）：56-59.

[168] 韩志勇，张燕，庞志华，等. 除镉最佳混凝剂的筛选及应用条件研究. 环境科学与管理，2012，37（11）：112-116.

[169] 肖笃宁，布仁仓，李秀珍. 生态空间理论与景观异质性. 生态学报，1997，17（5）：453-461.

[170] 傅伯杰. 黄土区农业景观空间格局分析. 生态学报，1995，15（2）：113-120.

[171] 刘丽君. 水环境中镉污染处理的研究进展. 环境科学与管理，2012，37（6）：124-127.

[172] 戴世明，吕锡武. 镉污染的水处理技术研究进展. 安全与环境工程，2006，9：63-65.

[173] 李华，程芳琴，王爱英，等. 三种水生植物对 Cd 污染水体的修复研究. 山西大学学报（自然科学版），2005，28（3）：325-32.

[174] P. B. A. Nanda Kumar，V. Dushenkov，H. Motto，et al. Phytoextraction：the use of plants to remove heavy metals from soils. J. Environ. Sci. Tech. ，1995，29（5）：1232-1238.

[175] V. Dushenkov，P. B. A. Nanda Kumar，H. Motto，et al. Rhizofitration：the use of plants to remove heavy metals from aqueous streams. Environ. Sci. Technol，1995，29（5）：1239-1245.

[176] 曾江萍，汪模辉. 含镉废水处理现状及研究进展. 内蒙古石油化工，2007，33（11）5-7.

[177] 尹平河，赵玲. 海藻生物吸附废水中铅、铜和镉的研究. 海洋环境科学，2000，19（3）：11-15.

[178] 李英敏，杨海波，吕福荣，等. 叉鞭金藻对微量锌、镉的吸附效应研究. 环境污染与防治，2004，26（5）：396-398.

[179] T. J. Butter. The removal and recovery of cadmium from dilute aqueous solutions by Biosorption and electrolysis at laboratory scale. WaterRes，1998，32（2）：400.

[180] 沈镭，张太平，贾晓珊. 用氧化亚铁硫杆菌和氧化硫硫杆菌去除污泥中重金属的研究. 中山大学学报（自然科学版），2005，44（2）：111-115.

[181] 许文杰，虢清伟，许振成，等. 电沉积处理含镉废水的性能研究. 环境工程，2015，33（01）：23-26.

[182] 李艳静，苏赛赛，岳秀萍，等. 电沉积处理电解锌漂洗废水的实验研究. 环境工程学报，2012，6（2）：429-434.

[183] 苏赛赛，李艳静，岳秀萍，等. 电沉积法处理电解锌漂洗废水的动力学研究. 环境工程，2011，29（1）：29-31.

[184] Grimshaw P，Calo J M，Hradil G. Cyclic electrowinning/precipitation（CEP）system for the removal of heavy metal mixtures from aqueous solutions. Chemical Engineering Journal，2011，175：103-109.

[185] El-Gayar D A，El-Shazly A H，El-Taweel Y A，et al. Effect of electrode pulsation on the rate of simultaneous elec-

trochemical recovery of copper and regeneration of ferric salts from dilute solutions. Chemical Engineering Journal，2010，162（3）：877-882.

[186] Paul Chen J，L L. Lim Recovery of precious metals by an electrochemical deposition method. Chemosphere，2005，60（10）：1384-1392.

[187] Oztekin Y，Yazicigil Z. Recovery of metals from complexed solutions by electrodeposition. Desalination. 2006，190（1-3）：79-88.

[188] Grimshaw P，Calo J M，Hradil G. Ⅲ. Co-electrodeposition/Removal of Copper and Nickel in a Spouted Electrochemical Reactor. Industrial & Engineering Chemistry Research. 2011，50（16）：9532-9538.

[189] Segundo J E D V，Salazar-Banda G R，Feitoza A C O，et al. Cadmium and lead removal from aqueous synthetic wastes utilizing Chemelec electrochemical reactor：Study of the operating conditions. Separation and Purification Technology，2012，88（0）：107-115.

[190] Yahia Cherif A，Arous O，Amara M，et al. Synthesis of modified polymer inclusion membranes for photo-electrodeposition of cadmium using polarized electrodes. Journal of Hazardous Materials，2012，227-228（0）：386-393.

[191] Butter T J，Evison L M，Hancock I C，et al. The removal and recovery of cadmium from dilute aqueous solutions by biosorption and electrolysis at laboratory scale. Water Research，1998，32（2）：400-406.

[192] 刘增刚，胡凯. 光含铀废水中镉的处理. 矿业工程研究，2013，28（3）：73-76.

[193] J. I. S. Khattar，Shailza. Optimization of Cd^{2+} removal by cyanobacterium Synechoeystis pevalekii using the response surface methodology. Proeess Biochemistry，2009，44：118-121.

[194] Kyung Man You，Yong Kenu Park. Cd^{2+} removal by Azomonas agilis PY101，a cadmium accumulating strain in continuous aerobie culture. Biotechnology Letters，1998，20（12）：1157-1159.

[195] R. Aloysius，M. I. A. Karim，A. B. Ari. The mechanism of cadmium removal from，aqueous solution by nonmetabolizing free and immobilized live biomass of Rhizopus oligosporus. World Journal of Microbiology & Biotechnology，1999，15：571-578.

[196] C. Quintelas，T. Tavares. Removal of ehromium（Ⅵ）and cadmium（Ⅱ）from aqueous solution by a baeterial biofilm supported on gramilar activated carbon. Bioteehnology Letters，2001，23：1349-1353.

[197] Moniea Perez Rama，Julio Abalde Alonso，Coneepcion Herrero LoPez，et al. Cadmium removal by living cells of the marine mieroalga Tetraselmis sueciea. Bioresouree Teehnology，2002，84：265-270.

[198] Ammara Zubair Haq Nawaz Bhatti oMuhammad Asif Hanifo Faiza Shafqat. Kinetieand Equilibrium Modeling for Cr（Ⅲ）and Cr（Ⅵ）Removal from Aqueous Sollltions by Citrus reticulate Waste Biomass. Water Air Soil Pollut，2008，191：305-318.

[199] H. Sereneam，A. Gundogdu，Y. Uygur，et al. Removal of cadmium from aqucous solution by Nordmann fir［Abies nordmanniana（Stev.）Spach. Subsp. nordmannlana］leaves. Bioresource Teehnology，2008，99：1992-2000.

[200] Manuela D. Machado，Monica S. F. Santos，Claudia Gouveia，et al. Removal of heavy metals using abrewer's yeast strain of Saecharomyces cerevisiae：The floeeulation as a separation proeess. Bioresouree Teehnology，2008，99：2107-2115.

[201] V. B. H. Dang，H. D. Doan，T. Dang Vu，et al. Equilibrium and kineties of biosorption of cadmium（Ⅱ）and copper（Ⅱ）ions by wheat straw. Bioresource Teehnology，2009，100：211-219.

[202] 马君贤. 重金属镉的环境污染化学. 当代化工，2007，36（02）：192-194.

[203] 黄宝圣. 镉的生物毒性及其防治策略. 生物学通报，2005，40（11）：26-28.

[204] 韩志勇，张燕，庞志华，等. 除镉最佳混凝剂的筛选及应用条件研究. 环境科学与管理，2012，37（11）：108-112.

[205] 高中方，周克梅，陈志平，等. 镉污染源水的应急处理技术研究. 中国给水排水，2009，25（11）：86-88.

[206] 胡勇有. 聚合氯化铝铁的混凝性能. 环境科学与技术，2001，94（2）：9-11.

[207] 田宝珍，张云. 铝铁共聚符合絮凝剂的研制及应用. 工业水处理，1998，18（5）：17-20.

[208] 赵春禄，刘振儒. 铝、铁共聚作用的化学特征及晶貌研究. 环境科学学报，1997，17（2）：15.

[209] 高红真，郭伟珍. 生物淋滤脱除污泥重金属镉的试验研究. 安徽农学通报，2010，16（20）：67-69.

[210] 周立祥，胡霭堂，戈乃玢，等.城市污泥土地利用研究.生态学报，1999，19（2）：185-193.

[211] 刘兰泉.生物淋滤法对污泥中镉去除及污泥性质的影响.安徽农业科学，2009，37（8）：3715-3717.

[212] 莫测辉，蔡全英，吴启堂，等.微生物方法降低城市污泥的重金属含量研究进展.应用与环境生物学报，2001，7（5）：511-515.

[213] Wong J W C，Xiang L，Gu X Y，et al. Bioleaching of heavy metals from anaerobically digested sewage sludge using FeS$_2$ as an energy source. Chemosphere，2004，55：101-107.

[214] 王红涛，王增长，王小英.浅析用生物淋滤法去除城市污泥中的重金属.科技情报开发与经济，2005，15（20）：161-163.

[215] M. Turek，T. Korolewicz，J. Ciba. Removal of heavy metals from sewage sludge used as soil fertilizer. Soil&Sediment Contamination，2005，14（2）：143-154.

[216] 周顺桂，周立祥，黄焕忠.生物淋滤技术在去除污泥中重金属的应用.生态学报，2002，22（1）：125-133.

[217] 高红真，郭伟珍.生物淋滤脱除污泥重金属镉的试验研究.安徽农学通报，2010，16（20）：67-69.

[218] Blais J F，Tyagi R D，Auclair J C. Bioleaching of metal from sewage sludge：microorganisms and growth kinetics. Wat. Res.，1993，27：101-110.

[219] 陈玉成，郭颖，魏沙平.螯合剂与表面活性剂复合去除城市污泥中的 Cd、Cr. 中国环境科学，2003，24（1）：100-104.

[220] 黄明，张学洪，陆燕勤，等.微生物沥滤法去除城市污泥中重金属的试验研究.环境工程，2005，23（6）：55-58.

[221] 黄翠红，孙道华，李清彪，等.利用柠檬酸去除污泥中镉、铅的研究.环境污染与防治，27（1）：73-75.

[222] T. Halttunen，S. Salminen，R. Tahvonen. Rapid removal of lead and cadmium from water by specific lactic acid bacteria. International Journal of Food Microbiology，2007，114，30-35.

[223] P. Lodeiro，J. L. Barriada，R. Herrero. et al. The marine macroalga Cystoseira baccata as biosorbent for cadmium（Ⅱ）and lead（Ⅱ）removal：Kinetic and equilibrium studies. Environmental Pollution，2006，142，264-273.

[224] A. H. Hawari and C. N. Mulligan. Biosorption of lead（Ⅱ），cadmium（Ⅱ），copper（Ⅱ）and nickel（Ⅱ）by anaerobic granular biomass. Bioresource Technology，2006，97：692-700.

[225] A. M. Massadeh，F. A. Al-Momani，H. I. Haddad. Removal of lead and cadmium by halophilic bacteria isolated from the Dead Sea shore，Jordan. Biological Trace Element Research，2005，108：259-269.

[226] P. X. Sheng，Y. P. Ting，J. P. Chen，et al. Sorption of lead，copper，cadmium，zinc，and nickel by marine algal biomass：characterization of biosorptive capacity and investigation of mechanisms. Journal of Colloid and Interface Science，2004，275：131-141.

[227] S. Klimmek，H. J. Stan，A. Wilke，et al. Comparative analysis of the biosorption of cadmium，lead，nickel，and zinc by algae. Environmental Science & Technology，2001，35：4283-4288.

[228] ICdA：Cadmium consumption by end uses. International Cadmium Association，Brussels，Belgium，2007.

[229] U. S. GS：Cadmium. In：Minerals Yearbook. U. S. Geological Survey，Reston，2007.

[230] OECD：Sources of cadmium in the environment. OECD Proceedings. OECD，Paris，France，1996c.

[231] J. Maag，C. L. Hansen：Collection potential for nickel-cadmium batteries in Denmark. Environmental project No. 1004. Danish Environmental Protection Agency，Copenhagen，Denmark，2005.

[232] T. Drivsholm，E. Hansen，J. Maag et al. Massestrømsanalyse for cadmium［Substance flow analysis for cadmium］. Environmental Project No. 557. The Danish EPA，Copenhagen.（In Danish），2000.

[233] Euras：Contribution of Spent Batteries to the Metal Flows of Municipal Solid Waste. Euas for Recharge aisbl，Brussels，Belgium. Accessed August 2006 at http：//www. rechargebatteries. org/RelDoc＿Metals＿flow＿of＿MSW＿2005＿FL. pdf.

[234] Ecuador's submission：Information plomo y cadmio Ecuador. Ministerio del ambiente，Republic del Equador，2005.

[235] S. Tetsopgang，G. Kuepouo. Quantification and characterization of discarded batteries in Yaoundé，from perspective of health，safety and environmental protection. Resources，Conservation and Recycling，2008，52：1077-1081.

[236] Trinidad and Tobago's submission：Lead and Cadmium in Trinidad and Tobago. Prepared by W. S. Rajkumar，Environmental Management Authority，Ministry of Public Utilities and the Environment，Port of Spain，Trinidad and

参考文献

Tobago, 2006.

[237] 史凤梅, 马玉新, 乌大年, 等. 废旧镍镉电池的处理技术. 青岛大学学报, 2003, 18 (04): 76-79.

[238] 郭廷杰. 日本的废电池再生利用简况. 中国资源综合利用, 2001 (11): 36-39.

[239] 聂永丰. 三废处理工程技术手册 (固体废物卷). 化学工业出版社, 2000.

[240] Reinhardt, Hans, Ottertun, et al. Method for Seective recovery of cadmium from cadmium-bearing waste. U S Patent: 4053, 553, 1997-10-11.

[241] Dobos Gabor, Laszlo Jozsef, Homoki Laszlone. Process for complex working up waste materials of nickel accumulators. Hungary Patent: HU47501, 1989-03-28.

[242] 冯彦琳, 王靖芳, 刘俊萍. P5709 萃取镉的机理研究. 山西大学学报 (自然科学版), 1993, 16 (2): 197-200.

[243] 许菱, 许孙曲. 用溶剂取法从废 Ni-Cd 蓄电池中回收镉、钴和镍的新方法. 有色金属与稀土应用, 2000 (3): 37-42.

[244] 江丽, 王清, 王卫红, 等. 镍镉电池废泡沫式镉极板生产碳酸镉的工艺技术. 广西化工, 2001, 30 (3): 3-5.

[245] 于秀兰, 杨家玲. 镍镉电池废渣处理技术. 化学工业与工程, 1992, 9 (2): 35-38.

[246] 徐承坤, 翟玉春, 田彦文. 镍镉废电池的湿法回收工艺. 电源技术, 2001, 25 (1): 32-34.

[247] 尤宏, 姚杰, 孙丽欣, 等. 废旧镍镉电池中镍镉的回收方法. 环境污染与防治, 2002, 24 (3): 187-189.

[248] Hamanasta H, MatsumotoH. Recovery of nickel and cadium from spent Ni/Cd batteries [P]. Japan Patent: 49/93212, 1974-09-05.

[249] 于秀兰, 杨家玲, 段红. 沉淀转化法分离镉与镍. 电源技术, 1990 (2): 9-11.

[250] 张志梅, 杨春晖. 废旧 Cd/Ni 电池回收利用的研究. 电池, 2000, 30 (2): 92-94.

[251] 朱建新, 李金惠, 聂永丰. 废旧镍镉电池真空蒸馏规律的研究. 物理化学学报, 2002, 18 (6): 536-539.

[252] 何德文, 刘蕾, 肖羽堂, 等. 真空冶金回收废旧锌锰电池的汞和镉试验研究. 中南大学学报 (自然科学版), 2011, 42 (04): 893-896.

[253] 李良, 邱克强, 陈启元. 对废电池处理的思考. 电池, 2003, 33 (2): 126-127.

[254] 马瑞新, 李国勋, 赵建民. 废干电池综合利用的研究. 电池, 1999, 29 (6): 275-278.

[255] 孔详华, 王晓峰. 旧镉镍电池湿法回收处理. 电池, 2001, 31 (2): 97-100.

[256] Xue Z H, Hua Z L, Yao N Y, et al. Separation and recover of nickel and cadmium from spent Ni/Cd storage batteries and their process waste. Separation Science and Technology, 1992, 27 (2): 213-221.

[257] 戴永年. 有色金属真空冶金. 冶金工业出版社, 1998: 110-116.

[258] Alguacil F J, Cobo A, Alonso M. Copper separation from nitrate/nitric acid media using Acorga M5640 extractant (Ⅱ): Solvent extraction study. Chemical Engineering Journal, 2002, 85 (2): 259-263.

[259] 刘彤宙, 李金惠, 聂永丰. 废锌锰电池真空蒸馏法去除汞的研究. 环境污染治理技术与设备, 2006, 7 (4): 114-119.

[260] 赵志星, 王存政, 吴宏斌. 废旧锌锰电池的去除和回收实验. 环境卫生工程, 2005, 13 (1): 14-16.

[261] 李城芳. 汞在碱性锌锰电池中的作用及去除措施. 电池工业, 2001, 6 (4): 150-153.

[262] Li Chengfang. Effects Function of mercury in alkaline Zn/MnO_2 battery and removal measure. Battery Industry, 2001, 6 (4): 150-153.

[263] 卫碧文, 缪俊文, 龚治湘, 等. 分离富集-原子吸收光谱法测定锌锰电池中铅和镉. 理化检验 (化学分册), 2007, 43 (11): 925-929.

[264] 马明驹, 黄燕清, 潘伟, 等. 极谱法连续测定锌锰电池中铅和镉. 电池, 2004, 34 (3): 199-201.

[265] 汝坤林, 秦以平. 锌锰电池中镉含量现状的调查. 电池工业, 2000, 5 (1): 37-40.

[266] 瞿兆舟, 赵增立, 李海滨, 等. 回转窑热处理废锌锰电池试验研究. 环境工程学报, 2008, 2 (4): 542-548.

[267] Souza C C B, Tenorio J A S. Simultaneous recovery of zinc and manganese dioxide from household alkaline batteries through hydro-metallurgical processing. Journal of Power Source, 2004, 136 (1): 191-196.

[268] 赵东江, 马松艳, 田喜强, 等. 废旧锌锰电池回收利用的研究现状. 中国资源综合利用, 2006, 24 (3): 14-19.

[269] EEA: Environment in the European Union at the turn of the century. Chapter 3.7. Waste generation and management. European Environment Agency, Copenhagen, 1998.

[270]　K. Nakamura，S. Kinoshita，H. Takatsuki. The origin and behaviour of lead，cadmium and antimony in MSW incinerator. Waste Management，1996，16：509-517.

[271]　E. Hansen，C. Lassen，Stuer-Lauridsen，et al. Heavy Metals in Waste. European Commission DG ENV. E3，Brussels，Belgium，2002.

[272]　E. Hansen，S. Skårup，K. Christensen，et al. Livscyklusvurdering af deponeret affald［Life cycle assessment of landfilled waste］. Environmental Projects 971. Danish Environmental Protection Agency，Copenhagen，Denmark，2004.

[273]　NZ MfE：An action plan for reducing discharges of dioxin to air. Ministry for the Environment，Wellington，New Zealand，2001.

[274]　U. S. EPA：Inventory of Sources of Dioxin in the United States. External Review Draft. U. S. Environmental Protection Agency，1998.

[275]　熊愈辉.镉污染土壤植物修复研究进展.安徽农业科学，2007，35（22）：6876-6878.

[276]　鲁如坤，熊礼明，时正元.关于土壤-作物系统中镉的研究.土壤，1992，24（3）：129-132.

[277]　中国环境监测总站.中国土壤元素背景值.中国环境科学出版社，1990：98-100.

[278]　王云，魏复盛.土壤环境元素化学.中国环境科学出版社，1995：67-69.

[279]　宋春然，何锦林，谭红，等.贵州省农业土壤重金属污染的初步评价.贵州农业科学，2005，33（2）：13-16.

[280]　唐秋香，缪新.土壤镉污染的现状及修复研究进展.环境工程，2013（S1）：747-750.

[281]　冉烈，李会合.土壤镉污染现状及危害研究进展.重庆文理学院学报（自然科学版）2011，30（4）：69-73.

[282]　张辉.南京地区土壤沉积物中重金属形态研究.环境科学学报，1997，17（3）：346-351.

[283]　Ivonin V M，Shumakova G E. Effect of industrial pollution on the condition of roadside shelterbelts. Izvestiya Vysshikh Uchebnykh Zavedenii Lesnoi Lesnoi zhurnal，1991，（6）：12-17.

[284]　Ligocki P，Olszewski T，et al. Heavy metal content of the soils，apple leaves，spurs and fruit from three experiment orchards. Ⅱ. Leaves，spurs and fruit. Fruit Science Reports，1991，（6）：12-17.

[285]　邓明，罗春杨，等.汞、镉在城郊农业生态环境中的行为及影响研究.农业环境保护，1989，8（2）：20-24.

[286]　刘立群.赣南土壤污染的防治途经.资源开发与保护，1990，6（2）：100-102.

[287]　吴燕玉，周启星，田均良.制定我国土壤环境标准（汞、镉、铅和砷）的探讨.应用生态学报，1991，2（4）：334-349.

[288]　何电源，王凯荣，胡荣桂.农田突然镉污染对作物生长和产品质量影响的研究.农业现代化研究，1991，12（5）：1-8.

[289]　陈学成.河北省农田土壤镉污染研究.农业环境保护，1992，11（5）：202-205.

[290]　何述尧，胡学铭，黄惠芳.浅论广州土壤环境 Cd、Ag、Hg 元素的残留.农业环境保护，1991，10（2）：71-72.

[291]　Aboulrrots S A，Holash S S，et al. Influence of prolonged use of sewage effluent in irrigation on heavy metal accumulation in soils and plants［J］. Zeitschrift fur Pflanzenernahrung and Bodenrunde，1989，152（1）：51-55.

[292]　宋波，陈同斌，郑袁明，等.北京市菜地土壤和蔬菜镉含量及其健康风险分析.环境科学学报，2006，26（8）：1343-1353.

[293]　李玉浸.集约化农业的环境问题与对策.中国农业出版社，2001：57-82.

[294]　李继云，任尚学，陈代中.镉和铬对陕西某些地区土壤污染的调查报告.农业环境保护，1988，7（5）：30-33.

[295]　姜理英，杨肖娥，叶海波，等.炼铜厂对周边土壤和作物体内重金属含量及其空间分布的影响.浙江大学学报（农业与生命科学版），2002，28（6）：689-693.

[296]　Catherine N M，Wang S L. Remediation of a heavy metal-contaminated soil by a rhamnolipid foam. Engineering Geology，2006，85（1）：75-81.

[297]　Wang S L，Catherine N M. Rhamnolpid foam enhanced remediation of cadmium and nickel contaminated soil. Water. Air and Soil Pollution，2004，157（1）：325-330.

[298]　吴烈善，吕宏虹，苏翠翠，等.废弃铅锌冶炼企业重金属复合污染土壤淋洗修复效果研究.广东农业科学，2013，5：156-159.

[299]　巩宗强，李培军，台培东，等.污染土壤的淋洗法修复研究进展.环境工程学报，2002，3（07）：45-50.

参考文献

[300] 周加祥，刘铮. 铬污染土壤修复技术研究进展. 环境污染治理技术设备，2000，4（1）：51-55.

[301] Pinto L J，Moore M M. Release of polycyclic aromatic hydrocarbons from contaminated soils by surfactant and remediation of this effluent by penicillium sp. Environ. Toxicol. Chem.，2000，19（7）：1741-1748.

[302] 刘育红. 土壤镉污染的产生及治理方法. 青海大学学报（自然科学版），2006，24（2）：75-79.

[303] 谭长银，余霞，邓楚雄，等. 镉污染土壤的植物修复及修复植物的能源利用潜力. 经济师，2011（8）.

[304] 刘发欣，高怀友，伍钧. 镉的食物链迁移及其污染防治对策研究. 农业环境科学学报，2006，25（增刊）：805-809.

[305] 成杰民. 蚯蚓-菌根在植物修复镉污染土壤中的作用. 生态学报，2005，25（6）：1256-1263.

[306] Kurek. 微生物对土壤中镉的固定作用. 海洋地质动态，2004，20（9）：38-40.

[307] Baker A J M. Terrestrial higher plants which hyper accumulate metallic elements-a review of their distribution, ecology and phytochemistry. Bioreccovery，1989，1：81-126.

[308] Salt D E，Prince R C，Pickering I J，et al. Mechanisms of cadmium mobility and accumulation in Indian Mustard. Plant Physiol，1995，109：1427-1433.

[309] 吴双桃. 美人蕉在镉污染土壤中的植物修复研究. 工业安全与环保，2005，31（9）：13-15.

[310] 李硕. 水葱修复土壤镉污染潜力的研究. 环境污染与防治，2006，28（2）：84-86.

[311] 项雅玲. 苎麻吸镉特性及镉污染农田的改良. 中国麻作，1994，16（2）：39-42.

[312] 王激清. 印度芥菜和油菜互作对各自吸收土壤中难溶态镉的影响. 环境科学学报，2004，24（5）：890-895.

[313] 魏树和. 超积累植物龙葵及其对镉的富集特性. 环境科学，2005，26（3）：167-171.

[314] 熊愈辉. 东南景天对镉、铅的生长反应与积累特性比较. 西北农林科技大学学报（自然科学版）.2004，32（6）：101-105.

[315] 刘威. 宝山堇菜（Viola baoshanensis）———一种新的镉超富集植物. 科学通报，2003，48（19）：2046-2049.

[316] 张绵. 结缕草（Zoysia japonica）在镉（Cd）污染农田上开发与应用的研究. 植物研究，2000，22（4）：467-472.

[317] 刘云国. 土壤镉污染生物整治研究. 湖南大学学报（自然科学版），2000，27（3）：34-38.

[318] 陈凌. 土壤镉污染的植物修复技术. 无机盐工业，2009，41（02）：45-47.

[319] Shuxiao Wang，Lei，Zhang，Long Wang. et al. A review of atmospheric mercury emissions，pollution and control in China. Front. Environ. Sci. Eng.，2014，8（5）：631-649

[320] Lei Zhang，Shuxiao Wang，Long Wang，et al. Updated Emission Inventories for Speciated Atmospheric Mercury from Anthropogenic Sources in China. Environmental Science & Technology，2015，49（5）：3185-3194.